“十四五”职业教育国家规划教材

“十二五”职业教育国家规划教材
经全国职业教育教材审定委员会审定

建筑制图（第2版）

【手册式活页教材】

主　编　游普元

副主编　江方记　周　玲　李维敦

参　编　蓝兴洲　梁国源

重庆大学出版社

内容提要

本书是"十四五"职业教育国家规划教材。

本书参照教育部建筑工程技术专业的教学标准、《建筑与市政工程施工现场专业人员职业标准》（JGJ/T 250—2011）、建筑工程识图职业技能等级标准、教育部高等学校工程图学课程教学指导分委员会修订的工程图学课程教学基本要求编写。

本书主要内容包含课程导入和6个项目，分别是制图标准的规定及应用、手工绘图的规定及应用、投影原理及应用、建筑工程施工图的规定及应用、建筑工程结构图的规定及应用、装饰装修施工图的规定及应用。

本书可供高职高专建筑工程技术、装配式建筑工程技术、智能建造技术、工程造价、建设工程管理、建筑经济信息化管理、建设工程监理、建筑装饰工程技术等专业使用，也可供成人教育相关专业的学员和工程技术人员选用和参考。

图书在版编目（CIP）数据

建筑制图 / 游普元主编. --2版. --重庆：重庆大学出版社，2021.9（2024.7重印）

高职高专建筑工程技术专业系列教材

ISBN 978-7-5689-2983-7

Ⅰ.①建… Ⅱ.①游… Ⅲ.① 建筑制图—高等职业教育—教材 Ⅳ.①TU204

中国版本图书馆CIP数据核字（2021）第192078号

建筑制图（第2版）

JIANZHU ZHITU

主　编　游普元

副主编　江方记　周　玲　李维敦

参　编　蓝兴洲　梁国源

策划编辑：鲁　黎

责任编辑：鲁　黎　　版式设计：鲁　黎

责任校对：刘志刚　　责任印制：张　策

*

重庆大学出版社出版发行

出版人：陈晓阳

社址：重庆市沙坪坝区大学城西路21号

邮编：401331

电话：（023）88617190　88617185（中小学）

传真：（023）88617186　88617166

网址：http://www.cqup.com.cn

邮箱：fxk@cqup.com.cn（营销中心）

全国新华书店经销

重庆市国丰印务有限责任公司印刷

*

开本：787mm × 1092mm　1/16　印张：19.25　字数：483千

2013年10月第1版　2021年9月第2版　2024年7月第7次印刷

ISBN 978-7-5689-2983-7　　定价：48.00元

编写人员名单

主　编　游普元　重庆工程职业技术学院

副主编　江方记　深圳职业技术学校

周　玲　广西机电职业技术学院

李维敦　甘肃建筑职业技术学院

参　编　蓝兴洲　广西机电职业技术学院

梁国源　广西深根建设集团有限公司

第2版前言

进入21世纪以来，工程图学教学改革不断深入，从教学内容（手工绘图→计算机绘图）到教学手段（信息技术、虚拟仿真）不断推出新思路、新方法。本书参照教育部建筑工程技术专业的教学标准、《建筑与市政工程施工现场专业人员职业标准》（JGJ/T 250—2011）、建筑工程识图职业技能等级标准、教育部高等学校工程图学课程教学指导委员会修订的工程图学课程教学基本要求，根据高职高专人才培养目标的要求，结合所有编者多年的教学实践编写而成。

本书遵循《房屋建筑制图统一标准》（GB/T 50001—2017）《总图制图标准》（GB/T 50103—2010）《建筑制图标准》（GB/T 50104—2010）《建筑结构制图标准》（GB/ T 50105—2010）《民用建筑设计统一标准》（GB 50352—2019）《混凝土结构施工图平面整体表示方法制图规则和构造详图（现浇混凝土框架、剪力墙、梁、板）》（16G101—1）《混凝土结构施工图平面整体表示方法制图规则和构造详图（现浇混凝土板式楼梯）》（16G101—2）《混凝土结构施工图平面整体表示方法制图规则和构造详图（独立基础、条形基础、筏型基础及桩基承台）》（16G101—3）《建筑与市政工程施工现场专业人员职业标准》（JGJ/T 250—2011）等国家或行业规范。

本书采用了知识点和技能点一一对应的编排方式，在教学时可以作为手册式教材进行使用。同时为配合课程思政的实施，在每一个知识点和技能点之后，结合专业知识精选一点，撰写了"思政点拨"，做到思政和专业的融合。

由于高职高专院校专业设置和课程内容的取舍要充分考虑企业的需求，因此本书的项目2（手工绘图的规定及应用）及项目6（装饰装修施工图的规定及应用）在使用时可根据教学时长进行取舍。

本书是集体智慧的结晶，由游普元任主编，江方记、周玲、李维敦任副主编，蓝兴洲、梁国源参编。具体分工如下：江方记编写项目1，李维敦编写项目2，游普元编写课程导入、项目3、项目4，周玲和蓝兴洲编写项目5，梁国源编写项目6。全书由游普元统稿。

书中的微课、视频、动画等信息化资源由重庆工程职业技术学院游普元、李荣健、刘燕等多位老师共同完成。

由于编者水平有限，缺点和错误在所难免，恳请专家和广大读者不吝赐教、批评指正，以便我们在今后的工作中改进和完善。

编　者

2021年1月

目录

课程导入

【学习目标】

①能正确领悟并表述为什么学习建筑制图?

②建筑制图学什么?

③如何学建筑制图?

【教学准备】

准备 5 min 内的建筑物施工过程演示视频或动画，如港珠澳大桥的施工视频。

【教法建议】

学生线下先行观看视频并进行学习，课堂或线上进行讨论:

①建筑制图与识图的关系? 建筑物与施工图之间的关系?

②如何理解建筑大国和建筑强国?

【1+X 考点】

无要求。

◎思政点拨◎

利用港珠澳大桥、建筑重器、建筑重大工程、大国工匠中与建筑相关之类的视频或故事。师生共同思考：从建筑大国到建筑强国，我们能做什么?

1）常见术语

（1）建筑工程施工图

建筑工程施工图是用来表示建筑工程项目总体布局，建筑物的外部形状、内部空间布局、建筑构造、结构构造、内外装修、材料作法以及设备配置等工程技术信息，用于指导施工作业的图样。

视频 港珠澳大桥简介

中国超级工程项目

建筑工程施工图按专业可划分为建筑施工图、结构施工图、给水排水施工图、采暖通风空调施工图、电气施工图等。

（2）大型工程

符合下列条件之一的建筑工程为大型工程：

①25 层以上（含、下同）的房屋建筑工程。

②建筑高度 100 m 以上的房屋建筑工程。

③单体建筑面积 30 000 m^2 以上的房屋建筑工程。

（3）中型工程

符合下列条件之一的建筑工程为中型工程：

①25 层以下，12 层及以上的房屋建筑工程。

②建筑高度 100 m 以下，50 m 及以上的房屋建筑工程。

③单体建筑面积 30 000 m^2 以下，10 000 m^2 及以上的房屋建筑工程。

（4）小型工程

符合下列条件之一的建筑工程为小型工程：

①12 层以下，4 层及以上的房屋建筑工程。

②建筑高度 50 m 以下，10 m 及以上的房屋建筑工程。

③单体建筑面积 10 000 m^2 以下，1 000 m^2 及以上的房屋建筑工程。

（5）条件图

为满足专业间协同作业，根据其他专业需求的技术信息而提供的本专业相关图纸， 各专业互提条件图是设计过程中的重要环节和必要技术保障。 条件图是专业间协同工作的技术接口、工作依据和备查资料，也是施工过程中避免和减少专业之间“错、 漏、 碰、缺”，保证设计和施工质量的有效措施。

2）建筑工程的建造流程

单项工程又称工程项目，是构成建设项目的基本单位。一个建设项目，可以是一个单项工程，也可以包括多个单项工程。所谓单项工程，是指具有独立的设计文件、独立概算、在竣工后能独立发挥设计规定的生产能力和效益的工程。

动画 建筑物施工过程

单位工程是单项工程的组成部分。它具有单独的施工图设计、独立施工条件，并可单独作为成本计算的对象。一个单项工程一般应由几个单位工程所组成，也可能只由一个单位工程组成。如某车间是一个单项工程，车间是由若干工段组成，每个工段都有独立的建筑物，车间还设有食堂、浴室等生活设施，这些工段、食堂、浴室的建筑分别为单位工程。建筑工程还可以根据其中各个组成部分的内容，分为一般土建工程、特殊构筑物工程、工业管道工程、卫生工程、电气照明工程等，几幢同类型的建筑物不能作为一个单位工程。

分部工程是指建筑工程和安装工程的各个组成部分，按建筑工程的主要部位或工种工程及安装工程的种类划分。如土石方工程、地基与基础工程、砌体工程、地面工程、装饰工程、管道工程、通风工程、通用设备安装工程、容器工程、自动化仪表安装工程、工业炉砌筑工程等。

分项工程是分部工程的组成部分，是施工图预算中最基本的计量单位。它是按照不同施工方法或不同材料和规格，将分部工程进一步划分。例如，钢筋混凝土分部工程，可分为捣制和预制两种分项工程；砖墙分部工程，可分为眠墙（实心墙）、空心墙、内墙、外墙、一砖厚墙、一砖半厚墙等分项工程。

无论是单项工程、单位工程、分部工程，还是分项工程，在施工过程中，都需要技术人员认真阅读图纸，照图施工。

技术提示：图是工程技术人员的语言，也是施工的基础，是施工技术人员必备的入门知识和技能。

房屋建筑工程的建造流程如图 0.1 所示。

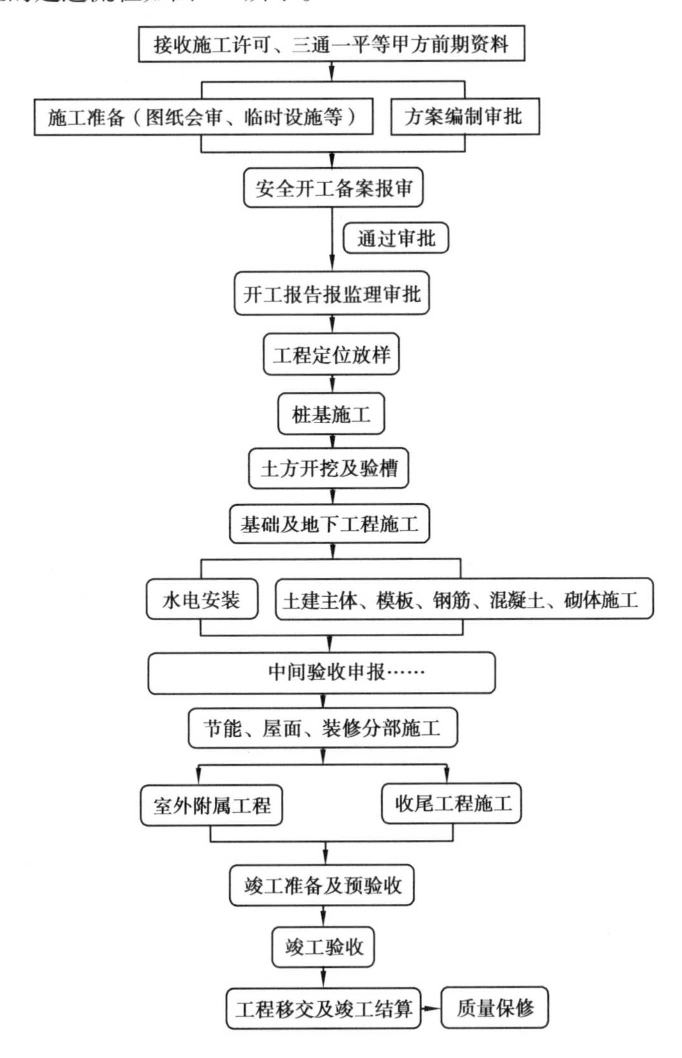

图 0.1　房屋建筑工程施工流程图

从图 0.1 可知，要准确完成每一个步骤，都需要施工现场的技术人员（如施工员、质量员、安全员、档案员等）认真阅读图纸，理解设计人员意图，照图施工，保证建筑物的功能性、安全性、耐久性符合国家规范相关要求。

微课 课程导入

3）课程的地位、性质和任务

建筑物是人类生产、生活的场所，是一个社会科技水平、经济实力、物质文明的象征。表达建筑物形状、大小、构造以及各组成部分相互关系的图纸称为建筑工程图样。

工程图样被喻为“工程技术界的语言”，是表达、交流技术思想的重要工具和工程技术部门的一项重要技术文件，也是指导生产、施工管理等必不可少的技术资料。

在建筑工程的实践活动中，无论设计、预算，还是施工、管理、维修，任何环节都离不开图纸，设计师把人们对建筑物的功能要求、空间想象和结构关系绘制成图样，施工人员根据图样把建筑物建造出来。进行建筑设计，确定建筑物形状大小、内部布置、细部构造、内外装饰的图样称为建筑施工图（简称“建施”）；进行结构设计，确定建筑物的承重结构、梁板柱的尺寸大小、钢筋配置的图样称为结构施工图（简称“结施”）；进行设备设计，确定建筑物给水排水、电气照明、采暖通风、综合布线的图样称为设备施工图（简称“设施”）；进行建筑物室内外装饰装修设计，确定天、地、墙（内墙、外墙）的装饰材料选用及施工图样称为装饰施工图。因此建筑图样是建筑工程中一种重要的技术资料，是工程技术人员表达设计思想、进行技术交流、组织现场施工不可缺少的工具，是工程界的语言，每个建筑工程技术人员都必须能够绘制和阅读建筑图样。

本课程研究绘制（仪器、工具和徒手绘制）和阅读建筑图样的原理及方法，培养学生空间想象能力、空间构形能力和工程图样的阅读绘制能力，是一门既有系统理论又有很强实践性的核心技术课程。它为后续课程学习、实训、课程设计、工种实习、顶岗实习、毕业设计等打下必要的基础。

本课程的主要任务是：

①学习、贯彻制图国家标准及其他有关规定。

②学习投影法（主要是正投影法）的基本理论及其应用。

③培养绘制和阅读建施、结施等专业工程图样的基本能力。

④培养空间想象能力和绘图技能。

⑤培养细心、耐心、认真负责的工作态度和严谨求实的工作作风。

⑥培养用熟练工程语言交流沟通的技巧和现代信息技术的运用能力。

此外，还必须有意识地培养学生的审美能力、动手能力、现场发现、分析和解决问题的能力，全面提高学生作为工程技术人员的综合素质。

4）课程的内容

本课程包括“国家制图标准基本规定及应用、仪器绘图和徒手绘图、形体投影图、建筑施工图、结构施工图、装饰装修施工图”6部分。“国家制图标准基本规定及应用”主要介绍《房屋建筑制图统一标准》（GB/T 50001—2017）中有关图线、字体、比例等应用的规定；“仪器绘图和徒手绘图”主要介绍使用仪器绘图和徒手作图的方法、步骤和基本规定，培养绘图的操作技能；“形体投影图”介绍用正投影法表达空间几何形体的基本理论和作图的基本方法，培养用投影图表达物体内外形状、大小的绘图能力，以及根据投影图想象出物体内外形状的读图能力；建筑工程专业图部分培养绘制和阅读建筑图样的基本能力。

5）课程的学习方法

①注重线上学习。充分利用线上各类微课、幕课等立体化教学资源，提前预习。

②理论联系实际，在理解基本概念的基础上不断地由物画图，由图想物，分析和想象空间

形体与图纸上图形之间的对应关系，逐步提高空间想象能力和空间分析能力。

③专心听讲，适当笔记。本课程图形较多，教材中图文并重，纯自学稍显麻烦，易顾此失彼，故课堂上应专心听讲，跟着教师循序渐进，捕捉要点，记下重点。

④及时复习，及时完成作业。本课程系统性、实践性较强，特别是投影制图部分，不但作业量大，且前后联系紧密，一环扣一环，务必做到每一次听课及复习之后，及时完成相应的练习和作业，不能完成或不完成作业将直接影响下次课的听课效果。

⑤遵守国家标准的有关规定，按照正确的方法和步骤作图，养成正确使用绘图工具和仪器的习惯。

⑥重视课内实训、集中制图实训周、认知实习的实践教学环节，综合运用点、线、面、体的知识绘制和阅读专业图样。

⑦认真负责、严谨细致。建筑图纸是施工的根据，图纸上一根线条的疏忽或一个数字的差错都有可能造成返工浪费，因此应严格要求自己，养成认真负责的工作态度和严谨细致的工作作风。

6）课程的发展状况

几千年来，工程图样在人类认识自然、创造文明的过程中发挥着不可替代的重要作用，建筑制图作为工程制图的一个分支，具有自己完整的理论体系已有200多年历史。近几十年来随着科学技术的突飞猛进和计算机技术的广泛应用,很多传统理论和方法都受到不同程度的冲击，在建筑制图课程中明显的矛盾是一方面由于学生所学课程门数增加导致各门课程总学时不断减少；另一方面计算机绘图技术的发展在很大程度上改变了传统作图方法，提高了绘图质量和效率，降低了劳动强度，引起了传统理论和现代技术的争论。经过多年的教学实践和企业调研，该课程的成功之处在于其投影制图理论使用二维的方法，可以准确、充分地表示任意复杂程度的三维形体，用此理论绘制的工程图样是工程信息的有效载体，计算机绘图只是一种绘图手段，它不应该也不可能取代传统工程制图的内容。但随着制图技术的现代化，以及施工现场对技术人员计算机应用能力需求的增强，所以本课程着重强调投影理论的教学、学生空间思维能力和空间构形能力的培养、阅读工程图样能力的训练，以便培养更多、更优秀的毕业生满足建筑市场的需要。

计算机绘图能力训练可参考建筑CAD类教材。

项目 1　制图标准的规定及应用

【学习目标】

①能正确选用、绘制图线，书写工程字，选用、使用比例；能正确绘制图幅和图框、标题栏和会签栏，能正确进行图形的尺寸标注；

②能正确查阅、选用建筑制图标准。

【教学准备】

①各类标准的线上资源或网址；

②制图标准选用或使用的视频或微课；

③制图规范或标准使用正误对照、施工图一套、开放性讨论的问题等资源。

【教法建议】

同学们线下先行观看视频或微课并进行学习，再在建筑技能训练基地或施工现场进行对照学习，课堂或线上进行讨论：

①施工图与标准或规范的关系？

②建筑物与标准或规范的关系？

【1+X 考点】

①识图部分：能应用制图标准，能设置图幅尺寸；能规范应用图线、字体；能规范应用比例、图例符号、定位轴线、尺寸标注等。

②绘图部分：能按照绘制图形的类型，选择图幅、绘图比例；能依据制图标准，绘制图幅与图框线。

工程图样是工程界的技术语言。为了统一图样画法，便于技术交流，就必须在图的格式、内容和表达方法等方面有统一的标准。

现行建筑制图的标准主要有《房屋建筑制图统一标准》（GB/T 50001—2017）《总图制图标准》（GB/T 50103—2010）《建筑制图标准》（GB/T 50104—2010）《建筑结构制图标准》（GB/T 50105—2010）《建筑给水排水制图标准》（GB/T 50106—2010）《暖通空调制图标准》（GB/T 50114—2010）《建筑电气制图标准》（GB/T 50786—2012）《民用建筑设

计统一标准（GB50352-2019）》《混凝土结构施工图平面整体表示方法制图规则和构造详图（现浇混凝土框架、剪力墙、梁、板）》（16G101—1）《混凝土结构施工图平面整体表示方法制图规则和构造详图（现浇混凝土板式楼梯）》（16G101—2）《混凝土结构施工图平面整体表示方法制图规则和构造详图（独立基础、条形基础、筏型基础及桩基承台）》（16G101—3）《装配式混凝土建筑技术标准》（GB/T 51231—2016）。

其中《房屋建筑制图统一标准》（GB/T 50001—2017）是房屋建筑制图的基本规定，适用于总图、建筑、结构、给水排水、暖通空调、电气等专业制图。房屋建筑制图除应符合《房屋建筑制图统一标准》外，还应符合国家现行有关强制性标准的规定以及各有关专业的制图标准。所有工程技术人员在设计、施工、管理中必须严格执行。

知识点 1　图幅、标题栏及会签栏的规定及应用

◎思政点拨◎

通过图幅、标题栏等的国标规定，引入标准意识、规矩意识。

师生共同思考：我的工作标准、工作规矩是什么？

1.1　图幅

微课　制图国家标准基本规定及应用

1.1.1　图幅尺寸

图纸的幅面是指图纸宽度与长度组成的图面，图框是指在图纸上绘图范围的界线。图纸幅面及图框尺寸，应符合表 1.1 的规定及图 1.1 的格式。

表 1.1　幅面及图框尺寸　　单位：mm

尺寸代号 \ 幅面代号	A0	A1	A2	A3	A4
$b \times l$	841 × 1 189	594 × 841	420 × 594	297 × 420	210 × 297
c	10			5	
a	25				

1.1.2 图纸的微缩规定

需要微缩复制的图纸，其一个边上应附有一段准确米制尺度，四个边上均附有对中标志，米制尺度的总长应为 100 mm，分格应为 10 mm。对中标志应画在图纸内框各边长的中点处，线宽应为 0.35 mm，并伸入内框边，在框外应为 5 mm。对中标志的线段，应于图框长边尺寸 l 和图框短边尺寸 b 范围取中。

1.1.3 图纸的加长规定

图纸的短边不应加长，A0~A3 幅面长边尺寸可加长，但应符合表 1.2 的规定。

表 1.2 图纸长边加长尺寸 单位：mm

幅面尺寸	长边尺寸	长边加长后尺寸
A0	1 189	1 486　1 783　2 080　2 378
A1	841	1 051　1 261　1 471　1 682　1 892　2 102
A2	594	743　891　1 041　1 189　1 338　1 486　1 635　1 783　1 932　2 080
A3	420	630　841　1 051　1 261　1 471　1 682　1 892

注：有特殊需要的图纸，可采用 $b \times l$ 为 841 mm × 891 mm 与 1 189 mm × 1 261 mm 的幅面。

1.1.4 图纸幅面的规定

《房屋建筑制图统一标准》（GB/T 50001—2017）对图纸标题栏、图框线、幅面线、装订边线、对中标志和会签栏的尺寸、格式和内容都有规定，如图 1.1（a）-（f）所示。

图纸以短边作为垂直边应为横式，以短边作为水平边应为立式。A0~A3 图纸宜横式使用；必要时，也可立式使用。

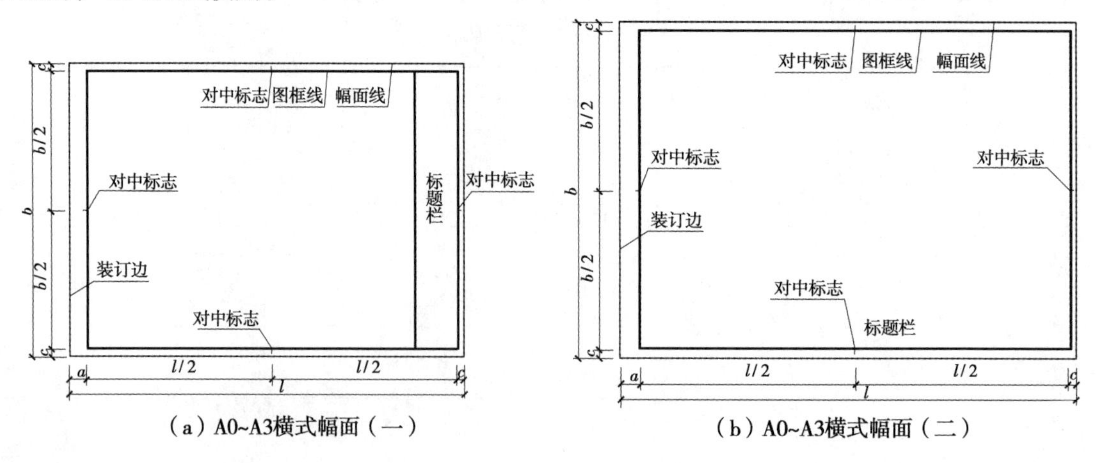

（a）A0~A3横式幅面（一）　　（b）A0~A3横式幅面（二）

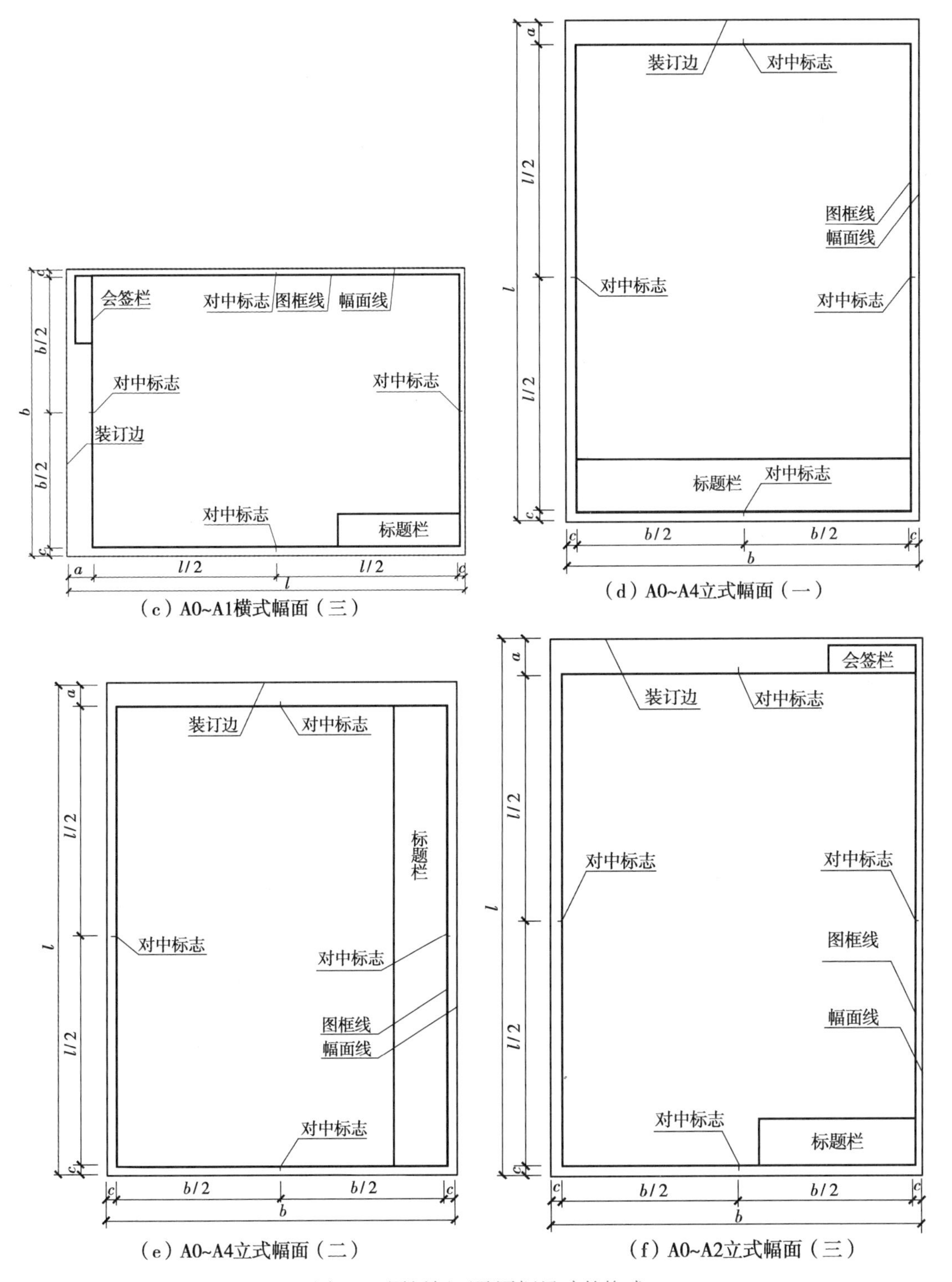

图 1.1　图纸幅面及图框尺寸的格式

技术提示：一个工程设计中，每个专业所使用的图纸，不宜多于两种幅面，不含目录及表格所采用的 A4 幅面。

1.2 标题栏及会签栏

《房屋建筑制图统一标准》（GB/T 50001—2017）对图纸标题栏和会签栏的尺寸、格式和内容都有规定。

1.2.1 标题栏

标题栏应如图 1.2、图 1.3 所示，根据工程的需要选择确定其尺寸、格式及分区。

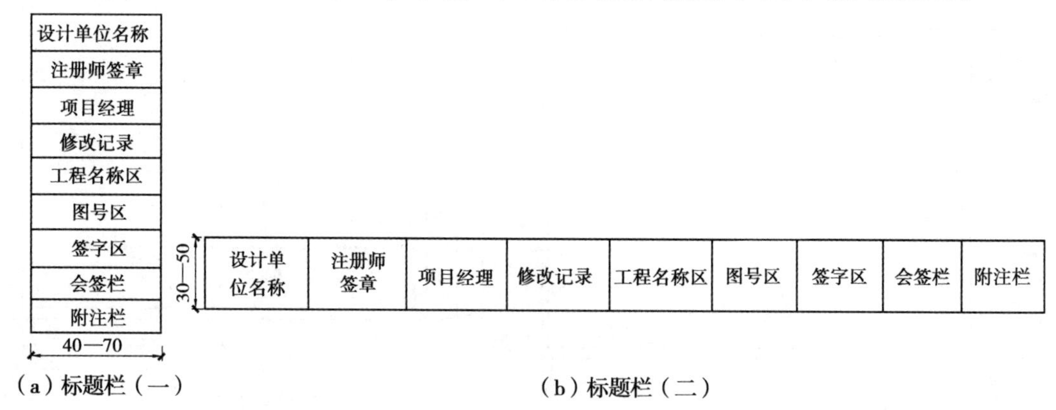

（a）标题栏（一） （b）标题栏（二）

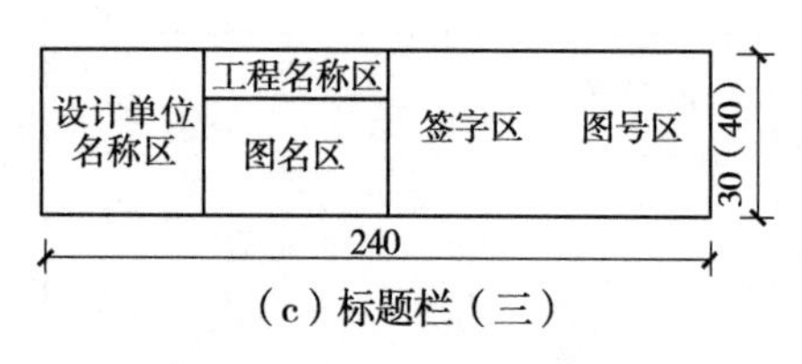

（c）标题栏（三）

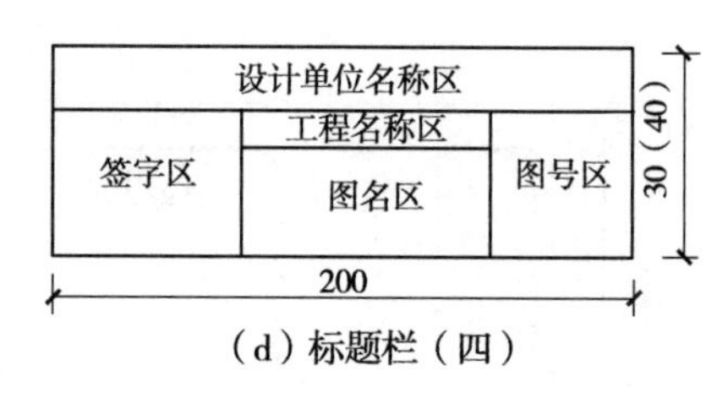

（d）标题栏（四）

图 1.2 标题栏

对于学生在学习阶段的制图作业，建议采用如图 1.3 所示的标题栏， 不设会签栏。

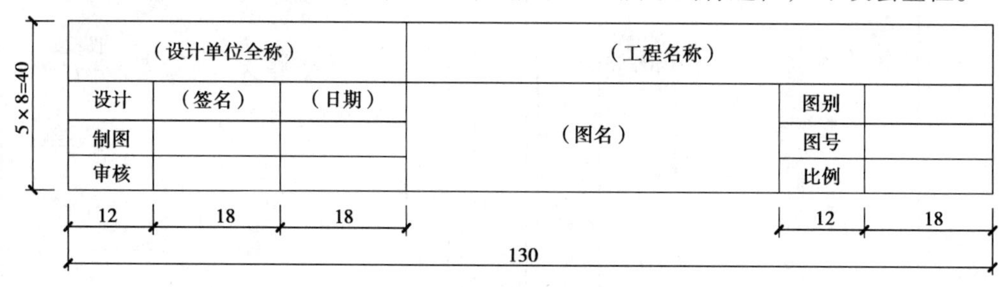

图 1.3 制图作业的标题栏格式

1.2.2 签字栏

签字栏应包括实名列和签名列，并应符合下列规定。

①涉外工程的标题栏内，各项主要内容的中文下方应附有译文。设计单位的上方或左方，应加“中华人民共和国”字样。

②在计算机制图文件中当使用电子签名与认证时，应符合国家有关电子签名法的规定。

③会签栏是指工程建设图纸上由会签人员填写所代表的有关专业、姓名、日期等的一个表格，见表 1.3。不需要会签的图纸，可不设会签栏。

表 1.3　会签栏格式

（专业）	（实名）	（签名）	（日期）

注：表格各列宽 25，总宽 100；各行高 5，总高 20。

技能点 1　图幅、标题栏及会签栏的练习及应用

◎思政点拨◎

通过知识测试，引入选择意识。

师生共同思考：人生有选择，选择后就要为选择付出代价。

1.1　图幅的选用

根据需绘制的图形尺寸大小，选取符合制图标准规定的比例，且能清晰表达绘制的图形，才能合理选用图幅。

1.2　知识测试

1. A2 图纸幅面是 A4 图纸幅面的（　　）倍

A. 4　　B. 8　　C. 16　　D. 32

2. A1 图纸幅面是 A4 图纸幅面的（　　）倍

A. 4　　B. 8　　C. 16　　D. 32

3. [多项选择题] 手工绘图前，要根据图样的（　　）选择图幅，用胶带纸将图纸固定在图板的左上方。

A. 尺寸　　B. 大小　　C. 形状　　D. 结构　　E. 比例　　F. 视图数量

4. [多项选择题] 图纸短边尺寸一般不应加长，（　　）幅面的长边尺寸可以加长。

A. A0　　B. A1　　C. A2　　D. A3　　E. A4　　F. B5

5. [多项选择题] 会签栏的内容包括（　　）。

A. 单位　B. 实名　C. 专业　D. 职称　E. 签名　F. 日期

6. [填空题] 根据图 1.4 所示，准确填写 1—17 号所代表的图线代号的名称和线型要求（示例：1——幅面线、细实线）。

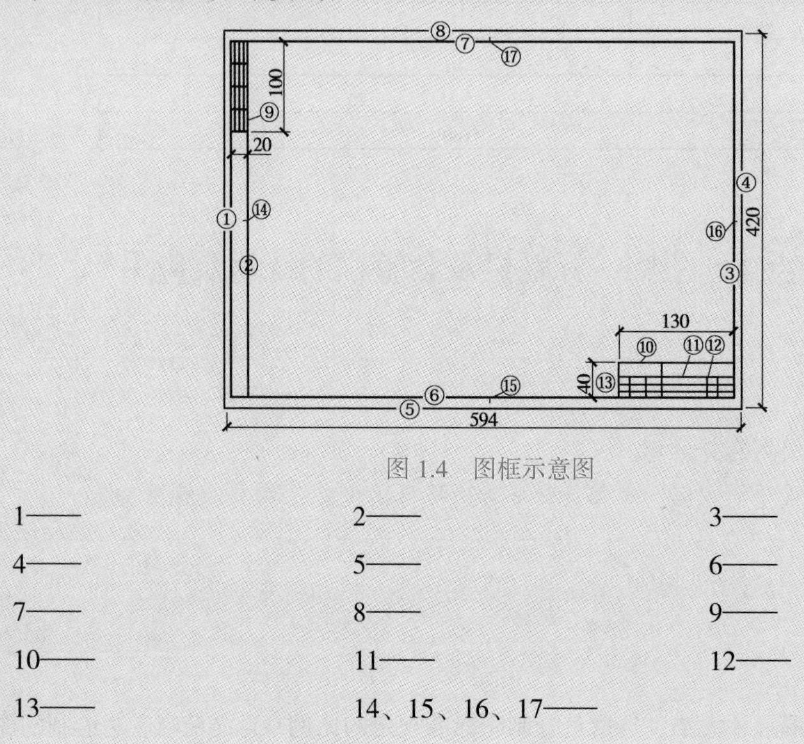

图 1.4　图框示意图

1——　　2——　　3——

4——　　5——　　6——

7——　　8——　　9——

10——　　11——　　12——

13——　　14、15、16、17——

1.3　技能训练

在 A4 纸上以 1 ∶ 5 的比例画出 A0 的横向图幅，并在其内部表示出其他图幅（A1、A2、A3、A4）；标出标题栏和会签栏的位置。

知识点 2　图线的规定及应用

◎思政点拨◎

图线有粗细、有类型，各有用武之地，培养学生定位意识。

师生共同思考：天生我材必有用，我的“用”在何处？

2.1　线宽与线型

①图线的基本宽度 b，宜按照图纸比例及图纸性质从 1.4、1.0、0.7、0.5 mm 线宽系列中选取。每个图样应根据复杂程度与比例大小，先选定基本线宽 b，再选用表 1.4 中相应的线宽组。

表 1.4　线宽组　　单位：mm

线宽比	线宽组			
b	1.4	1.0	0.7	0.5
$0.7b$	1.0	0.7	0.5	0.35
$0.5b$	0.7	0.5	0.35	0.25
$0.25b$	0.35	0.25	0.18	0.13

注：①需要微缩的图纸，不宜采用 0.18 mm 及更细的线宽。
②同一张图纸内，各不同线宽中的细线，可统一采用较细的线宽组的细线。

②任何工程图样都是采用不同的线型与线宽的图线绘制而成的。

建筑工程制图中各类图线的线型、线宽及一般用途见表 1.5。

表 1.5　线型

名称		线型	线宽	一般用途
实线	粗		b	主要可见轮廓线
	中粗		$0.7b$	可见轮廓线、变更云线
	中		$0.5b$	可见轮廓线、尺寸线
	细		$0.25b$	图例填充线、家具线
虚线	粗		b	见各有关专业制图标准
	中粗		$0.7b$	不可见轮廓线
	中		$0.5b$	不可见轮廓线、图例线
	细		$0.25b$	图例填充线、家具线
单点长画线	粗		b	见各有关专业制图标准
	中		$0.5b$	见各有关专业制图标准
	细		$0.25b$	中心线、对称线、轴线等
双点长画线	粗		b	见各有关专业制图标准
	中		$0.5b$	见各有关专业制图标准
	细		$0.25b$	假想轮廓线、成型前原始轮廓线

续表

名称		线型	线宽	一般用途
波浪线	细		0.25b	断开界线
折断线	细		0.25b	断开界线

③同一张图纸内，相同比例的各图样，应选用相同的线宽组。

④图纸的图框和标题栏线，可采用表 1.6 的线宽。

表 1.6　图框和标题栏线的宽度　　单位：mm

幅面代号	图框线	标题栏外框线对中标志	标题栏分格线幅面线
A0、A1	b	0.5b	0.25b
A2、A3、A4	b	0.7b	0.35b

2.2　图线画法

在图线与线宽确定之后，具体画图时还应注意如下事项：

①相互平行的图例线，其净间隙或线中间隙不宜小于 0.2 mm。

②虚线、单点长画线或双点长画线的线段长度和间隔，宜各自相等。

③单点长画线或双点长画线，当在较小图形中绘制有困难时，可用实线代替。

④单点长画线或双点长画线的两端，不应是点。点画线与点画线交接点或点画线与其他图线交接时，应是线段交接。

⑤虚线与虚线交接或虚线与其他图线交接时，应是线段交接。虚线为实线的延长线时，不得与实线相接。

⑥图线不得与文字、数字或符号重叠、混淆，不可避免时，应首先保证文字的清晰。各种图线正误画法示例，见表 1.7 。

表 1.7　各种图线的正误画法示例

图线	正确	错误	说明
虚线与单点长画线	15~20　2~3 4~6≈1	1 2	①单点长画线的线段长，通常画 15~20 mm，间隙与点共 2~3 mm。点常常画成很短的短画线，而不是画成小圆黑点 ②虚线的线段长度通常画 4~6 mm，间隙约 1 mm。不要画得太短、太密

续表

图线	正确	错误	说明
圆的中心线	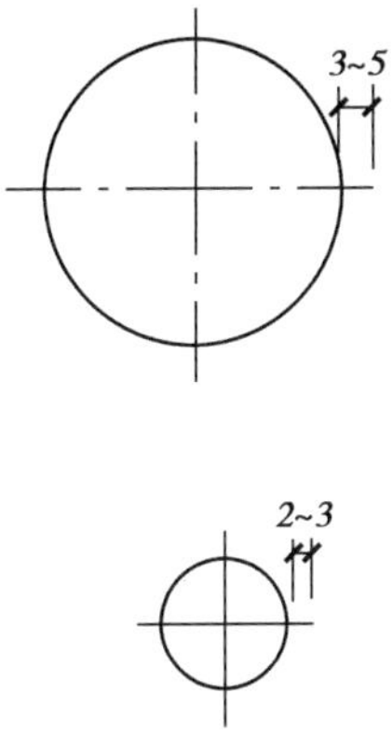 3~5 2~3	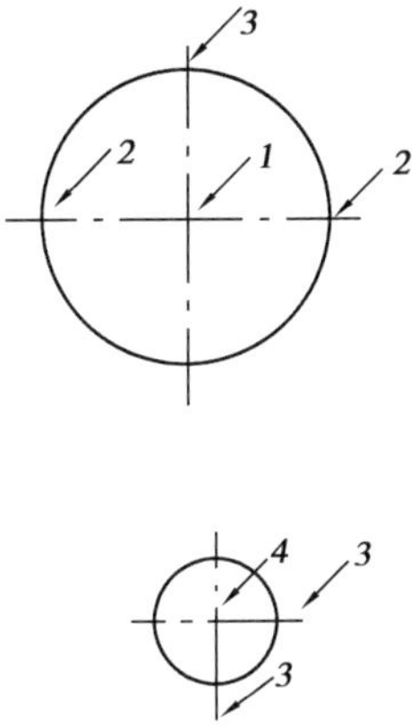 3 2 1 2 4 3 3	①两单点长画线相交，应在线段处相交，单点长画线与其他图线相交，也在线段处相交 ②单点长画线的起始和终止处必须是线段，不是点 ③单点长画线应出头 3~5 mm ④单点长画线很短时，可用细实线代替单点长画线
图线的交接	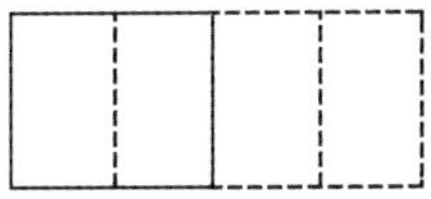	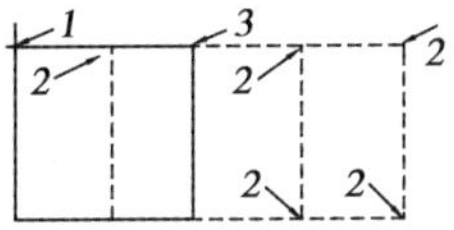 1 3 2 2 2 2 2	①两粗实线相交，应画到交点处，线段两端不出头 ②两虚线相交，应线段相交，不要留间隙 ③虚线是实线的延长线时，应留有间隙
折断线与波浪线	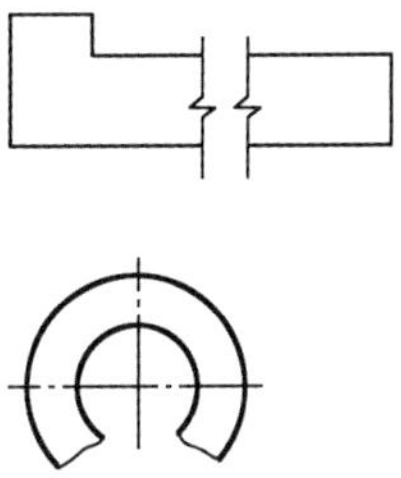	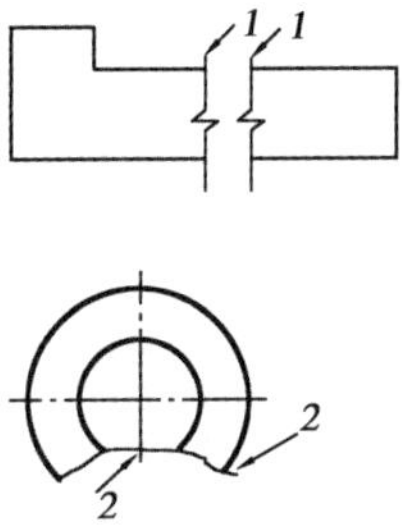 1 1 2 2	①折断线两端分别超出图形轮廓线 ②波浪线画到轮廓线为止，不要超出图形轮廓线

技术提示：在同一张图纸内，相同比例的各个图样，应采用相同的线宽组。图线不得与文字、数字或符号重叠、混淆，不可避免时，应首先保证文字的清晰。

技能点 2　图线的练习及应用

◎思政点拨◎

通过图线如何用、如何选，引入选用意识。

师生共同思考：我该如何选择生活？如何将知识与技能点选用于工作？

2.1 图线选用

根据图形中图线是否可见，如主要可见轮廓线、可见轮廓线、尺寸线等，结合制图标准，合理选用线型，再根据图形的复杂程度与比例大小选定基本线宽，最后选定线宽组。

2.2 知识测试

1. 工程制图中，图线线型的常见类型一般是指（　　）。
   A. 实线、虚线、单点长画线和粗线
   B. 实线、虚线、单点长画线和折断线
   C. 特粗实线、标准实线、中粗实线、细实线
   D. 特粗虚线、标准虚线、中虚线、细虚线
2. 在绘制图样时，应采用建筑制图国家标准规定的（　　）种图线。
   A. 10　　B. 12　　C. 14　　D. 16
3. 绘制图样时，对回转体的轴线或中心线用（　　）绘制。
   A. 粗实线　　B. 细实线　　C. 细单点长画线　　D. 粗单点长画线
4. 绘制图样时，可见和不可见轮廓线分别用（　　）绘制。
   A. 粗实线、虚线　　B. 粗实线、单点长画线
   C. 细实线、虚线　　D. 细实线、单点长画线
5. 若同时有粗实线、虚线、单点长画线和细实线重合在一起时，应优先画（　　）。
   A. 粗实线　　B. 虚线　　C. 单点长画线　　D. 细实线
6. 粗实线的宽度为 b 时，虚线的宽度为（　　）。
   A. b　　B. 0.5 b　　C. 0.35 b　　D. 0.25 b
7. 绘制物体假想轮廓线时，所用的图线类型是（　　）。
   A. 细实线　　B. 虚线　　C. 单点长画线　　D. 双点长画线
8. 建筑施工图中的粗、中、细线的宽度比为（　　）。
   A. 1 ：0.5 ：0.25　　B. 1 ：0.5 ：0.35
   C. 1 ：0.7 ：0.5　　D. 1 ：0.7 ：0.35
9. [多项选择题] 线型是图线的形状，共有 6 种，分别是（　　）。
   A. 实线、虚线　　B. 单点长画线、双点长画线
   C. 折断线、波浪线　　D. 双线、多段线　　E. 直线、曲线
10. [多项选择题] 绘制图线时，应该是线段相交的地方有（　　）。
   A. 双点长画线与双点长画线相交处　　B. 虚线与虚线相交处
   C. 单点长画线与单点长画线相交处　　D. 虚线为实线的延长线处
   E. 单点长画线与双点长画线相交处　　F. 虚线与其他图线相交处

2.3 技能训练

1. 在纸上画出两条相交虚线；再画出一个断开的圆环（断开处用折断线表示），并画出圆环的轴线。

2. 按规定图线抄画图 1.5。

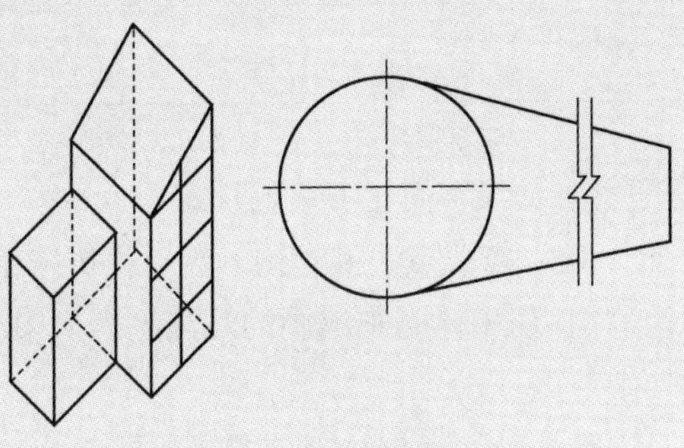

图 1.5　线型练习

知识点 3　字体的书写规定

◎思政点拨◎

通过字用何处有规定，引入“文如其人、字如其人”的联想意识。

师生共同思考：人生如字、字字真言的寓意。

建筑工程图所需书写的文字、数字或符号等，均应笔画清晰、字体端正、排列整齐、标点符号应清楚正确。图纸上的文字如果潦草或有错误，不仅影响图面质量，而且会影响生产，给社会造成损失。因此，平时应细心观察，勤奋练习各种有关字体。

3.1 汉字

文字的字高，应从表 1.8 中选用。字高大于 10 mm 的文字宜采用 True type 字体，如需书写更大的字，其高度应按$\sqrt{2}$的倍数递增。

表 1.8　文字的高度　　单位：mm

字体种类	汉字矢量字体	True type 字体及非中文矢量字体
字　高	3.5、5、7、10、14、20	3、4、6、8、10、14、20

图样及说明中的汉字，宜优先采用 True type 字体中的宋体字型，采用矢量字体时应为长

仿宋字体字型。同一图纸字体种类不应超过两种。矢量字体的宽高比宜为 0.7，且应符合表 1.9 的规定，打印线宽宜为 0.25~0.35 mm；True type 字体宽高比宜为 1。大标题、图册封面、地形图等的汉字，也可书写成其他字体，但应易于辨认，其宽高比宜为 1。

表 1.9　长仿宋高宽关系　　单位：mm

字　高	20	14	10	7	5	3.5
字　宽	14	10	7	5	3.5	2.5

汉字的简化书写应符合国家有关汉字简化方案的规定。

汉字的基本笔画为横、竖、撇、捺、点、挑、钩、折。长仿宋字的书写要领是：横平竖直，注意起落，填满方格，结构匀称。长仿宋体基本笔画的写法见表 1.10，长仿字的结构示范如图 1.6 所示。

表 1.10　长仿宋体基本笔画的写法

笔　画	外　形	运笔方法	写法要领	字　例
横	一	一	稍向右上方斜，起笔露笔锋，收笔呈棱角，全划挺直	三　兰　万
竖	丨	丨	起笔露笔锋，收笔在左方呈棱角，与横划等粗	山　川　中
撇	丿	丿	起笔露锋，收笔尖细，上半部弯小，下半部弯大	竖撇 厂　斜撇 义　平撇 千
捺	㇏	㇏	起笔微露锋，向右下方作一渐粗的线，捺脚近似一长三角形	斜捺 又　平捺 迂　顿捺 八
点	丶	丶	起笔尖细，落笔重，似三角形	右斜点 心　左斜点 六　挑点 江
挑	㇀	㇀	起笔重顿露锋，笔画挺直向右上轻提，渐成尖端	拉　圩　红
钩	亅	亅	上部同竖画，末端向左上方作钩，其他方向钩的写法见右例	左弯钩 狂　右弯钩 戈　竖平钩 化
折	㇆	㇆	横竖两笔画的结合，转角露锋，呈三角形	图　乙　页

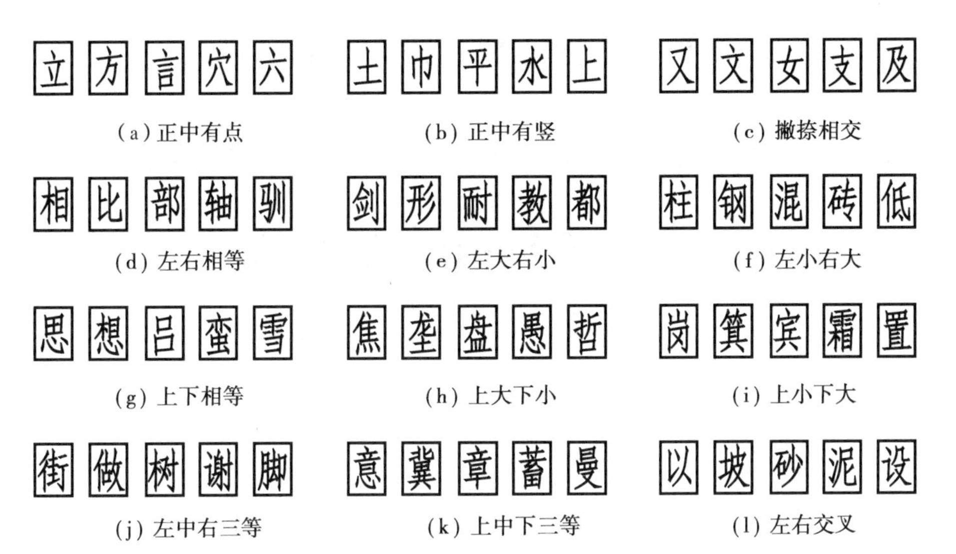

图 1.6　长仿宋字的结构示范

3.2　字母及数字

图样及说明中的字母、数字，宜优先采用 True type 字体中的 Roman 字型，书写规则应符合表 1.11 的规定，字例如图 1.7 所示。

表 1.11　字母及数字的书写规则

书写格式	字　体	窄字体
大写字母高度	h	h
小写字母高度（上下均无延伸）	$7/10h$	$10/14h$
小写字母伸出的头部或尾部	$3/10h$	$1/14h$
笔画宽度	$1/10h$	$1/14h$
字母间距	$2/10h$	$2/14h$
上下行基准线的最小间距	$15/10h$	$21/14h$
词间距	$6/10h$	$6/14h$

字母及数字在图样中需写成斜体字时，其斜度应是从字的底线逆时针向上倾斜 75°。斜体字的高度和宽度应与相应的直体字相等。在技术文件中字母和数字一般写成斜体。字母和数字分 A 型和 B 型，B 型的笔画宽度比 A 型宽，我国采用 B 型。用作指数、分数、极限偏差、注脚的数字及字母，一般应采用比正文小一号的字体。

拉丁字母及阿拉伯数字的字高不应小于 2.5 mm。

ABCDEFGHI J KLMNOPQRSTUVWXYZ

abcdefghijklmnopqrstuvwxyz

1234567890 Ⅰ Ⅴ Ⅹ Ø

ABCabc123 Ⅰ Ⅴ Ⅹ Ø

图 1.7　窄字体拉丁字母、阿拉伯数字及罗马数字的写法

技术提示：①数量的数值注写，应采用正体阿拉伯数字。各种计量单位凡前面有量值的，均应采用国家颁布的单位符号注写，单位符号应采用正体字母。

②分数、百分数和比例数的注写，应采用阿拉伯数字的数学符号，例如，五分之三、百分之二十和一比二十五应分别写成 3/5，20%，1∶25。

③当注写的数字小于1时，必须写出个位的“0”，小数点应采用圆点，齐基准线书写，如0.60。

④长仿宋汉字、字母、数字应符合国家现行标准《技术制图——字体》（GB/T 14691 1993）的有关规定。

技能点 3　字体的练习及应用

◎思政点拨◎

写好字需勤练，引入坚持、勤奋意识。

师生共同思考：我能练好字吗？我能坚持练下去吗？

3.1　字体选用

根据国家标准和各设计单位的设计规定选择字体字型，根据图纸大小和复杂程度选择字号。

3.2　知识测试

1. 制图标准规定，字母和数字分为 A 型和 B 型两种，其中 B 型字体的笔画宽度应为字高的（　　）。

A. 1/10　　B. 1/12　　C. 1/14　　D. 1/15

2. 标准规定，数字和字母分为（　　）种形式，在同一图样中数字和字母只允许选用一种形式的字体。

A. 1　　B. 2　　C. 3　　D. 4

3. 图样及说明中的汉字，常采用长仿宋字体字型。同一图纸中的汉字字体种类不应超过（　　）种。

A. 4　　B. 3　　C. 2　　D. 1

4. 标准规定，汉字系列为 3.5、5、7、10、（　　）、20 mm。

A. 12　　B. 14　　C. 16　　D. 18

5. 标准规定，字母写成斜体时，字头应向右倾斜，与水平基准成（　　）。

A. 45°　　B. 60°　　C. 75°　　D. 85°

6. 标准规定，汉字字宽约为字高 h 的（　　）倍。

A. 0.5　　B. 0.6　　C. 0.7　　D. 1

7. 标准字体中规定的 5 号字是指（　　）。

A. 字宽为 5 mm　　B. 字号排序为第 5 位

C. 字高为 5 mm　　D. 字宽和字高之和为 5 mm

8. 标准规定，汉字要书写更大的字，字体高度应按（　　）比率递增。

A. 1　　B. $\sqrt{2}$　　C. $\sqrt{3}$　　D. 2

3.3　技能训练

1. 按长仿宋体要求书写下列文字：“历史和现实都告诉我们，青年一代有理想、有担当，国家就有前途，民族就有希望，实现中华民族伟大复兴就有源源不断的强大力量。”

2. 书写阿拉伯数字 0~9 及 26 个英文字母的工程字写法。

提示：可采取教师现场写、学生点评、教师自评；学生现场写、学生及教师现场点评等方式进行书写比较和观摩。

知识点 4　比例的规定及应用

◎思政点拨◎

比例有大小，实长确固定。

师生共同思考：做事是按“收入比例”做，还是按“达到效果、目标”做？

4.1 比例的认知

图样的比例，应为图形与实物相对应的线性尺寸之比。

比例的大小，是指比值的大小，如 1∶50 大于 1∶100。比例用阿拉伯数字表示，如 1∶1、1∶2、1∶100 等。比例宜注写在图名的右侧，字的底线应取平齐，比例的字高宜比图名的字高小一号或二号，如图 1.8 所示。

平面图 1:100　　1—1剖面图 1:20　　2/5 1:5

图 1.8　比例注写方式

建筑工程图中所用的比例，应根据图样的用途与被绘对象的复杂程度，从表 1.12 中选用，并优先采用该表中的常用比例。

表 1.12　绘图所用的比例

常用比例	1∶1, 1∶2, 1∶5, 1∶10, 1∶20, 1∶30, 1∶50, 1∶100, 1∶150, 1:200, 1:500, 1∶1 000, 1∶2 000
可用比例	1∶3, 1∶4, 1∶6, 1∶15, 1∶25, 1∶40, 1∶60, 1∶80, 1∶250, 1∶300, 1∶400, 1∶600, 1∶5 000, 1∶1 0000, 1∶20 000, 1∶50 000, 1∶100 000, 1∶200 000

4.2 比例的应用规定

一般情况下，一个图样应选用一种比例。但根据专业制图的需要，同一图样可选用两种比例。

特殊情况下也可自选比例，这时除应注明绘图比例外，还应在适当位置绘制出相应的比例尺。需要缩微的图纸应绘制比例尺。

技能点 4　比例的练习及应用

◎思政点拨◎

比例有大小，图形有大小，事件有大小。

师生共同思考：从小事件看一个人品质，不以“小事无碍”放纵自己。

4.1 比例的选用

图样具体选用多大比例应根据真实建筑的尺寸和图纸尺寸规格（A0~A4）而定。常用比例为总图 1∶500；平面图 1∶100，1∶150，1∶200；放大图 1∶50；详图 1∶30，1∶25，1∶20，1∶15，1∶10。

绘制图样时，应尽可能按构件实际大小采用 1∶1 的比例画出，以便从图样上看出构件的真实大小。由于构件的大小及结构复杂程度不同，大而简单的构件可采用缩小比例；小而复杂的构件则可采用放大比例。

4.2　知识测试

1. 某建筑物用放大 1 倍的比例绘图，在标题栏比例项中应填（　　）。
   A. 放大 1 倍　　B. 1 × 2　　C. 2/1　　D. 2 : 1
2. 国家标准规定，图样中采用的比例有（　　）。
   A. 原值比例、放大比例两种　　B. 原值比例、缩小比例、放大比例 3 种
   C. 原值比例、缩小比例两种　　D. 放大比例、缩小比例两种
3. 若采用 1 : 5 的比例绘制一个直径为 40 的圆，其绘图直径为（　　）。
   A. $\phi 8$　　B. $\phi 100$　　C. $\phi 160$　　D. $\phi 200$
4. 用下列比例分别画出同一个建筑，所绘图形最大的比例是（　　）。
   A. 1 : 1　　B. 1 : 5　　C. 5 : 1　　D. 2 : 1
5. 确定平面图形上各几何图形形状大小的尺寸称为（　　）。
   A. 定位尺寸　　B. 定形尺寸　　C. 总体尺寸　　D. 尺寸基准
6. 图样中采用的比例 2 : 1 是（　　）。
   A. 原值比例　　B. 放大比例　　C. 缩小比例　　D. 不能确定
7. 高度为 30 m 的建筑物，按照 1 : 100 作立面图，图纸上应标注的高度尺寸为（　　）。
   A. 30　　B. 300　　C. 3 000　　D. 30 000

4.3　技能训练

用 5 : 1 的比例绘制图 1.9 所示图形。

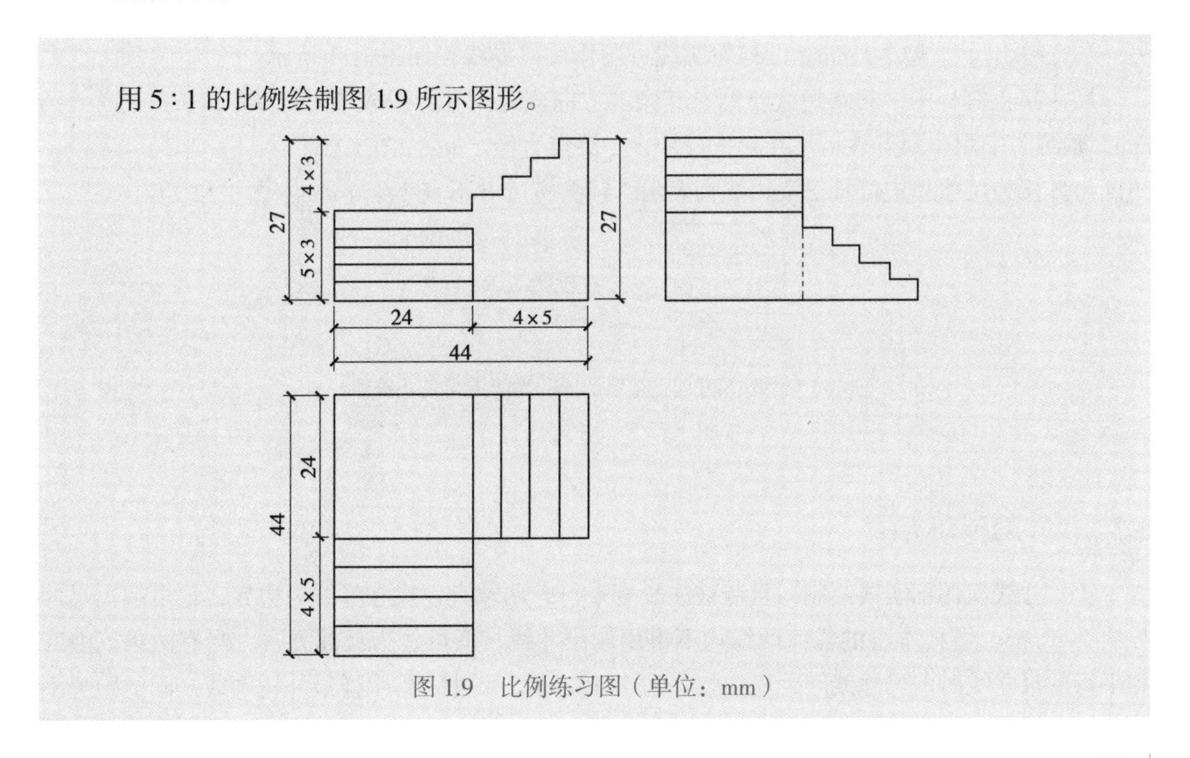

图 1.9　比例练习图（单位：mm）

知识点 5　尺寸标注的规定及应用

◎思政点拨◎

尺寸标注四要素缺一不可，人的品德、能力缺一不可。

师生共同思考：我的品德、能力如何？该如何提升？

5.1　标注尺寸的基本规则

微课 尺寸标注

图纸上图形仅表达物体的形状，在图上还必须标注物体的大小。图中的尺寸数字值，表明形体真实大小，与绘图时所采用的比例和绘图准确度无关。尺寸是施工建造的重要依据，应注写完整准确，清晰整齐。

建筑工程图中标注尺寸时，除标高及总平面图以 m 为单位外，其他均以 mm 为单位。标注尺寸时不用在数字后注明单位。

图样上的尺寸由尺寸界线、尺寸线、尺寸起止符号、尺寸数字组成，如图 1.10 所示。

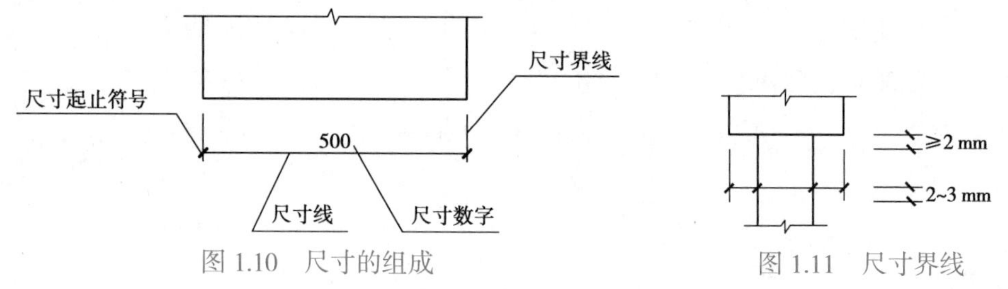

图 1.10　尺寸的组成　　　图 1.11　尺寸界线

尺寸界线应用细实线绘制，应与被注长度垂直，其一端应离开图样轮廓线不小于 2 mm，另一端宜超出尺寸线 2~3 mm。图样轮廓线可用作尺寸界线，如图 1.11 所示。

尺寸起止符号用中粗斜短线绘制，其倾斜方向应与尺寸界线成顺时针 45°，长度宜为 2~3 mm。轴测图中用小圆点表示尺寸起止符号，小圆点直径 1 mm［图 1.12（a）］。半径、直径、角度与弧长的尺寸起止符号，宜用箭头表示，箭头宽度 b 不宜小于 1 mm［图 1.12（b）］。

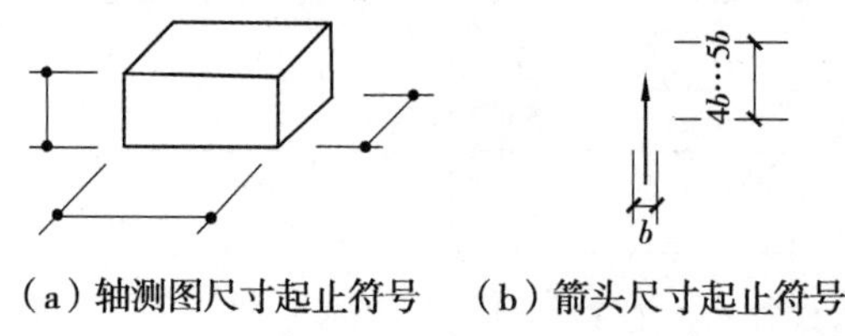

（a）轴测图尺寸起止符号　（b）箭头尺寸起止符号

图 1.12　尺寸起止符号

5.2　尺寸的标注方法

①尺寸线应用细实线绘制，且与被注长度平行，两端宜以尺寸界线为边界，也可超出尺寸界线 2~3 mm。图样本身的任何图线均不得用作尺寸线，但可作为尺寸界线。当有两条以上互相平行的尺寸线时，尺寸线间距应一致，为 7~10 mm，尺寸线与图样最外轮廓线之间的距离不

宜小于 10 mm，如图 1.13 所示。

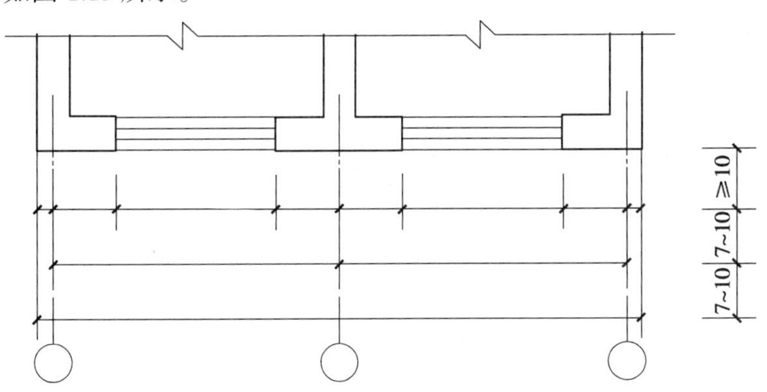

图 1.13　尺寸的排列

②尺寸线应绘至尺寸起止点处，不得超过尺寸界线。尺寸界线一端应离开图样轮廓线不小于 2 mm，另一端超出尺寸线 2~3 mm。排列尺寸线时，应从图样轮廓线向外排列，先是较小尺寸或分尺寸的尺寸线，后是较大尺寸或总尺寸的尺寸线，如图 1.14 所示。

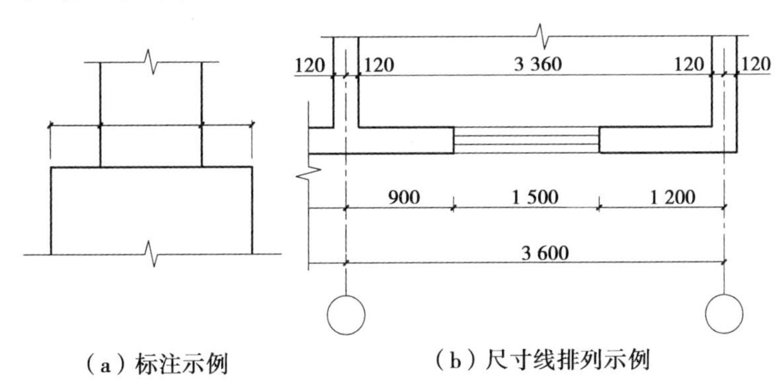

（a）标注示例　　（b）尺寸线排列示例

图 1.14　尺寸的标注

③尺寸线及所标注的尺寸数字，应尽量标注在图形的轮廓线以外，当必须标注在图形轮廓线以内时，在尺寸数字处的图线应断开，以避免尺寸数字与图线混淆，如图 1.15 所示。

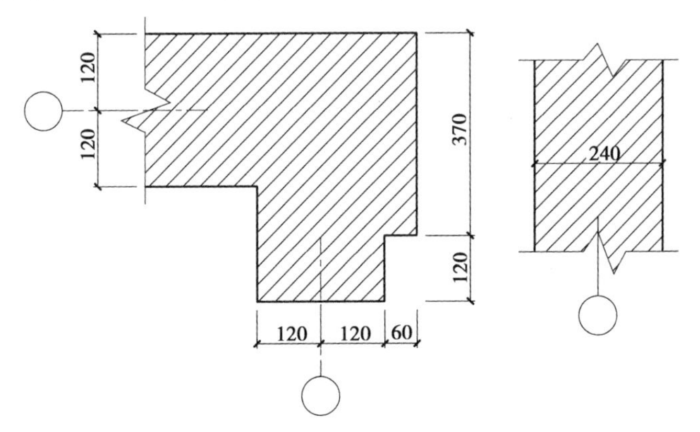

（a）尺寸不宜与图线相交　　（b）尺寸数字处图线应断开

图 1.15　尺寸不宜与图线相交

④尺寸数字应尽量写在尺寸线上方的中部，数字与尺寸线应有适当的距离。当尺寸界线间的距离较小时，尺寸数字可以在尺寸线上下错开注写，必要时也可以用引出线引出后再标注。同一张图纸内尺寸数字字号大小应一致，如图 1.16 所示。

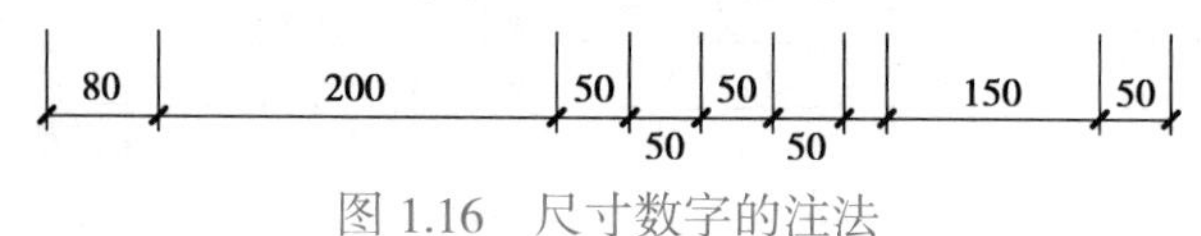

图 1.16　尺寸数字的注法

⑤尺寸数字的方向应按图 1.17（a）规定注写。若尺寸数字在 30° 斜线区内，也可按图 1.17（b）（c）的形式注写。

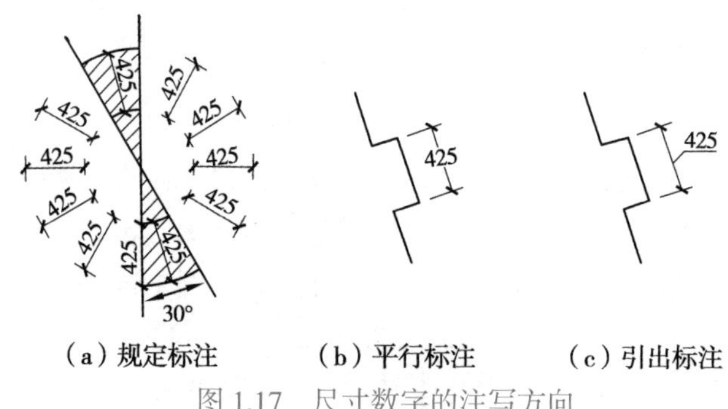

图 1.17　尺寸数字的注写方向

⑥圆的直径、半径及角度标注按图 1.18 规定标注。半圆和小于半圆的圆弧用半径符号“*R*”表示，圆用直径符号“ϕ”表示。球体用“*SR*”或“*S*ϕ”表示。

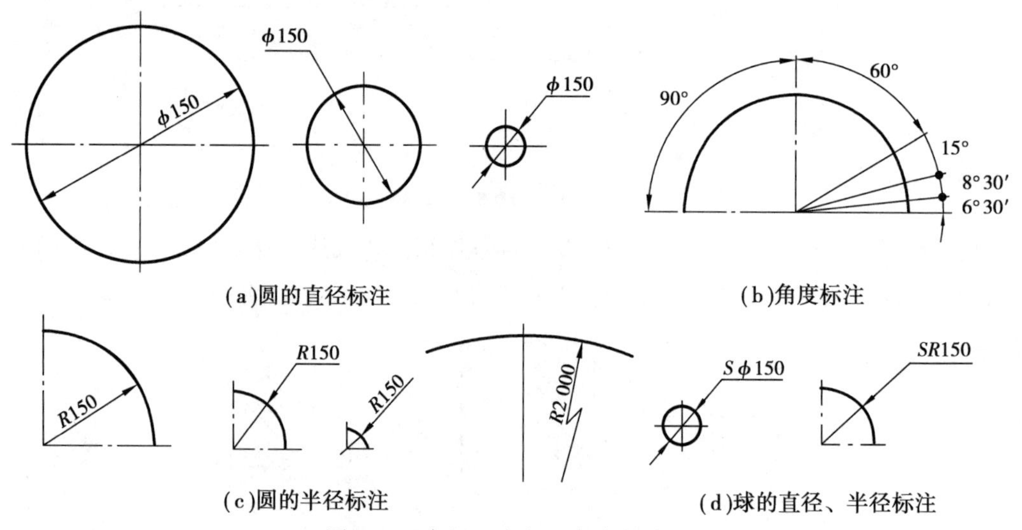

图 1.18　直径、半径和角度的注法

⑦斜度与坡度。斜度是指直线或平面对另一直线或平面的倾斜度。坡度是一直线或平面对水平面的倾斜度。

在图纸上标注坡度时，在坡度数字下应加注坡度符号“←”，坡度符号的箭头，一般应指向下坡方向，通常以 1 : *n* 表示，坡度较平缓时，用 *n*% 表示，如图 1.19 所示。

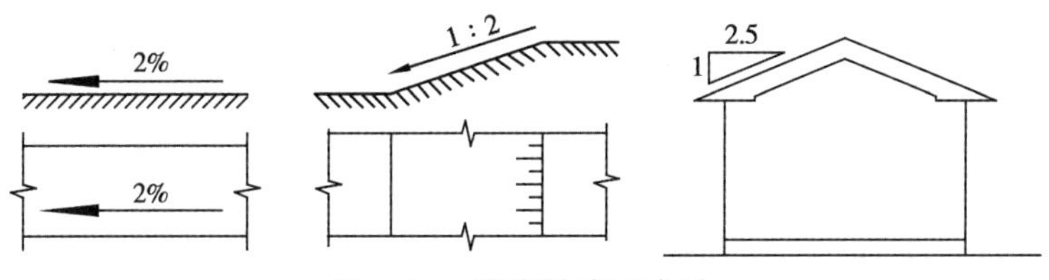

图 1.19　坡度的表示方法

⑧其他尺寸标注，如弧长、弦长、厚度、非圆曲线、复杂图形、尺寸简化标注等详见《房屋建筑制图统一标准》（GB/T 50001—2017）中 11.5 至 11.7 小节的内容。

技能点 5　尺寸标注的练习及应用

◎思政点拨◎

尺寸标注布局合理，美观、好用。

师生共同思考：布局类似规划，我该如何做好人生规划、职业规划？

5.1　尺寸标注的选用

①主要尺寸应从尺寸基准直接标注。

②考虑施工工艺等要求标注一般尺寸。

③不应标注成封闭的尺寸链。建筑物上同一方向的连续尺寸通常有一定的联系，即形成一条首尾相连的尺寸链。在标注这类尺寸时，不能把它们标注成封闭的形式。

④图线不能遮挡标注的数字（有线从标注数字经过时，此处要打断），标注最好要排列整齐，不要凌乱，合理布局。

⑤在标注建筑形体的尺寸时，要考虑两个问题：即投影图上应标注哪些尺寸和尺寸应标注在投影图的什么位置。

5.2　知识测试

1. 图样上标注的尺寸，一般应由（　　）组成。

A. 尺寸界线、尺寸箭头、尺寸数字

B. 尺寸数字、尺寸线及其终端、尺寸箭头

C. 尺寸线、尺寸界线、尺寸数字

D. 尺寸界线、尺寸线及其终端、尺寸数字

2. 几何图形中的每一个尺寸，一般只标注（　　）次，并应标注在反映该形状最清晰的图样上。

A. 1　　B. 2　　C. 3　　D. 4

3. 图样上所标注的尺寸，为该图样所示构件的（　　），否则应另加说明。

A. 留有加工余量尺寸　　B. 最后完工尺寸

C. 加工参考尺寸　　D. 有关测量尺寸

4. 在尺寸标注中，尺寸线为（　　）。

A. 粗实线　　B. 单点长画线　　C. 细实线　　D. 波浪线

5. 采用 1 : 100 的比例绘制建筑平面图，其实际总长为 16 m，图上标注的长度应该为（　　）。

A. 16 m　　B. 16 000 mm　　C. 1 600 mm　　D. 160 mm

6. 如图 1.20 所示，采用 2 : 1 的比例画出直径为 10 mm 的圆，正确的尺寸标注是（　　）。

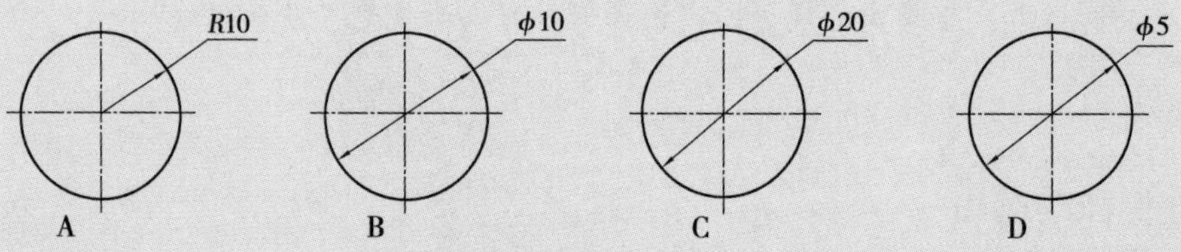

R10　ϕ10　ϕ20　ϕ5

A　B　C　D

图 1.20　圆的尺寸标注

7. 如图 1.21 所示，尺寸标注正确的图形是（　　）。

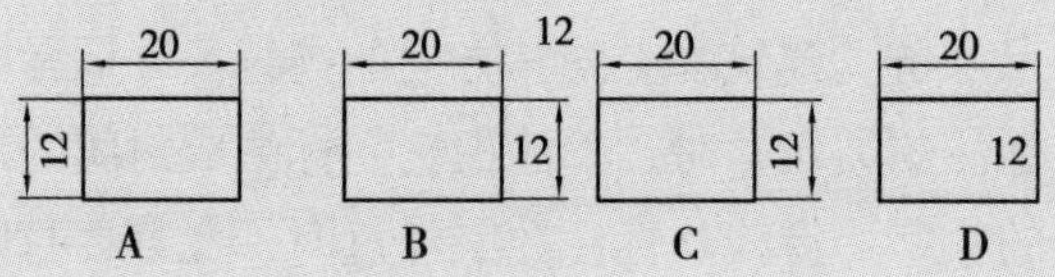

20　12　20　12　20　12　20　12

A　B　C　D

图 1.21　矩形的尺寸标注

8. [多项选择题] 尺寸标注的要素有（　　）。

A. 尺寸线　　B. 尺寸起止符号　　C. 尺寸界线　　D. 尺寸数字

5.3　技能训练

在用 5 : 1 的比例绘制图 1.9 所示图形后，完成尺寸标注。

项目 2　手工绘图的规定及应用

【学习目标】

①能熟练陈述绘图工具、绘图仪器的名称、种类、使用特点。

②能熟练陈述尺规绘图的一般步骤、方法和技能。

③能正确使用绘图工具、仪器和用品进行尺规或徒手绘制各类几何图形及建筑物。

【教学准备】

①绘图工具及仪器的使用视频或微课。

②徒手绘图的使用视频或微课、开放性讨论的问题等资源。

【教法建议】

学生线下先行观看视频或微课并进行学习，课堂或线上进行讨论：

①绘图工具、仪器与施工图绘制的关系？

②徒手绘图与施工图绘制的关系？

【1+X 考点】

无要求。

知识点 6　制图工具及仪器的应用规定

◎思政点拨◎

尺规作图，按照规范，选对工具，事半功倍。

师生共同思考：我该如何选择（人生、职业）？

6.1　手工制图工具和仪器的认知

视频　制图工具的应用

微课　制图工具及仪器的使用

为保证制图的质量，提高制图速度，必须了解各种制图工具、仪器和用品的构造和性能，熟练掌握它们的正确使用方法，并经常维护保养。

6.1.1 传统绘图工具及仪器

传统绘图工具及仪器有绘图板、丁字尺、三角板、圆规、分规、图纸、绘图铅笔、擦图片等。

（1）绘图板、丁字尺、三角板

绘图板是用来固定图纸的。板面一般是用胶合板制作的，四周镶以较硬的木质边框。图板的板面要平整，左右两个工作边要平直，否则将影响画图的准确性。图板应防止受潮、暴晒和烘烤，以免变形。图板有各种不同大小规格。在实际学习中多用 A2 号或 A1 号板。

丁字尺主要用来画水平线，由尺头和尺身两部分组成。使用时左手握尺头，使尺头内侧紧靠图板的左侧边，右手执笔，沿丁字尺的工作边自左至右即可画出水平线。丁字尺的工作边必须保持平直光滑，不用时最好挂起来，以防止变形。如图 2.1 所示。

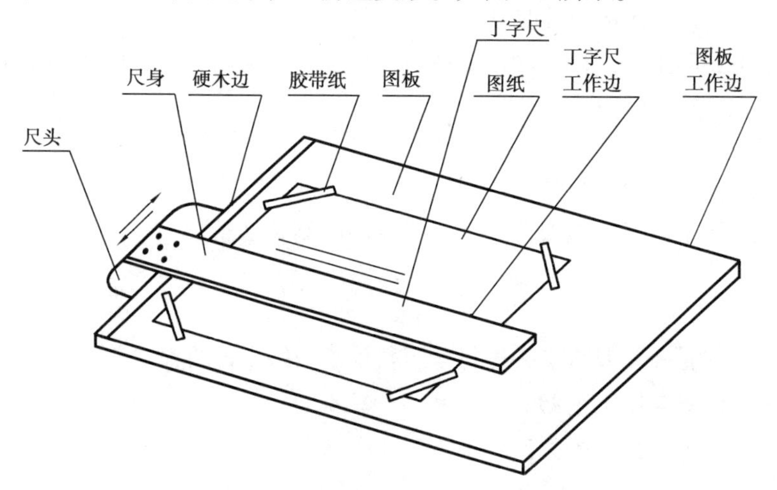

图 2.1 图板与丁字尺的使用

三角板一般用透明的有机玻璃制成，上有刻度。三角板与丁字尺配合使用画铅垂线及 15°、30°、45°、60°、75° 等特殊角度的直线和它们的平行线，如图 2.2 所示。此外，也可以用两块三角板配合，画出任意倾斜直线的平行线或垂直线。

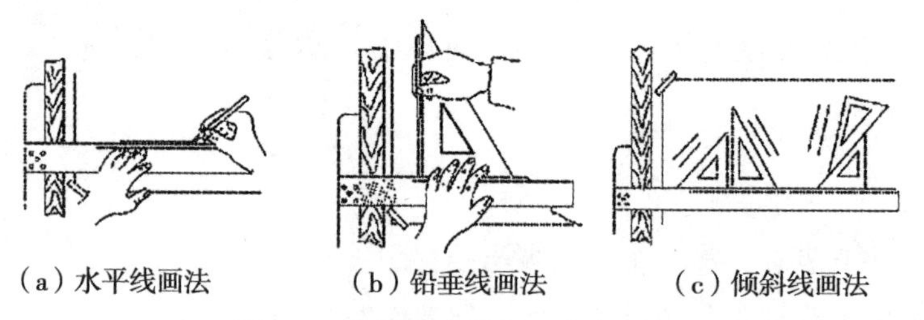

（a）水平线画法　（b）铅垂线画法　（c）倾斜线画法

图 2.2 使用丁字尺、三角板画线

（2）圆规、分规

圆规是画圆及圆弧的仪器。在使用前应先调整针脚，使针尖稍长于铅芯，调整后再取好半径，以右手拇指和食指捏住圆规旋柄，左手食指协助将针尖对准圆心，钢针和插脚均垂直于纸面。作图时，圆规应稍向前倾斜，从 270° 方位开始画圆，如果圆的半径较大，可加延伸杆，如图 2.3 所示。

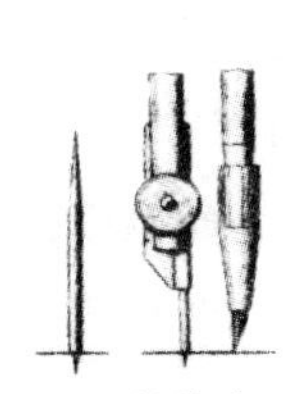
(a) 针脚应比铅芯稍长

(b) 画较大的圆时，应使圆规两脚垂直纸面

图 2.3　圆规的用法

分规是用来等分和量取线段的，分规两端的针尖在并拢后应能对齐，如图 2.4 所示。

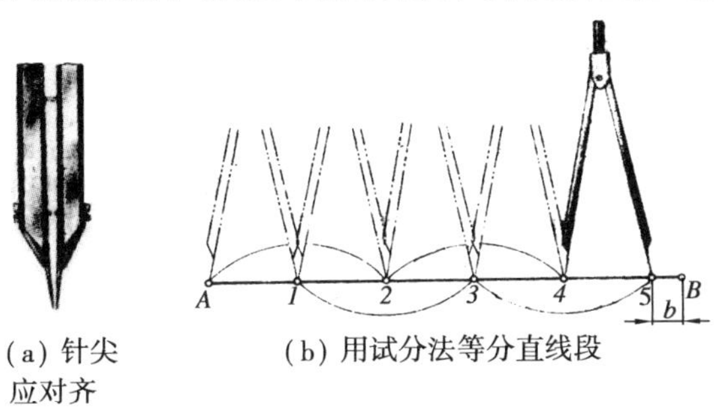

(a) 针尖应对齐　(b) 用试分法等分直线段

图 2.4　分规的用法

（3）图纸

图纸有绘图纸和描图纸两种。绘图纸要求质地坚实、纸面洁白。描图纸是描绘图样用的，描绘的图样即为复制蓝图的底图。

图纸应根据需要，按国家标准规定裁成一定的大小。裁图纸时边缘要整齐，各边应相互垂直。

（4）绘图铅笔

绘图铅笔是画底稿、描深图线用的。绘图铅笔的铅芯有各种不同的硬度，分别用 B，2B，…，以及 H ，2H，…，6H 的标志来表示。“B”表示软，“H”表示硬，“HB”介于两者之间，画图时常用“H”画底稿，用“HB”描中粗线和书写文字，用“B”或“2B”描粗实线。用来画粗线的笔尖要削磨成扁铲形（也称一字形），其他笔尖削磨成圆锥形，如图 2.5 所示。画线时，持笔要自然，用力要均匀。

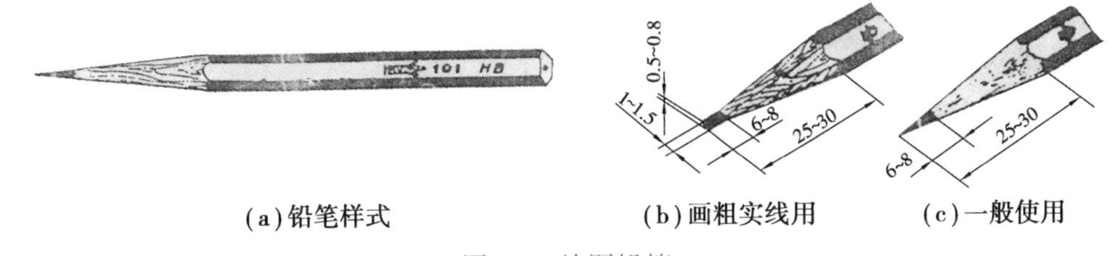

(a) 铅笔样式　(b) 画粗实线用　(c) 一般使用

图 2.5　绘图铅笔

（5）其他制图用品

其他制图用品包括：擦图片（修改图线用）、建筑模板、擦头、透明胶带、小刀、排笔、砂纸等，都是制图中不可缺少的用品。

6.1.2 计算机绘图工具

计算机绘图是应用绘图软件实现图形显示、辅助设计与绘图的一项技术。图形输入设备有键盘、鼠标、数字化仪、扫描仪、数码相机；输出设备有显示器、打印机、绘图机等。

目前，应用型软件 Auto CAD 是 Autodesk 公司推出的最具代表性的工程绘图软件之一。在经历多次升级和研制后，其绘图功能更加强大。它具有工作界面完善友好、便于掌握、可以灵活设置的特点，根据其提供的数字交换功能，用户可以十分方便地在 Auto CAD 和 Windows 其他应用软件之间进行文件数据的共享和交换，且三维作图功能强大，可以作出形象逼真的渲染图。因此，Auto CAD 将最大限度地为设计人员提供支持，在众多的设计领域中发挥不可替代的作用。

另外一种软件是在应用软件的基础之上开发研制的专业绘图软件。这类软件除了更方便各专业设计而外，大多数把各专业的标准构配件、常用件用参数化设计成标准构配件库、常用件库，能极大地提高绘图的效率。国内常用的建筑软件有天正 CAD、PKPM 等，有兴趣的同学可以在课外深入了解它们的各自特点和使用方法。

6.2 手工制图工具和仪器的应用

建筑物的构件轮廓都是由直线、圆弧、曲线等几何图形所组成。因此，掌握基本几何图形正确的作图方法，对提高绘图的速度和精确度是很重要的。

微课 线及多边形的绘制

6.2.1 平行线、垂直线及等分线

①过已知点作已知直线的平行线，如图 2.6 所示。

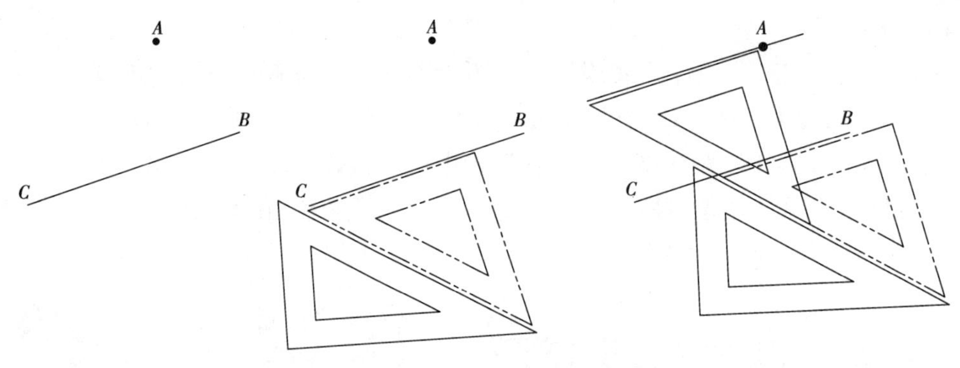

(a) 已知点 A 和直线 BC

(b) 用三角板的一边与 BC 重合，另一块三角板的一边与前一个三角板的另一边紧靠

(c) 推动前一块三角板至 A 点，画出直线即为所求

图 2.6 过已知点作已知直线的平行线

②过已知点作已知直线的垂直线，如图 2.7 所示。

③分已知线段为任意等分，如图 2.8 所示。

④分两平行线之间的距离为已知等分，如图 2.9 所示。

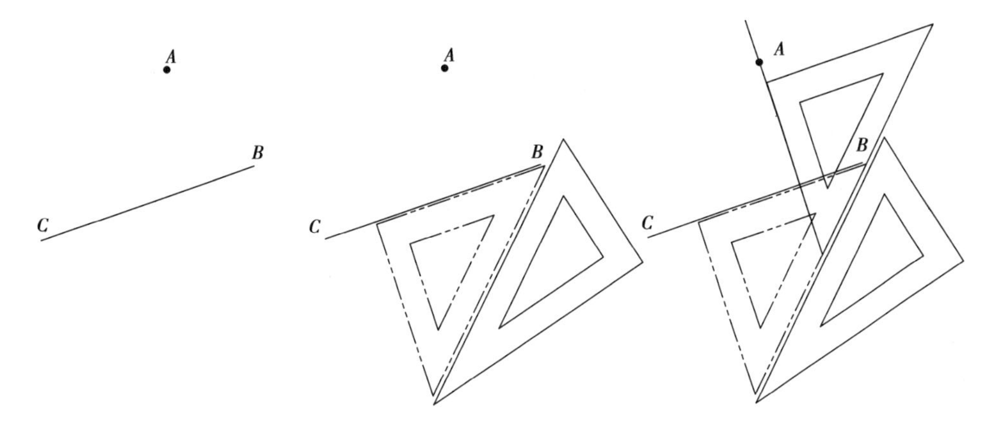

(a) 已知点 A 和直线 BC

(b) 先用 45° 三角板的一直角边与 BC 重合，再使它的斜边紧靠另一块三角板

(c) 推动 45° 三角板另一直角边至 A 点，画出直线即为所求

图 2.7　过已知点作已知直线的垂线

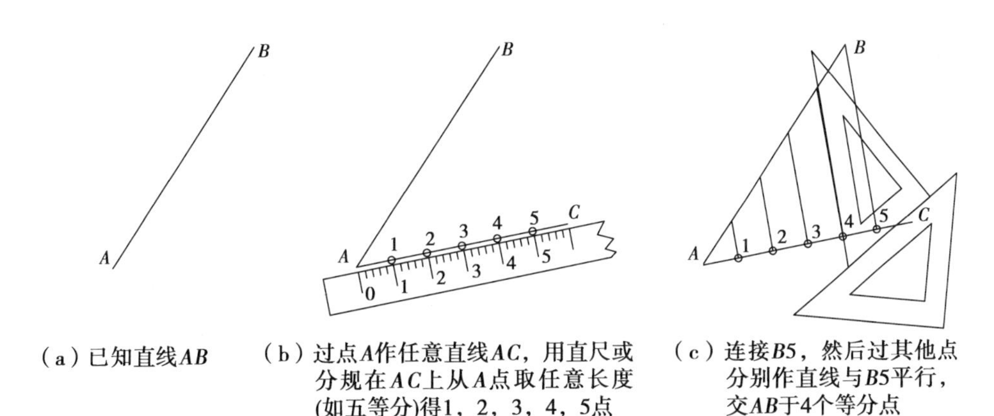

(a) 已知直线AB

(b) 过点A作任意直线AC，用直尺或分规在AC上从A点取任意长度(如五等分)得1，2，3，4，5点

(c) 连接B5，然后过其他点分别作直线与B5平行，交AB于4个等分点

图 2.8　分已知线段为五等分

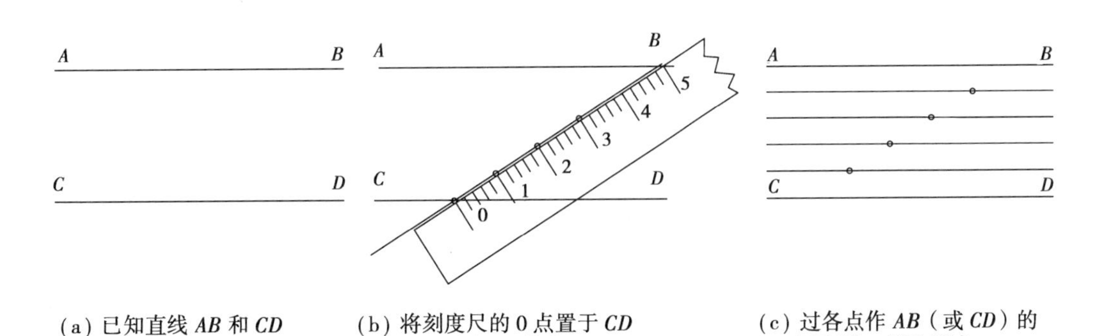

(a) 已知直线 AB 和 CD

(b) 将刻度尺的 0 点置于 CD 上，使刻度 5 落在 AB 上，得1，2，3，4 点

(c) 过各点作 AB（或 CD）的平行线，即为所求

图 2.9　分两平行线之间的距离为五等分

6.2.2 正多边形

圆内接正多边形，可采用三角板与丁字尺配合使用求出。

①圆内接正五边形，如图 2.10 所示。

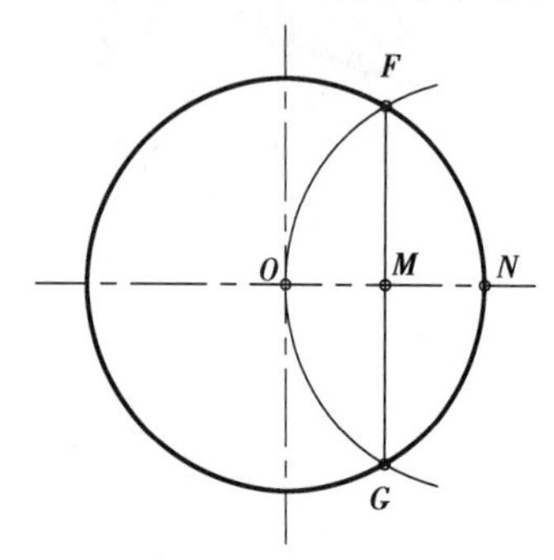

(a) 以N为圆心，NO为半径作圆弧，交于F，G；连FG，与ON相交得点M

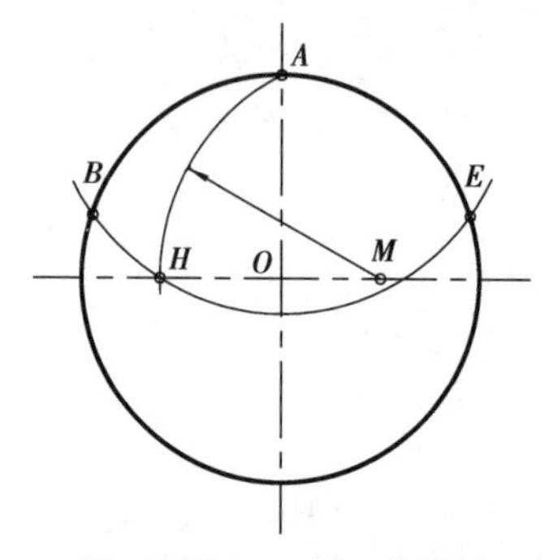

(b) 以M为圆心，过点A作圆弧，交水平直径于H；再以A为圆心，过点H作圆弧，交外接圆于B，E

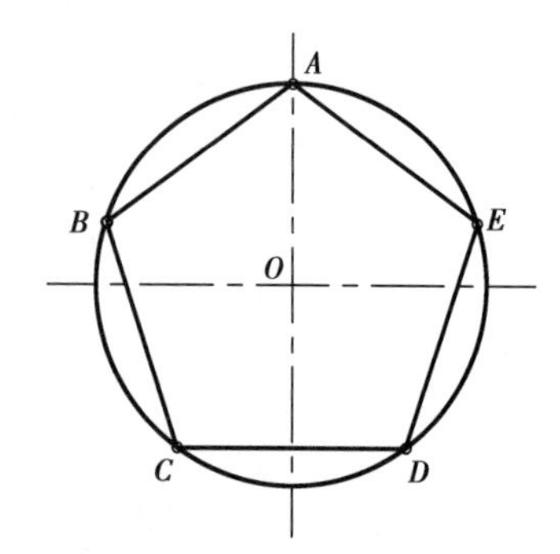

(c) 分别以B，E为圆心，弦长BA为半径作圆弧；交得C，D；连A，B，C，D，E即为正五边形

图 2.10 圆内接正五边形作法

②圆内接正六边形，如图 2.11 所示。

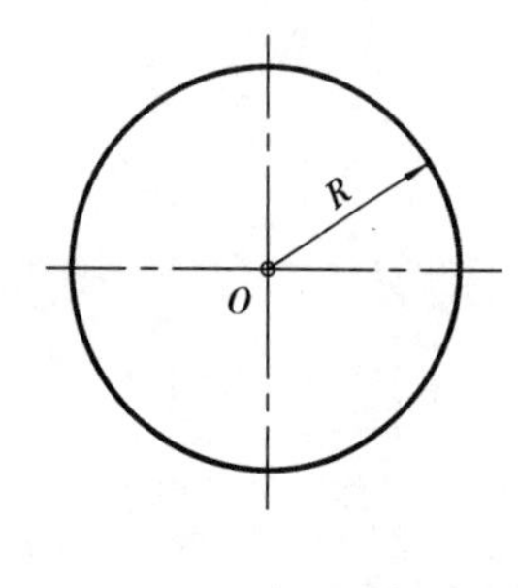

(a) 已知圆的半径为 R

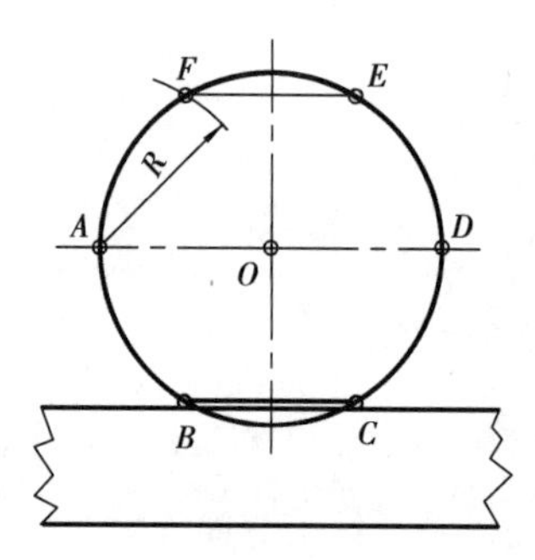

(b) 用圆的半径 R 等分圆周为六等份

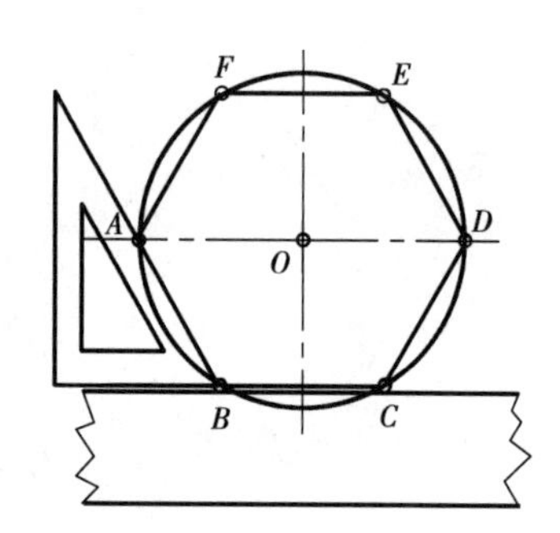

(c) 顺序将各等分点连接起来，即为所求

图 2.11 圆内接正六边形作法

③圆内接任意正多边形，如图 2.12 所示。

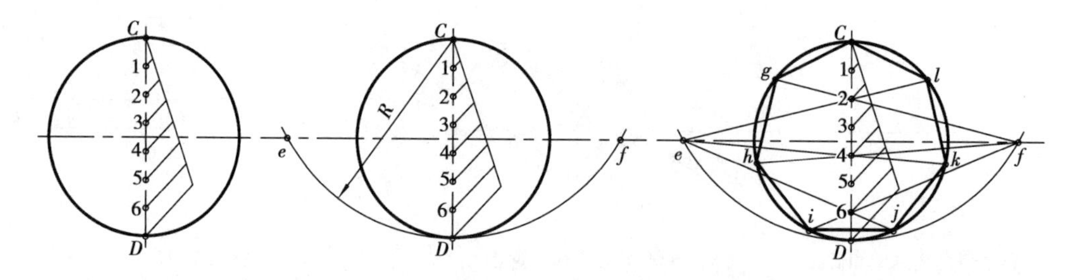

(a) 将直径CD分为七等份（作正七边形），等分法见前述

(b) 以C为圆心，CD为半径画弧，交中心线于e，f两点

(c) 分别自e，f连CD上偶数等分点，与圆周交得g，h，i，j，k，l，连接各点即可

图 2.12 圆内接任意正多边形作法

6.2.3　圆弧连接

微课 弧线的绘制

在设计平面图形时，有时需要从一条直线（或圆弧）经圆弧光滑地过渡到另一条直线（或圆弧），我们称这种作图为圆弧连接。在中间起连接作用的圆弧称为连接弧。连接弧与直线（或圆弧）的光滑过渡实质是直线（或圆弧）与圆弧相切，切点就是连接点。

为实现圆弧连接，必须根据已知条件和连接弧的半径 R，求出连接弧的圆心和连接点（切点），才可保证光滑连接。尺规作图方法和步骤见表 2.1。

表 2.1　圆弧连接

作图要求	已知条件	几何作图	步　骤
用圆弧连接两直线（外切）	连接弧半径 R，直线 l_1 和 l_2		1. 过直线 l_1 上任一点 a 作该直线的垂线 ab，并使 $ab=R$，过点 b 作直线 $n_1/\!/l_1$ 2. 同上方法作直线 $n_2/\!/l_2$ 3. 过直线 n_1 与 n_2 的交点 O（连接弧圆心）分别向直线 l_1，l_2 作垂线，得 M_1，M_2（连接点） 4. 以 O 为圆心，R 为半径，作弧 $\overset{\frown}{M_1M_2}$，即完成全图
用圆弧连接两圆弧（外切）	连接弧半径 R，被连接的两个圆 O_1，O_2 的半径 R_1，R_2		1. 以 O_1 为圆心、$R+R_1$ 为半径和以 O_2 为圆心、$R+R_2$ 为半径分别作圆，两圆弧的交点 O，即为连接弧圆心 2. 作连心线 OO_1，OO_2，分别与圆 O_1，O_2 相交于点 M_1，M_2，即为连接点 3. 以点 O 为圆心，R 为半径，作弧 $\overset{\frown}{M_1M_2}$，即完成作图
用圆弧连接两圆弧（内切）	连接弧半径 R，被连接的两个圆 O_1，O_2 的半径 R_1，R_2		1. 以 O_1 为圆心、$R-R_1$ 为半径和以 O_2 为圆心、$R-R_2$ 为半径分别作圆，两圆弧的交点 O，即为连接弧圆心 2. 作连心线 OO_1，OO_2 并延长，分别与圆 O_1，O_2 相交于点 M_1，M_2，即为连接点 3. 以点 O 为圆心，R 为半径，作弧 $\overset{\frown}{M_1M_2}$，即完成作图

技能点6　制图工具及仪器的练习及应用

◎思政点拨◎

水平、竖直线条绘制有先后。圆弧线段连接有讲究。

师生共同思考：做事步骤的选择与能力有关，如何做好与智慧有关。

6.1　知识测试

1. 丁字尺可以用于绘制（　　）。

A. 竖直直线　　B. 水平直线　　C. 斜线　　D. 所有线

2. 画图时常用（　　）描中粗线和书写文字。

A. 2B　　B. B　　C. HB　　D. H

3. 三角板可以用于绘制（　　）。

A. 竖直直线和斜线　　B. 水平直线

C. 任意直线　　D. 所有线

4. 加深、加粗线条时，所使用铅笔的铅芯应磨成（　　）。

A. 圆锥形　　B. 圆柱形　　C. 矩形　　D. 扁形

5. 图板的工作边是（　　）。

A. 长边　　B. 短边

C. 长边、短边均可　　D. 以短边为主，长边为辅

6.2　技能训练

要求：①图样正确、完整。②尺寸标注齐全、清晰、合理。③视图布置合理、图面整洁。④图线、尺寸、文字等符合技术制图标准。⑤工程符号及图例符合现行国家标准的规定。

1. 根据图2.13，使用绘图工具和仪器，抄绘建筑一层平面图。

2. 根据图2.14，使用绘图工具和仪器，绘制杯形基础的正立面图和俯视图。

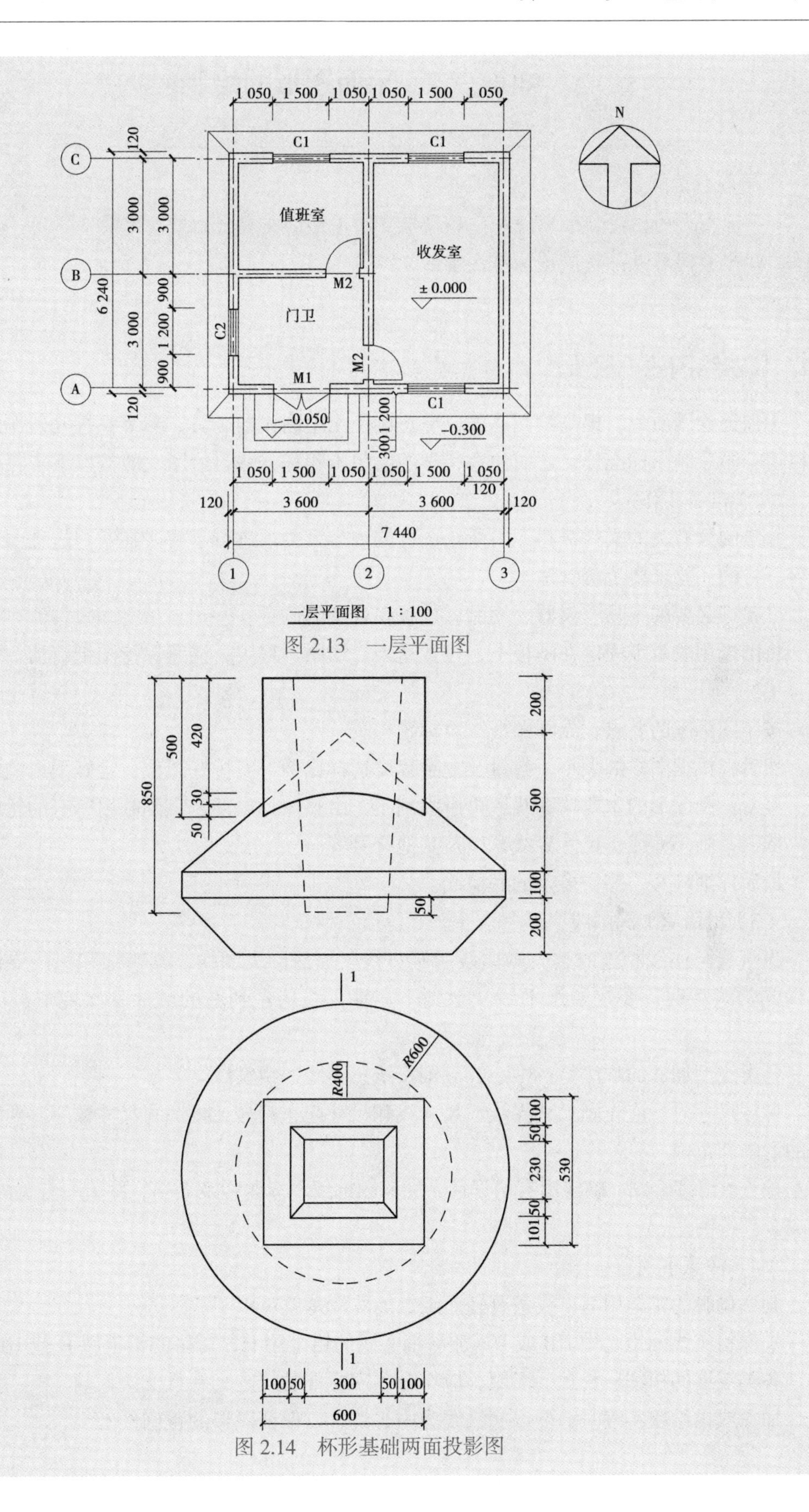

图 2.13 一层平面图

图 2.14 杯形基础两面投影图

知识点7　平面图形的绘制

◎思政点拨◎

平面图形的图线加深顺序关乎线段节点和图形的美观，细节决定成败。

师生共同思考：我应该如何注重细节？

7.1　仪器绘图的一般步骤

为保证绘图质量，提高绘图速度，除正确使用绘图仪器工具、熟练掌握几何作图的方法和严格遵守国家制图标准外，还应注意科学的绘图步骤和方法，绘图一般按以下步骤进行。

（1）准备工作

收集阅读有关的文件资料，对所绘图样的内容及要求进行了解。在学习过程中，对作业的内容、目的、要求要了解清楚。

准备好必要的工具、仪器、用品，放置在合理的位置。

将图纸用胶带纸固定在图板上，位置适当。绘图过程中，注意保持图纸清洁。

（2）画底稿

按制图标准的要求，先画图框线及标题栏。

然后，根据图样的大小、数量及复杂程度选择比例，安排好图位，定好图形的中心线。

接着，画图形的主要轮廓线，再由大到小，由整体到局部，直到画出所有的轮廓。

依次，画尺寸线、尺寸界线，以及其他符号等。

最后仔细检查，擦去多余的底稿线。

（3）用铅笔加深图线

当直线与曲线相连时，先画曲线后画直线。加深同类图线，其粗细和深浅要保持一致。加深同类线型时，要按照水平线从上到下、垂直线从左到右的顺序一次完成，而且用力要均匀。

各类线型加深的顺序是：中心线、细实线、虚线、粗实线。

标注尺寸时，应先画尺寸界线、尺寸线和尺寸起止符号，再注写尺寸数字。要保持尺寸数字的清晰和正确。

检查、清理全图，确定没有错误后，加深图框线，标题栏及表格，并填写有关内容及说明，完成全部绘图。

（4）注意事项

画底稿时的铅笔用H，线条要轻而细，能看清楚就可以了。

加深粗实线的铅笔用HB或B，加深细实线的铅笔用H，写字的铅笔用H或HB。

各类线型的粗细、长短、间距，应符合国家标准的规定，并且交接正确。

加深或描绘粗实线时，要以底稿线为中心线，以保证图形的正确性。

7.2　平面图形的尺寸分析

通常平面图形的尺寸包括定形尺寸、定位尺寸和尺寸基准。

（1）定形尺寸

定形尺寸是确定各组成部分形状及大小的尺寸，如表示图形的长、宽、高、直径、半径等尺寸。例如，图 2.14 中 *R*1 500、*R*750、1 000、3 200 等。

（2）定位尺寸

定位尺寸是确定各部分相对位置的尺寸，如 600、3 500。

（3）尺寸基准

尺寸基准即标注尺寸的起点。在标注尺寸时，必须在平面图形的长、宽两个方向分别选定尺寸基准，以便确定各部分左右、上下的相对位置。通常以平面图形的左端、下端、中心轴或重要的端面作为尺寸基准。

7.3　平面图形的线段分析和画法

绘制平面图形时，首先要对组成图形的各个线段的形状进行分析，找出连接关系，确定哪些线段可以直接画出，哪些线段需要几何作图才能画出。通常定形定位尺寸都齐全，可根据已知尺寸直接画出的线段称为已知线段（已知圆弧）；少两个定位尺寸，需两端相切并光滑连接的线段叫连接线段（连接弧）；少一个定位尺寸，需一端相切的线段称为中间线段（中间弧）。图 2.15 中线段分析如下：*R*1 500、*R*750、*R*500 的圆与长为 1 000、宽为 3 200 的矩形及直线段长 2 000 和 4 400 的线段或圆即为已知线段（已知圆弧）；*R*6 000 的圆弧为中间线段（中间弧）；将 *R*750 和 *R*500 连接起来的直线为连接线段（连接弧）。

作图时先画已知圆弧和线段，再画中间线段和中间圆弧，后画连接线段和连接圆弧，如图 2.15 所示。

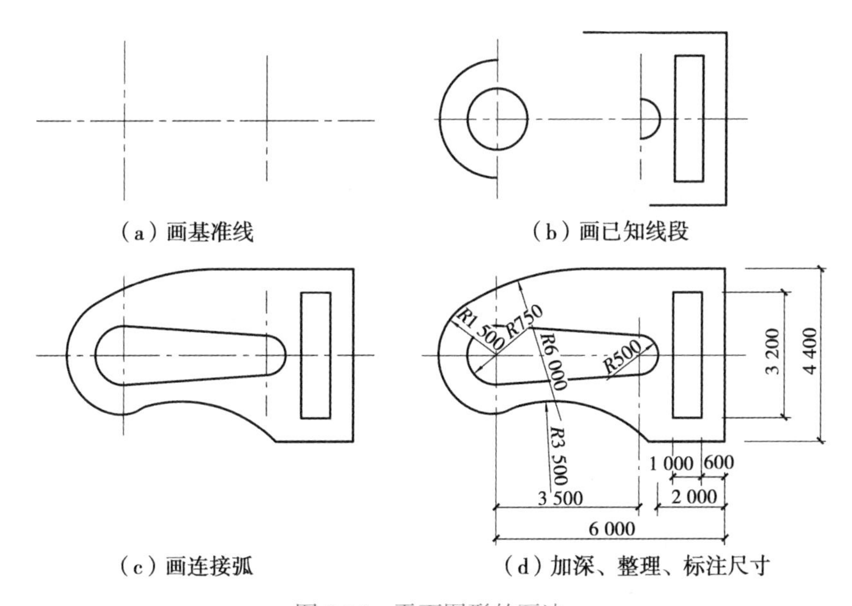

图 2.15　平面图形的画法

技能点 7　平面图形的绘制练习及应用

◎思政点拨◎

尺寸有分类，对应就好；圆心有定位，固定就好。

师生共同思考：我的定位在何处？

7.1　知识测试

1. 图 2.15 中圆的直径标注为 R500 mm，该尺寸是（　　）。

A. 定位尺寸　　B. 定形尺寸　　C. 基准尺寸　　D. 总尺寸

2. 四心圆法画椭圆，4 个圆心（　　）上。

A. 均在椭圆的长轴　　B. 均在椭圆的短轴

C. 在椭圆的长、短轴　　D. 不在椭圆的长、短轴

3. 椭圆的长、短轴方向是互相（　　）的。

A. 平行　　B. 交叉　　C. 相交　　D. 垂直

4. 绘制圆时，应从（　　）点钟方向开始画圆。

A. 3　　B. 6　　C. 9　　D. 12

5. 加深、加粗图线时，应该先从（　　）开始加深、加粗。

A. 水平直线　　B. 竖直直线　　C. 曲线　　D. 直线

7.2　技能训练

要求：①图样正确、完整。②尺寸标注齐全、清晰、合理。③视图布置合理、图面整洁。④图线、尺寸、文字等符合技术制图标准。⑤工程符号及图例符合现行国家标准的规定。

1. 根据图 2.16，使用绘图工具和仪器，抄绘构件图。

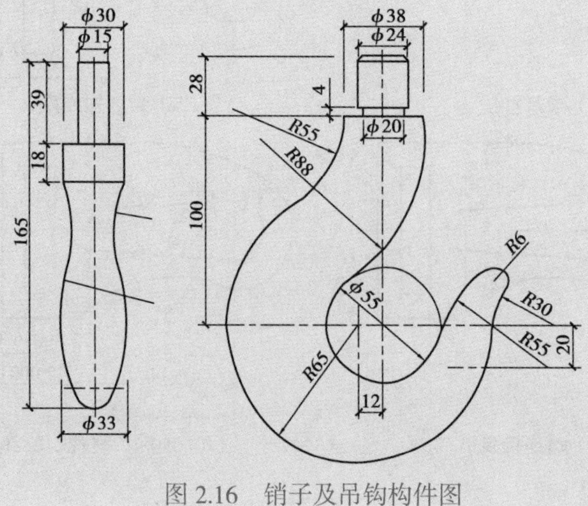

图 2.16　销子及吊钩构件图

2. 根据图 2.17 的比例要求，使用绘图工具和仪器，抄绘构件图。

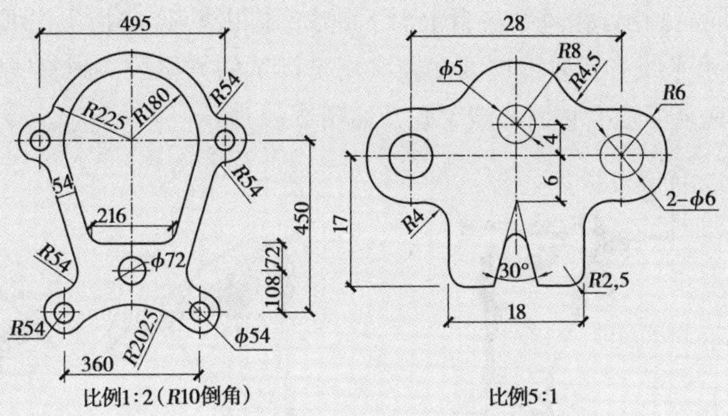

比例1:2（R10倒角）　　比例5:1

图 2.17　构件图

知识点 8　徒手绘图

◎思政点拨◎

草图不是随意画，不是乱画，是有规则的。

师生共同思考：什么叫规则意识？我们该如何遵守规则？

8.1　基本概念

徒手绘图是指不借助仪器，只用铅笔以徒手、目测的方法来绘制图样，俗称画草图。

在工程设计中，设计人员用草图记录自己的设计方案，在施工现场技术人员用草图讨论某些技术问题，在技术交流中工程师们用草图表达自己的设计思想，在教学活动中由于计算机绘图的引入，也越来越降低仪器图的要求，而加大由草图到计算机绘图的比重。因此，徒手绘图是工程技术人员必备的一种绘图技能。

草图不要求完全按照国标规定的比例绘制，但要求正确目测实物形状和大小，基本上把握住形体各部分之间的比例关系。如一个物体的长、宽、高之比为 4 : 3 : 2，画此物体时，就要保持物体自身的这种比例。判断形体间比例的正确方法应是从整体到局部，再由局部返回整体相互比较的观察方法。

草图不是潦草的图，除比例一项外，其余必须遵守国标规定，要求做到投影正确、线型分明，字体工整。

为便于控制尺寸大小，经常在坐标纸（方格纸）上画徒手草图，坐标纸不要求固定在图板上，为了作图方便可任意转动和移动。

8.2 绘图方法

水平线应自左向右画出，铅垂线应自上而下画出，眼视终点，小指压住纸面，手腕随线移动，如图 2.18 所示。画水平线和铅垂线时要尽量利用坐标纸的方格线，画斜线除了 45° 可利用方格的对角线而外，其余可根据它们的斜率画，如图 2.19 所示。

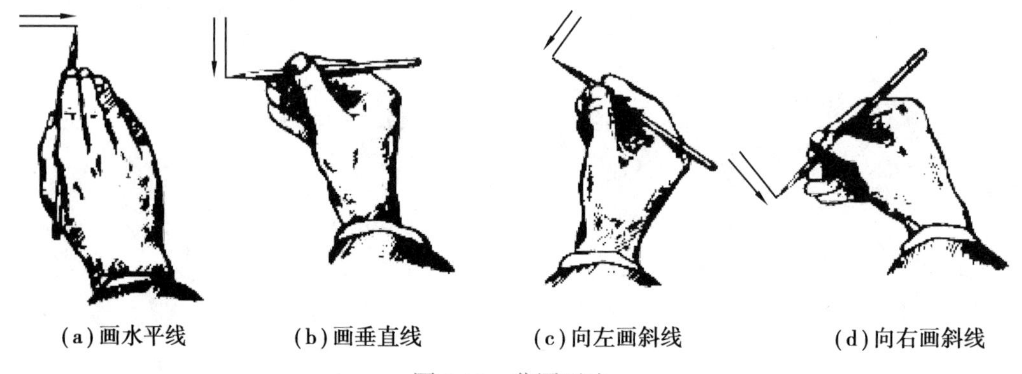

图 2.18　草图画法

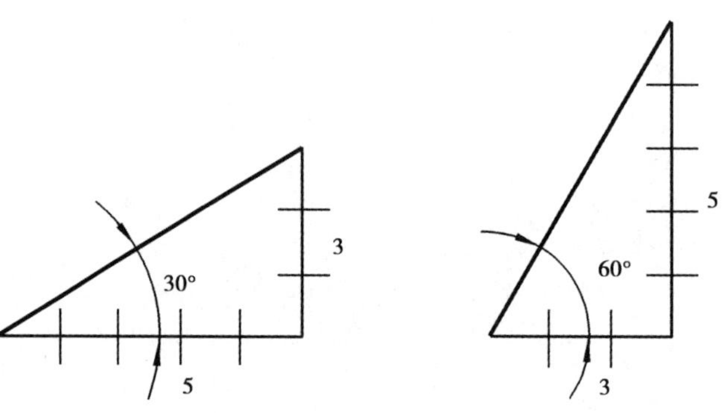

图 2.19　斜线画法

画圆：画不太大的圆，应先画出两条互相垂直的中心线，再在中心线上按半径定 4 个端点，然后连成圆。如图 2.20（a）所示。若画的圆较大，可以再增画两条对角线，在对角线上找 4 段半径的端点，然后通过这些点描绘，最后完成所画的圆，如图 2.20（b）所示。

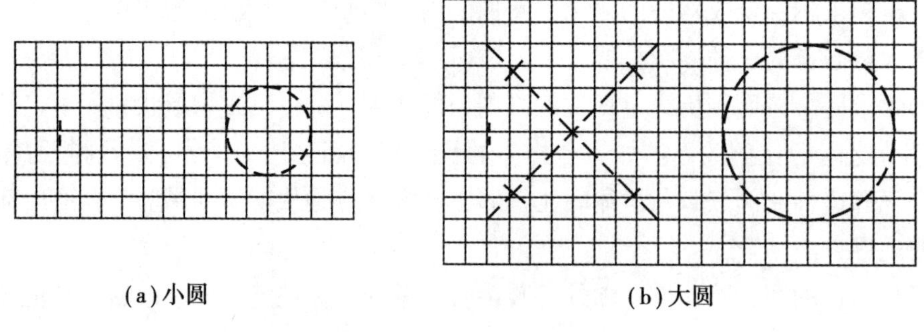

图 2.20　草图圆的画法

8.3　草图画法示例

如图 2.21、图 2.22 所示为草图画法示例。

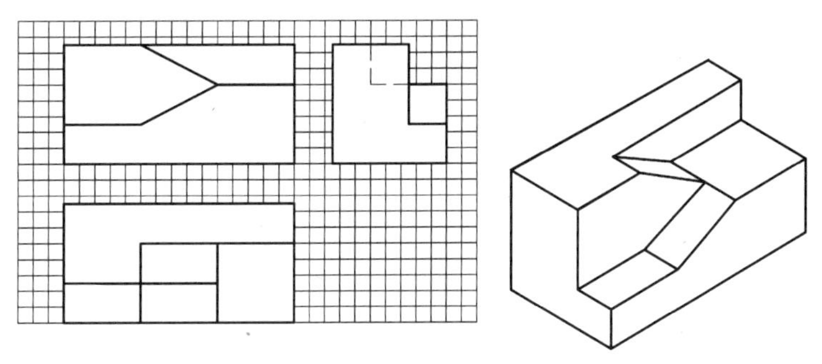

图 2.21　草图画法示例（一）

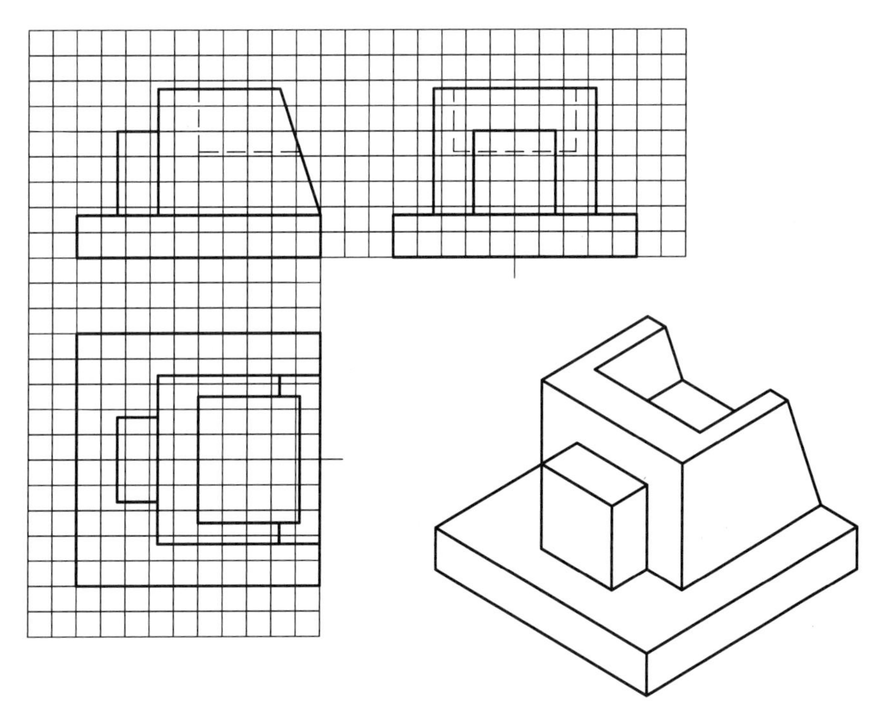

图 2.22　草图画法示例（二）

技能点 8　徒手绘图的练习及应用

◎思政点拨◎

练习在规则引导下，练习出精度、练习出速度。

师生共同思考：我们究竟该如何练习？如何完成作业？为谁完成作业？

8.1 知识测试

1. 徒手绘图，手指应握在距铅笔笔尖约（　　）mm 处，手腕和小手指对纸面的压力不要太大。

A. 40　　B. 35　　C. 30　　D. 25

2. 草图的线条要求（　　）、基本平直、方向正确。

A. 粗细分明　　B. 尺寸准确　　C. 快、准、好　　D. 粗细一致

3. 草图就是指以（　　）估计图形与实物的比例。

A. 类比　　B. 测量　　C. 查表　　D. 目测

4. 徒手绘图常使用（　　）进行图样绘制。

A. 钢笔　　B. 铅笔　　C. 铅笔 + 仪器　　D. 钢笔 + 仪器

5. 草图除（　　）一项外，其余必须遵守国家标准规定。

A. 图幅　　B. 字体　　C. 比例　　D. 尺寸标注

8.2 技能训练

（1）直线的画法练习

①点对点连线练习（图 2.23）。

②中心点连线练习（图 2.24）。

③透视法画盒子练习（如图 2.25）

④水平线、竖直线、斜线的练习（图 2.26）。

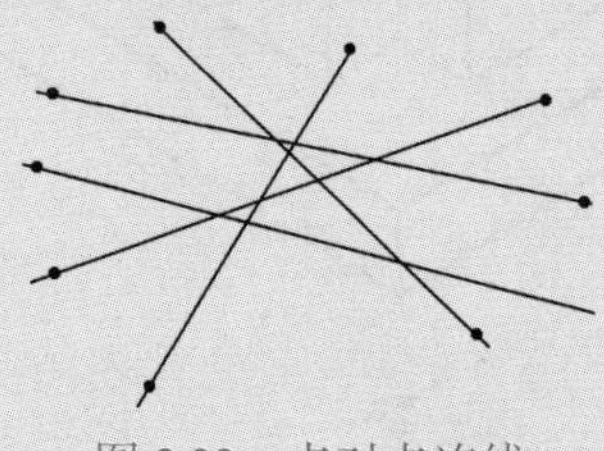

图 2.23　点对点连线

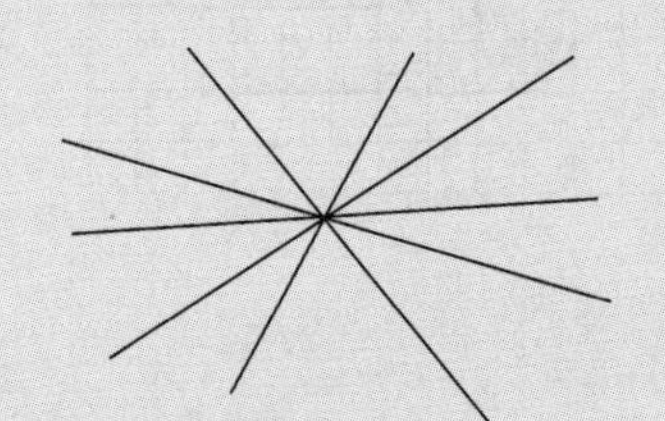

图 2.24　中心点连线

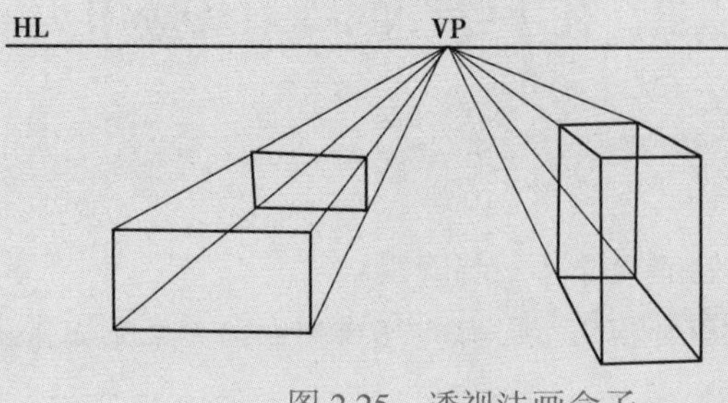

图 2.25　透视法画盒子

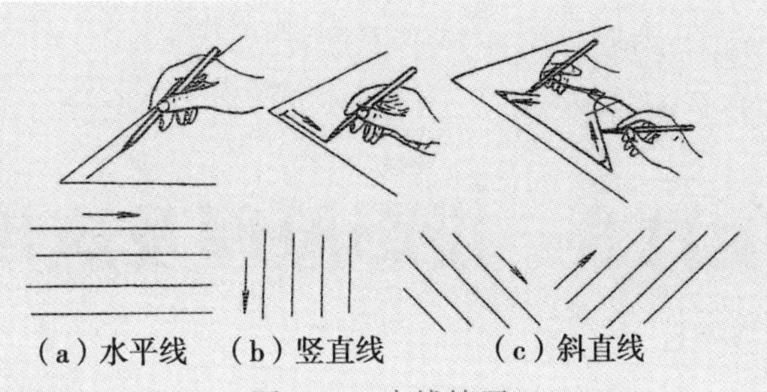

图 2.26　直线练习

技术提示：速度要快，用手臂移动去拉线条，尽量不要转动手腕，尽量画竖的直线或者 45° 斜线，因为横线比竖线更难画直。板子要斜着放，这样手移动时才顺手，手腕移动画线线容易形成弧度，刚开始练习线条可以任意点两个点，然后快速用直线连接两个点，做到快准狠。画弧线和圆相反，画弧线要缓慢，用手腕轻移画出弧线。

（2）圆的画法练习（图 2.27）

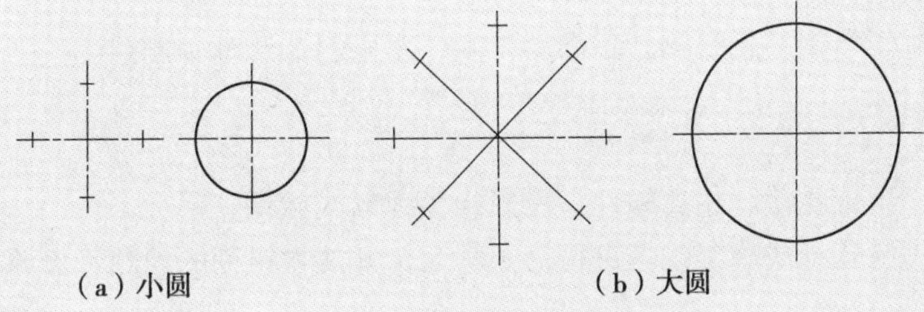

图 2.27　草图中圆的画法

（3）圆弧的画法练习

①用所给的半径 R 将图 2.28、图 2.29 的 4 个角改画成圆弧过渡。

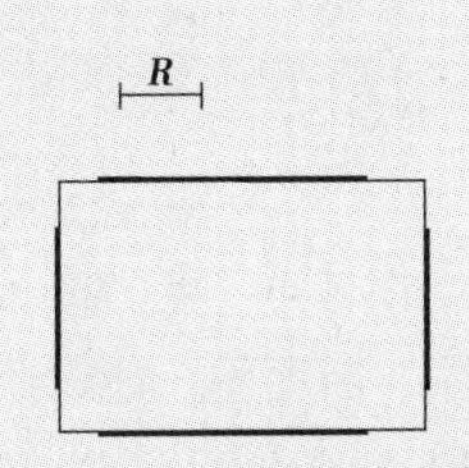

图 2.28　矩形圆弧过渡

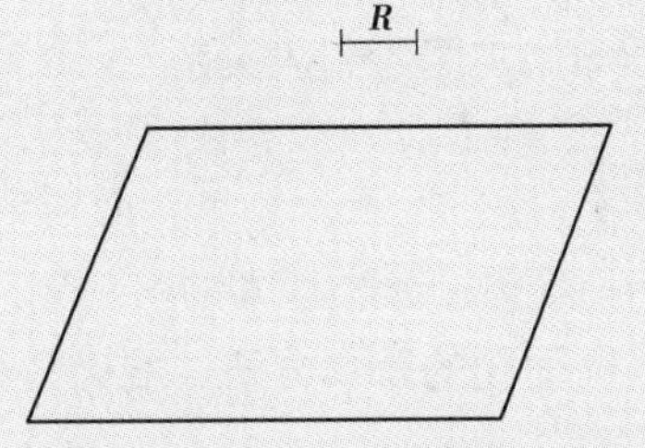

图 2.29　平行四边形圆弧过渡

②用所给的半径 R 将图 2.30 中的两个圆进行外切。

③用所给的半径 R 将图 2.31 中的两个圆进行内切。

④用所给的半径 R 将图 2.32 中的直线和直线、直线和圆弧进行连接过渡。

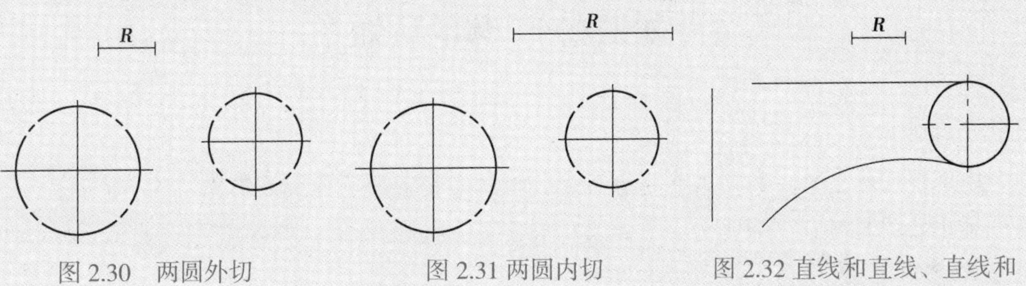

图 2.30　两圆外切

图 2.31 两圆内切

图 2.32 直线和直线、直线和圆弧的圆弧过渡

项目3　投影原理及应用

【学习目标】

①能将物体的平面图形和空间形状进行关联，初步建立空间想象能力；能运用投影知识分析点、线、面间的位置。

②能将平面图形向空间形体进行转化，构建空间想象能力；具备运用投影的知识对物体内部进行剖视分析的能力。

③能正确绘制正等测、正二测、正面斜二测、水平斜二测等轴测图。

【教学准备】

①实体模型、半成品楼、仿真软件、投影相关视频或微课。

②建筑技能训练基地或施工现场进行对照学习，开放性讨论的问题等资源。

【教法建议】

同学们线下先行观看视频或微课并进行学习，课堂或线上进行讨论：

①投影原理与施工图的关系？

②投影原理与施工图绘制的关系？

【1+X 考点】

①识图部分。掌握投影的基本知识、规则、特征和方法，识读点、线、面、体的三面投影图；能识读剖面图、断面图的基本方法，准确区分和识读剖面图、断面图；能识读常见轴测图的投影、正等测图、斜二测图。

②绘图部分。能按照工作任务要求，绘制点、线、面的三面投影图；能按照工作任务要求，绘制基本形体、组合体的三面投影图。

知识点9　体的认知

◎思政点拨◎

建筑物虽然由单一的基本体组合而成，但远非表面看见的那么简单。

师生共同思考：“眼见为实”是真的吗？

9.1　认识建筑

视频 中国古建筑的构造及体认知

分析图 3.1、图 3.2 中的建筑物和构筑物，可知建筑物和构建物，都是由一些基本几何体组合而成的。那么，建筑体型组合有哪几种组合方式呢？

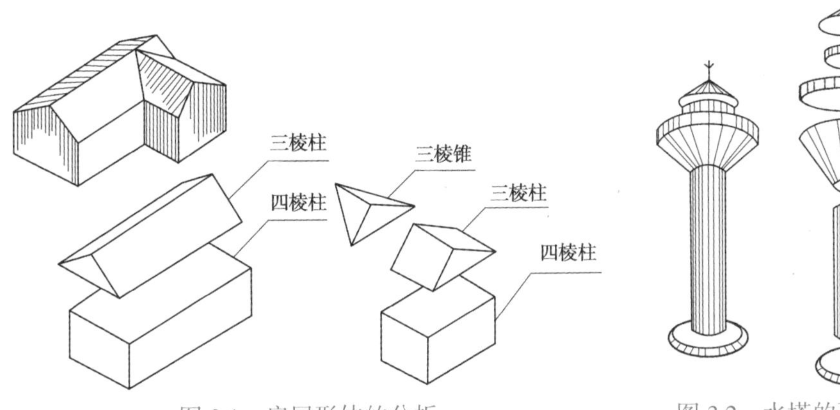

图 3.1　房屋形体的分析　　　图 3.2　水塔的形体分析

9.2　建筑体型组合

建筑物体型的造型组合，包括单一体型、组合体型、复杂体型等不同的组合方式。

9.2.1　单一体型

单一体型是指建筑物基本上是一个比较完整的、简单的几何形体，如长方体、正方体、半球体、圆柱体等，如图 3.3 所示。

图 3.3　广州塔

9.2.2 组合体型

组合体型是指建筑物是由比较明显的几个基本的几何形体组合而成，如图 3.1 所示。

（1）对称式布局

这种布局的建筑有明显的中轴线，主体部分位于中轴线上，主要用于需要庄重、肃穆感觉的建筑，例如政府机关、法院、博物馆、纪念堂等，如图 3.4 所示。

图 3.4　人民大会堂

（2）不对称式布局

在水平方向通过拉伸、错位、转折等手法，可形成不对称的布局。用不对称布局的手法形成的不同体量或形状的体块之间可以互相咬合或用连接体连接，还需要讲究形状、体量的对比或重复以及连接处的处理，同时应该注意形成视觉中心。这种布局方式不仅适应不同的基地地形，还适应多方位的视角，如图 3.5、图 3.6 所示。

图 3.5　不对称建筑

图 3.6　建筑体块穿插

（3）切割、加减建筑

切割、加减建筑即在垂直方向通过切割、加减等方法来使建筑物获得类似“雕塑”的效果，这种布局需要按层分段进行平面的调整，常用于高层和超高层的建筑以及一些需要在地面以上利用室外空间或者需要采顶光的建筑，如图 3.7 所示。

图 3.7　切割、加减建筑

技能点 9　体的认知练习及应用

◎思政点拨◎

形状各有不同，但表达的内涵都是一致的：立体外形。

师生共同思考：看事物、看人等不能看表象，要透过现象看本质。

9.1　知识测试

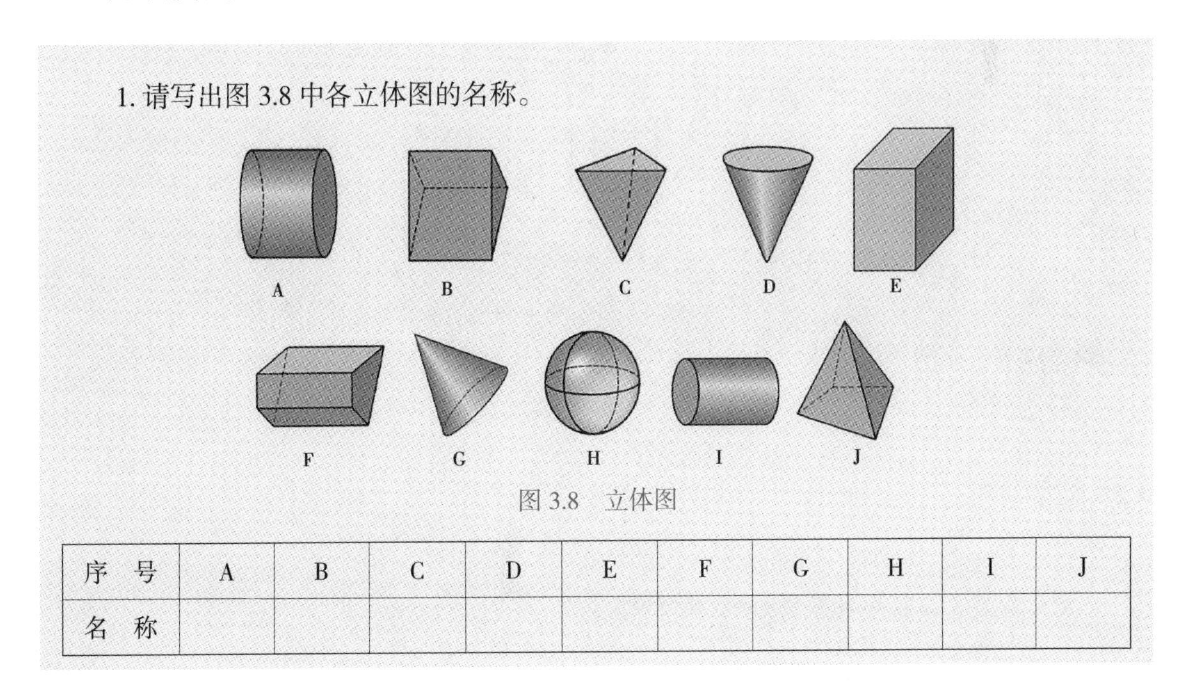

1. 请写出图 3.8 中各立体图的名称。

图 3.8　立体图

序　号	A	B	C	D	E	F	G	H	I	J
名　称										

2. 请找出图 3.9 中的圆柱体（　　）。

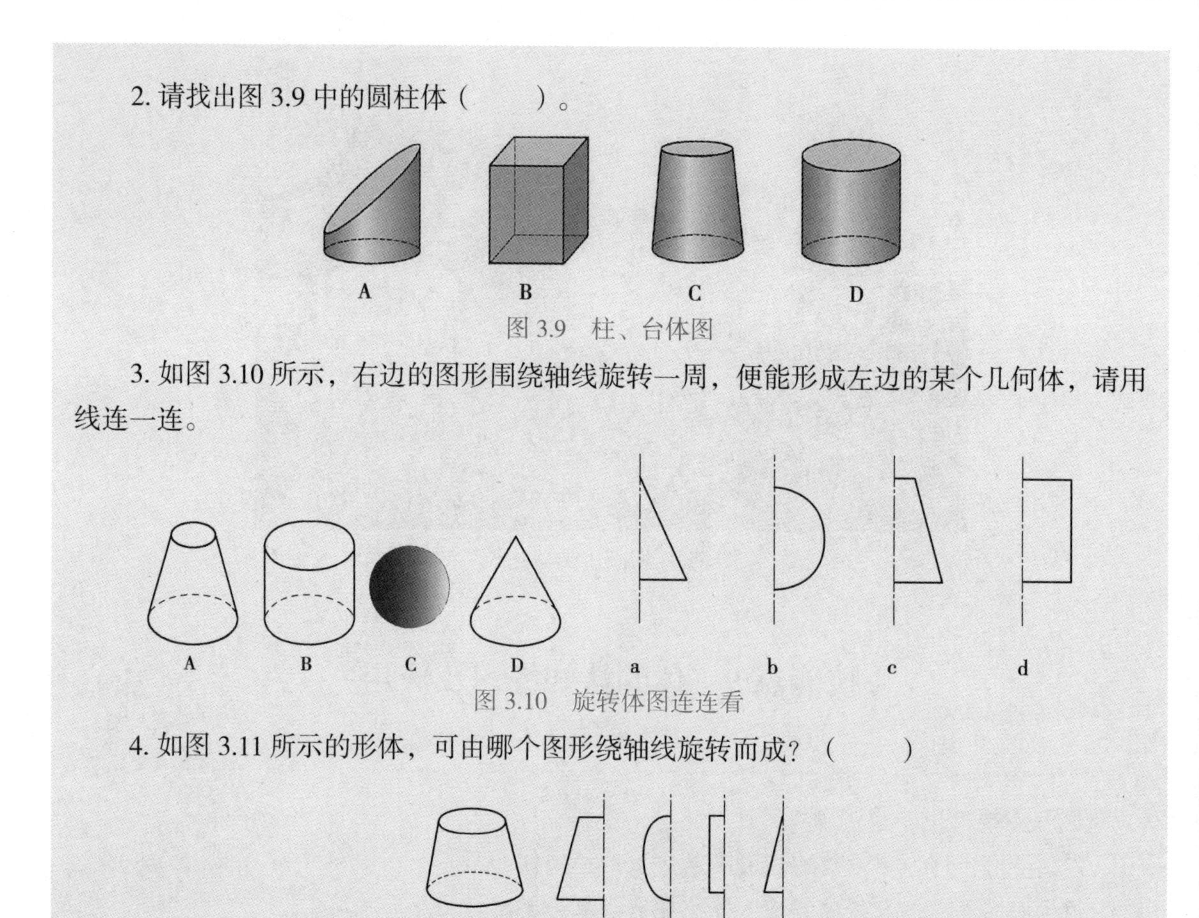

图 3.9　柱、台体图

3. 如图 3.10 所示，右边的图形围绕轴线旋转一周，便能形成左边的某个几何体，请用线连一连。

图 3.10　旋转体图连连看

4. 如图 3.11 所示的形体，可由哪个图形绕轴线旋转而成？（　　）

图 3.11　旋转体图

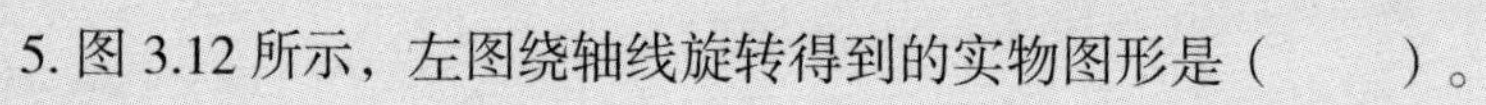

5. 图 3.12 所示，左图绕轴线旋转得到的实物图形是（　　）。

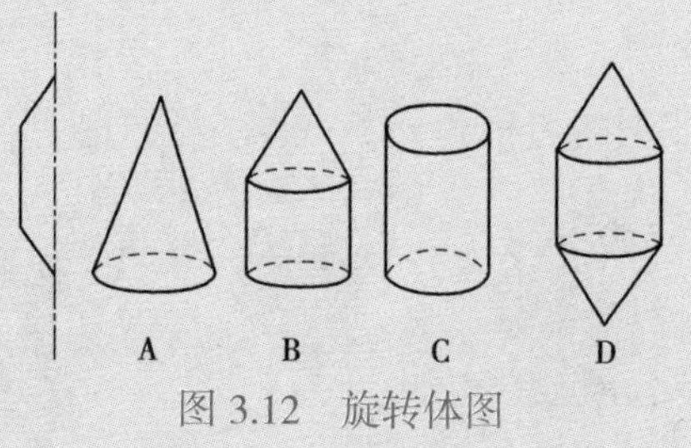

图 3.12　旋转体图

技术提示：点动成线、线动成面、面动成体。

9.2　技能训练

请分析图 3.13 所示建筑物分别由哪些体构成？

（a）沈阳盛京大剧院

（b）北京天坛

图 3.13　建筑物

知识点 10　投影认知

◎思政点拨◎

建筑物下有阴影，阴影之下好乘凉。阴影可以从无→有→无，阴影可以转投影。

师生共同思考：阴暗与阳光的内涵和转换。

10.1　投影法简介

10.1.1　投影的形成和分类

微课 投影认知

在工程图样中，通常用投影来图示几何形体。为了表达空间形体和解决空间几何问题，经常要借助图，而投影原理则为图示空间形体和图解空间几何问题提供了理论和方法。

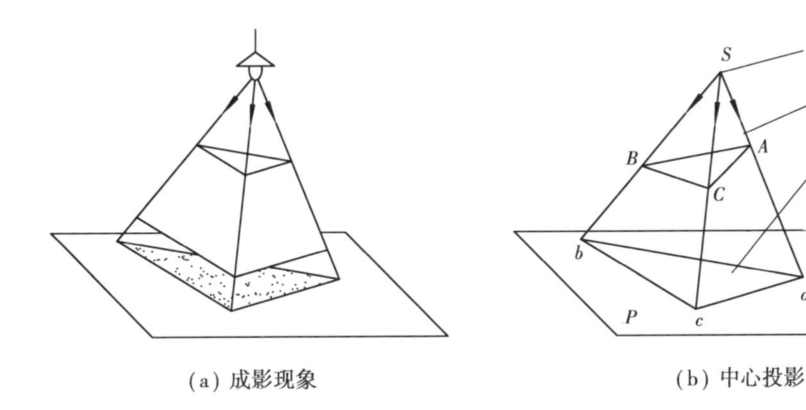

(a) 成影现象　(b) 中心投影

图 3.14　投影的形成

日常生活中，我们经常看到投影现象。在灯光或阳光照射下，物体会在地面或墙面上投下影子，如图 3.14（a）所示。影子与物体本身的形状有一定的几何关系，在某种程度上能够显示物体的形状和大小。人们对影子这种自然现象加以科学的抽象，得出了投影法。如图 3.14（b）

所示，把光源抽象成一点 S，称作投影中心；投影中心与物体上各点的连线（如 SA、SB、SC 等）称为投影线；接受投影的面 P，称为投影面；过物体上各顶点（A、B、C、…）的投影线与投影面的交点（a、b、c、…）称为这些点的投影。这种对物体进行投影并在投影面上产生图像的方法称为投影法。工程上常用各种投影法来绘制图样。

10.1.2 投影法的分类

根据投影中心与投影面之间距离远近的不同，投影法可分为中心投影法和平行投影法两大类，平行投影法又分为正投影和斜投影。工程图样用得最广泛的是正投影。

（1）中心投影法

当投影中心距离投影面为有限远时，所有投影线都汇交于投影中心一点，如图 3.14（b）所示，这种投影法称为中心投影法。

（2）平行投影法

当投影中心距离投影面为无限远时，所有投影线都互相平行，这种投影法称为平行投影法。根据投影线与投影面夹角的不同，平行投影可进一步分为斜投影和正投影。在平行投影法中，如图 3.15（b）所示，当投射方向垂直于投影面时，称为正投影法，得到的投影称为正投影；如图 3.15（a）所示，当投射方向倾斜于投影面时，称为斜投影法，得到的投影称为斜投影；本书主要讲述正投影，将正投影简称为投影。

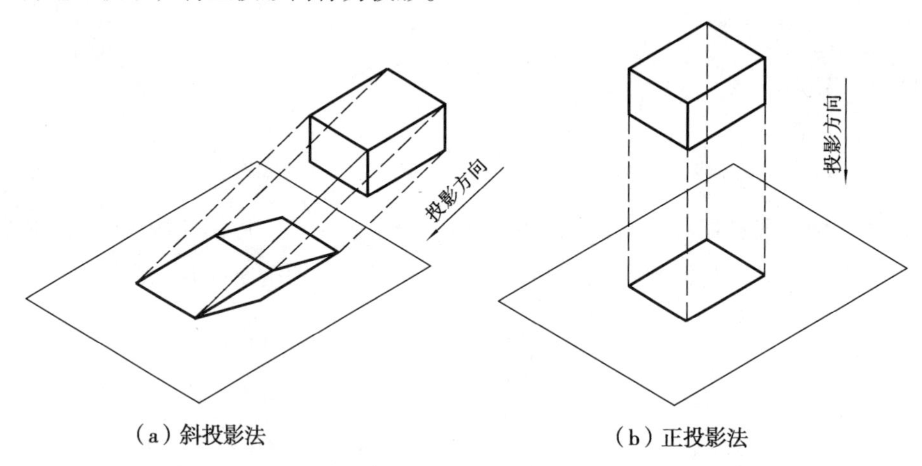

（a）斜投影法　　（b）正投影法

图 3.15 平行投影法

10.2 平行投影的基本性质

10.2.1 实形性

当线段或平面图形平行于投影面时，其投影反映实长或实形，如图 3.16（a）、图 3.16（d）所示。

10.2.2 积聚性

当线段或平面垂直于投影面时，其投影积聚为一点或一直线，如图 3.16（b）、图 3.16（e）所示。

10.2.3　类似性

当线段倾斜于投影面时，其投影为比实长短的直线，如图 3.16（c）所示；当平面图形倾斜于投影面时，其投影为原图形的类似图形，如图 3.16（f）所示。

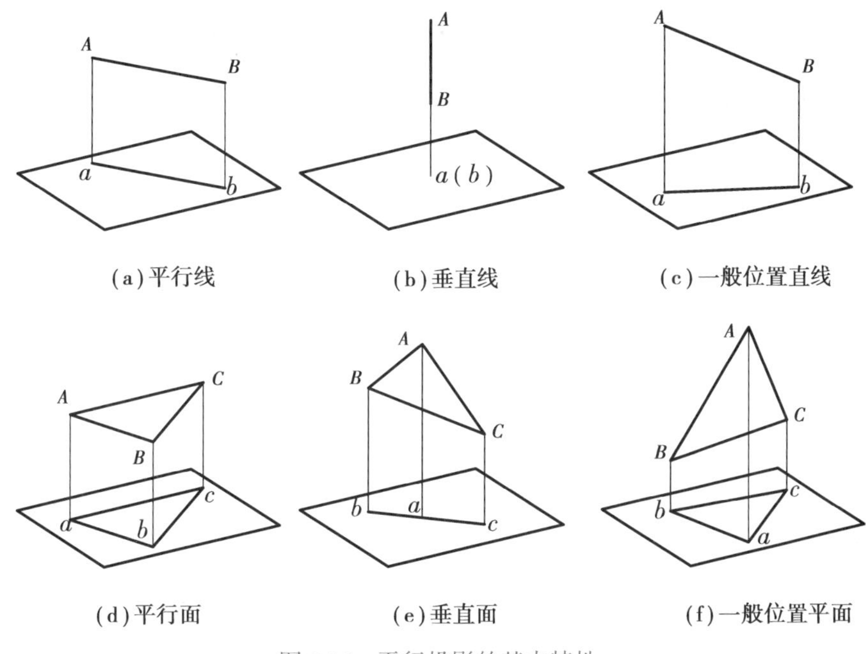

(a)平行线　(b)垂直线　(c)一般位置直线

(d)平行面　(e)垂直面　(f)一般位置平面

图 3.16　平行投影的基本特性

10.3　工程上常用的 4 种投影图

微课　正投影图的形成

用图样表达建筑形体时，由于被表达对象的特性和表达的目的不同，可采用不同的图示法。土木建筑工程中常用的投影图有多面正投影图、轴测投影图、透视投影图和标高投影图。

10.3.1　多面正投影图

微课　轴测图的形成

由物体在互相垂直的两个或两个以上的投影面上的正投影所组成，如图 3.17（a）所示。这种图的优点是作图简便，度量性好，在工程中应用最广。其缺点是：缺乏立体感，需经过一定时间的训练才能看懂。

10.3.2　轴测投影图

轴测投影是物体在一个投影面上的平行投影，又称轴测图，如图 3.17（b）所示。这种图的优点是：能同时表达出物体的长、宽、高 3 个向度，具有一定的立体感。其缺点是：作图较麻烦，不能准确地表达物体形状和大小，只能用作工程辅助图样。

微课　透视图的形成

10.3.3　透视投影图

透视投影是物体在一个投影面上的中心投影，又称为透视图，如图 3.17（c）所示。其优点是：

形象逼真，直观性强，常用作建筑设计方案比较、展览。其缺点是：作图费时，建筑物的确切形状和大小不能在图中量取。

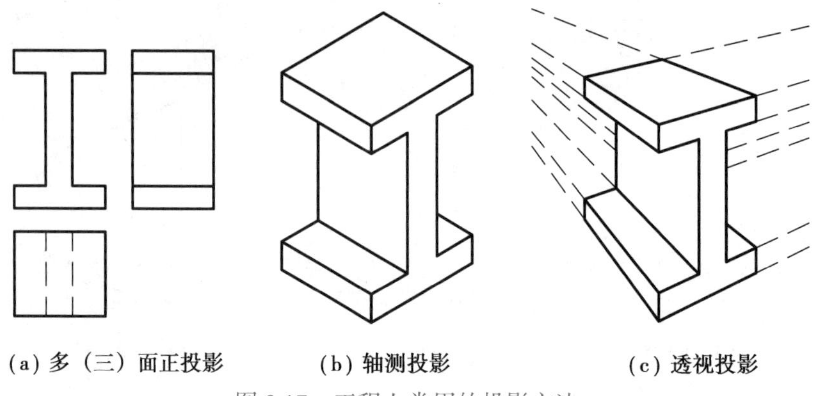

图 3.17　工程上常用的投影方法

10.3.4　标高投影图

标高投影图是一种带有数字标志的单面正投影图，在土建工程中常用来绘制地形图、建筑总平面图和道路、水利工程等方面的平面布置的图样。它用正投影反映形体的长度和宽度，其高度用数字标识。图 3.18 是某小山丘的标高投影图。

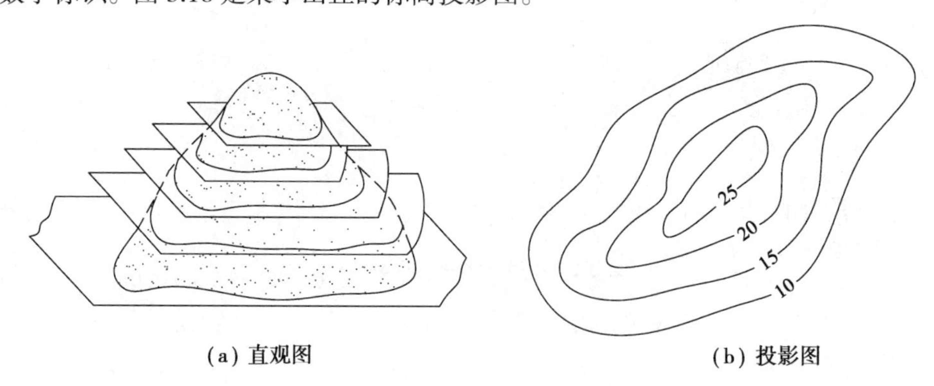

图 3.18　某小山丘的标高投影图

10.4　投影面体系的建立

10.4.1　三面投影图的形成

任何立体都具有长、宽、高 3 个向度，怎样在一张平面的图纸上表达具有长、宽、高形体的真实形状与大小，又怎样从一幅投影图想象出物体的立体形状，这是学习者首先要解决的问题。

投影图是通过把物体向投影面投影得到的。当物体与投影面的相对位置确定以后，其正投影即唯一地确定。但仅有物体的一个投影不能反映物体的形状和大小。如图 3.19 所示，在同一投影面上（*V* 面）几种不同形状物体的投影可以是相同形状的矩形。因此，工程上常采用物体在两个或 3 个互相垂直的投影面上的投影来表达物体。

微课 1 个投影图不能反映形体

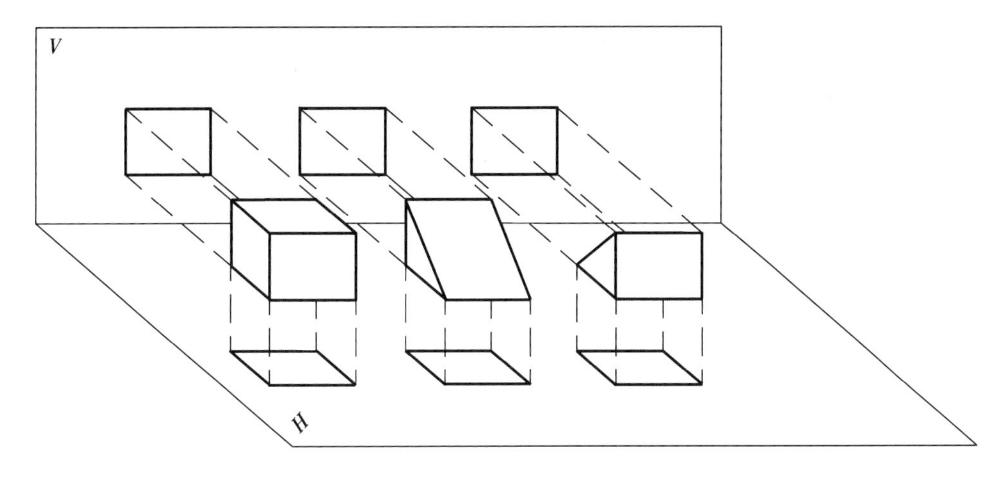

图 3.19　物体的两面投影

如图 3.20（a）所示，三个互相垂直的投影面分别为：水平面 H，正立面 V，侧立面 W，物体在这 3 个面上的投影分别称为水平投影、正面投影及侧面投影。投影面之间的交线称为投影轴：H、V 面交线为 X 轴；H、W 面交线为 Y 轴；V、W 面交线为 Z 轴。3 个投影轴交于一点 O，称为原点。

微课　三面投影图的展开

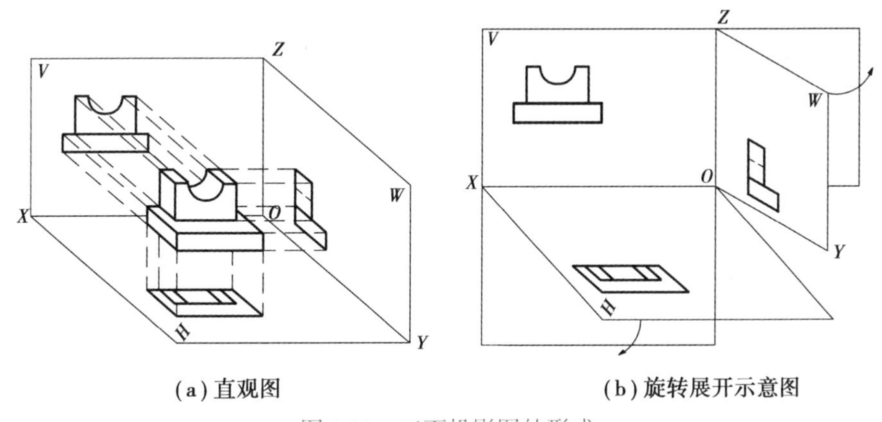

(a) 直观图　　(b) 旋转展开示意图

图 3.20　三面投影图的形成

作物体的投影时，把物体放在 3 个投影面之间，并尽可能使物体的表面平行于相应的投影面，以使它们的投影反映表面的实形。

为了能够把 3 个投影画在一张图纸上，需把 3 个投影面展开成一个平面。展开方法如图 3.20（b）所示：V 面保持不动，将 H 面与 W 面沿 Y 轴分开，然后把 H 面连同水平投影绕 X 轴向下旋转 90°，W 面连同侧面投影绕 Z 轴向后旋转 90°。展开后，3 个投影的位置如图 3.21（a）所示：正面投影在左上方，水平投影在正面投影的正下方，侧面投影在正面投影的正右方。

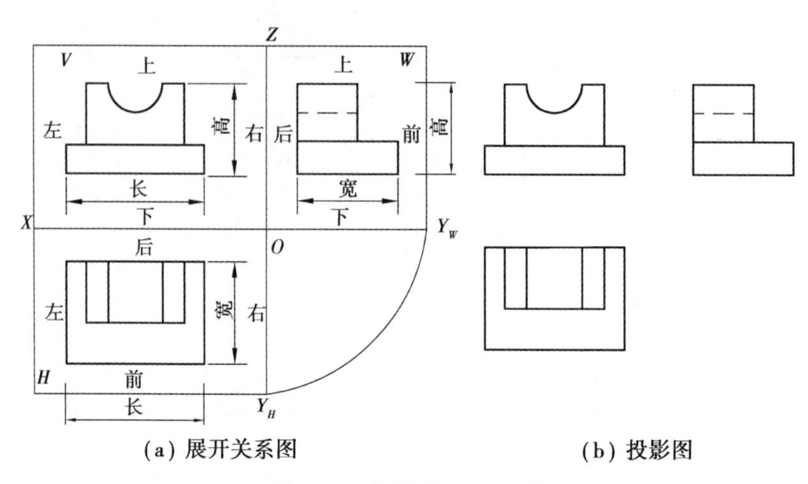

图 3.21　物体的三面投影

10.4.2　三面投影图的基本规律

（1）度量对应关系

从图 3.21（a）可知：

正面投影反映物体的长和高。

水平投影反映物体的长和宽。

侧面投影反映物体的宽和高。

因为 3 个投影表示的是同一物体，而且物体与各投影面的相对位置保持不变，因此无论是对整个物体，还是物体的每个部分，它们的各个投影之间具有下列关系：

①正面投影与水平投影长度对正。

②正面投影与侧面投影高度对齐。

③水平投影与侧面投影宽度相等。

上述关系通常简称为“长对正、高平齐、宽相等”的投影规律。

（2）位置对应关系

投影时，约定观察者面向 V 面，每个视图均能反映物体的两个向度，观察图 3.21（a）可知：

正面投影反映物体左右、上下关系。

水平投影反映物体左右、前后关系。

侧面投影反映物体上下、前后关系。

至此，从图 3.21（a）中可知：形体 3 个投影的形状、大小、前后均与形体距投影面的位置无关，故形体的投影均不须再画投影轴、投影面，只要遵守“长对正、高平齐、宽相等”的投影规律，即可画出图 3.21（b）所示的三投影图。

10.4.3　三面投影图的作图步骤

①估计各投影图所占范围的大小，在图纸上适当安排 3 个视图的位置，确定各视图基准线。

②先画最能反映物体形状特征的投影。

根据“长对正、高平齐、宽相等”的投影关系，作出其他两面投影。

例 3.1　画出图 3.22（a）所示物体的三面投影图。

解　该物体可看成由一块多边形底板、一块三角形支撑板及一块矩形直墙叠加而成，其作图步骤见图 3.22（b）—（d）。

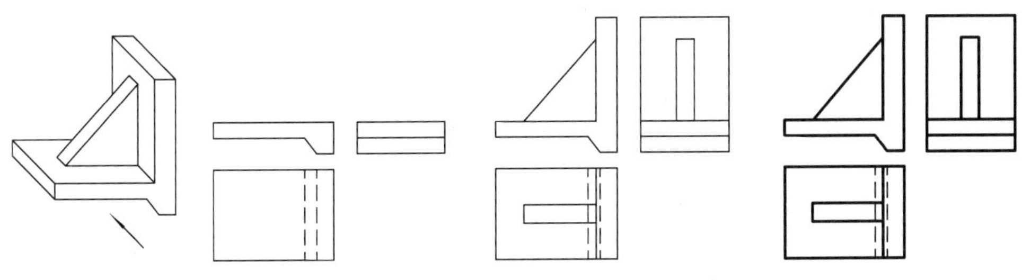

（a）已知条件　（b）画底板三面投影　（c）画直墙及支撑板三面投影　（d）将结果加深

图 3.22　物体三投影图的画图步骤

技能点 10　投影认知的练习及应用

◎思政点拨◎

投影来于生活，但又高于生活。

师生共同思考：生活教会了我什么？我将学到的什么用于生活中？

10.1　知识测试

1. 图 3.23 是一天中 4 个不同时刻两个建筑物的影子，将它们按时间先后顺序进行排列，正确的是（　　）。

A. ③④②①　　B. ②④③①　　C. ③④①②　　D. ③①②④

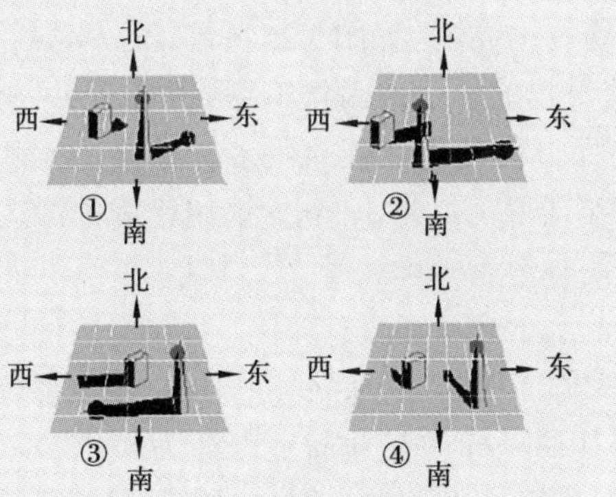

图 3.23　影子与时间的关系比较

2. ［多项选择题］投影法按照投影中心与投影线的不同可分为（　　）。

A. 中心投影法　　B. 平行投影法　　C. 正投影法　　D. 斜投影法

3.［多项选择题］同一个物体的三个投影图之间具有的“三等”关系是（　　）。

A. 长对正　　B. 宽相等　　C. 宽相同　　D. 高平齐

4.［多项选择题］正投影法必须具备的要素是（　　）。

A. 形体　　B. 投影线　　C. 投影面　　D. 投影中心

5.［多项选择题］一条平面曲线可能投影成（　　）。

A. 点　　B. 直线　　C. 曲线　　D. 立体

6. 生活中，我们见到的影子有两种：①__________影子；②__________影子，这两种影子的区别是它们所依据的原理不同．请你说出它们依据的原理是：①是：__________；②是：__________。

7. 如图 3.24 所示，小亮在学校灯光足球场上玩耍，图 3.24 中线段 *AB* 表示站立在足球场上的小亮，线段 *PO* 表示直立在足球场角上的灯杆，点 *P* 表示照明灯。

（1）请你在图中画出小亮在照明灯照射下的影子。

（2）如果灯杆高 *AB*=18 m，小亮的身高 *AB*=1.8 m，小亮与灯杆的距离 *OB*=13 m，请求出小亮的影子长度。

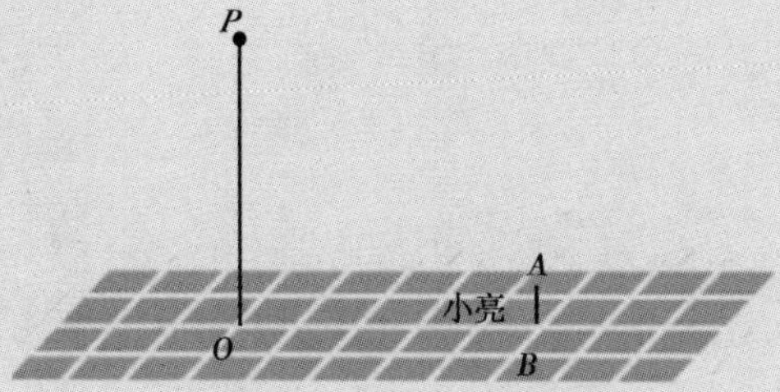

图 3.24　灯杆、小亮关系图

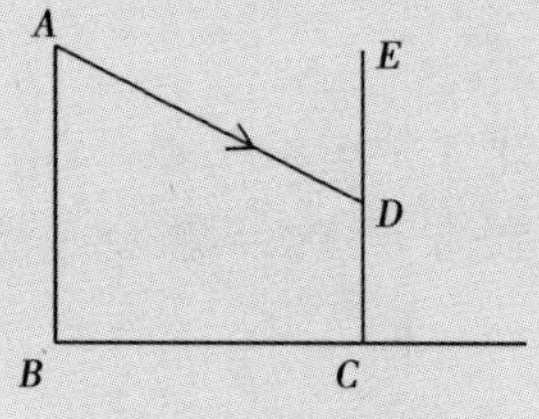

图 3.25　建筑物高度

10.2　技能训练

①用比例作图法求建筑物的高度。如图 3.25 所示，某一时刻测得直立的标杆高为 1 m 时，影长为 1.2 m，立即测量建筑物的影子，因建筑物 *AB* 靠近另一个建筑物 *CE*，所以 *AB* 的影子没有完全落在地上，一部分影子落在建筑物 *CE* 的墙上，测得地面部分的影子长 *BC* 为 7.2 m，又测得墙上部分的影子高 *CD* 为 1.2 m，请用比例作图法计算建筑物 *AB* 的高度。

提示：在同一时刻物高与影长的比相等。

思考：利用此法还可以求出哪些高度？

②立竿见影法。在有太阳光的情况下，a. 将一根棍子或者树枝插在平坦一点的地面上；b. 这时会有一个影子，将其端点标注在地面上，即为 *A* 点；c. 等 10~20 min 后，再把新的影子的端点标注为 *B* 点；d. 连接 *A* 点和 *B* 点得一线段，得到的即为东西方向线。

提示：由于太阳东出西落，其影子则沿相反的方向移动，所以点 *A* 为西，*B* 点为东。做一条垂直于 *A* 点和 *B* 点连线的直线，这条直线即为南北方向线。

③根据图 3.26 所示的轴测图，找出对应的投影图。

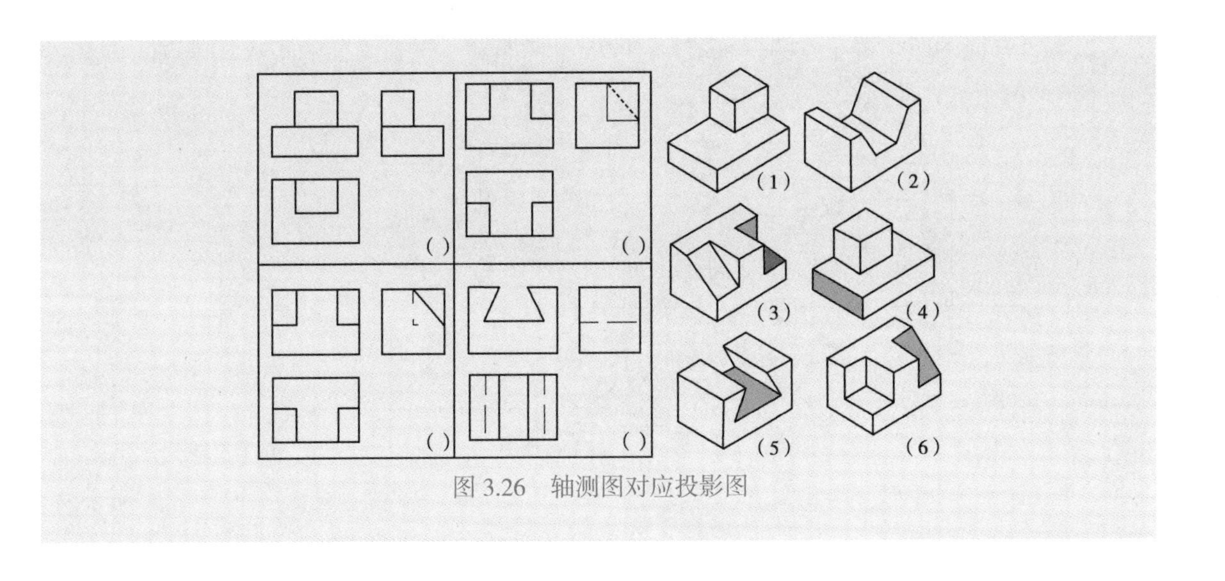

图 3.26　轴测图对应投影图

知识点 11　点的投影

◎思政点拨◎

点成线、线围面、面组体，任何事情都有规律可循。

师生共同思考：如何发现规律？如何用好规律？

任何形体都可看成由点、线、面所组成。在点、线、面 3 种几何元素中，点是组成形体最基本的几何元素。所以，要正确表达形体、理解设计师的设计思想，点的投影规律是必须掌握的。

11.1　点的两面投影

微课　点的投影

仅凭点的一个投影不能确定点的空间位置。如图 3.27 所示，点 a 可以通过 A 的投影线上任一点（如 A_1、A_2 等）的投影或至少需要点在两个投影面上的投影才能确定该点的空间位置。

如图 3.28（a）所示，相互垂直的水平投影面 H 和正立投影面 V 构成两面投影体系，V、H 面的交线称为 OX 投影轴。过 A 点分别作 H、V 面的垂线（即投影线），其垂足 a、a' 即是点 A 的水平投影和正面投影。

在图 3.28（a）中，容易验证：$aa_x \perp OX$、$a'a_x \perp OX$、$Aa=a'a_x$、$Aa'=aa_x$。

为使用方便，需把 H、V 面展开到同一平面上。展开时，V 面（连同 a'）保持不动，将 H 面（连同 a）绕 OX 轴向下旋转 90°。此时，H、V 面共面，即得点 A 的两面投影图，如图 3.28（b）所示。其中，aa_x、$a'a_x$ 与 OX 轴的垂直关系不变，故 $aa' \perp OX$。

综上所述，可得点的两面投影规律：

①点的 H、V 面投影的连线垂直于 OX 轴，即 $aa' \perp OX$。

②点到 H 面的距离等于点的 V 面投影到 OX 轴的距离，点到 V 面的距离等于点的 H 面投影到 OX 轴的距离，即 $Aa=a'a_x$，$Aa'=aa_x$。

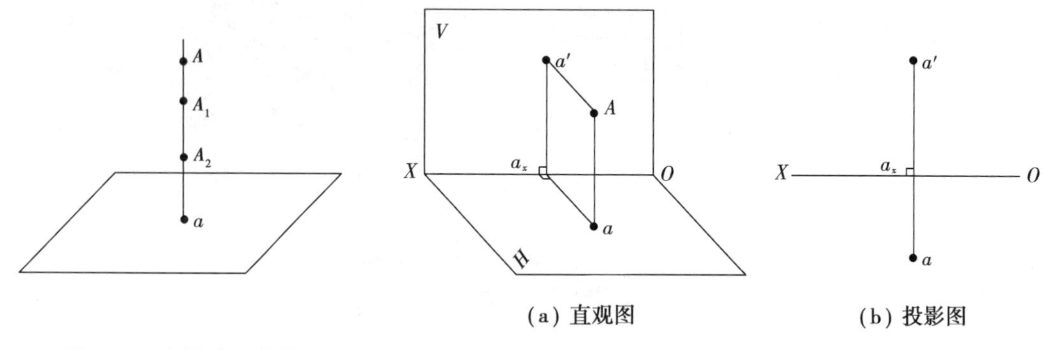

图 3.27　点的单面投影　　　图 3.28　点的两面投影

11.2　点的三面投影

11.2.1　点的三面投影体系

在两面投影体系的基础上，增加同时与 V、H 面垂直的一个侧立投影面 W，从而构成 3 个投影面，它们两两垂直，称为三面投影体系。V、H 面的交线为 OX 投影轴，V、W 面的交线为 OZ 投影轴，H、W 面的交线为 OY 投影轴，3 条轴的交点为原点 O，如图 3.28（a）所示。若在三面投影体系中引进坐标的概念，则 3 个投影面就相当于 3 个坐标面，3 条投影轴相当于 3 条坐标轴，原点相当于坐标原点。这样，投影体系中空间点的位置可由其三维坐标决定。

在图 3.29（a）中，过点 A 分别向 V、H、W 面作垂线（即投影线），得垂足 a'、a、a''，即点的三面投影。为方便使用，应对投影体系进行展开。投影面展开时，仍规定 V 面不动，将 H 面（连同 a）绕 OX 轴向下、W 面（连同 a''）绕 OZ 轴向右展开到与 V 面重合，去掉投影面边框，即得点 A 的三面投影图，如图 3.29（b）所示。其中 OY 轴一分为二，随 H 面向下旋转的 OY 轴用 Y_H 标记，随 W 面向右旋转的 OY 轴用 Y_W 标记。

在图 3.29（b）中，有 $a'a \perp OX$，$a'a'' \perp OZ$，$aa_x=a''a_z$。

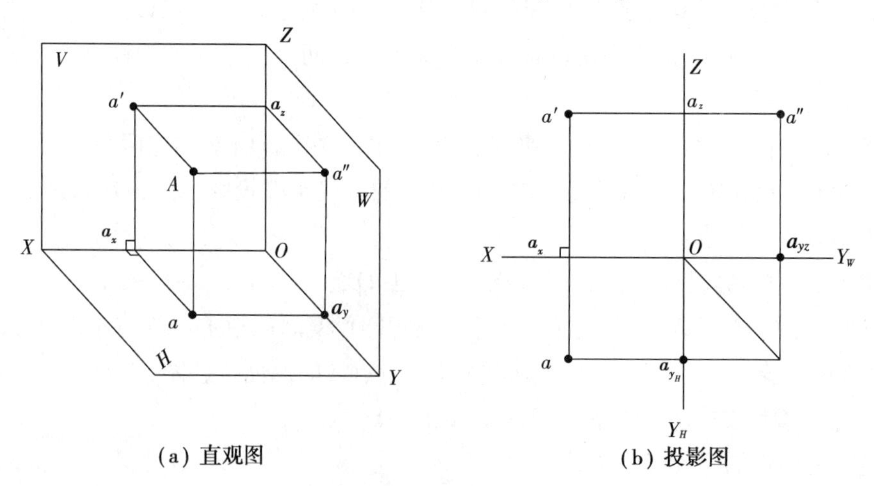

图 3.29　点的三面投影

11.2.2　点的三面投影规律

综上所述，得点的三面投影规律：

①点的 H、V 面投影的连线垂直于 OX 轴，即 $aa' \perp OX$。

②点的 V、W 面投影的连线垂直于 OZ 轴，即 $a'a'' \perp OZ$。

③点的水平投影到 OX 轴的距离等于点的 W 面投影到 OZ 轴的距离，即 $aa_x = a''a_Z$。

例 3.2　已知 A（15、10、20），求 a、a'、a''。

解：由于点的 3 个投影与点的坐标关系是：a（x，y）、a'（x，z）、a''（y，z），因此可作出点的投影。

①画出投影轴。

②自原点 O 起分别在 X、Y、Z 轴上量取 15、10、20，得 a_X、a_{Y_H}、a_{Y_W}、a_Z，如图 3.30（a）所示；

③过 a_X、a_{Y_H}、a_{Y_W}、a_Z 分别作 X、Y、Z 轴的垂线，它们两两相交，交点即为点 A 的 3 个投影 a、a'、a''，如图 3.30（b）所示。

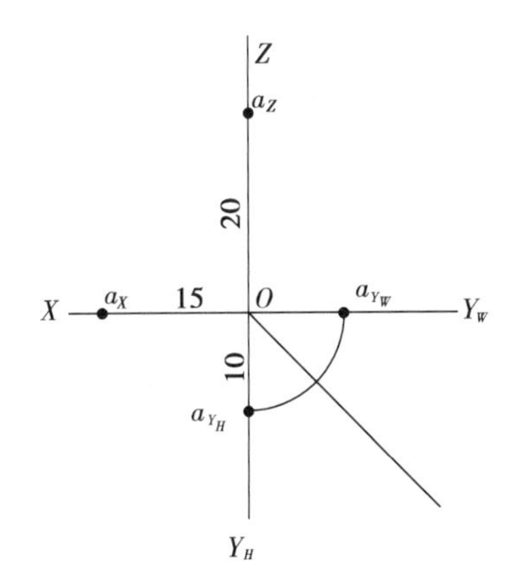

（a）量取坐标值，定位

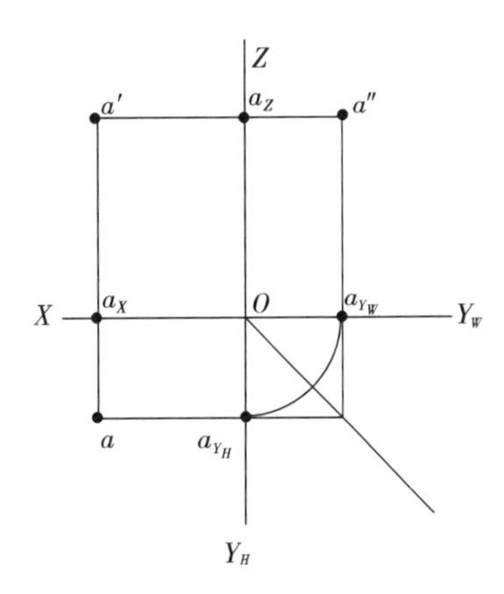

（b）过坐标点作垂线，求取三面投影

图 3.30　作点的三投影

11.3　点的空间位置

根据点的坐标可以判定点的空间位置，通常点的空间位置有 4 种情况：

①空间一般点。即 X、Y、Z 3 个坐标值均不为零；

②投影面上的点。即 X、Y、Z 3 个坐标值中有 1 个为零，如（0、Y、Z）为 W 面上的点；（X、0、Z）为 V 面上的点；（X、Y、0）为 H 面上的点。

③投影轴上的点。即 X、Y、Z 3 个坐标值中有 2 个为零，如（0、0、Z）为 Z 轴上的点；（0、Y、0）为 Y 轴上的点；（X、0、0）为 X 轴上的点。

④坐标原点。即 X、Y、Z 3 个坐标值均为零。

11.4 两点的相对位置和重影点

11.4.1 两点的相对位置的判断

空间两点的相对位置可根据两点同面投影的相对位置或比较同名坐标值来判断。*x*、*y*、*z* 坐标分别反映了点的左右、前后、上下位置。图 3.31 中，点 *A* 在点 *B* 的左、后、上方。

11.4.2 重影点和可见性

位于某一投影面的同一条投影线上的两点，在该投影面上的投影重合为一点，这两点称为对该投影面的重影点。图 3.32（a）中，*A*、*B* 两点是对 *H* 面的重影点，它们的 *H* 面投影 *a*、*b* 重合；*C*、*D* 两点是对 *V* 面的重影点，它们的 *V* 面投影 *c*′、*d*′重合。

重影点的重合投影有上遮下、前遮后、左遮右的关系，在上、前、左的点可见，下、后、右的点不可见。判断重影点的可见与不可见，是通过比较它们不重合的同面投影来判别的，坐标值大的为可见，坐标值小的为不可见。图 3.32（b）中，*A*、*B* 两点是对 *H* 面的重影点，由于 $Z_A>Z_B$，因此 *a* 可见，*b* 不可见，不可见的投影加括号。

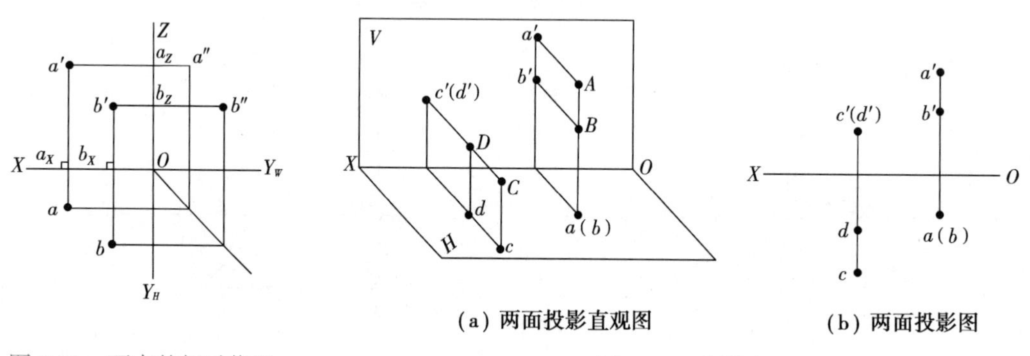

(a) 两面投影直观图　(b) 两面投影图

图 3.31 两点的相对位置　图 3.32 重影点

技能点 11 点的投影练习及应用

◎思政点拨◎

点可以用坐标表示，点可以遮挡点，产生重影。

师生共同思考：我的坐标在何处？正确理解团队中的重影现象。

11.1 知识测试

1. 如果 *A* 点在 *W* 投影面，则（　　）。

A. *A* 点的 *x* 坐标为 0　B. *A* 点的 *y* 坐标为 0

C. *A* 点的 *z* 坐标为 0　D. *A* 点的 *x*、*y*、*z* 坐标都不为 0

2. 重影点是指空间点在某一投影面上的投影重合，即这两个点的空间坐标 x、y、z 有（ ）个相等。

A. 0　　B. 1　　C. 2　　D. 3

3. 距空间不在同一平面上的4个点等距的点的轨迹是（ ）。

A. 直线　　B. 平面　　C. 曲线　　D. 点

4. 已知点A在H面上且距三投影轴等距，它的三面投影位置是（ ）。

A. 在投影面上　　B. 在投影轴上

C. 在投影原点　　D. a 在投影原点，a'、a'' 在投影轴上

5. 点 A（10，15，10）、点 B（10，10，15），则点 A 在点 B 的（ ）。

A. 前方　　B. 左方　　C. 正前方　　D. 上方

11.2 技能训练

（1）请根据图3.33给出的点（用十字光标表示）的位置，用线段连接成一组合建筑物（每一个点只能是两线段相交点且须用完）。

图3.33 用点连线成建筑物

（2）已知点 B（20，15，10），点 A 在点 B 之前5 mm，之上9 mm，之右8 mm，点 C 在点 B 正前方5 mm，求点 A、B、C 的三面投影。

知识点12 直线的投影

◎思政点拨◎

两点连成直线和线段，代表出头和不出头。

师生共同思考：我们"出头"是为了什么？暂时"不出头"又是为了什么？

12.1　直线的投影方法

微课　直线的投影

直线的投影一般仍为直线，如图 3.34（a）所示。任何直线均可由该直线上任意两点来确定，因此只要作出直线上任意两点的投影，并将其同面投影相连，即可得到直线的投影。如图 3.34（b）所示，要作出直线 *AB* 的投影，只要分别作出 *A*、*B* 的同面投影 *a*′、*b*′及 *a*、*b*，然后将同面投影相连即得 *a*′ *b*′，*ab*，如图 3.34（c）所示。

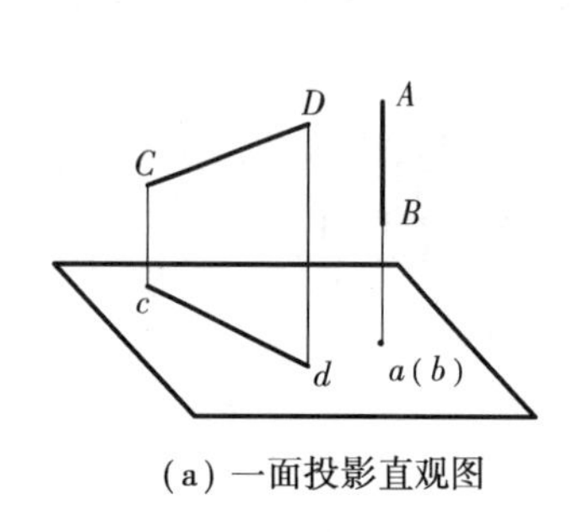

（a）一面投影直观图

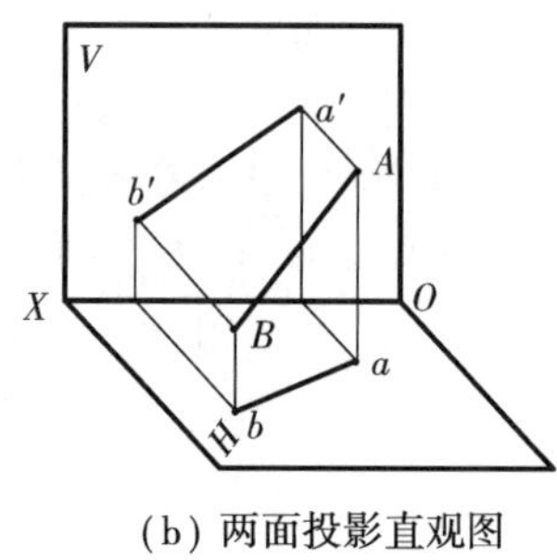

（b）两面投影直观图

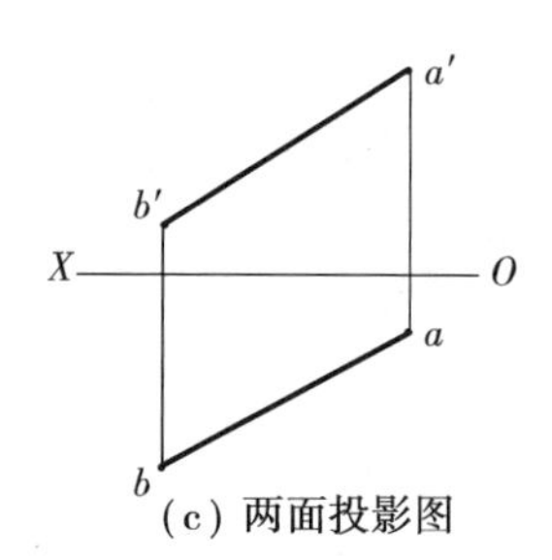

（c）两面投影图

图 3.34　直线的投影

12.2　各种位置直线

在三面投影体系中，根据直线与投影面的相对位置关系，直线可以划分为一般位置直线、投影面平行线和投影面垂直线 3 类，后两种直线统称为特殊位置直线。以下分别介绍各类直线的投影特点。

12.2.1　一般位置直线

对 3 个投影面都处于倾斜位置的直线称为一般位置直线。图 3.35（a）中，直线 *AB* 同时倾斜于 *H*、*V*、*W* 3 个投影面，它与 *H*、*V*、*W* 的倾角分别为 α、β、γ。

一般位置直线具有下列投影特点：直线段 *AB* 的各投影均不反映线段的实长，也无积聚性；直线的各投影均倾斜于投影轴，但其与投影轴的夹角均不反映直线与任何投影面的倾角，如图 3.35（b）所示。

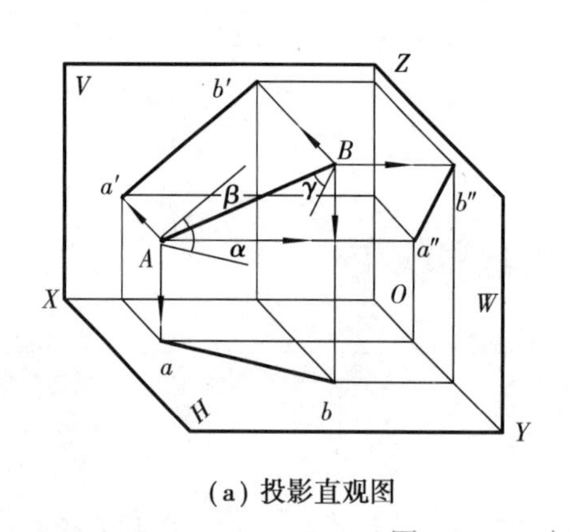

（a）投影直观图

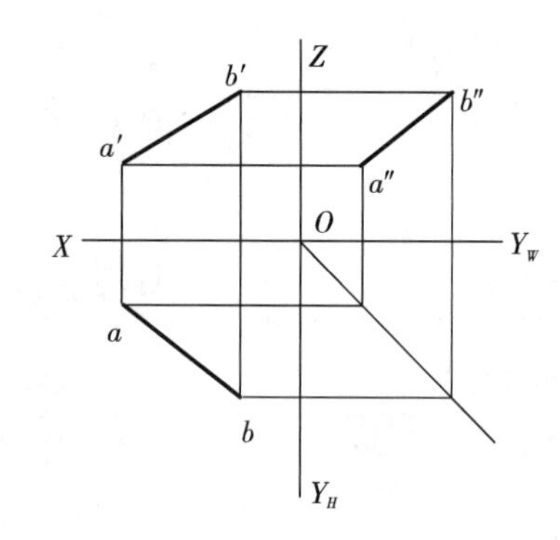

（b）三面投影图

图 3.35　一般位置直线

12.2.2　投影面平行线

平行于一个投影面而与其他两个投影面倾斜的直线称为投影面平行线。根据平行的投影面不同，投影面平行线可分为 3 种：只平行于水平投影面 H 的直线称为水平线；只平行于正投影面 V 的直线称为正平线；只平行于侧投影面 W 的直线称为侧平线。虽然各种平行线平行的投影面不同，但它们具有相似的投影性质。

各种平行线的立体图、投影图及投影特性见表 3.1 。现以正平线为例分析如下：

①由于 AB 上任何点到 V 面的距离相同，即 y 坐标相等，所以有 $ab//OX$, $a''b''//OZ$;

②由于 $\beta=0$，所以 $a'b'=AB$；$a'b'$与 X 轴的夹角等于 α，与 Z 轴的夹角等于 γ，即正面投影反映直线段的实长及倾角 α、γ。

表 3.1　投影面平行线

名　称	正平线（$//V$ 面）	水平线（$//H$ 面）	侧平线（$//W$ 面）
直观图	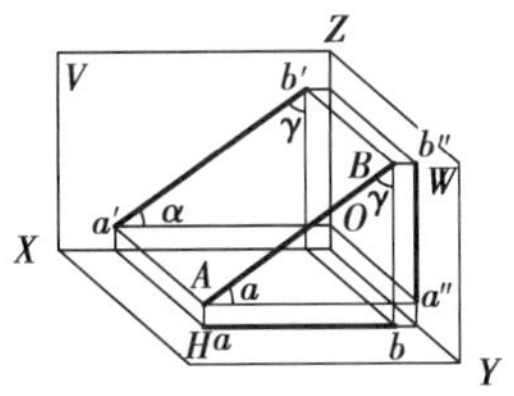	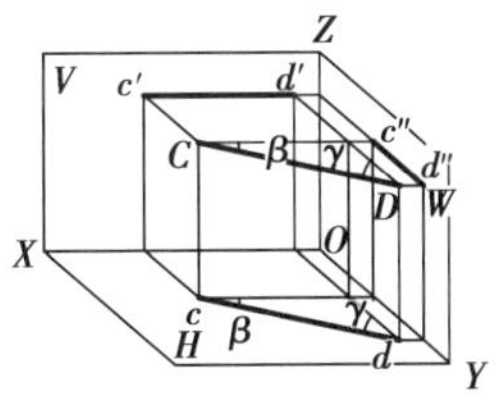	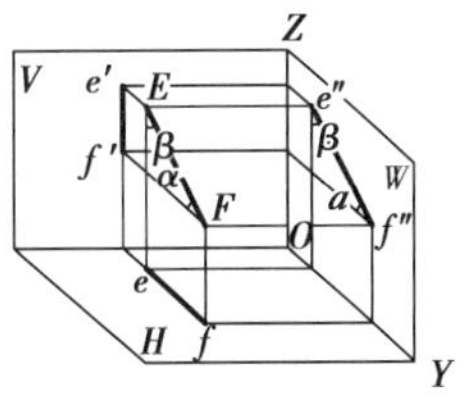
投影图	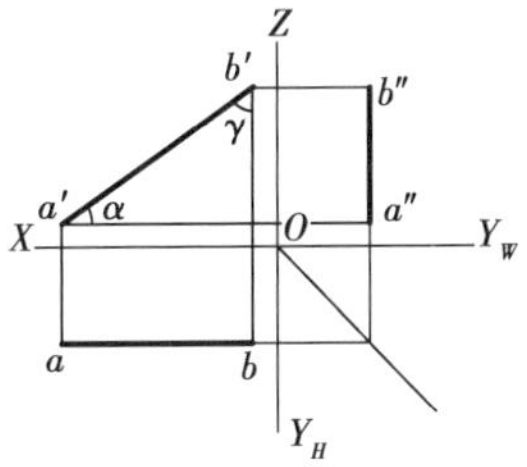	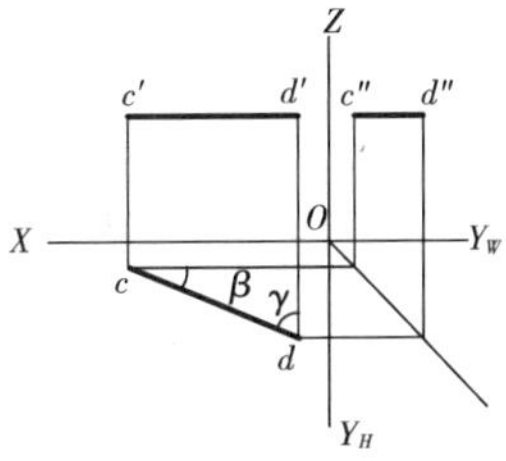	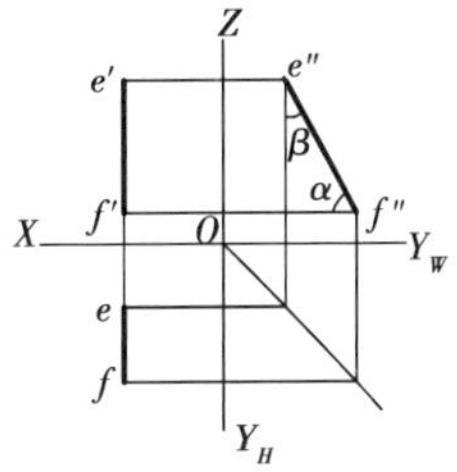
投影特性	1. 正面投影反映实长。 2. 正面投影与 X 轴和 Z 轴的夹角，分别反映直线与 H 面和 W 面的倾角。 3. 水平投影及侧面投影分别平行于 X 轴及 Z 轴，但不反映实长。	1. 水平投影反映实长。 2. 水平投影与 X 轴和 Y 轴的夹角，分别反映直线与 V 面和 W 面的倾角。 3. 正面投影及侧面投影分别平行于 X 轴及 Y 轴，但不反映实长。	1. 侧面投影反映实长。 2. 侧面投影与 Y 轴和 Z 轴的夹角，分别反映直线与 H 面和 V 面的倾角。 3. 水平投影及正面投影分别平行于 Y 轴及 Z 轴，但不反映实长。

由表 3.1 可以归纳出投影面平行线的投影特性如下：

①直线在它所平行的投影面上的投影，反映该线段的实长和对其他两投影面的倾角。

②直线在其他两投影面上的投影分别平行于相应的投影轴，且都小于该线段的实长。

12.2.3 投影面垂直线

垂直于一个投影面，同时平行于其他两投影面的直线称为投影面垂直线。根据垂直的投影面不同，投影面垂直线可分为 3 种：垂直于水平投影面 H 的直线称为铅垂线，垂直于正投影面 V 的直线称为正垂线，垂直于侧投影面 W 的直线称为侧垂线。虽然各种垂直线垂直的投影面不同，但它们具有相似的投影性质。

各种垂直线的立体图、投影图及投影特性见表 3.2。现以正垂线为例分析如下：

①于 $\beta=90°$ ，所以 $a'b'$积聚成一点。

②于 AB 上任何点的 X 坐标相等，Z 坐标也相等，所以 ab 及 $a''b''$ 均平行于 Y 轴。

③由于 $\alpha=\gamma=0°$ ，所以 $ab=a''b''=AB$，且 $ab\perp OX$，$a''b''\perp OZ$ 。

表 3.2 投影面垂直线

名　称	正垂线（⊥ V 面）	铅垂线（⊥ H 面）	侧垂线（⊥ W 面）
直观图	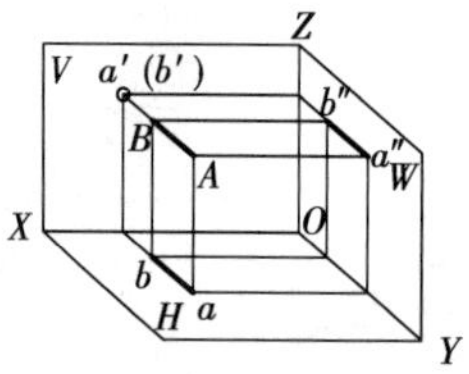	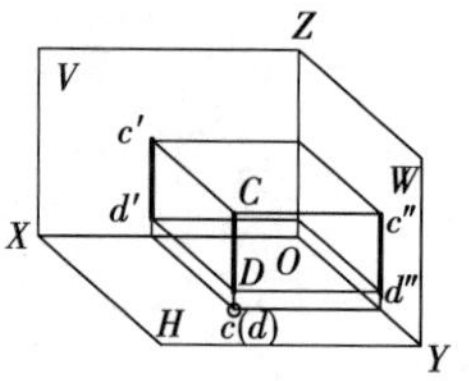	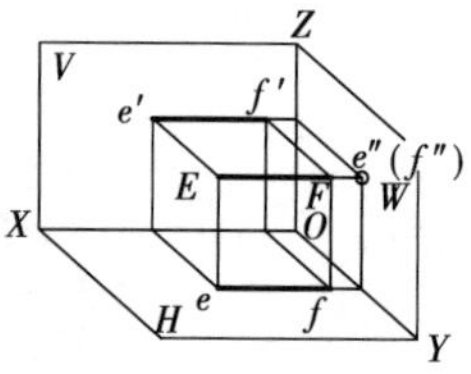
投影图	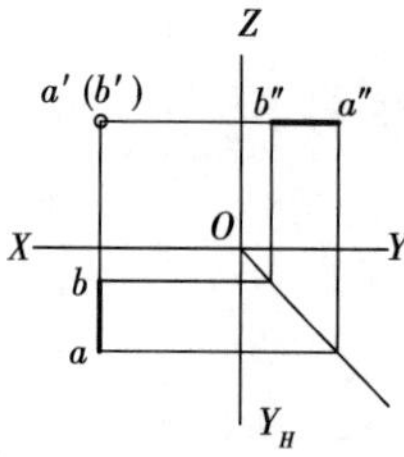	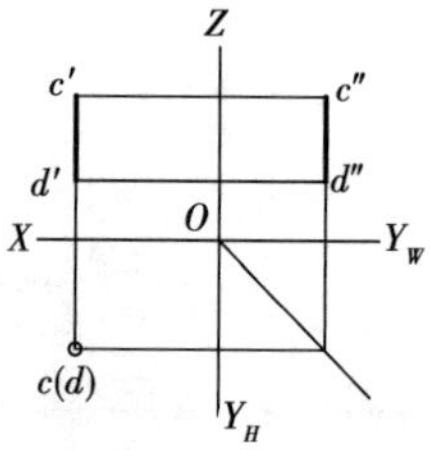	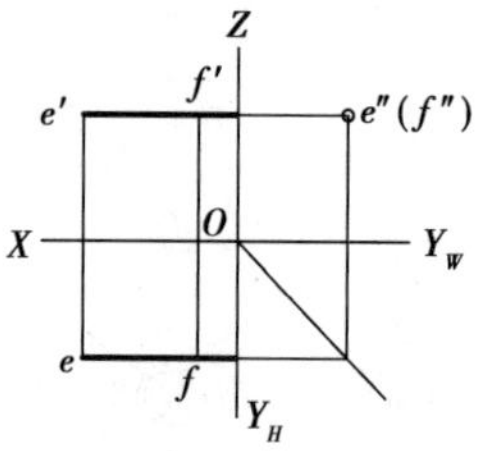
投影特性	1. 正面投影积聚成一点。 2. 水平投影及侧面投影分别垂直于 X 轴及 Z 轴，且反映实长。	1. 水平投影积聚成一点。 2. 正面投影及侧面投影分别垂直于 X 轴及 Y 轴，且反映实长。	1. 侧面投影积聚成一点。 2. 水平投影及正面投影分别垂直于 Y 轴及 Z 轴，且反映实长。

由表 3.2 可以归纳出投影面垂直线的投影特性如下：

①直线在它所垂直的投影面上的投影积聚成一点。

②直线在其他两投影面上的投影分别垂直于相应的投影轴，且都反映该线段的实长。

12.3 直线上的点

12.3.1 直线上点的投影

在空间上，直线与点的相对位置有两种情况，即点在直线上和点不在直线上。

若点在直线上，则该点的各个投影一定在直线的同面投影上，且符合点的投影规律，如图 3.36（a）所示。反之，点的各投影都在直线的同面投影上，且符合点的投影规律，则该点一定在直线上。在图 3.36（b）中，由于 c 在 ab 上，c'在 $a'b'$上，且 $cc'\perp ox$，所以 C 点在 AB 上。

12.3.2　直线上取点

图 3.36（a）中，C 点把 AB 分成 AC 和 CB 两段，设这两段长度之比为 $m:n$，则有 $AC:CB=ac:cb=a'c':c'b'=m:n$。即点将直线段分成定比，则该点的各个投影必将该线段的同面投影分成相同的比例。这个关系称为定比关系。

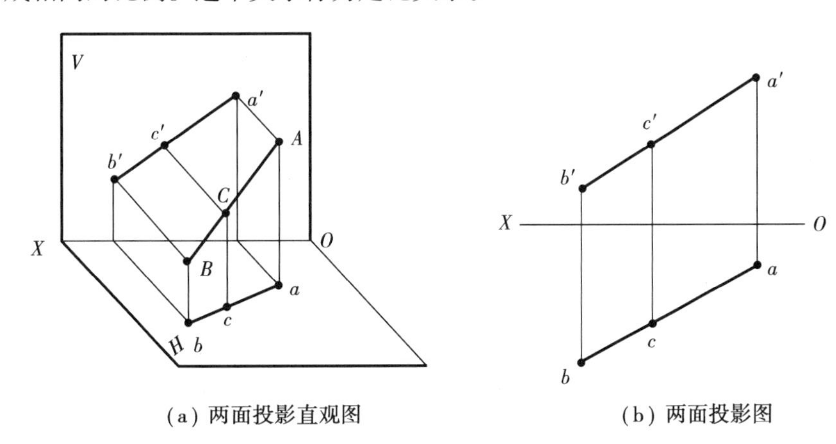

（a）两面投影直观图　　（b）两面投影图

图 3.36　直线上的点

例 3.3　已知 C 点把线段 AB 按 2∶1 分成两段，求 C 点的两个投影，如图 3.37 所示。

解　过 a 作辅助线 aB_0，并在该线段上截取 3 等份；连接 bB_0；过二等分点 C_0 作 bB_0 的平行线，其与 ab 的交点即为 C 点的水平投影 c；最后利用点的投影性质求出 c'。

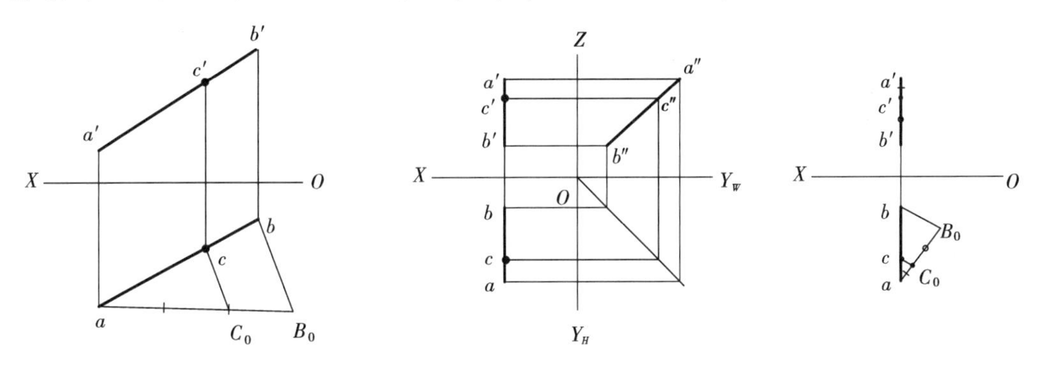

（a）利用投影规律取点　　（b）利用定比性取点

图 3.37　一般位置直线上取点　　图 3.38　侧平线上取点

例 3.4　已知在侧平线 AB 上一点 C 的正面投影 c'，求其水平投影 c。

方法 1：因为 C 点在 AB 上，它的各个投影均应在直线的同面投影上，所以可先作出直线的侧面投影 $a''b''$，由 c'定出 c''，再求出 C 点的水平投影 c，如图 3.38（a）所示。

方法 2：过 a 作辅助线 aB_0，并在该线段上截取 $aC_0=a'c'$，$C_0B_0=c'b'$；连接 bB_0；过 C_0 作 bB_0 的平行线，其与 ab 的交点即为 C 点的水平投影 c，如图 3.38（b）所示。

12.4　直角三角形法求实长

由于一般位置直线倾斜于各投影面，因此它的投影不反映线段的实长，且其投影与投影轴的夹角也不反映线段对投影面的倾角。但是线段的两个投影已完全确定它在空间的位置，所以它的实长和倾角是能求出的。

求一般位置直线的实长和倾角的基本方法主要有直角三角形法和变换法两种，在此只介绍直角三角形法。图 3.39 中，自 A 引 $AB_1//ab$，得直角三角形 AB_1B，其中 AB 为斜边，$\angle B_1AB$ 就是直线 AB 与 H 面的倾角 α，这个直角三角形的一条直角边 $AB_1=ab$，而另一条直角边 $BB_1=Z_B-Z_A$。所以，根据线段的投影图就可以作出与 $\triangle AB_1B$ 全等的 1 个直角三角形，从而求得线段的实长及其对投影面的倾角。

例 3.5　已知直线 AB 的投影，如图 3.40（a）所示，求 AB 的实长和它与 H、V 面的倾角 α、β。

解　作图过程如图 3.40（b）所示：

①过 a' 作 OX 轴的平行线，交 bb' 于 b_1'，则 $b'b_1'=Z_B-Z_A$；

② ab 为一条直角边，过 b 作 ab 的垂线，并在垂线上取 $bB_0=Z_B-Z_A$；

③连接 aB_0，则 aB_0 为线段 AB 的实长，$\angle baB_0$ 是线段 AB 与 H 面的倾角 α。

④过 b 作 OX 轴的平行线，交 aa' 于 a_1，则 $aa_1=Y_A-Y_B$。

⑤以 $a'b'$ 为一条直角边，过 a' 作 $a'b'$ 的垂线 $a'A_0$，并在垂线上取 $a'A_0=Y_A-Y_B$。

⑥连接 $b'A_0$，则 $b'A_0$ 为线段 AB 的实长，$\angle a'b'A_0$ 是线段 AB 与 V 面的倾角 β。

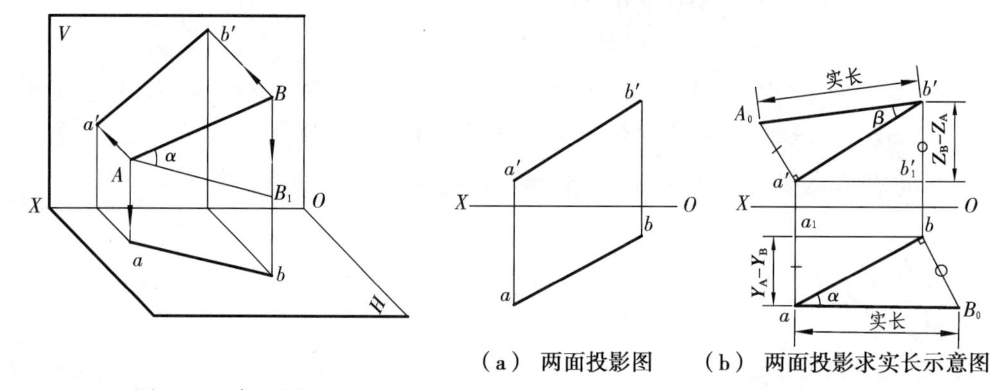

（a）两面投影图　（b）两面投影求实长示意图

图 3.39　直观图　　图 3.40　投影图

从上述求线段实长及其倾角的方法中，可归纳出利用直角三角形法作图的一般规则如下：

以线段的某一投影面上的投影为一条直角边，以线段两端点到该投影面上的距离差（即坐标差）为另一条直角边，所构成的直角三角形的斜边就是线段的实长，而且此斜边与该投影的夹角就等于该线段对投影面的倾角。应当指出的是：在直角三角形的 4 要素（投影长、坐标差、实长及倾角）中，只要知道其中的任意两个，就可以作出该直角三角形，即可求出其他两要素。

例 3.6　已知直线 AB 的水平投影 ab 及 A 点的正面投影 a'，如图 3.41（a）所示，并知 AB 对 H 面的倾角 $\alpha=30°$，求 $a'b'$。

解　作图过程如图 3.41（b）所示：

①以 ab 为一条直角边，过 b 作对 ab 成 30° 角的斜线，此斜线与过 a 点的垂线交于 A_0，aA_0 即为另一条直角边，所以 $aA_0=|Z_B-Z_A|$。

②过 a'作 OX 轴平行线、过 b 作 OX 轴的垂线，两线交于 b_1'。

③从 b_1'沿竖直方向往上或往下（此题有两解）量取 $b'b_1'=aA_0=|Z_B-Z_A|$ 长度，所得端点即为 B 点的正面投影 b'。

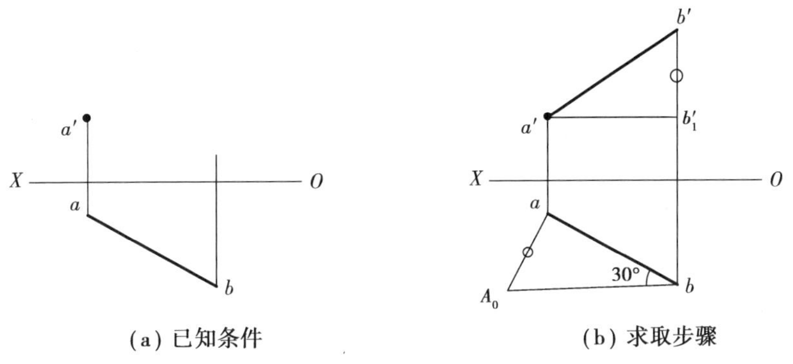

图 3.41　求直线的投影

技能点 12　直线的投影练习及应用

◎思政点拨◎

实长、斜长各有定位和求取方法。

师生共同思考：我们的定位在何方？如何正确地摆正自己的定位。

12.1　知识测试

1. 某直线的 H 面投影反映实长，该直线为（　　）。

A. 水平线　　B. 侧平线　　C. 正平线　　D. 铅垂线

2. 直线上的点具有两个投影特性，即从属性和（　　）。

A. 定值性　　B. 定比性　　C. 定量性　　D. 可量性

3. 三角形平面的 3 个投影均为缩小的类似形，该平面为（　　）。

A. 水平面　　B. 正平面　　C. 侧平面　　D. 一般位置平面

4. 求点 K 至直线 AB 的距离实长，直线 AB 在投影体系处于什么位置时，就可以直接从投影图上量取距离实长？（　　）

A. 直线 AB 为一般位置时　　B. 直线 AB 为正垂线时

C. 直线 AB 为水平线时　　D. 直线 AB 为正平线时

5. 当两条交叉线的公垂线为一铅垂线时，其两条直线的位置是（　　）。

A. 两条一般位置直线　　B. 两条水平线

C. 两条侧平线　　D. 两条正平线

6.［多项选择题］当两条交叉直线的公垂线是一条特殊位置直线时，其两条直线的位置是（　　）。

A. 两条一般位置直线　　B. 一条水平线，一条侧平线

C. 两条水平线　　D. 一条正垂线，一条一般位置直线

E. 一条正平线，一条水平线

7.［多项选择题］能作出相交于两条直线的水平线有（　　）。

A. 两条一般位置直线　　B. 不在同一水平面的两条侧垂线

C. 不在同一水平面的两条正垂线　　D. 一条一般位置直线，一条正平线

E. 一条一般位置直线，一条铅垂线

8.［判断题］一般位置直线的投影不反映直线对投影面倾角的真实大小。（　　）

9.［判断题］若两直线的 3 组同面投影都平行，则两直线在空间为平行关系。（　　）

10.［判断题］若两直线在空间不相交，那么它们的各面投影也不相交。（　　）

11.［判断题］一般位置直线对三投影面的倾角，可由其 3 面投影与投影轴的夹角反映。（　　）

12.［判断题］投影面平行线的 3 个投影都是直线，并都能反映直线的实长。（　　）

13.［判断题］投影面垂直线在所垂直的投影面上的投影必积聚成为 1 个点。（　　）

12.2　技能训练

1. 根据图 3.42，判别下列直线对投影面的相对位置。

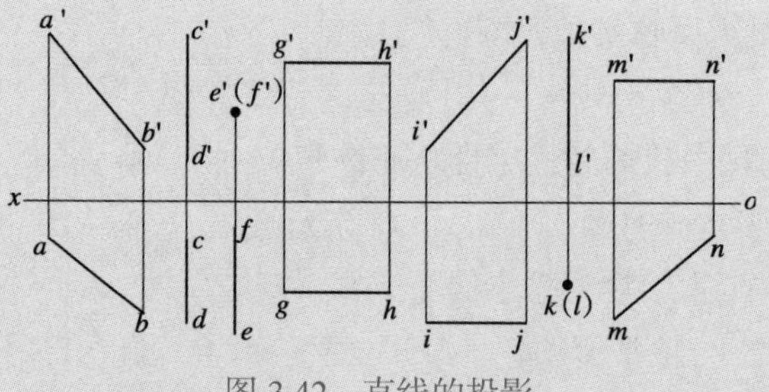

图 3.42　直线的投影

AB 是________线，*CD* 是________线，*EF* 是________线，*GH* 是________线，*IJ* 是________线，*KL* 是________线，*MN* 是________线；

2. 在图 3.43 中，分别通过作图和定比性两种方法，判断 AB、CD、EF 的相对位置。

AB 与 CD________，CD 与 EF________，EF 与 AB________。

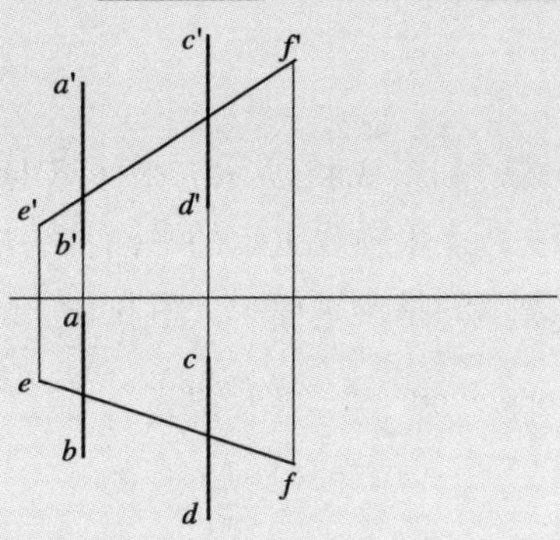

图 3.43　直线相对位置的投影

知识点 13　平面的投影

◎思政点拨◎

三点成面、三人为众、三人行必有我师。

师生共同思考：在一个团队中，我如何成就自己、成就团队？

13.1　平面的投影方法

微课 平面的投影

13.1.1　几何元素表示法

由初等几何可知，一个平面可由下列任一组几何元素确定它的空间位置：

①不在同一直线上的三点，如图 3.44（a）所示；

②一直线和直线外一点，如图 3.44（b）所示；

③两相交直线，如图 3.44（c）所示；

④两平行直线，如图 3.44（d）所示；

⑤平面图形，如图 3.44（e）所示。

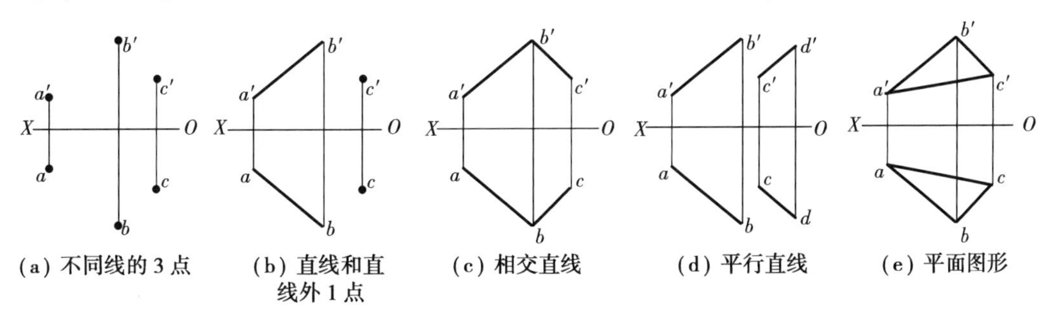

图 3.44　平面的表示方法

在投影图中可以用上述任一组几何元素的两面投影来表示平面，并且同一平面在同一位置用任一组几何元素来表示位置都不变。

讨论：平面图形 *ABC* 和平面 *ABC* 的区别？

13.1.2 迹线表示法

平面与投影面的交线称为迹线，如图 3.45 所示。平面 P 与 H、V、W 面的交线分别称为水平迹线 P_H、正面迹线 P_V、侧面迹线 P_W。用迹线表示的平面称为迹线平面，如图 3.46（a）、图 3.46（b）所示。其中，图 3.46（a）表示的是铅垂面 P，图 3.46（b）表示的是一般位置平面 Q。

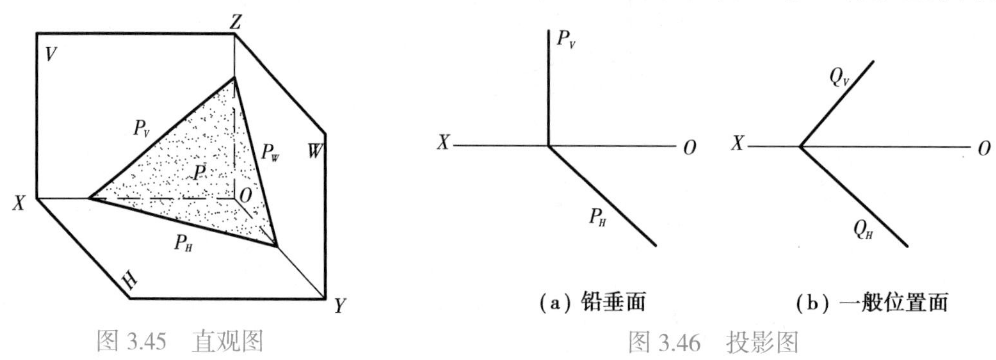

图 3.45　直观图　　　图 3.46　投影图

13.2 各种位置平面

在三面投影体系中，根据平面与投影面的相对位置不同，平面可以划分为一般位置平面、投影面平行面和投影面垂直面 3 种。后两种平面统称为特殊位置平面。平面对 H、V、W 面的倾角分别以 α、β、γ 表示。以下分别介绍各种位置平面的投影特点。

13.2.1 一般位置平面

对 3 个投影面都处于倾斜位置的平面称为一般位置平面。以平面图形表示的一般位置平面 3 个投影都是原平面图形的类似图形，如图 3.47 所示。

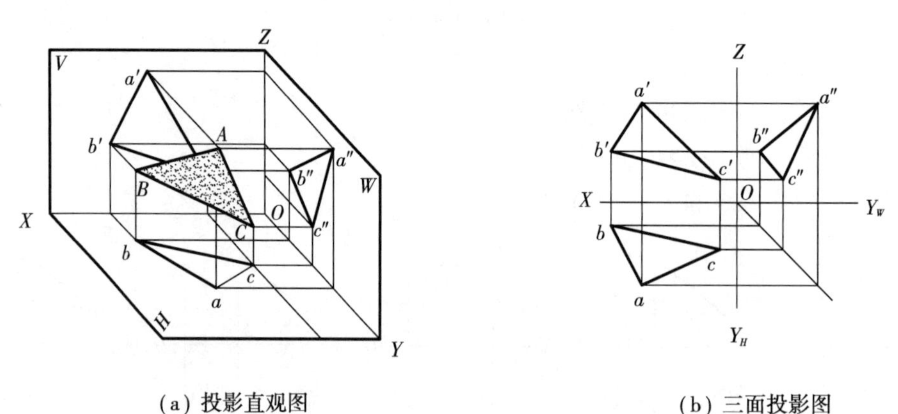

图 3.47　一般位置平面

一般位置平面具有下列投影特点：

①各投影都是原平面图形的类似图形，均不反映平面的实形。

②平面的各投影也无积聚性，投影图中不能直接反映平面对投影面的倾角。

13.2.2　投影面平行面

平行于一个投影面而与其他两个投影面垂直的平面称为投影面平行面。根据平行的投影面不同，投影面平行面可分为 3 种：平行于水平投影面 *H* 的平面称为水平面；平行于正投影面 *V* 的平面称为正平面；平行于侧投影面 *W* 的平面称为侧平面。虽然平行的投影面不同，但它们具有相似的投影性质。各种平行面的立体图、投影图及投影特性见表 3.3。

表 3.3　投影面平行面

名　称	正平面（//*V* 面）	水平面（//*H* 面）	侧平面（//*W* 面）
直观图	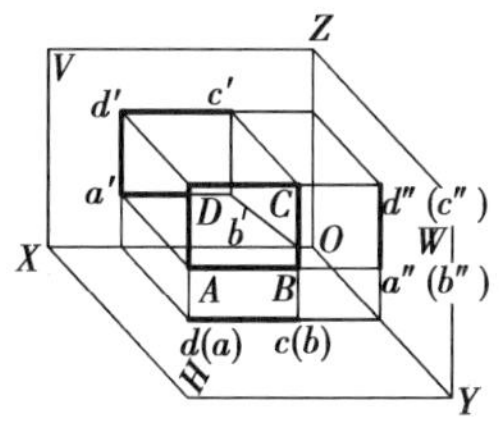	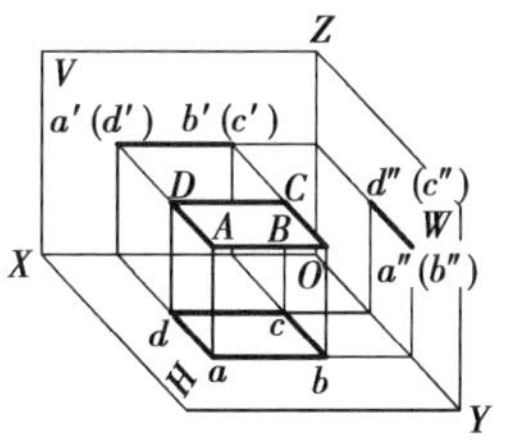	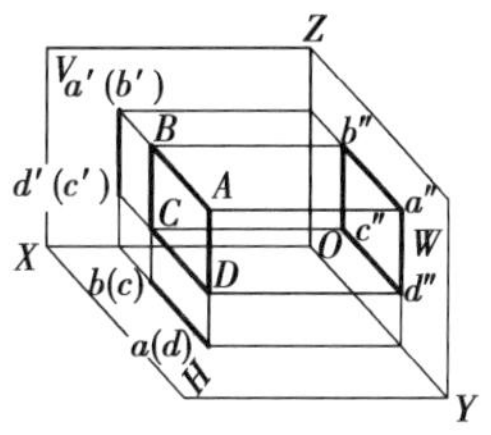
投影图	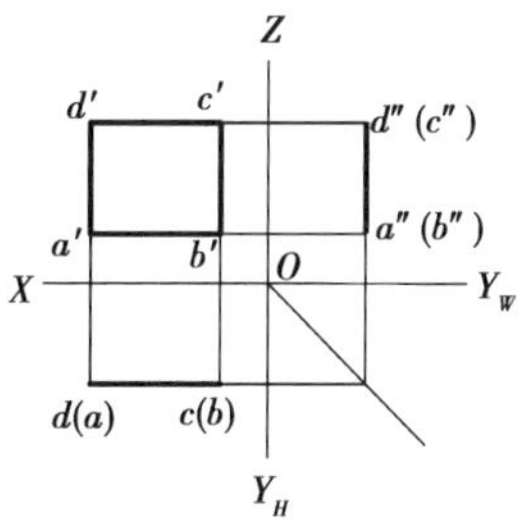	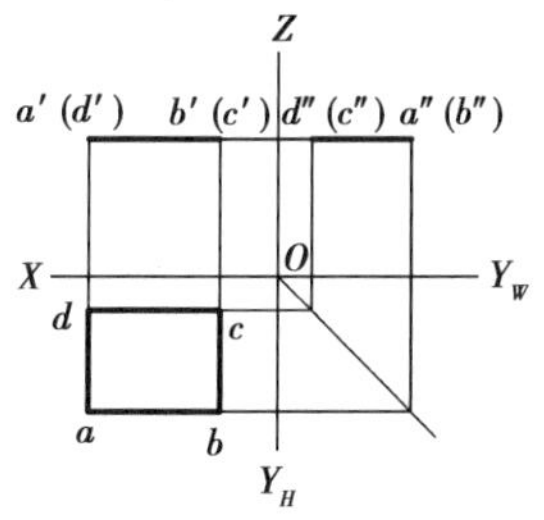	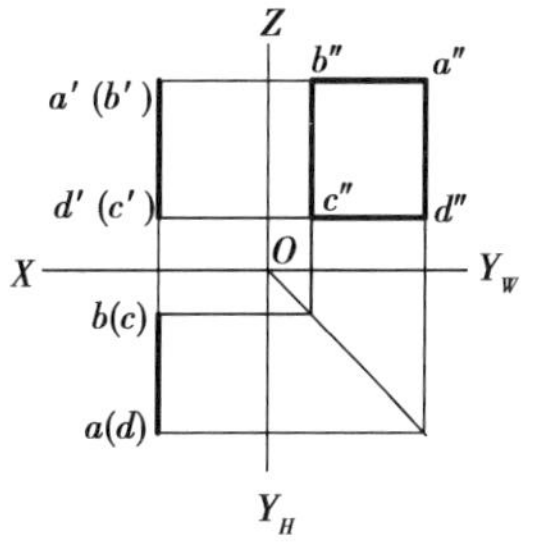
投影特性	1. 正面投影反映实形。 2. 水平投影及侧面投影积聚成一直线，且分别平行于 *X* 轴及 *Z* 轴。	1. 水平投影反映实形。 2. 正面投影及侧面投影积聚成一直线，且分别平行于 *X* 轴及 *Y* 轴。	1. 侧面投影反映实形。 2. 水平投影及正面投影积聚成一直线，且分别平行于 *Y* 轴及 *Z* 轴。

现以水平面为例，分析如下：

① $\alpha=0$，平面在 *H* 面上的投影反映实形。

②由于平面上所有点的 *Z* 坐标相等，平面在 *V*、*W* 两投影面上的投影均积聚成一垂直于 *Z* 轴的直线。

由表 4.3 可以归纳①投影面平行面的投影特性如下：

①平面在它所平行的投影面上的投影反映实形。

②平面在其他两投影面上的投影均积聚成一直线，其方向与相应投影轴垂直。

13.2.3 投影面垂直面

只垂直于一个投影面而与其他两投影面倾斜的平面称为投影面垂直面。根据垂直的投影面不同，投影面垂直面可分为 3 种：垂直于水平投影面 H 的平面称为铅垂面；垂直于正投影面 V 的平面称为正垂面；垂直于侧投影面 W 的平面称为侧垂面。虽然垂直的投影面不同，但它们具有相似的投影性质。

各种垂直面的立体图、投影图及投影特性见表 3.4。现以铅垂面为例分析如下：

①由于 $\alpha=90°$ ，所以平面在 H 面的投影积聚成一直线，其与 OX、OY_H 轴的夹角分别反映平面对 V、W 面的倾角 β 、γ 。

②平面的正面投影和侧面投影均为原平面图形的类似形。

表 3.4　投影面垂直面

名　称	正垂面（⊥ V 面）	铅垂面（⊥ H 面）	侧垂面（⊥ W 面）
直观图	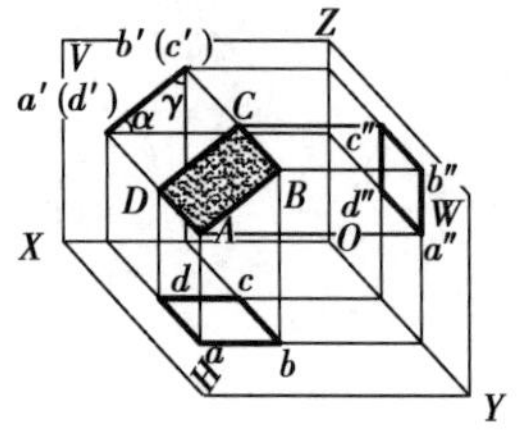	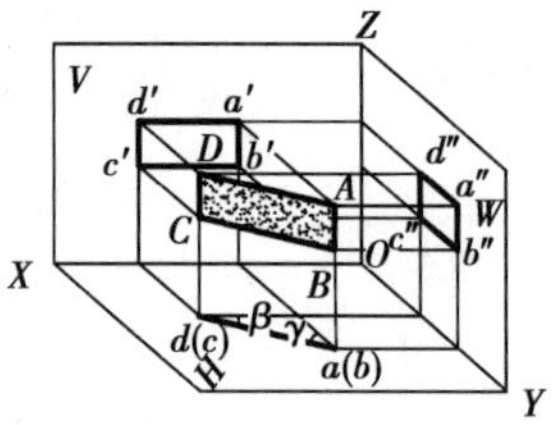	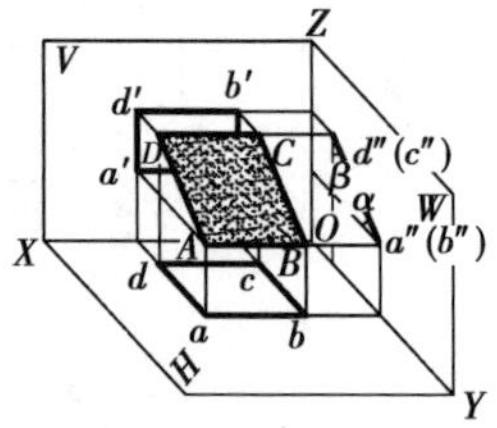
投影图	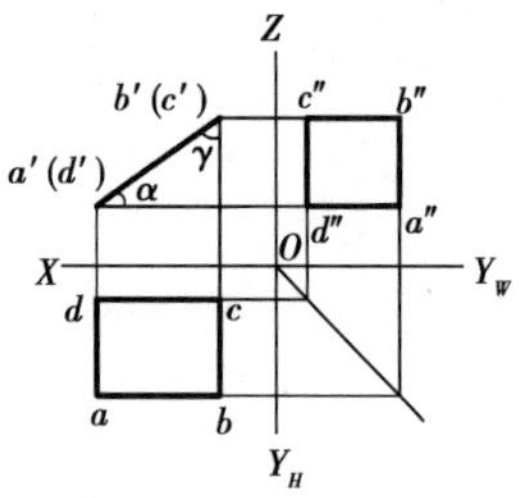	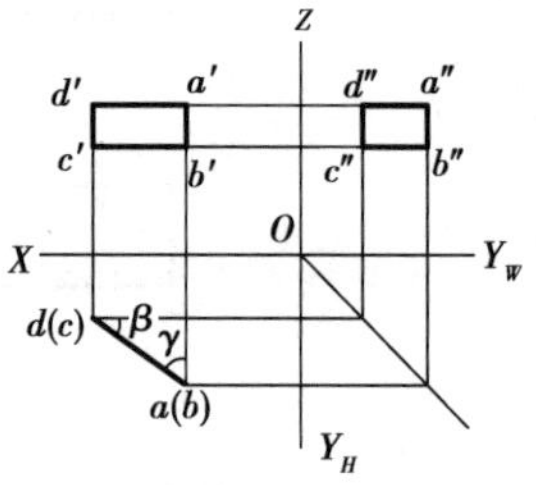	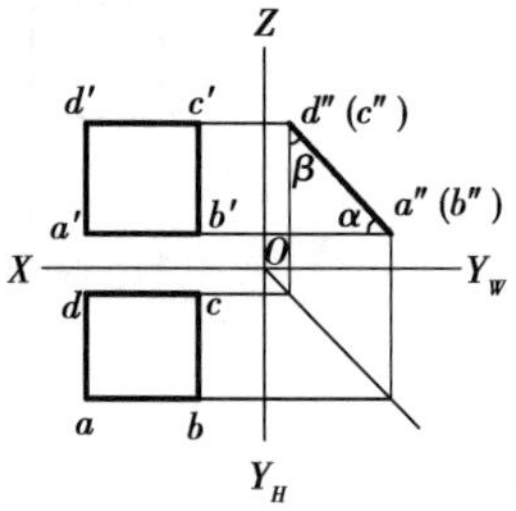
投影特性	1. 正面投影积聚成一直线。 2. 正面投影与 X 轴和 Z 轴的夹角分别反映平面与 H 面和 W 面的倾角。 3. 水平投影及侧面投影为平面的类似形。	1. 水平投影积聚成一直线。 2. 水平投影与 X 轴和 Y 轴的夹角分别反映平面与 V 面和 W 面的倾角。 3. 正面投影及侧面投影为平面的类似。	1. 侧面投影积聚成一直线。 2. 侧面投影与 Z 轴和 Y 轴的夹角分别反映平面与 H 面和 V 面的倾角。 3. 水平投影及正面投影为平面的类似形。

由表 3.4 可以归纳投影面垂直面的投影特性如下：

①平面在它所垂直的投影面上的投影积聚成一直线，其与相应投影轴的夹角分别反映平面对其他两投影面的倾角。

②平面在其他两投影面上的投影均为原图形的类似形。

13.3　平面上的点和直线

微课　平面上的点和直线

13.3.1　在平面内取点和直线

（1）点和直线在平面上的几何条件

①如果点位于平面上的任一直线上，则此点在平面上。

②如果一直线通过平面上两已知点或过平面上一已知点且平行于平面上一已知直线，则此直线在平面上。

图 3.48 中，AB、BC 均为平面 P 上的直线，今在 AB 和 BC 上各取一点 E 和 F，则由该两点所决定的直线 EF 一定在平面 P 上。若过 C 点作直线 $CM//AB$，则直线 CM 也一定是平面 P 上的直线。

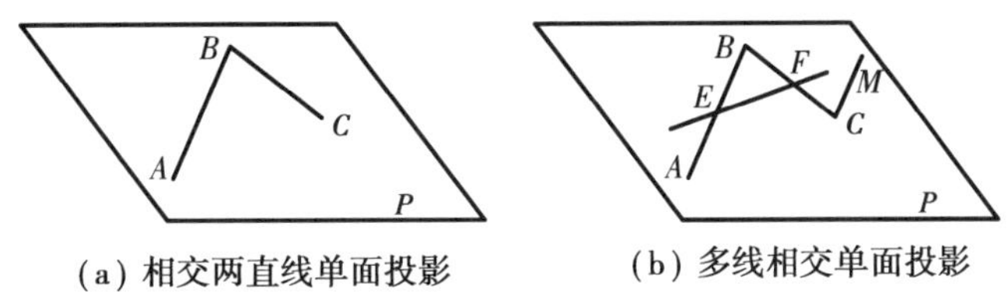

(a) 相交两直线单面投影　　(b) 多线相交单面投影

图 3.48　直观图

（2）在平面上取直线的方法

①在平面上取两已知点连成直线；

②在平面上过一已知点作平面上一已知直线的平行线。

例 3.7　请在由相交两直线 AB、BC 所确定的平面上任作一直线，如图 3.49（a）所示。

解　图 3.49（b）中，在直线 AB 上任取一点 E（e、e'），在直线 BC 上任取一点 F（f、f'），则直线 EF 一定在已知平面上。或通过平面上一已知点 C（c、c'），作直线 CM（cm、$c'm'$）$//AB$，则直线 CM 也一定在平面上。

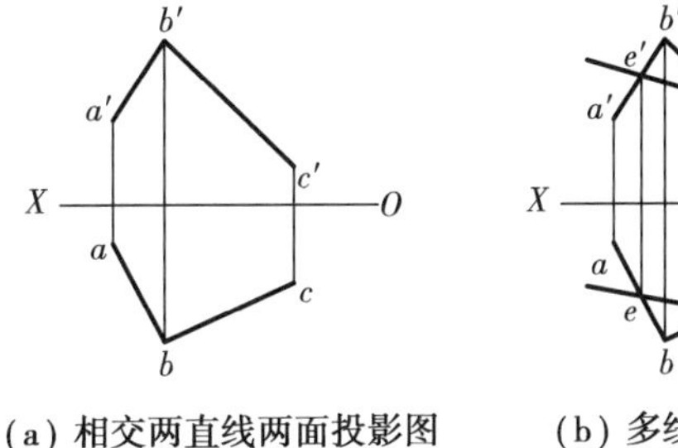

(a) 相交两直线两面投影图　　(b) 多线相交两面投影图

图 3.49　投影图

（3）在平面上取点的方法

①直接在平面上的已知直线上取点。

②先在平面上取直线，然后在该直线上取点。

例 3.8　已知点 E、F 均在平面 ABC 上，图 3.50（a），求 e、f。

解　连接 $c'e'$并延伸交 $a'b'$于 g'，那么 E 点为平面内直线 CG 上的点；作出 G 点的水平投影 g 并连接 cg，最后作出 E 点的水平投影 e。同理，连接 $a'f'$交 $c'b'$于 k'，F 点为平面内直线 AH 上的点；作出 H 点的水平投影 H 并连接 ah 并延伸，最后作出 F 点的水平投影 f，图 3.50（b）。

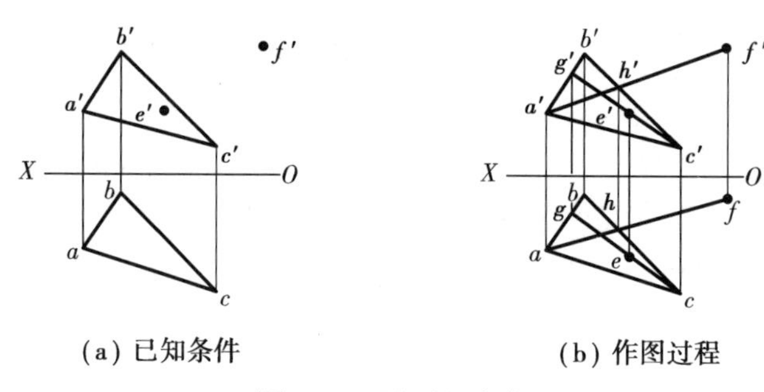

(a) 已知条件　　(b) 作图过程

图 3.50　平面上取点

13.3.2　平面内的投影面平行线

平面内的投影面平行线属于平面内的特殊位置直线。由于投影面有 *H* 面、*V* 面、*W* 面，所以平面内的投影面平行线有水平线、正平线、侧平线 3 种。平面内的投影面平行线既是平面内的直线，又是投影面平行线，它除具有投影面平行线的投影特性外，还应符合直线在平面内的几何条件。

例 3.9　已知点 *E* 在平面 *ABC* 上，如图 3.51（a）所示，试通过 *E* 点作平面内的水平线 *EF*。

分析　由于 *EF*//*H* 面，因此有 *e′ f′*//*OX*。具体作图过程，如图 3.51（b）所示。

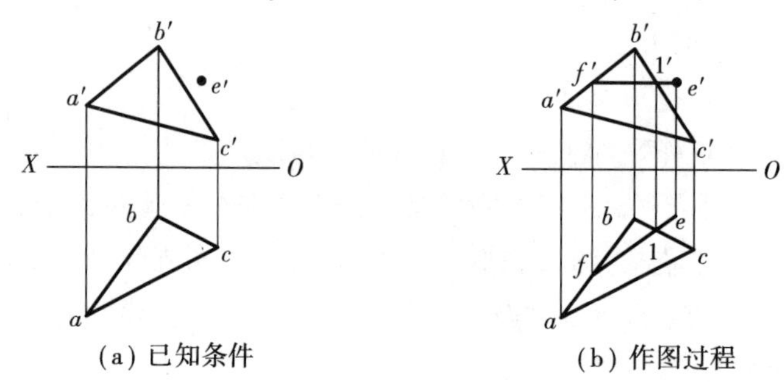

(a) 已知条件　　(b) 作图过程

图 3.51　作平面内的直线

13.4　直线和平面的相对位置

13.4.1　两直线的相对位置

空间两直线的相对位置有 3 种：即相交、平行和交叉。前两种为共面直线，后者为异面直线。

微课　两直线的相对位置

（1）平行两直线

由平行投影性质可知：若两直线平行，则它们的各组同面投影必互相平行。反之，若两直线的各组同面投影互相平行，则此两直线在空间上也一定互相平行。

对一般位置的两直线，仅根据它们的水平投影和正面投影互相平行，就可判断其在空间上也互相平行。图 3.52（a）中，由于 *ab*//*cd*、*a′ b′*//*c′ d′*，所以 *AB*//*CD*。但是，当两直线同时平行于某一投影面时，一般还要看两直线在所平行的那个投影面上的投影是否平行，才能确定两直线是否平行。图 3.52（b）中，由于直线 AB 和 CD 都是侧平线，有 $ab//cd$、$a'b'//c'd'$。但由于它们的侧面投影不平行，所以直线 AB 不平行 CD。

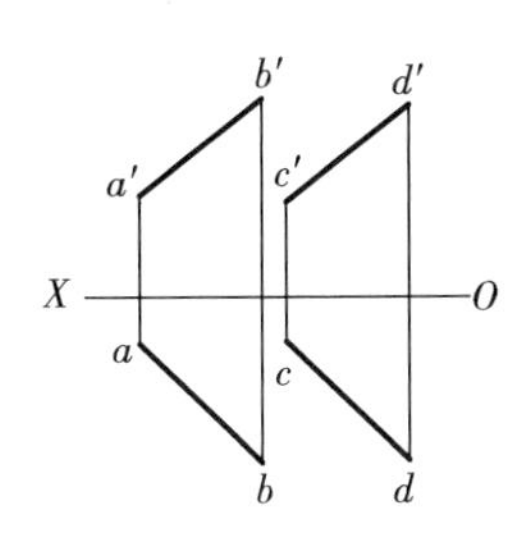

（a）两条一般位置直线

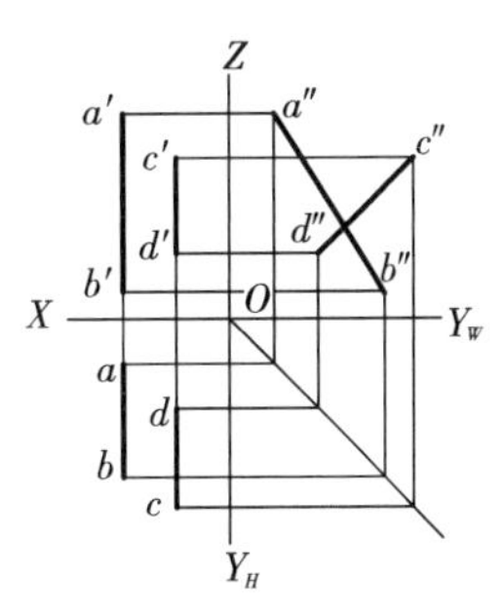

（b）两条特殊位置直线没有规律的投影

图 3.52　两直线是否平行的判断

（2）相交两直线

如果空间两直线相交，则它们的各组同面投影也必相交，且交点的投影必符合点的投影规律。反之，如果两直线的各组同面投影均相交，且各投影的交点符合点的投影规律，则此两直线在空间上也一定相交。

在投影图上判别空间两直线是否相交，对一般位置的两直线，只需观察两组同面投影即可。图 3.53（a）中，由于 $ab \cap cd=k$、$a'b' \cap c'd'=k'$，且 $kk' \perp OX$，所以直线 AB 与 CD 相交。

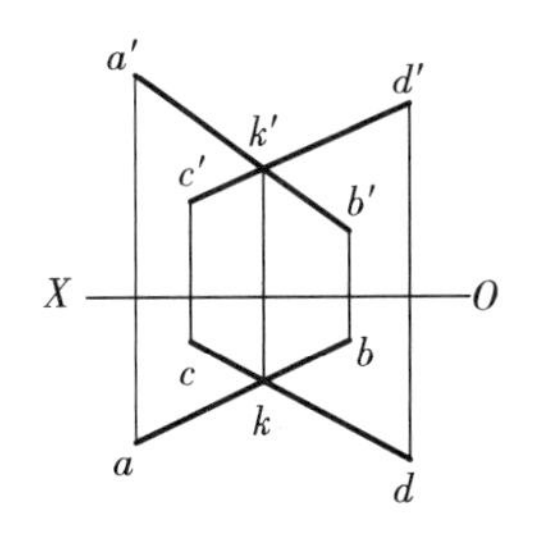

（a）两条一般位置直线

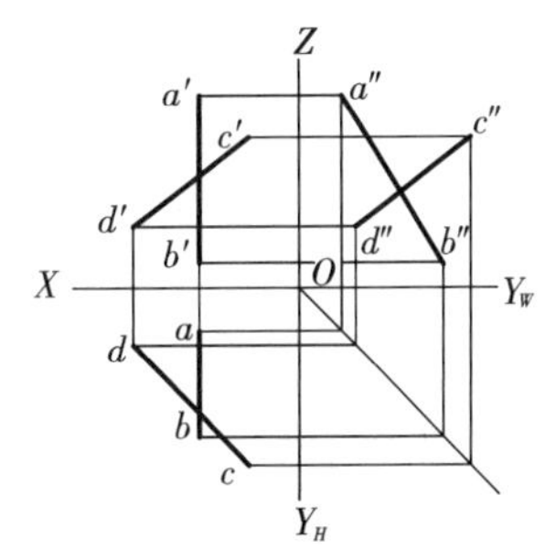

（b）特殊位置直线与一般位置直线

图 3.53　两直线是否相交的判断

但是，当两直线中有一直线平行于某一投影面时，一般还要看直线所平行的那个投影面上的投影才能确定两直线是否相交。图 3.53（b）中，直线 AB 和 CD 的正面投影和水平投影均相交，由于 AB 是侧平线，所以还需检查它们侧面投影的交点是否符合点的投影规律。从图 3.53 中可以看出正面投影交点与侧面投影交点的连线不垂直于 OZ 轴，所以 AB 和 CD 不相交。

例 3.10　已知四边形 $ABDC$ 的正面投影及 AB、AC 的水平投影，如图 3.54（a）所示，试完成其水平投影。

解　连接 bc、$b'c'$、$a'd'$，D 点可看成 $\triangle ABC$ 平面内一直线 AE 上的一点，然后利用在平面内取点的方法求出 D 点的水平投影 d，如图 3.54（b）所示。

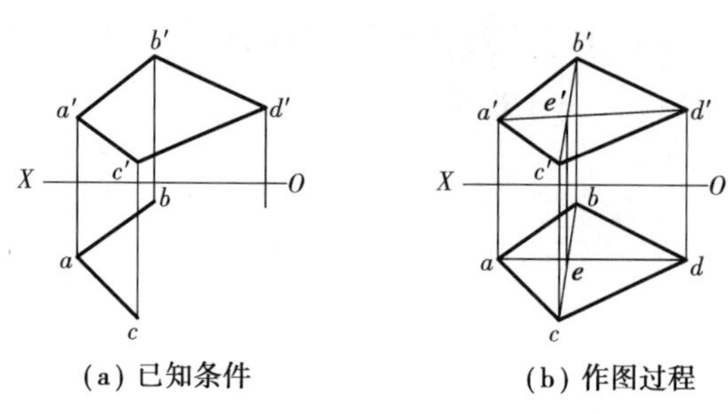

图 3.54　完成平面的投影

（3）交叉两直线

在空间上既不平行也不相交的两直线，称为交叉两直线。在投影图上，凡是不符合平行或相交条件的两直线都是交叉直线。

例 3.11　已知直线 AB 和 CD 两直线的投影图，如图 3.55 所示。试判别它们的相对位置关系。

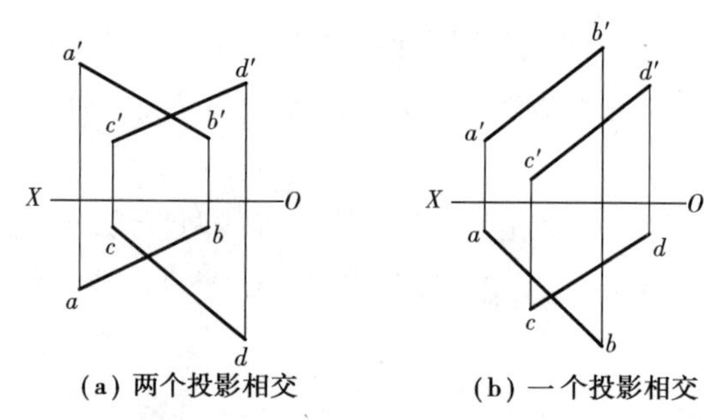

图 3.55　两直线是否交叉的判断

答：均为交叉直线。

（4）一边平行于投影面的直角的投影

角度的投影一般不反映实际角度，只有当角所在的平面平行于某一投影面时，它在该投影面上的投影才反映真实角度大小。而对于直角，当直角的两边都不平行于投影面时，其投影肯定不是直角；当直角所在的平面平行于某一投影面时，它在该投影面上的投影仍是直角，如图 3.56 所示。直角的投影除具备以上性质外，还有以下特性：当一条直角边平行于某一投影面时，直角在该面上的投影仍是直角。此性质称为直角投影定理。

图 3.56 中，若 $AB \perp BC$，且 $BC//H$ 面，如图 3.56（a）所示，则有 $ab \perp bc$，如图 3.56（b）所示。

直角投影定理既适用于互相垂直的相交两直线，也适用于交叉垂直的两直线。

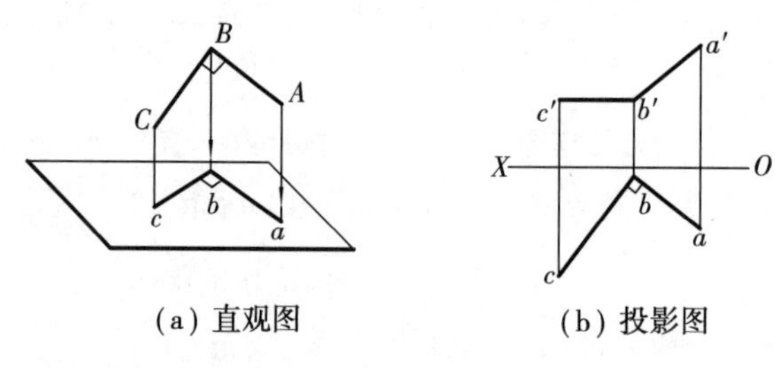

图 3.56　一边平行于投影面的直角的投影

例 3.12　求 A 点到正平线 BC 的距离，如图 3.57（a）所示。

解　求一点到某直线的距离实际上就是求过该点的直线的垂线实长。由于 $AD \perp BC$，$BC//V$，所以有 $a'd' \perp b'c'$；求出垂线 AD 的投影后，再利用直角三角形法求 AD 实长，如图 3.57（b）所示。

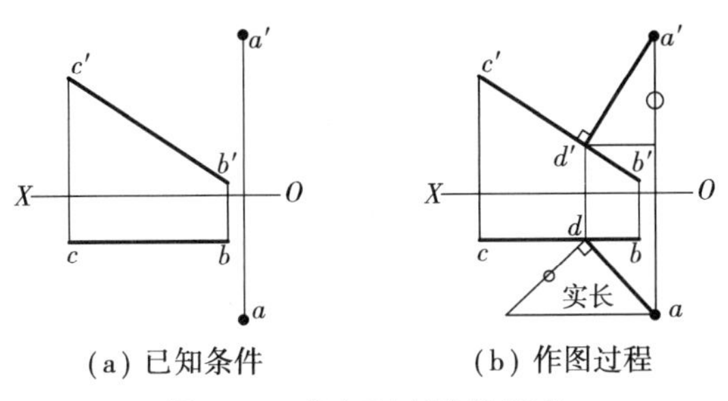

（a）已知条件　　（b）作图过程

图 3.57　求点到直线的距离

例 3.13　已知△ABC 为等腰直角三角形，一直角边 BC 在正平线 EF 上，如图 3.58（a）所示，试完成其投影。

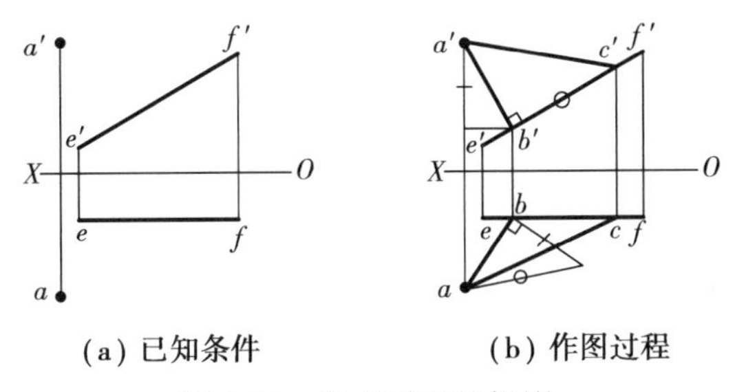

（a）已知条件　　（b）作图过程

图 3.58　完成平面的投影

解　由于 $AB \perp EF$，且 $EF//V$，所以有 $a'b' \perp e'f'$；利用直角三角形法求 AB 实长；过 b' 在 $e'f'$ 上量取 $b'c'=AB=BC$。具体过程如图 3.59（b）所示。

13.4.2　直线与平面、平面与平面的相对位置

（1）平行关系

①直线与平面平行。

由初等几何可知：若平面外一直线与平面内一直线平行，则此直线与该平面平行；反之，如果一直线与某平面平行，则在此平面上必能作出与该直线平行的直线。

例 3.14　过直线 AB 作平面平行于直线 EF，如图 3.59（a）所示。

解　过直线 AB 上一点 A。作直线 $AC//EF$，则相交两直线 AB、AC 所决定的平面即为所求，如图 3.59（b）所示。

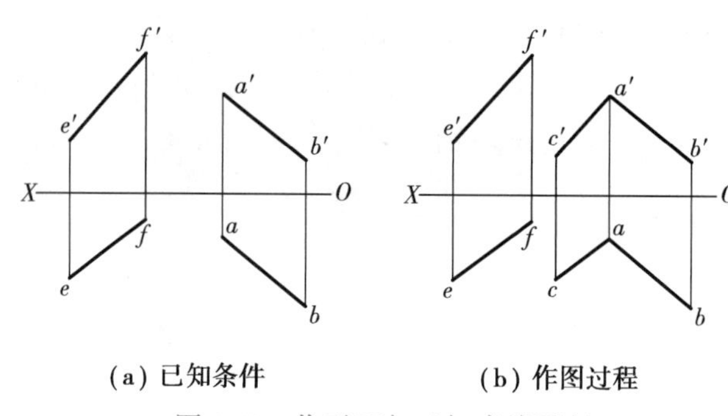

(a) 已知条件　　(b) 作图过程

图 3.59　作平面与已知直线平行

②平面与平面平行。

由初等几何可知：若一平面内的两相交直线对应地平行于另一平面内的两相交直线，此两平面互相平行。

例 3.15　过 *D* 点作平面与三角形 *ABC* 平面平行，如图 3.60（a）所示。

解　过 *D* 点分别作直线 *DE*//*AB*，*DF*//*AC*，则由相交两直线 *DE*、*DF* 构成的平面即为所求，如图 3.60（b）所示。

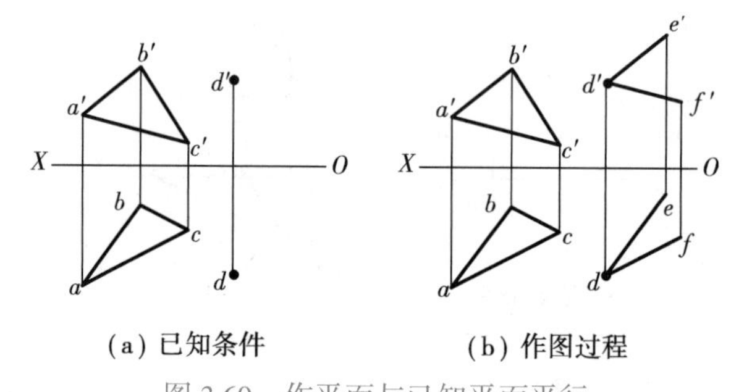

(a) 已知条件　　(b) 作图过程

图 3.60　作平面与已知平面平行

（2）相交关系

直线与平面相交，有且只有一个交点。直线与平面的交点既在直线上，又在平面内，是直线与平面的共有点。因此，求直线与平面的交点问题，实质上就是求直线与平面的共有点问题。

平面与平面相交，交线是一条直线。求出交线上的两个共有点，连接起来就得到两平面的交线。因此，求平面与平面交线的问题，实质上就是求两平面的两个共有点的问题。

①一般位置直线与投影面垂直面相交。

当相交的两元素中有一个垂直于某投影面时，可利用其在垂直的投影面上的积聚性及交点的共有性，直接求出交点的一个投影。

如图 3.61（a）所示，铅垂面△ *ABC* 与一般位置直线 *EF* 相交，交点 *M* 的 *H* 面投影 *m* 必在平面△ *ABC* 的 *H* 面投影 $\overline{abc}$ 线段上，又必在直线 *EF* 的 *H* 面投影 *ef* 上，因此 *m* 必在线段 $\overline{abc}$ 与 *ef* 的交点上；定出交点 *M* 的 *H* 面投影 *m* 后，根据交点的共有性，*m'*必在 *e'f'*上。即过 *m* 作 *OX* 轴垂线，与 *e'f'*交于 *m'*。*m*、*m'* 即为直线 *EF* 与平面△ *ABC* 交点 *M* 的两投影，如图 3.61（b）所示。

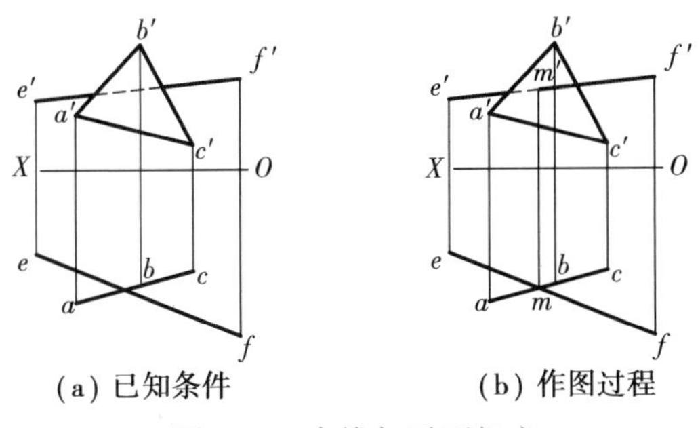

(a) 已知条件　　(b) 作图过程

图 3.61　直线与平面相交

②一般位置平面与投影面垂直面相交。

如图 3.62（a）所示，铅垂面△ *ABC* 与一般位置平面 *DEF* 相交。求它们的交线时，可把一般位置平面 *DEF* 看成由两相交直线 *DF*、*EF* 构成，这样就可利用求一般位置直线与投影面垂直面交点的方法，分两次求得两交点 *M*、*N*，连接起来即得交线 *MN*，如图 3.62（b）所示。

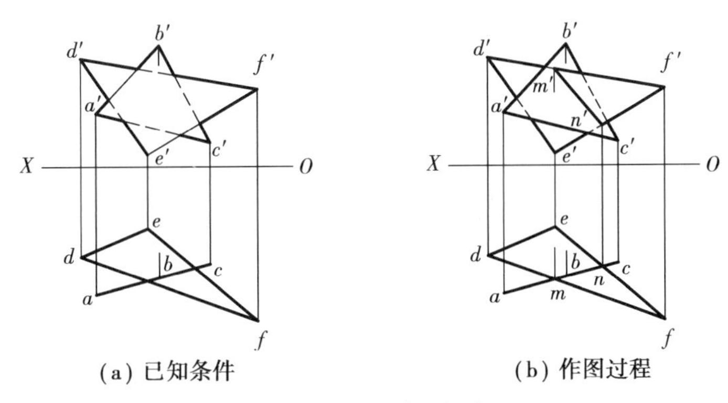

(a) 已知条件　　(b) 作图过程

图 3.62　两平面相交

③投影面垂直线与一般位置平面相交。

图 3.63（a）中，铅垂线 *EF* 与平面△ *ABC* 相交于 *M* 点。由于直线 *EF* 的投影在 *H* 面上有积聚性，所以交点的 *H* 面投影与 *e*、*f* 积聚为一点，其 *V* 面投影 *m′* 可用在平面内取点的方法求出，如图 3.63（b）所示。

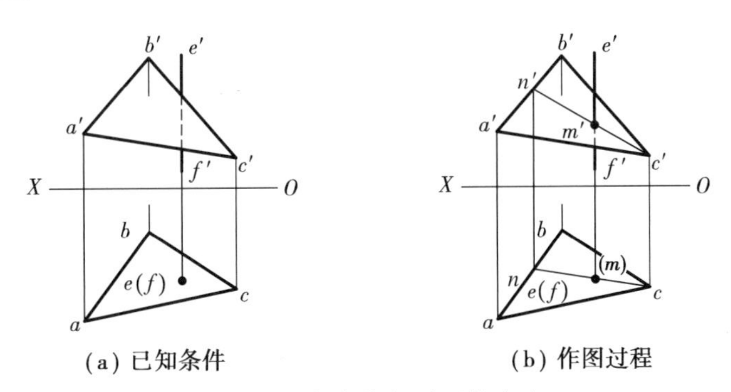

(a) 已知条件　　(b) 作图过程

图 3.63　求直线与平面的交点

（3）垂直关系

①直线与平面垂直。

由初等几何学可知，若一直线垂直于某平面，则此直线必垂直于该平面内的任何直线；反之，若一直线垂直于某平面上两相交直线，则此直线必垂直于该平面。

由上述直线与平面垂直的几何性质及直角的投影性质可以得出：若一直线与某平面垂直，则该直线的水平投影垂直于平面内水平线的投影，其正面投影垂直于平面内正平线的正平投影。相反。若一直线的水平投影垂直于某平面内水平线的水平投影，同时其正面投影垂直于平面内正平线的正面投影，则此直线与平面垂直。

例 3.16　过 E 点作平面垂直于直线 AB，如图 3.64（a）所示。

解　过 E 点作水平线 DE，使 $DE \perp AB$，所以有 $de \perp ab$；再过 E 点作正平线 EF，使 $EF \perp AB$，所以有 $e'f' \perp a'b'$，则由相交直线 DE、EF 构成的平面即为所求，如图 3.64（b）所示。

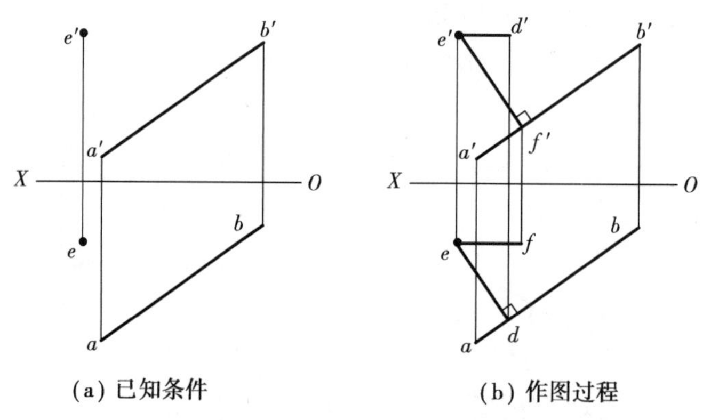

图 3.64　过点作平面垂直于已知直线

②平面与平面垂直。

由初等几何学可知：若一直线垂直于某平面，则包含此直线的任何平面都与该平面垂直。反之，若两平面互相垂直，则由一平面上任一点向另一平面所作的垂线必在前一平面上。

例 3.17　过 E 点作平面垂直于平面 $\triangle ABC$，如图 3.65（a）所示。

解　过 E 点作平面 $\triangle ABC$ 的垂线 EF，再过 E 点作任意直线 ED，则由相交直线 DE，EF 构成的平面即为所求，如图 3.65（b）所示。

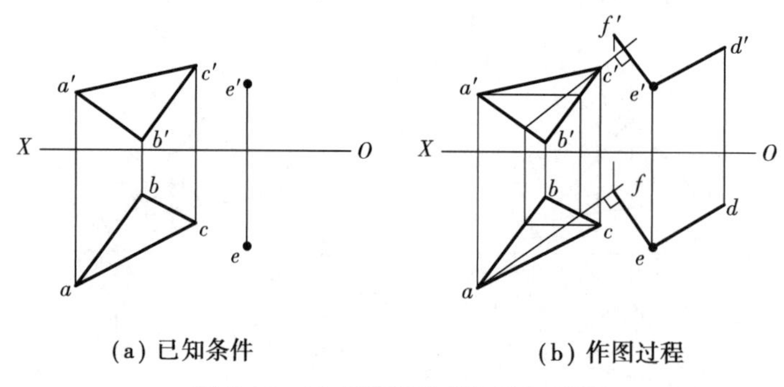

图 3.65　过点平面垂直于已知平面

技能点 13　平面的投影练习及应用

◎思政点拨◎

线线相围成平面，平面有无界、有界格局之分。

师生共同思考：我们如何增大、提升自己的格局。

13.1　知识测试

1. 三角形平面的 3 个投影均为缩小的类似形，该平面为（　　）。

A. 水平面　　B. 正平面　　C. 侧平面　　D. 一般位置平面

2. 图 3.66 中平面的类型是（　　）。

A. 水平面　　B. 正平面　　C. 侧垂面　　D. 任意倾斜平面

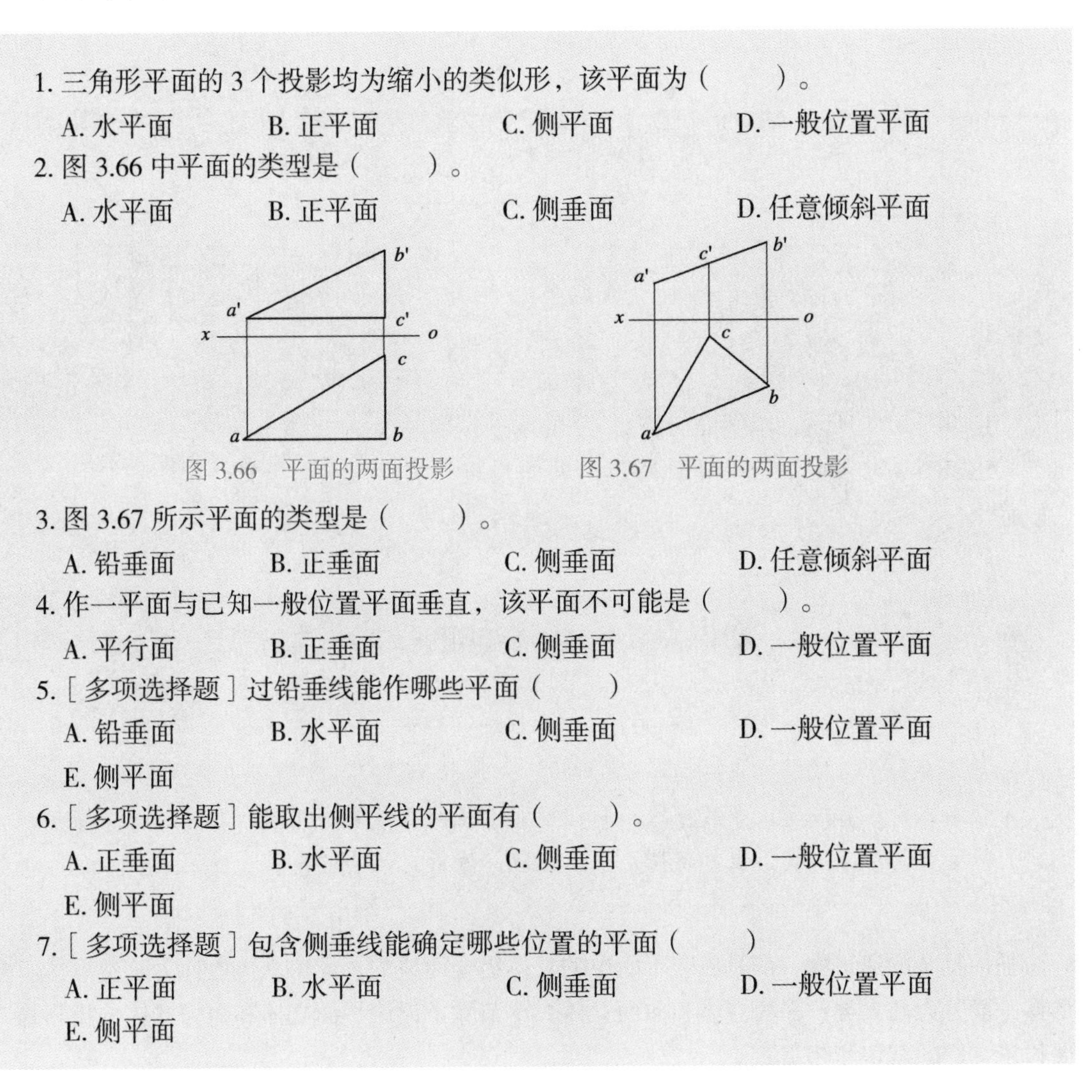

图 3.66　平面的两面投影　　图 3.67　平面的两面投影

3. 图 3.67 所示平面的类型是（　　）。

A. 铅垂面　　B. 正垂面　　C. 侧垂面　　D. 任意倾斜平面

4. 作一平面与已知一般位置平面垂直，该平面不可能是（　　）。

A. 平行面　　B. 正垂面　　C. 侧垂面　　D. 一般位置平面

5. [多项选择题] 过铅垂线能作哪些平面（　　）

A. 铅垂面　　B. 水平面　　C. 侧垂面　　D. 一般位置平面

E. 侧平面

6. [多项选择题] 能取出侧平线的平面有（　　）。

A. 正垂面　　B. 水平面　　C. 侧垂面　　D. 一般位置平面

E. 侧平面

7. [多项选择题] 包含侧垂线能确定哪些位置的平面（　　）

A. 正平面　　B. 水平面　　C. 侧垂面　　D. 一般位置平面

E. 侧平面

13.2　技能训练

1. 图 3.68 所示，已知点 K 属于 $\triangle ABC$ 平面，完成 $\triangle ABC$ 的正面投影。

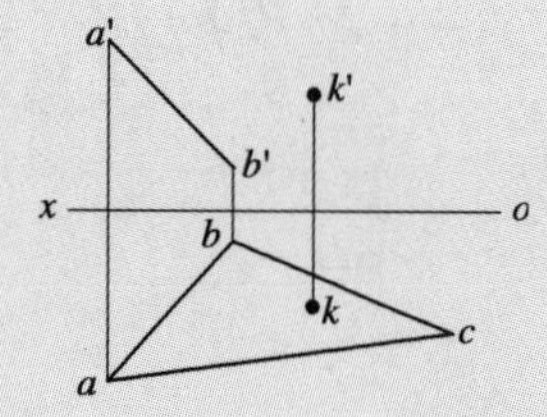

图 3.68　技能点 13 训练题 1 图　　图 3.69　技能点 13 训练题 2 图

2. 如图 3.69 所示，*AD* 是△*ABC* 内的正平线，*AE* 是该平面内的水平线，求△*ABC* 的水平投影。

3. 如图 3.70 所示，已知 *AB* 为正平线，*DE* 为水平线，完成五边形 *ABCDE* 的水平投影。

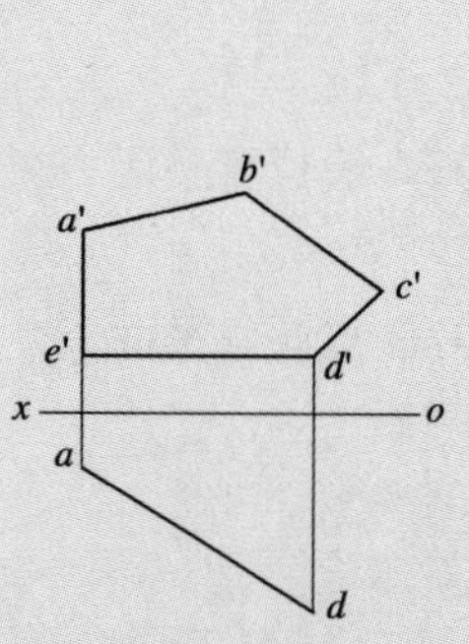

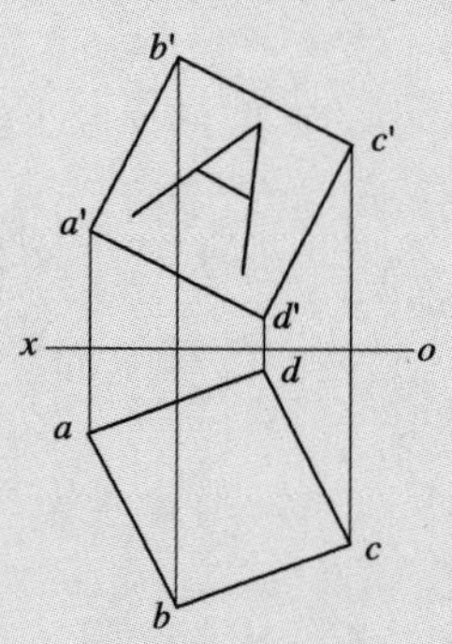

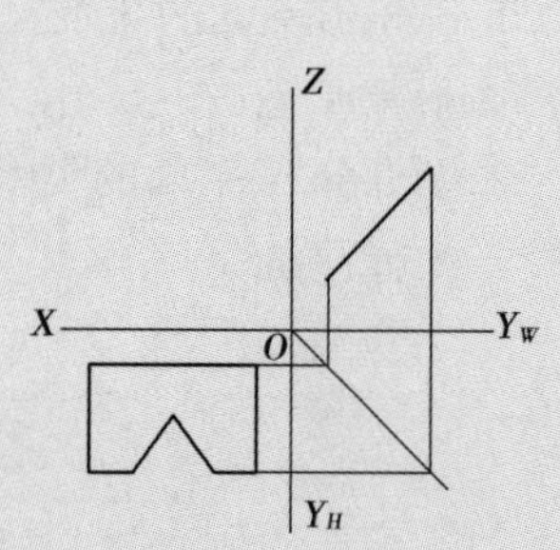

图 3.70　技能点 13 训练题 3 图　图 3.71　技能点 13 训练题 4 图　图 3.72　技能点 13 训练题 5 图

4. 如图 3.71 所示，求平面内"A"字的水平投影。

5. 如图 3.72 所示，已知平面图形的两面投影，求其第三面投影并说明它是什么位置平面。

知识点 14　基本体的投影规定

◎思政点拨◎

基本体投影有规定，摆放位置不同，投影不相同，结果不相同。

师生共同思考：我们该如何摆正自己位置，使得自己的"投影"成正果。

任何复杂的建筑物，都是由若干简单的立体组合而成的，简单立体也称为基本形体。基本形体一般分为两大类：平面立体和曲面立体。本节除了讨论平面立体和曲面立体的投影外，还要讨论它们的截切和相贯。

14.1　平面立体的投影

所谓平面立体，就是几何体的各个侧面均是由平面所组成的，建筑工程中的绝大部分形体均属此类。平面立体又分为棱柱体和棱锥体两类。

14.1.1　棱柱体

微课 棱柱体的投影

底面为多边形，各棱线互相平行的立体就是棱柱体。棱线垂直于底面的棱柱，称为直棱柱，直棱柱的各侧棱面为矩形；棱线倾斜于底面的棱柱，称为斜棱柱，斜棱柱的各侧棱面为平行四边形。

（1）棱柱的投影

图 3.73（a）为一铅垂放置的正六棱柱，其六个棱面在 *H* 面上积聚，上顶下底投影反映实形；*V* 面上投影对称，一个棱面反映矩形的实形，两个棱面为等大的矩形类似形；*W* 面上为两个等大的对称矩形类似形。3 个投影展开后得六棱柱的三面投影，如图 3.73（b）所示。

在图 3.73（a）、(b）中，把 *X* 轴方向称为立体的长度，*Y* 轴方向称为立体的宽度，*Z* 轴方向称为立体的高度，从图中可知，*V*，*H* 面投影都反映立体的长度，展开后这两个投影左右对齐，这种关系称为“长对正”。*H*，*W* 面投影都反映立体的宽度，展开后这两个投影宽度相等，这种关系称为“宽相等”。*V*，*W* 面投影都反映立体的高度，展开后这两个投影上下对齐，这种关系称为“高平齐”。

同时，从图 3.73（b）中可知，*V* 面投影反映立体的上下和左右关系，*H* 面投影反映立体的左右和前后关系，*W* 面投影反映立体的上下和前后关系。

至此，立体 3 个投影的形状、大小、前后均与立体距投影面的位置无关，故立体的投影均不需再画投影轴、投影面，而 3 个投影只要遵守“长对正、宽相等、高平齐”的关系，就能够正确地反映立体的形状、大小和方位，如图 3.73（c）所示。

该立体作图时先作 *H* 面上反映实形的正六边形，再在合适的位置对应作出 *V*，*W* 面投影。

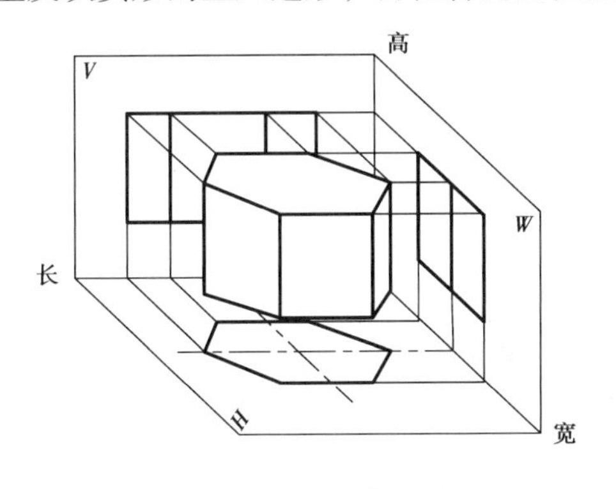

动画 正六棱柱的投影

（a）直观图

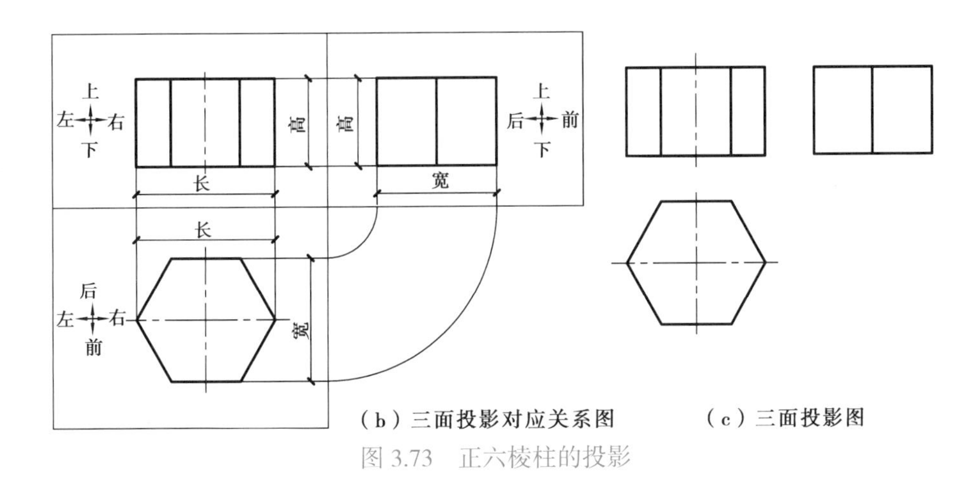

（b）三面投影对应关系图　　　（c）三面投影图

图 3.73　正六棱柱的投影

“长对正、宽相等、高平齐”是画立体正投影的投影规律，画任何立体的三面投影必须严格遵守。

图 3.74（a）为一水平放置的正三棱柱（可视为双坡屋顶），两个棱面垂直于 *W* 面，一个棱面平行于 *H* 面，两个端面平行于 *W* 面，按照“长对正、宽相等、高平齐”作正投影后，*V* 面投影为矩形的类似形；*H* 面投影为可见的两个矩形的类似形和一个不可见的矩形的实形；*W* 面投影为三角形的实形（见图 3.74（b））。有关点、线的投影性质请读者进一步分析。

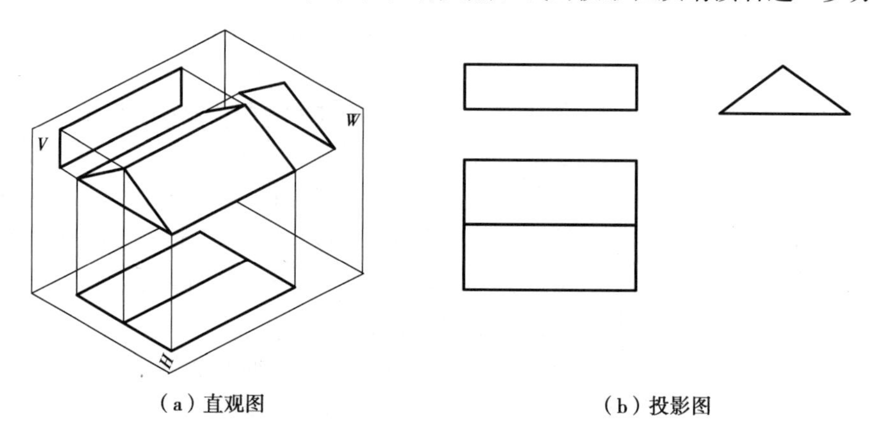

（a）直观图　　（b）投影图

图 3.74　三棱柱的投影

（2）棱柱表面上的点

在平面立体表面上取点，其方法与平面内取点相同，只是平面立体是由若干个平面围成的，投影时总会有两个表面重叠在一起，就有一个可见性问题。只有位于可见表面上的点才是可见的，反之不可见。因此，要确定立体表面上的点，先要判断它位于哪个平面上。

如图 3.75（a）所示，六棱柱的表面分别有 *A*，*B*，*C* 3 个点的一个投影，求其他的两个投影。

投影分析：从 *V* 面投影看，a' 在中间图框内且可见，则 *A* 点应在六棱柱最前的棱面上；（b'）在右面的图框内且不可见，*B* 点应在六棱柱右后方的棱面上；从 *H* 投影看，*c* 在六边形内且不可见，*C* 点应在六棱柱的底面上。

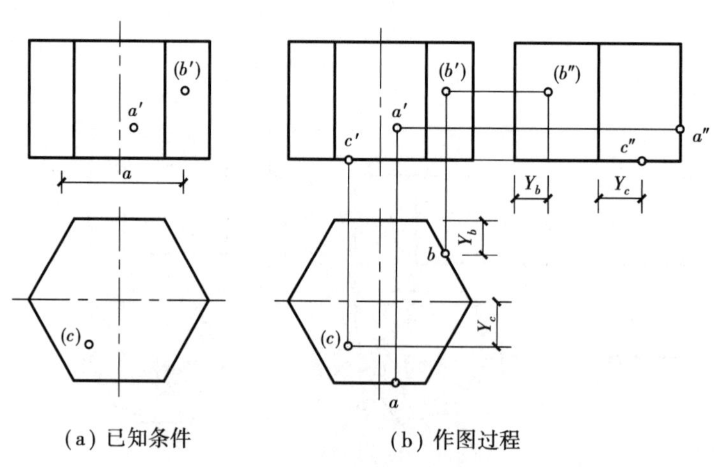

(a) 已知条件　　(b) 作图过程

图 3.75　棱柱表面上定点

作图：由于六棱柱的六个侧面均积聚在 *H* 面投影上，故 *A*，*B* 两点的 *H* 面投影应在相应侧面的积聚投影上，利用积聚性即可求得［图 3.75（b）］，它们的 *W* 面投影和 *C* 点的 *V*，*W* 面投影则可根据“长对正、宽相等、高平齐”求得。注意判断可见性。

14.1.2　棱锥体

微课　棱锥体的投影

底面为多边形，所有棱线均相交于一点的立体就是棱锥体。正棱锥底面为正多边形、其侧棱面为等腰三角形。

（1）棱锥的投影

图 3.76（a）为一正置的正四棱台，*H* 面投影外框为矩形，反映 4 个梯形棱面的类似形，顶面反映矩形实形，而底面为不可见的矩形；在 *V*，*W* 面上的棱台均反映棱面的类似形。其三面投影图见图 3.76（b）。

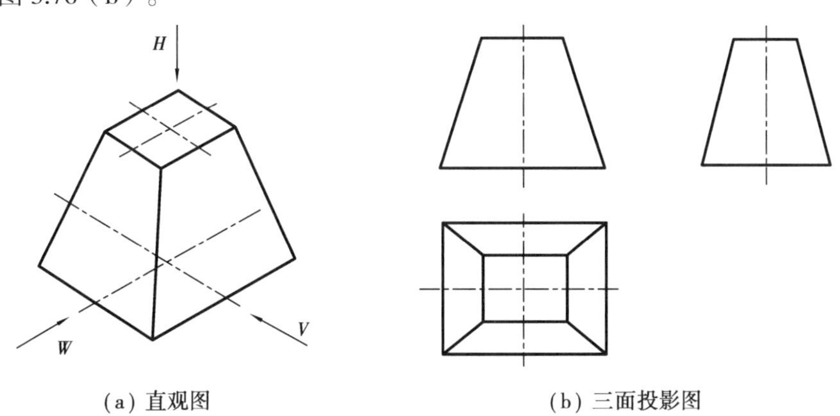

图 3.76　正四棱台

（2）棱锥表面上的点

棱锥表面定点的方法和棱柱有相似之处，不同的是棱锥表面绝大多数没有积聚性，不能利用积聚性找点。这里的关键是点与平面的从属性的应用。

如图 3.77（a）所示，已知正三棱锥 *S-ABC* 表面上的点 *M*，*N* 的一个投影，求其他两个投影。

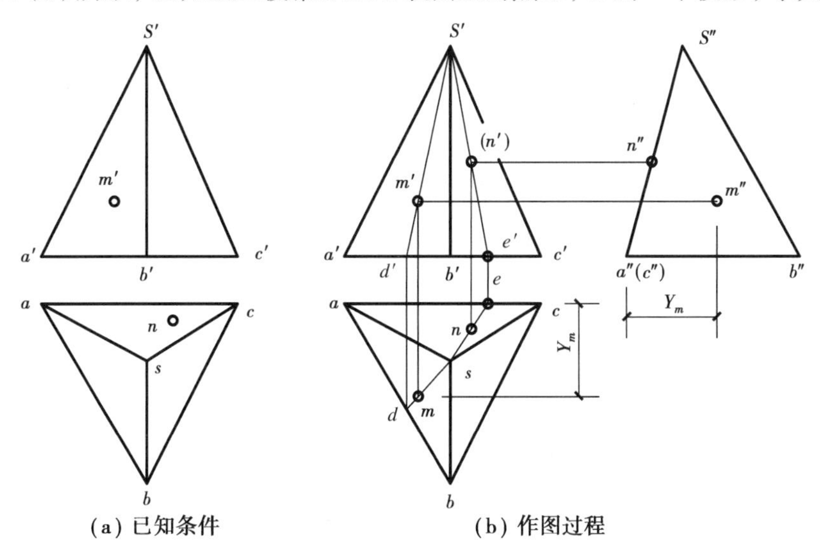

图 3.77　棱锥表面上定点

投影分析：从 V 面投影看 M 面点应在三棱锥的左前棱面 SAB 上，从 H 面投影看 N 点应在三棱锥的后棱面 SAC 上。由于三棱锥的 3 个棱面均处于一般位置，没有积聚性可利用，故要利用平面内取点的方法（辅助线法）。

作图：如图 3.77（b）所示，过点 M 作辅助线 SM，即连 $s'm'$并延长交于底边得 $s'd'$，向 H 面上投影得 sd，由 m'向下作竖直线交于 sd 上得 m，利用宽度 Y_m 相等，确定 m''，因为 SAB 棱面在三投影中都可见，故 M 点的三面投影也可见。

按同样的作图方法可得 n'和 n''。连 se，求出 $s'e'$，过 n 作竖直线交 $s'e'$得 n'，根据投影规律求得 n''。因为 SAC 棱面处于三棱锥的后面，故 n'不可见，n'' 则聚积在 $s''a''c''$ 上，如图 3.77（b）所示。

讨论：这里的辅助线并不一定都要过锥顶，还可作底边的平行线、棱面上过已知点的任意斜线。读者可以自己尝试。

（3）平面立体的尺寸标注

确定平面立体大小所需的尺寸，称为定形尺寸，一般标注形体的长、宽、高，如图 3.78 所示为常见的几种平面形体尺寸注法，但由于正六边形和等边三角形的几何关系，图中宽度（b）与长度 a 相关，常作为参考尺寸标出，用括号加以区别；此外，若棱锥锥顶偏移、还须加注定位尺寸，请读者留意。

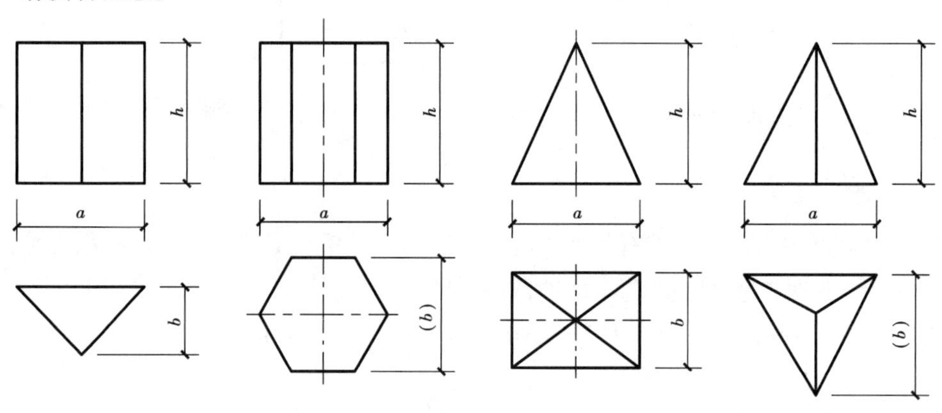

图 3.78 平面立体的尺寸标注

14.2 曲面立体的投影

所谓曲面立体，是指形体的部分表面或全部表面由曲面围成。在曲面立体中，常见的是回转体。

回转体是曲面立体中形状较规则的一类，它是由回转面与平面（有的无平面）所围成的立体，最常见的是圆柱、圆锥、圆球等。

14.2.1 圆柱体

微课 圆柱体的投影

（1）圆柱体的投影

圆柱体是直母线 AB 绕轴线旋转形成的圆柱面与两圆平面为上顶下底所围成的立体［图 3.79（a）］。

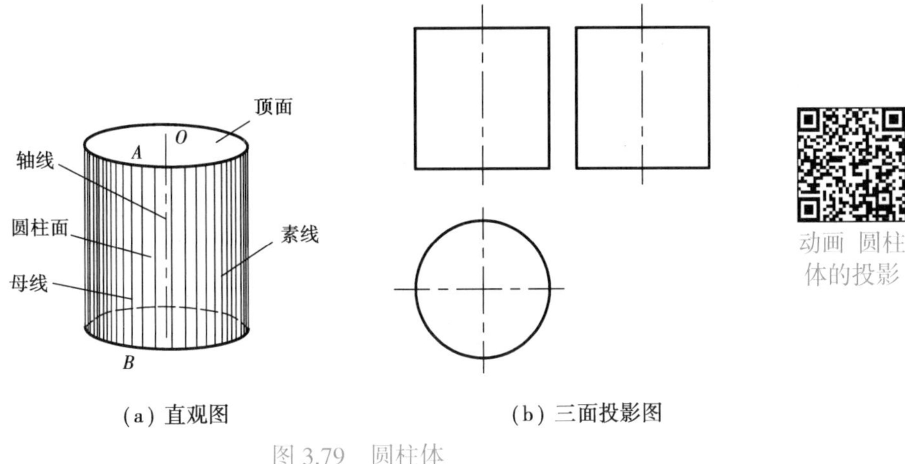

（a）直观图　　（b）三面投影图

图 3.79 圆柱体

图 3.79（b）为正置圆柱体的三面投影图。

H 面投影：为一圆周，反映圆柱体上顶下底两面圆的实形，圆柱体的侧表面积聚在整个圆周上。

V 面投影：为一矩形，由上顶下底两面圆的积聚投影及最左、最右两条素线组成。这两条素线是圆柱体对 *V* 面投影的转向轮廓线，它把圆柱体分为前半圆柱体和后半圆柱体，前半圆柱体可见，后半圆柱体不可见，因此，它们也是正面投影可见与不可见的分界线。

W 面投影：也为一矩形，是由上顶下底两面圆的积聚投影及最前、最后两条素线组成。这两条素线是圆柱体对 *W* 面投影的转向轮廓线，它把圆柱体分为左半圆柱体和右半圆柱体，左半圆柱体可见，右半圆柱体不可见，因此，它们也是侧面投影可见与不可见的分界线。

由于圆柱体的侧表面是光滑的曲面，实际上不存在最左、最右、最前、最后这样的轮廓素线，它们仅仅是因投影而产生的。因此，投影轮廓素线只在相应的投影中存在，在其他投影中则不存在。

（2）圆柱表面上的点

由于圆柱侧表面在轴线所垂直的投影面上投影积聚为圆，故可利用积聚性来作图。

如图 3.80（a）所示，已知圆柱表面上的点 *K*，*M*，*N* 的一个投影，求其他两个投影。

投影分析与作图：

特殊点。从 *V* 面投影看，k'在正中间且不可见，则 *K* 点应在圆柱最后的素线上（转向轮廓线上），其两个投影也应该在这条素线上。像这样转向轮廓线上的点可直接求得，如图 3.80（b）所示。

一般点。从 *V* 面投影看，m'可见，*M* 点在左前半圆柱上，由于整个圆柱面水平投影积聚在圆周上，因此 m 也应该在圆周上，“长对正”可直接求得。m'' 则通过“宽相等、高平齐”求得。

从 *H* 面投影看，*N* 点应在圆柱的下底面上，其两个投影也应该在相应的投影上，利用“长对正、宽相等”可求出 n'，n'' 。

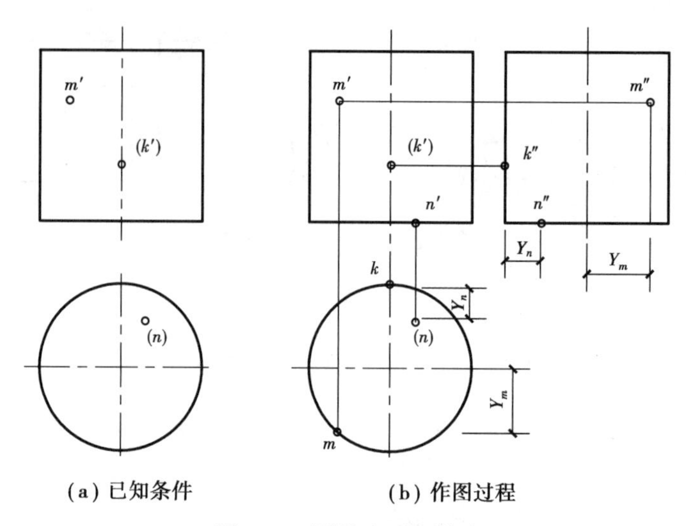

图 3.80　圆柱表面上的点

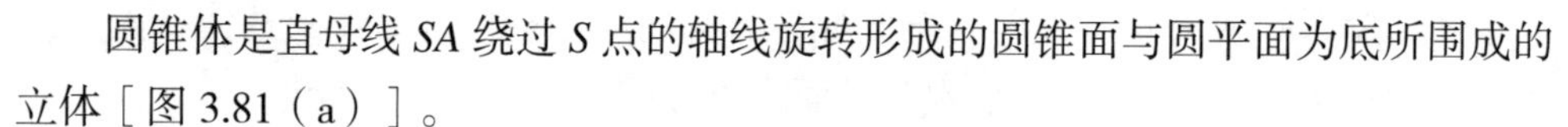

14.2.2　圆锥体

微课 圆锥体的投影

（1）圆锥体的投影

圆锥体是直母线 *SA* 绕过 *S* 点的轴线旋转形成的圆锥面与圆平面为底所围成的立体［图 3.81（a）］。

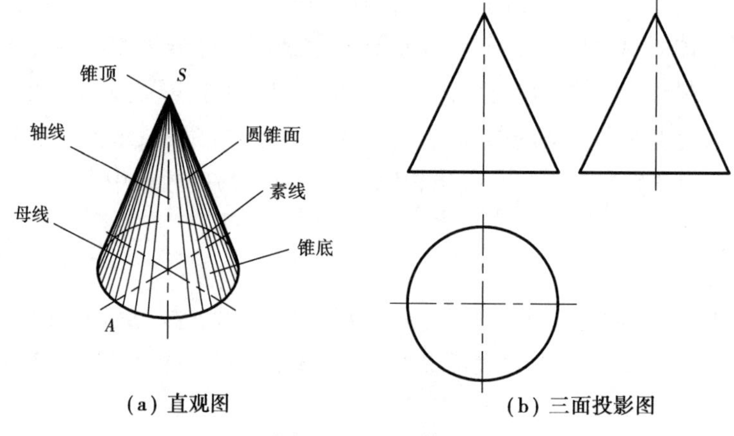

图 3.81　圆锥体

动画 圆锥体的投影

图 3.81（b）为正置圆锥体的三面投影图。

H 面投影：为一圆周，反映圆锥体下底面圆的实形。锥表面为光滑的曲面，其投影与底面圆重影且覆盖在其上。

V 面投影：为一等腰三角形。三角形的底边为圆锥体底面圆的积聚投影，两腰为圆锥体最左、最右两轮廓素线的投影。它是圆锥体前后两部分的分界线。其另外两面投影不予画出。

W 面投影：也为一等腰三角形。其底边为圆锥体底面圆的积聚投影，两腰为圆锥体最前、最后两轮廓素线的投影。它是圆锥体左右两部分的分界线。其另外两面投影也不予画出。

（2）圆锥表面上的点

由于圆锥表面投影均不积聚，因此求圆锥表面上的点就要作辅助线。点属于曲面，也应该属于曲面上的一条线。曲面上最简单的线是素线和圆。下面分别介绍素线法和纬线圆法。

如图 3.82（a）所示，已知圆锥表面上的点 K，M，N 的一个投影，求其他两个投影。

投影分析与作图：

特殊点。从 V 面投影看，k'在转向轮廓线，即 K 点在圆锥最右的素线上，其他两个投影也应该在这条素线上。k，k'' 可直接求得，注意：k'' 不可见，如图 3.82（c）所示。

一般点。素线法：从图 3.82（a）V 面投影看，m'可见，M 点在左前半圆锥面上。在 V 面投影上连 $s'm'$延长与底面水平线交于 a'，$s'a'$即素线 SA 的 V 面投影，如图 3.82（c）所示；过 a'作铅垂线与 H 面上圆周交于前后两点，因 m'可见，故取前面一点，sa 即为素线 SA 的 H 面投影；再过 m'引铅垂线与 sa 交于 m，即为所求 M 点的 H 面投影；根据点的投影规律求出 $s''a''$，过 m' 作水平线与 $s''a''$ 交于 m''。作图过程如图 3.82（c）所示。

纬线圆法：母线绕轴线旋转时，母线上任意点的轨迹是一个圆，称为纬线圆，且该圆所在的平面垂直于轴线，如图 3.82（b）所示的 M 点轨迹。

过 m' 作水平线与轮廓线交于 b'，$c'b'$即为辅助线纬圆的半径实长，在 H 面上以 s（c）为中心，$c'b'$为半径作圆周即得纬圆的 H 面投影，此纬圆与过 m'的铅垂线相交得 m 点。这一交点应与素线法交于同一点。

从图 3.82（a）的 H 面投影看，N 点位于右后锥面上，用纬线圆法求解，其作图过程与图 3.82（c）相反，即先过 n 作纬圆的 H 面投影，再求纬圆的 V 投影而求得 n' 点，作图如图 3.82（d）所示。

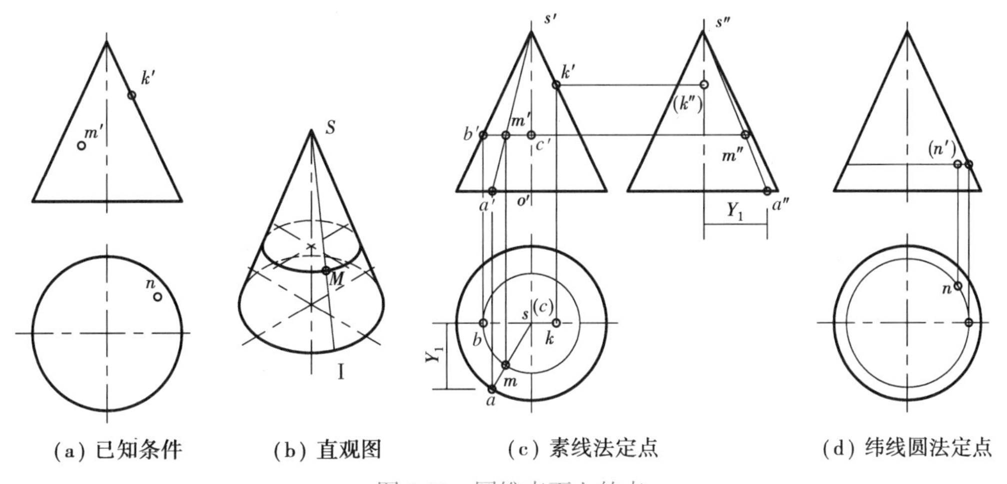

图 3.82　圆锥表面上的点

14.2.3　圆球体

微课 球体的投影

（1）圆球体的投影

圆球体是半圆（EAF）母线绕直径 EF 为轴线旋转而成的球面体［图 3.83（a）］。

如图 3.83（b）所示，球的三面投影均为圆，并且大小相等，其直径等于球的直径。所不同的是，H 面投影为上下半球之分界线，在圆球上半球面上的所有的点和线的 H 面投影均可见，而在下半球面上的点和线其投影不可见；V 面投影为前、后半球之分界线，在圆球前半球面上所有的点和线的投影为可见，而在后半球面上的点和线则不可见；W 面投影则为左、右半球之分界线，在圆球左半球面上所有的点和线其投影为可见，而在右半球上的点和线则不可见。这 3 个圆都是转向轮廓线，其另两面投影落在相应的对称轴线上，不予画出。

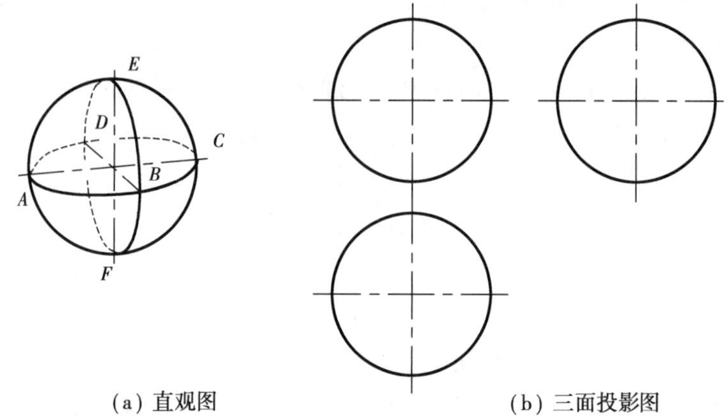

（a）直观图　　（b）三面投影图

动画 球体的投影

图 3.83　圆球体

（2）圆球表面上的点

点属于圆球，也必须属于圆球表面上的一条线，而圆球表面只有圆。理论上可用圆球表面上的任意纬线圆作辅助线，但方法上所用纬线圆要简单易画，所以只能用投影面平行圆。

如图 3.84（a）所示，已知圆球表面上的点 *K*，*M* 的一个投影，求其他两个投影。

投影分析与作图：

特殊点。从 *H* 面投影看，*k* 在前半圆球面上，在水平投影转向轮廓线上，则其他两个投影也应该在这条轮廓线上。k'，k'' 可直接求得，注意：k'' 不可见，如图 3.84（b）所示。

一般点。从图 3.84（a）的 *V* 面投影看，*M* 点应在左后上部圆球面上，先用水平圆来作图。在图 3.84（b）过（m'）作水平线与 *V* 面圆交与 a'，根据 a'求出纬圆 *OA* 的 *H* 面投影 *oa*，过（m'）作铅垂线与圆 *oa* 交于两点，因（m'）不可见，取后半圆上一点 *m*，然后根据（m'）、*m* 求得 m''。

讨论：按同样的方法，在（m'）处还可用正平圆作辅助圆、用侧平圆作辅助圆，得到的答案都是一致的，读者可以自己尝试。

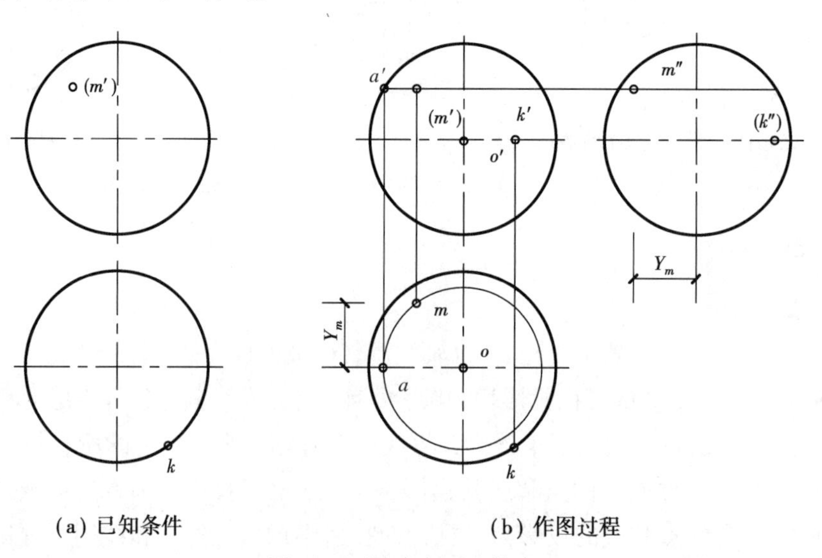

（a）已知条件　　（b）作图过程

图 3.84　圆球表面上的点

14.2.4　曲面立体的尺寸标注

图 3.85 为常见曲面立体的定形尺寸注法。由于曲面立体的长宽相同，只需标注直径 $\phi\times\times$ 和高度 h 即可，而圆球体则只标注一个球体直径 $S\phi\times\times$。由图 3.85 可知，若将直径 $\phi\times\times$ 都注在 V 面投影上（括号处），可取消水平投影。

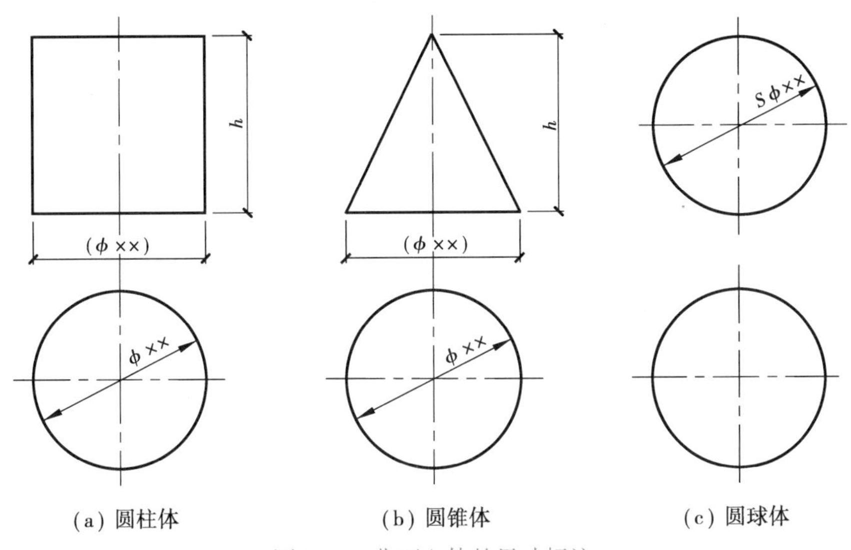

图 3.85　曲面立体的尺寸标注

14.3　切口形体的投影

基本形体被截切后称为切口形体，截平面与形体的交线称为截交线，截交线所围成的平面图形称为截断面，它是截平面与形体的共有线。

14.3.1　切口平面立体的投影作图及其尺寸标注

微课 切口平面体的投影

平面立体的截交线为一封闭多边形，其顶点是棱线与截平面的交点，而各边是棱面与截平面的交线，可由求出各顶点连接而成。

（1）棱柱体的截切

图 3.86（a）为切口正六棱柱，被相交二平面截切，完成其三面投影。

分析：切口形体作图一般按“还原切割法”进行，先按基本形体补画出完整的第三投影，再利用截平面的积聚性，在截平面积聚的投影面上直接找到截平面与棱线的交点，再找这些交点的其他投影。

作图过程如图 3.86（b）所示。先补画出完整六棱柱的 W 面投影，再利用正面投影上截平面（一为正垂面，一为侧平面）的积聚性直接求得截平面与棱线的交点 a'，b'，c'，d'，e'（只标出可见点），对应得其水平投影 a~e 和侧面投影 a'' ~e''。由于六棱柱的水平投影有积聚性，实际上只增加侧平的截面积聚后的一条直线，其左边为斜截面所得七边形的类似形投影，右边是六棱柱顶面截切后余下的三角形实形投影。在 W 面投影上，斜截面所得七边形仍为类似形，侧平截面所得矩形反映实形，其分界线就是两截平面的交线，此外，在连线时应注意棱线（轮廓线）的增减和可见性变化。

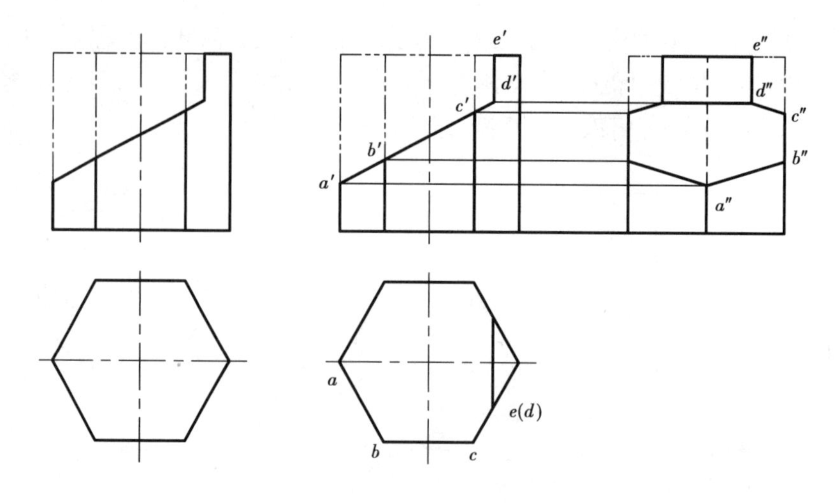

(a) 已知条件　　(b) 作图过程

图 3.86　切口六棱柱

动画　切口平面体的投影

（2）棱锥体的截切

图 3.87（a）为正四棱锥被一正垂面 P 截切，截平面位置标记为 P_V，完成其 H 面、W 面投影。

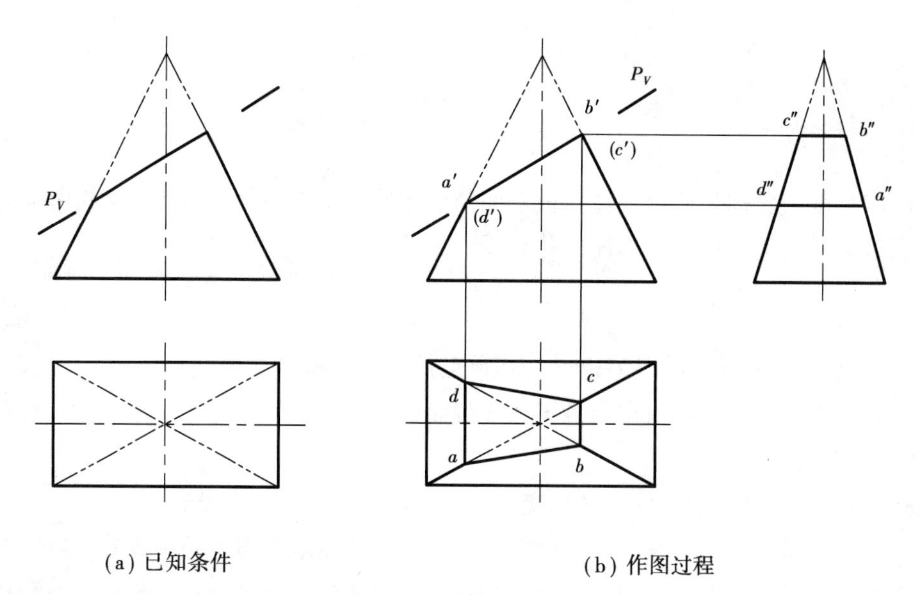

(a) 已知条件　　(b) 作图过程

图 3.87　斜切四棱锥

作图过程如图 3.87（b）所示。先按基本形体作出四棱锥的 W 面投影，再利用截平面 P_V 的积聚性，在 V 面上直接显示截平面与棱线的交点 $a'(d')$，$b'(c')$，由其对应求得 a，b，c，d 和 a''，b''，c''，d''，最后判明可见性，连线加深。

（3）切口平面立体的尺寸标注

切口平面立体的尺寸应由两部分组成：一是确定基本形体大小的定形尺寸；二是确定切口处截平面的位置尺寸，称为定位尺寸。如图 3.88 所示几种切口平面立体的定位尺寸注法。

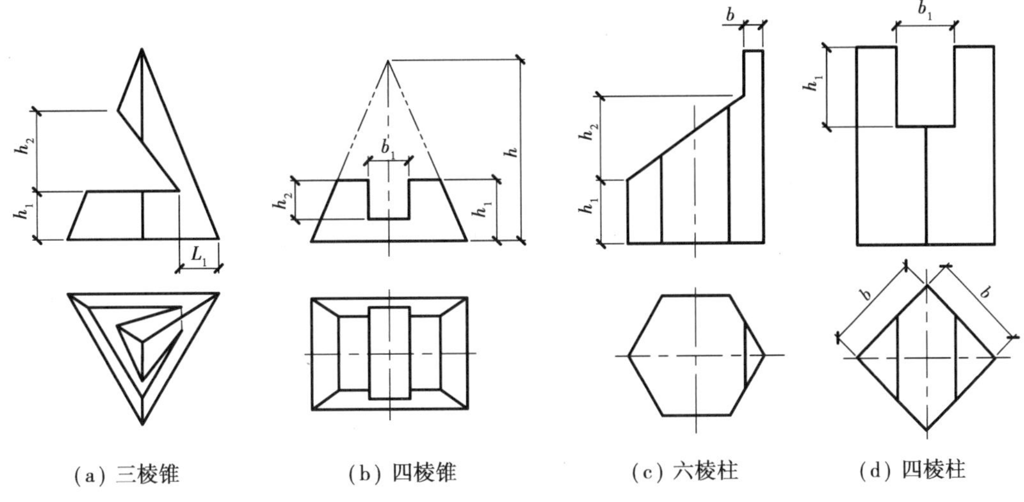

(a) 三棱锥 (b) 四棱锥 (c) 六棱柱 (d) 四棱柱

图 3.88 切口平面立体的定位尺寸

标注切口平面立体的切口尺寸时切忌标注截断面的形状大小，只需确定截平面的位置，并注意便于加工制作时测量，如图 3.88（a）中尺寸 L_1，图 3.88（b）中尺寸 h_1，图 3.88（c）中尺寸 b；对于对称的切口，宜按对称尺寸标注，如图 3.88（b）、（d）中方槽的宽度尺寸 b_1，此外，图 3.88（d）中四棱柱的放置位置特殊，其底面定形尺寸宜采用图示尺寸 b 的注法。

14.3.2 切口曲面立体的投影作图及其尺寸标注

曲面立体被平面所截而在曲面立体表面所形成的交线，即为曲面立体的截交线。它是曲面立体与截平面的共有线，而曲面立体的各侧面是由曲面或曲面加平面所组成，因此，曲面立体的截交线一般情况下为一条封闭的平面曲线或平面曲线加直线段所组成。特殊情况下也可能成为平面折线。

微课 切口曲面体的投影

（1）圆柱体的截切

圆柱体被平面截切，由于截平面与圆柱轴线的相对位置不同，其截交线（或截断面）有 3 种情况，见表 3.5。

表 3.5 圆柱体的截切

截平面位置	倾斜于圆柱轴线	垂直于圆柱轴线	平行于圆柱轴线
截交线形状	椭圆、圆	圆	两条素线
立体图	P	P	P

续表

截平面位置	倾斜于圆柱轴线	垂直于圆柱轴线	平行于圆柱轴线
截交线形状	椭圆、圆	圆	两条素线
投影图			

例 3.18　补全圆柱切台（榫头）和开槽（榫槽）的三面投影［图 3.89（a）］。

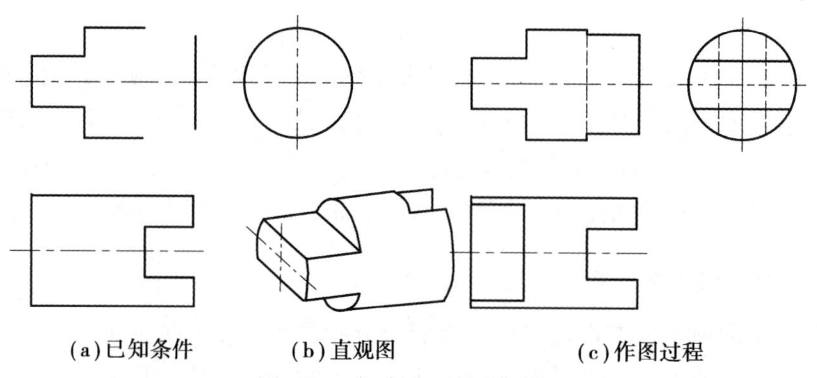

(a)已知条件　(b)直观图　(c)作图过程

图 3.89　切台和开槽的圆柱

观察图 3.89（a），圆柱的左端被两个对称于轴线的水平面及一侧平面截切去两部分，形成常见的圆柱榫头，截断面为矩形和圆弧，圆柱右端被两个正平面（也对称于轴线）和一侧平面截去中间部分，形成常见的榫槽，其截面也是矩形和圆弧，如图 3.89（b）所示。

作图过程如图 3.89（c）所示。由于圆柱的 W 面投影有积聚性，左端两水平截面在 W 面也积聚成两直线，由 V 面、W 面投影对应到 H 面投影面上得矩形的实形。右端的作法与左端相似，只是方位和可见性发生了变化，请读者自行分析比较。

例 3.19　求斜切口圆柱的 H 面、W 面投影，见图 3.90（a）。

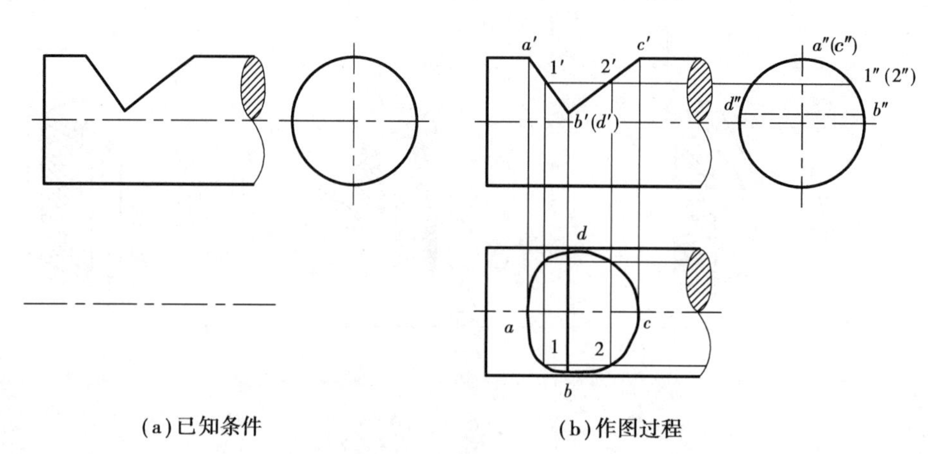

(a)已知条件　(b)作图过程

图 3.90　斜切口圆柱

观察图 3.90（a），圆柱右端为一种折断画法，左端被两相交正垂面切成 V 形切口，截面为两个局部椭圆，恰似木屋架下弦杆端部的接头切口。

作图过程如图 3.90（b）所示。由于圆柱的 W 面投影积聚，只能作出两截平面交线 *BD* 在 W 面上的投影 $b''d''$（虚线）。而 *H* 面投影面上，先还原作出圆柱轮廓的投影，后由 a'，b'，c'，d' 和 a''，b''，c''，d'' 对应求出特殊点的 *a*，*b*，*c*，*d*，再利用积聚性求出若干中间点的水平投影（如 1，2），最后光滑连成椭圆曲线及交线 *bd*。

（2）圆锥体的截切

圆锥体被截平面截切，由于相对位置不同可得到 5 种截交线，见表 3.6。

表 3.6 圆锥体的截切

截平面位置	垂直于圆锥轴线	截面上素线相交	平行于圆锥面上一条素线	平行于圆锥面上两条素线	通过锥顶
截交线形状	圆	椭圆	抛物线	双曲线	两条素线
立体图	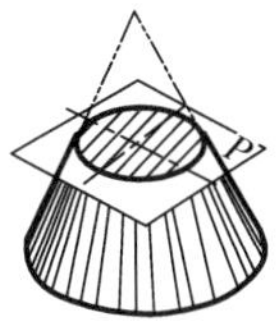 P	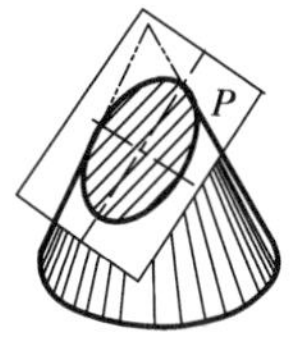 P	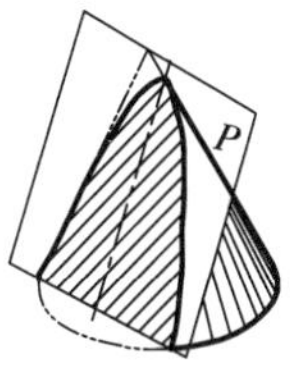 P	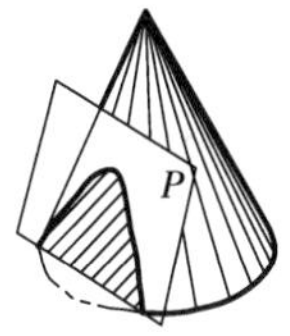 P	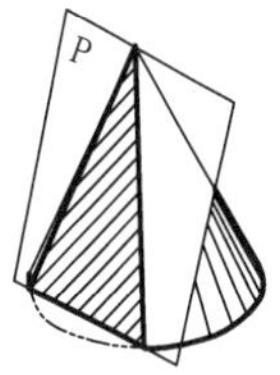 P
投影图	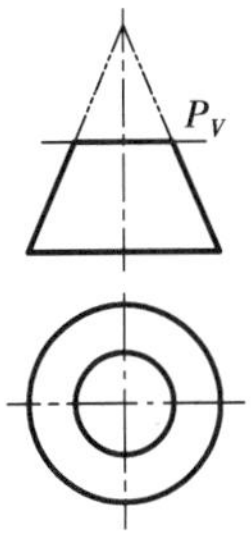 P_V	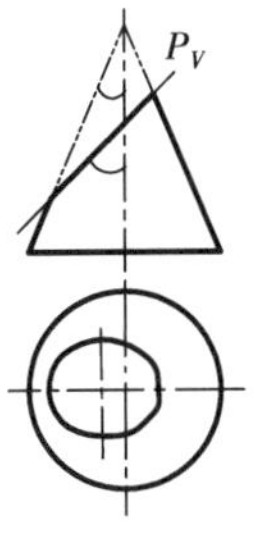 P_V	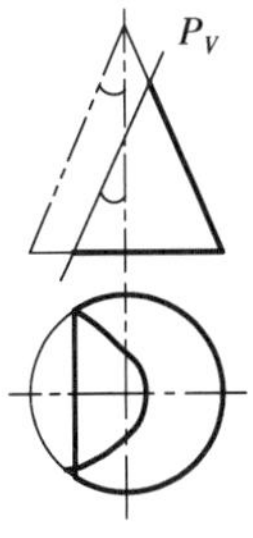 P_V	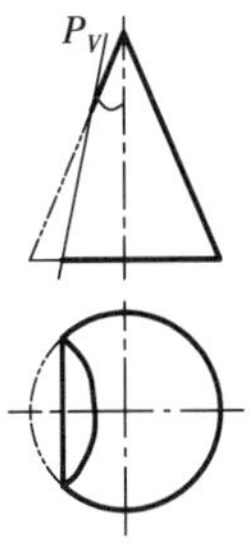 P_V	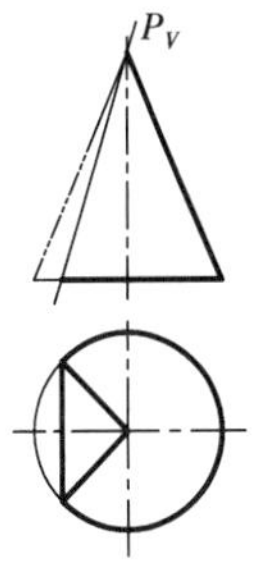 P_V

例 3.20 补全切口圆锥体的 *H* 面、*W* 面投影，见图 3.91（a）。

观察图 3.91（a），正置圆锥体被 3 个截平面截切：一侧平截面过轴线，其截断面为三角形；一截平面为正垂面且平行于圆锥右轮廓线，其截断面为抛物线；另一水平截面，其截断面为圆。

作图过程如图 3.91（b）所示。先作出圆锥的 *W* 面投影，再利用积聚性和实形性作出侧平截面的投影（*H* 面投影积聚成直线、*W* 面投影为实形的等腰三角形），水平截面的投影（*H* 面投影为实形的圆，*W* 面投影为一积聚性直线）。最后在 *V* 面投影上正垂截面 a' b'之间取若干中间点（如 $1'$，过该点作辅助水平纬线圆，对应得 1 和 $1''$ 等，顺连抛物线 *a*1*b* 和 a'' $1''$ b''，以及各截面的交线，并判明可见性，即完成作图。

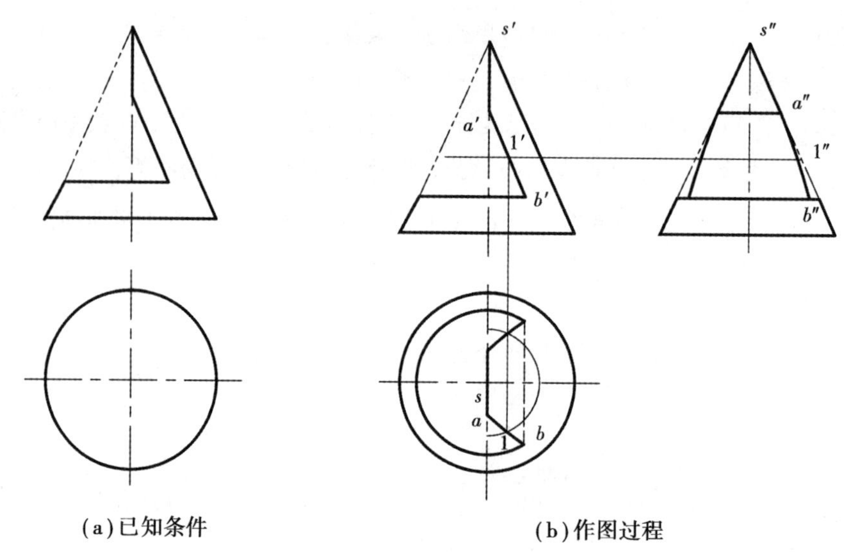

(a)已知条件　　(b)作图过程

图 3.91　切口圆锥体

（3）圆球体的截切

圆球体被截平面截切的截断面均是圆，由于截平面与投影面的相对位置不同，其投影也不同。当截平面垂直于投影面时，投影积聚成一直线；当截平面平行于投影面时，投影反映实形圆；当截平面倾斜于投影面时，投影变形成椭圆。

例 3.21　补全开槽半球体的 *H* 面、*W* 面投影［图 3.92（a）］。

观察图 3.92（a），半球体上开的方形槽由两个侧平截面和一个水平截面组成，类似常见的半球头螺钉头上的起子槽。

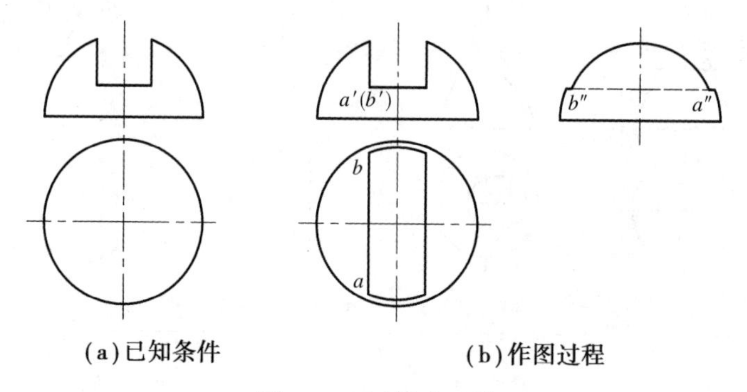

(a)已知条件　　(b)作图过程

图 3.92　开槽半球体

作图过程如图 3.92（b）所示。先作出半球的 *W* 面投影，后作方槽侧平面的实形圆弧至 *a*″，*b*″，连 *a*″ *b*″（虚线），延长其两端为实线；再将 *V* 面上积聚的两侧平截面对应到 *H* 面上仍为两条直线，并作出水平截面的圆弧交于 *a*，*b* 等点，即完成作图。

（4）切口曲面立体的尺寸标注

切口曲面立体的尺寸也应由定形尺寸和定位尺寸组成，其标注特点和要求与切口平面形体相同，图 3.93 所列定位尺寸标注供读者分析参考。

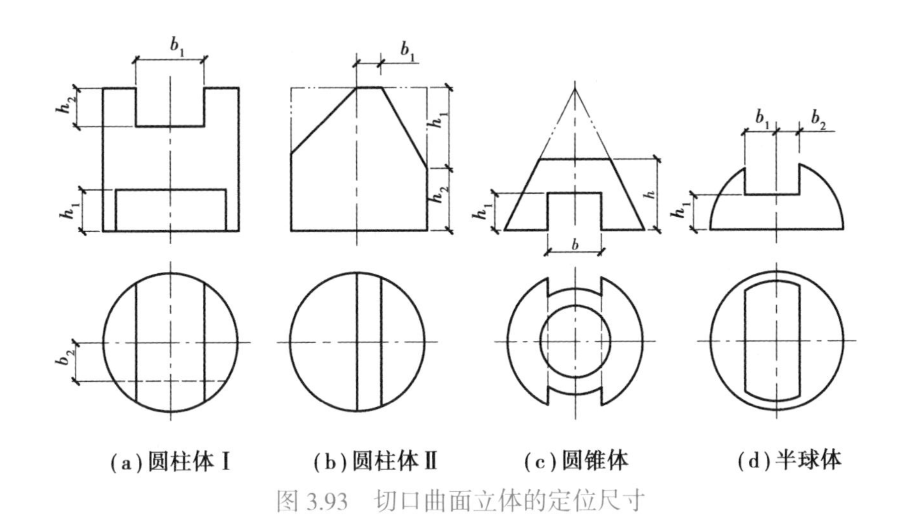

(a)圆柱体Ⅰ (b)圆柱体Ⅱ (c)圆锥体 (d)半球体

图 3.93 切口曲面立体的定位尺寸

14.4 相贯形体的投影

两个以上基本形体相交，称为相贯形体；其表面产生的交线，称为相贯线，它是形体表面的共有线，一般为封闭的空间线段。

由于形体的类型和相对位置不同，有两平面立体相贯、平面立体与曲面立体相贯、两曲面立体相贯；两外表面相交、两内表面相交和内外表面相交；全贯和互贯等形式。

14.4.1 两平面立体相贯

如图 3.94 所示为两种平面立体相贯的直观图。图 3.94（a）为两个三棱柱全贯，形成两条封闭的空间折线；图 3.94（b）为一四棱柱与一三棱柱互贯，形成一条封闭的空间折线。

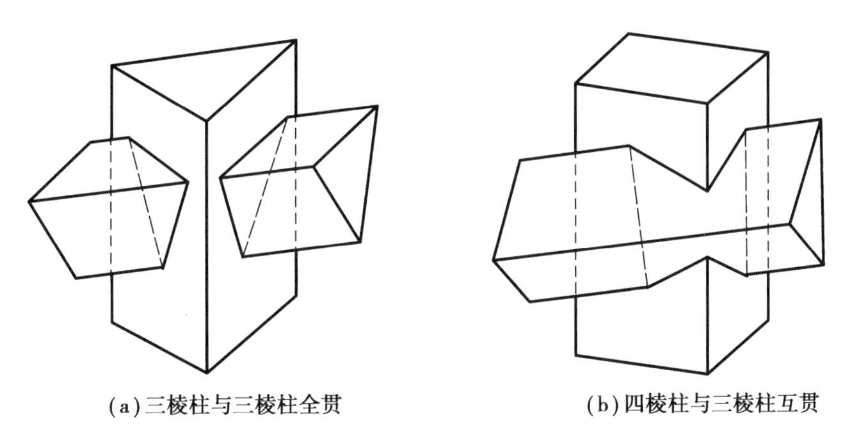

(a)三棱柱与三棱柱全贯 (b)四棱柱与三棱柱互贯

图 3.94 两平面立体相贯

观察图 3.94（a）、（b），求两平面立体的相贯线，实质上是求棱线与棱线、棱线与棱面的交点（空间封闭折线的各顶点）、求两棱面的交线（各折线段），而各顶点的依次连接就是各折线段，可得出求两平面立体相贯线的作图步骤如下：

①形体分析，先看懂投影图的对应关系，相贯形体的类型，相对位置、投影特征，尽可能判断相贯线的空间状态和范围。

②求各顶点，其作法因题型而异，常利用积聚性或辅助线求得。

③顺连各顶点的同面投影，并判明可见性，特别注意连点顺序和棱线、棱面的变化。

例 3.22　求四棱柱与五棱柱的相贯线，补全三面投影。［图 3.95（a）］。

由图 3.95（a）可知，两平面立体可看成是铅垂的烟囱与侧垂的坡屋顶相贯的建筑形体，是全贯式的一条封闭折线。在 *H* 面、*W* 面上均积聚在棱面的投影上。

作图过程如图 3.95（b）所示。根据题意要求先作出 *W* 面投影，由 *H* 面、*W* 面投影的积聚性可对应标出 1~6 和 1″ ~6″ 这 6 个顶点；由于烟囱在屋脊处前后对称，对应到 *V* 面投影上得 1′，2′，3′和 6′；顺连 6′1′，1′ 2′，2′3′，即得 *V* 面上的相贯线。

由图 3.95(b)还可知，若不要求作 *W* 面投影，也可在 *H* 面投影上直接取辅助线求出 *V* 面投影。如过 1 作辅助线 *ab*，对应到 *V* 面上得 *a′ b′*，即得 1′。

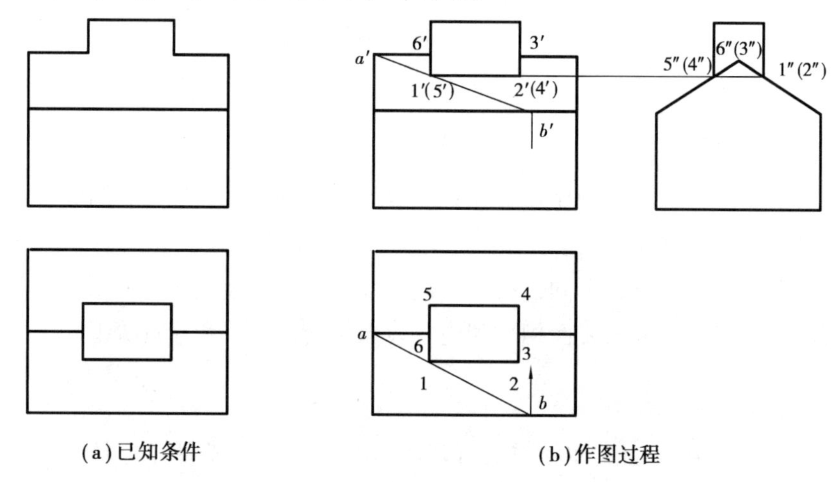

图 3.95　四棱柱与五棱柱相贯

例 3.23　求四棱柱与四棱锥的相贯线，补全三面投影［图 3.96（a）］。

由图 3.96（a）可知，正置四棱锥侧棱面均无积聚性，而水平四棱柱的四棱面均侧垂于 *W* 面，上下棱面在 *V* 面上有积聚性，前后棱面在 *H* 面上有积聚性，两立体全贯且对称，只需求出一条相贯线就可对称作出另一条，而 *W* 面上的相贯线与四棱柱棱面完全重合。

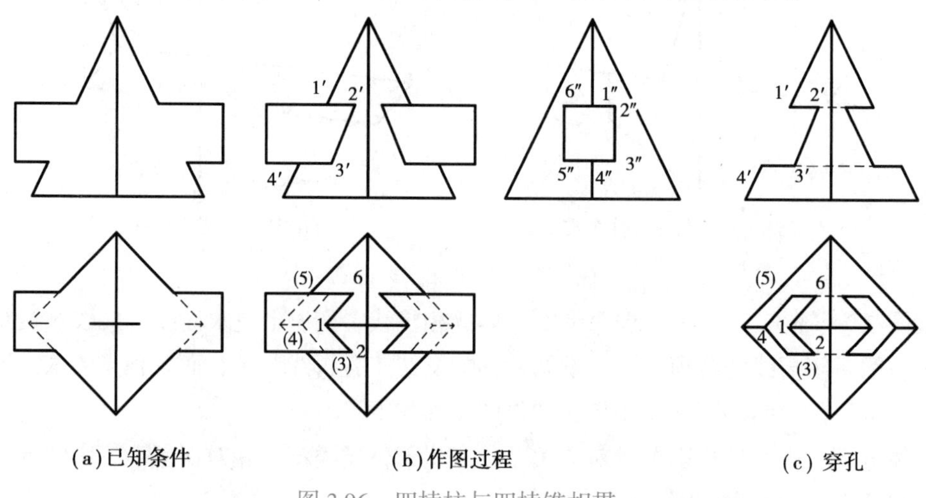

图 3.96　四棱柱与四棱锥相贯

作图过程如图 3.96(b)所示。先作出 W 面投影，并利用积聚性直接标出六个相贯点 1″ ~6″；后由 1″，4″ 对应得到 1′, 4′和 1，(4)；再由 1，(4)作四棱锥底边平行线交于 2(3)和 6(5)，并对应得 2′(6′)，3′(5′)；最后判明可见性，顺连 12，23，34，45，56 和 1′2′, 2′3′, 3′4′, 并对称作出另一条相贯线，即完成 V 面、H 面上的相贯线。

图 3.96（c）为拔出四棱柱后形成穿方孔的四棱锥，请读者分析比较。

14.4.2　平面立体与曲面立体相贯

如图 3.97 所示为两种相贯体的直观图。图 3.97（a）为三棱柱与半圆柱全贯；图 3.97（b）为四棱柱与圆锥全贯，都形成一条空间封闭的曲折线。

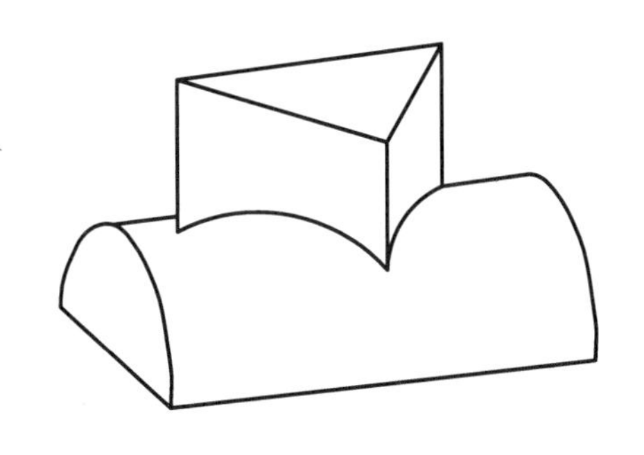

(a) 三棱柱与半圆柱全贯　　(b) 四棱柱与圆锥全贯

图 3.97　平面立体与曲面立体相贯

观察图 3.97（a）、（b）可知，求这类相贯线的实质是求相关棱线与曲面的交点（曲折线的转折分界点）和相关棱面的交线段（可视为截交线），因此求此类相贯线的步骤如下：

①形体分析（同前）。

②求各转折点，常利用积聚性或辅助线法求得。

③求各段曲线，先求出全部特殊点（如曲线的顶点、转向点），再求出若干中间点。

④顺连各段曲线，并判明可见性。

例 3.24　求四棱柱与圆柱的相贯线［图 3.98（a）］。

由图 3.98（a）可以看出，它可看成铅垂的圆柱被水平放置的方梁贯穿，有两条相贯线，其水平投影积聚在圆柱面上，W 面投影积聚在四棱柱的棱面上。

作图过程如图 3.98（b）所示。先作出 W 面投影，并标出特殊点 1″ ~6″ 和 1~6；后对应在 V 面上得 1′~4′；再顺连 1′~4′(5′, 6′因重影而略去）得一条相贯线，并对称作出另一条相贯线，即完成作图。

图 3.98(c)显示出圆柱上穿方孔的相贯线，请读者分析比较。此外应指出：由于四棱柱(或四方孔）的两侧棱面与圆柱轴线平行，其交线段成为直线，属于特殊情况。

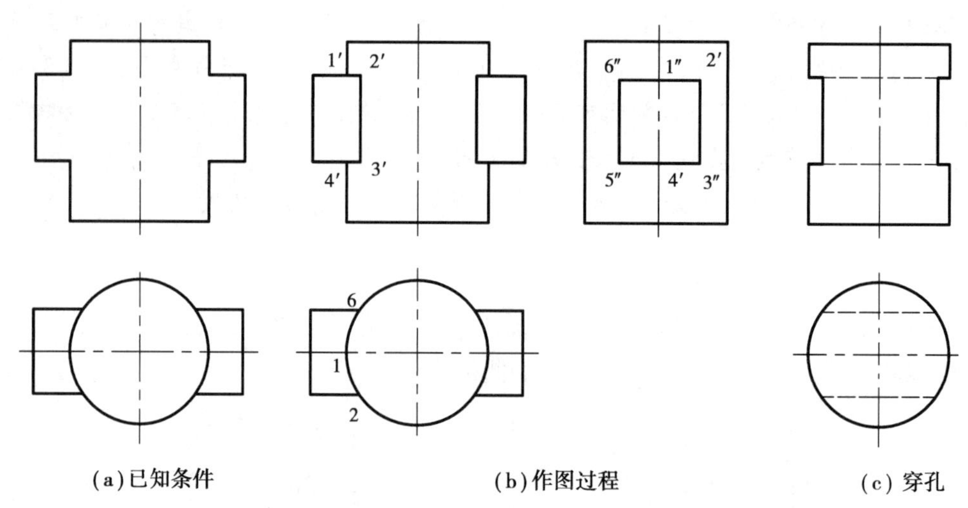

(a)已知条件　(b)作图过程　(c)穿孔

图 3.98　四棱柱与圆柱体相贯

例 3.25　求圆锥与四棱柱相贯线的 V 面、W 面投影［图 3.99（a）］。

由图 3.99（a）可知，它可以看成铅垂的方形立柱与圆锥形底座全贯，但只在上方产生一条相贯线，H 面投影积聚在方柱棱面上，四段曲线为双曲线、分别在 V 面、W 面上积聚或反映实形。

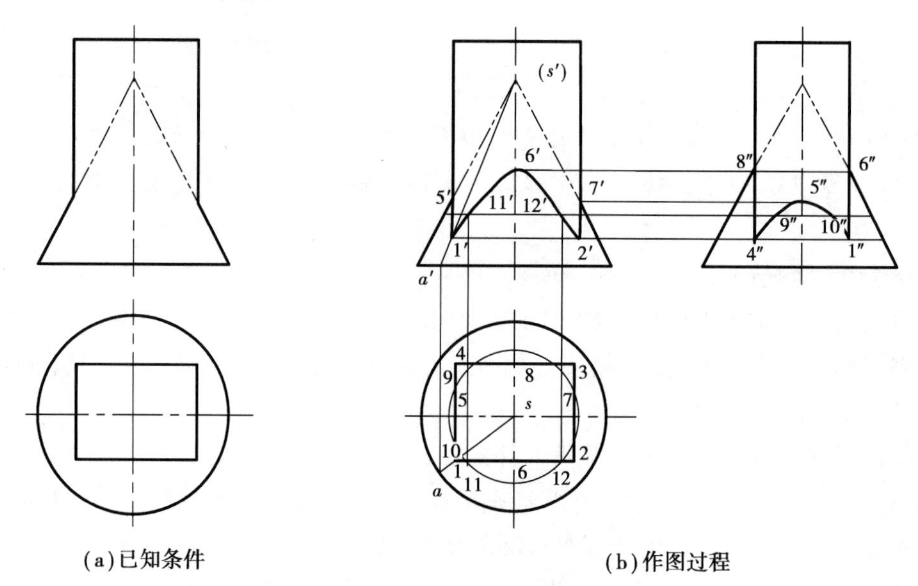

(a)已知条件　(b)作图过程

图 3.99　四棱柱与圆锥相贯

作图过程如图 3.99（b）所示先作出基本形体的 W 面投影，后在 H 面投影上利用方柱的积聚标出 1~8 的特殊点，过点 1 取圆锥面上的辅助素线 sa，对应到 V 面上的 $s'a'$得 1′，并根据对称性和“高平齐”得 1′~4′及 1″ ~4″，而 5~8 是双曲线的最高点，由 V 面、W 面投影对应得 6′和 5″。再在 V 面投影的最低点之上和最高点之下取圆锥的水平纬线圆、对应到 H 面投影上得 9~12 等点，将 9~12 对应到 V 面、W 面投影上得 11′ 12′和 9″ 10″。最后，顺连 1′ 11′ 6′ 12′ 2′和 4″ 9″ 5″ 10″ 1″成双曲线，将方柱棱线延长至 1′ 2′和 4″ 1″，即完成作图。

14.4.3　两曲面立体相贯

微课 两曲面立体相贯

如图 3.100 所示为两种相贯体的直观图。图 3.100（a）为两圆柱全贯，图 3.100（c）为圆柱与圆锥全贯，都是两条封闭的空间曲线。

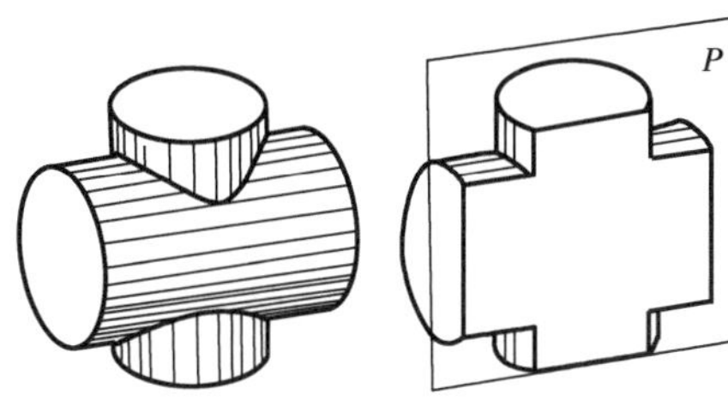
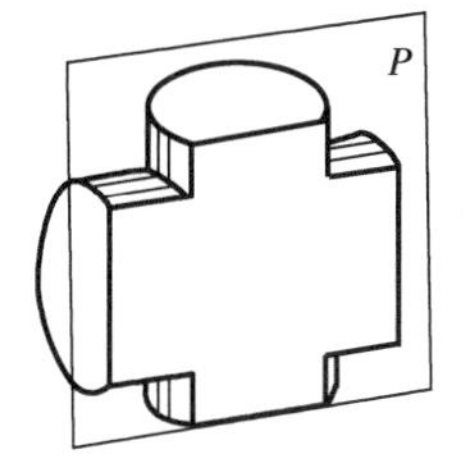

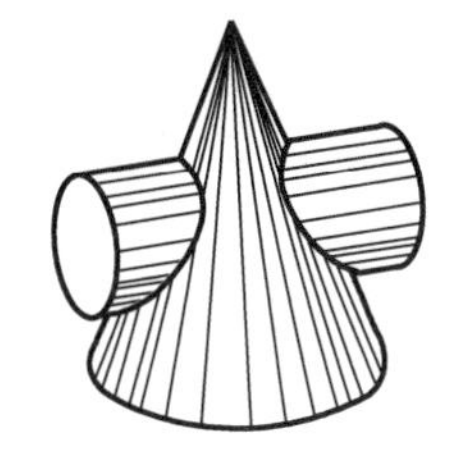
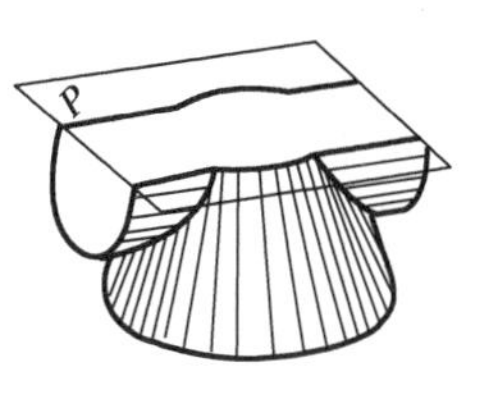

(a) 两圆柱全贯　(b) 两圆柱全贯的剖切直观图　(c) 圆柱与圆锥全贯　(d) 圆柱与圆锥全贯的剖切直观图

图 3.100　两曲面立体相贯

观察图 3.100（a）、（b）可知，求两曲面立体相贯线的实质是求空间曲线一系列共有点，由此，求此类相贯线的步骤如下：

①形体分析（同前）。

②求一系列共有点。利用积聚性或辅助线（面）法先求出特殊点（极限位置点和转向点），再视需要求若干中间点。

③顺序光滑连接各点并判明可见性。

例 3.26　求两圆柱体的相贯线［图 3.101（a）］。

由图 3.101（a）可知，两圆柱正交全贯，在上部产生一条相贯线，由于大小圆柱轴线分别垂直于 W 面、H 面投影面，其相贯线积聚在圆柱面的投影上，只需求出其 V 面投影。

作图过程如图 3.101（b）所示。先利用积聚性对应标出 H 面、W 面投影上的特殊点 1，1″（最左最高点）；2，2″（最右最高点）；3，3″（最前最低点）；4，4″（最后最低点）。其中，1′，2′又是 V 面投影的转向点；后对应求出 1′，2′，3′，（4′）；再在 H 面投影上对称取中间点 5，6，利用积聚性标出 5″ 6″，在 V 面投影对应得 5′ 6′；最后依次光滑连接 1′ 5′ 3′ 6′ 2′得相贯线。

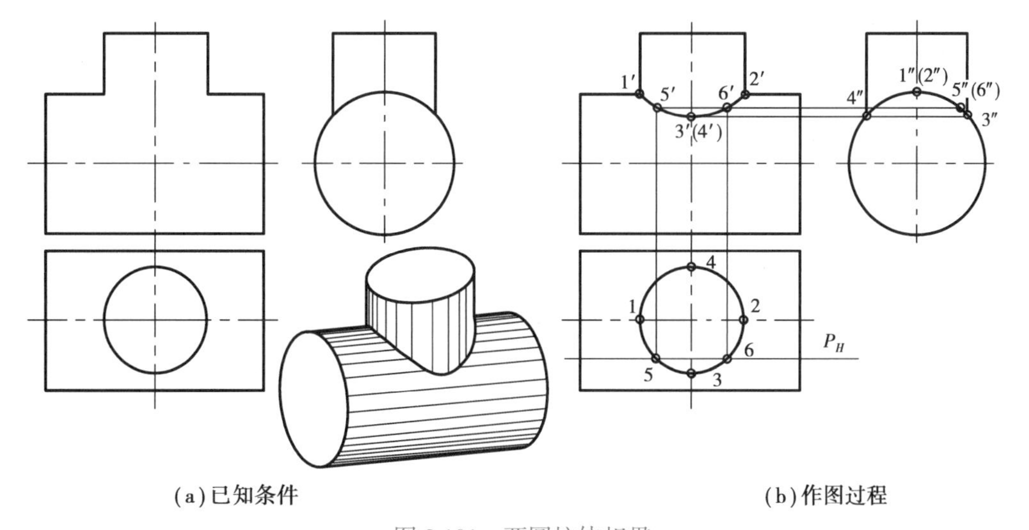

(a) 已知条件　(b) 作图过程

图 3.101　两圆柱体相贯

若将图 3.101 中两圆柱体改成两圆筒相贯（见图 3.102），成为工程中常见的一种管接头“三通”，则在内外表面产生两条相贯线，请读者分析比较。

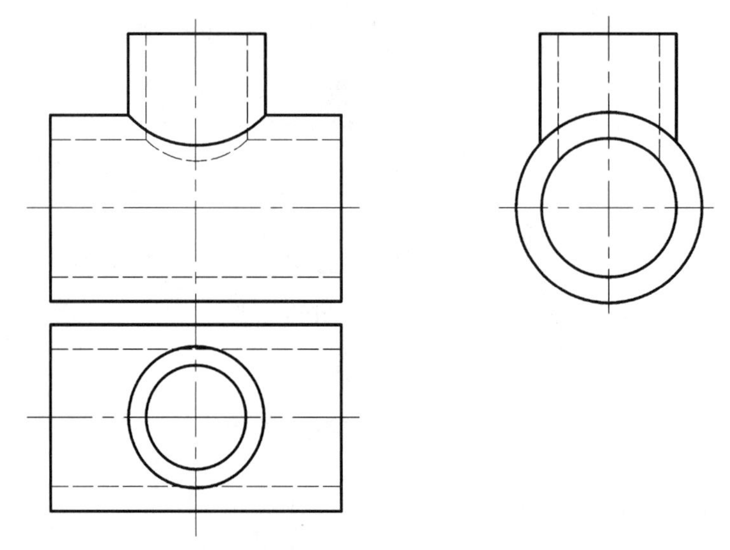

图 3.102　两圆筒相贯

两回转体相贯，在特殊情况下，其相贯线也可能是平面曲线或直线。

①两曲面立体同轴相贯时，其交线为圆（图 3.103）。

②两曲面立体相切于同一球面时，其交线为直线（图 3.104）。

③两圆柱轴线平行时，其交线为直线（图 3.105）。

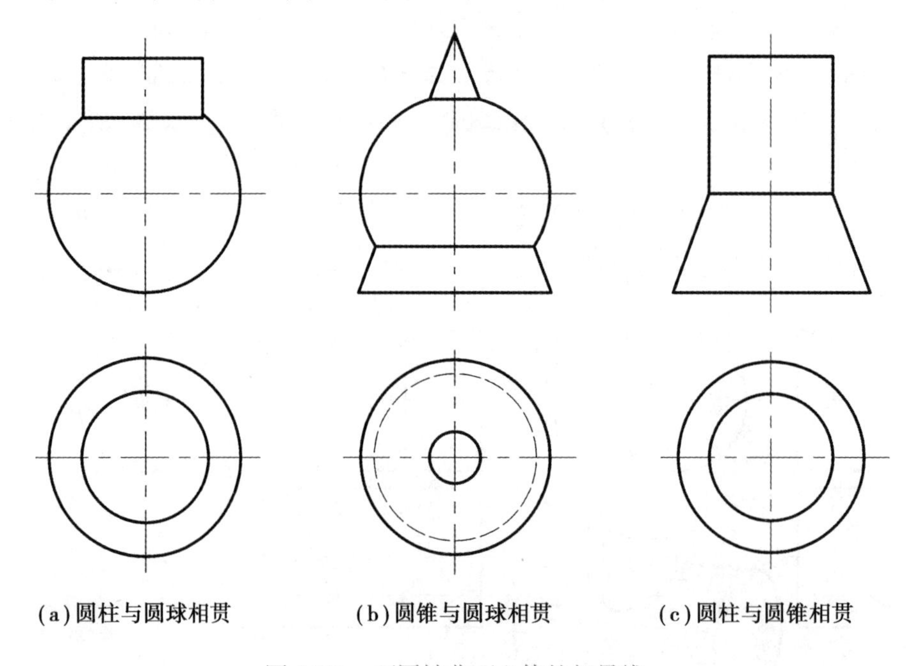

(a) 圆柱与圆球相贯　(b) 圆锥与圆球相贯　(c) 圆柱与圆锥相贯

图 3.103　两同轴曲面立体的相贯线

动画　两曲面立体相贯投影

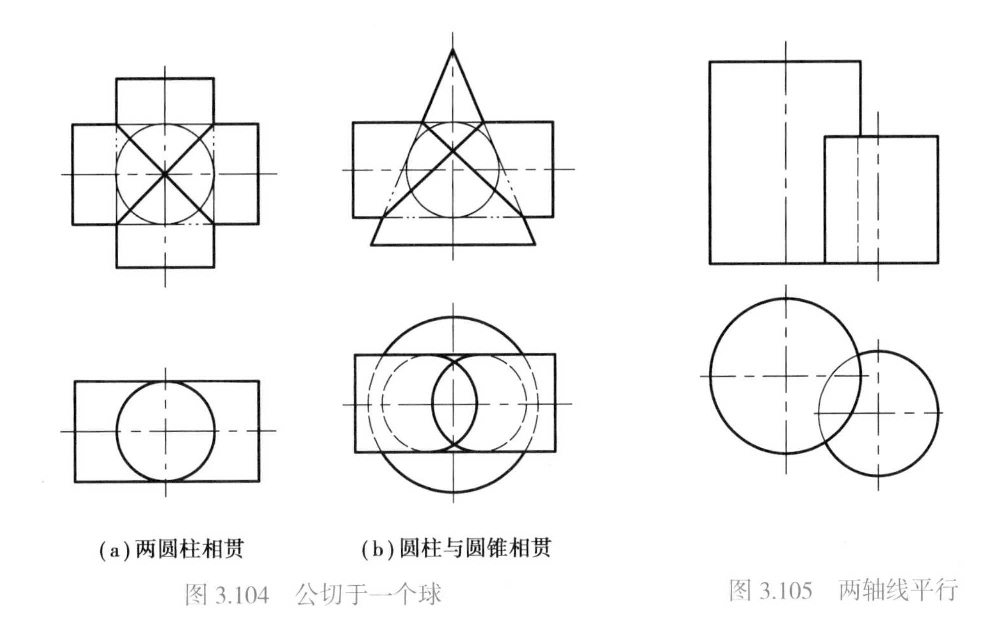

图3.104 公切于一个球　　图3.105 两轴线平行

14.4.4 同坡屋面

（1）坡屋面的类型

坡屋面是屋顶的一种类型，利于排水，当屋面与地面（H面）倾角 α 相同时，称为同坡屋面。常见形式的水平投影如图3.106所示。

（2）同坡屋面的组成和特点

如图3.107所示同坡屋面一般由屋檐、屋脊、斜脊、天沟（斜沟）和坡屋面组成，当屋檐等高时，为使人字形屋架跨度和高度最小，省工省料，屋脊应平行于长屋檐，且等距；由凸墙角形成斜脊，由凹墙角形成斜天沟，都是墙角的分角线（45°）；屋面基本形状为等腰三角形、等腰梯形和平行四边形。

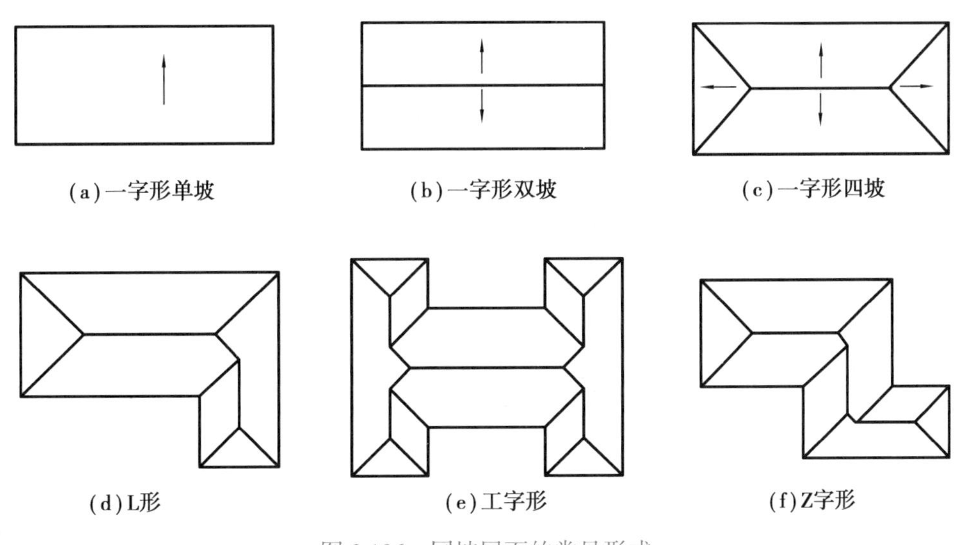

图3.106 同坡屋面的常见形式

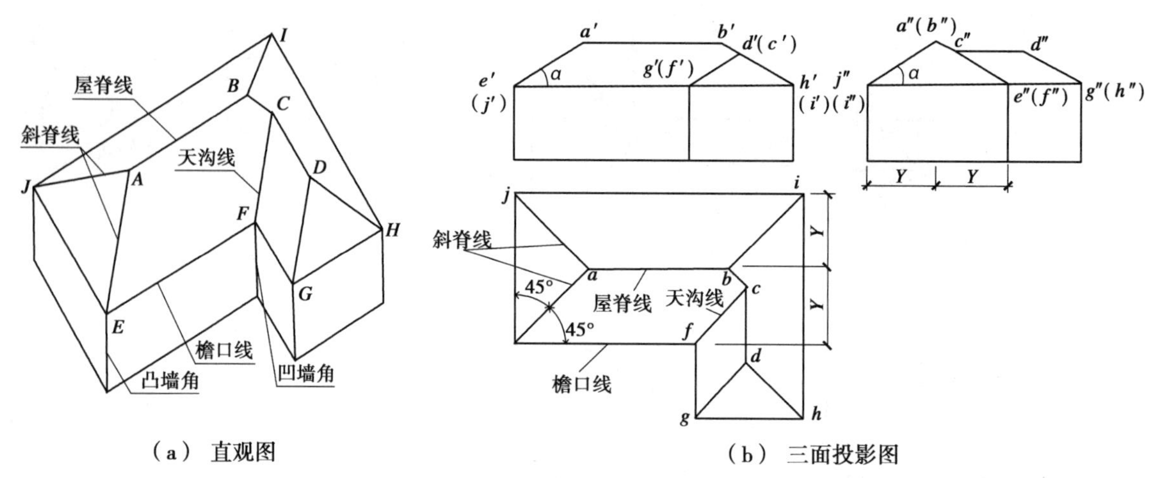

（a） 直观图　　（b） 三面投影图

图 3.107　同坡屋面

同坡屋面的交线有以下特点：

①当檐口线平行且等高时，前后坡面必相交成水平屋脊线。屋脊线的 H 面投影，必平行于檐口线的 H 面投影，并且与两檐口线距离相等。

②檐口线相交的相邻两个坡面，必然相交于倾斜的斜脊线或天沟线，它们的 H 面投影为两檐口线 H 面投影夹角平分线。

③当屋面上有两斜脊线，两斜天沟线或一斜脊线、一斜沟线交于一点时，必然会有第三条屋脊线通过该交点，这个点就是 3 个相邻屋面的公有点，如图 3.107（b）所示的 A 点、B 点。

（3）同坡屋面的作图

对于形状较复杂的同坡屋面（如 Z 字形）作其三面投影图时，一般先确定平面形式（H 面投影），运用“脊线定位、依次封闭”法作出屋面交线，再对应作出 V 面、W 面投影。

如图 3.108 所示，图 3.108（a）为设定的平面形式，并知墙檐高 h=10，屋面坡度 α =30°，作其三面投影。

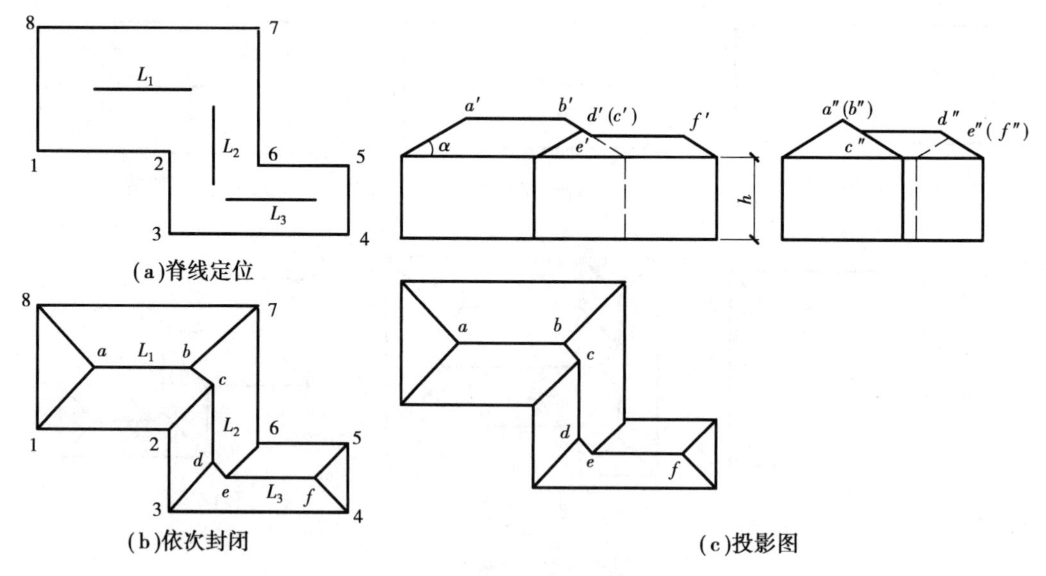

(a)脊线定位

(b)依次封闭　　(c)投影图

图 3.108　坡屋顶的三面投影

首先在平面形式上确定屋脊线 L_1，L_2，L_3，依次标记墙角编号 1~8［见图 3.108（a）］，再从一端墙角（如 1，8）开始依次作 45° 分角线，其中先交于 L_1 者有效，得脊点 a，b，另一分角线必交于 L_2 的点 c；由 3，6 作 45° 分角线，同样得脊点 d 和 e；由 4，5 作 45° 分角线必交于脊点 f（见 3.112 图（b））。

根据图 3.108（b）对应作出 V 面、W 面投影墙体（高 h）和屋檐，最后各墙角与檐口交点作坡屋面（α=30°）并对应作出脊点脊线 $a'b'$，$d'(c')$，$e'f'$和 $a''(b'')$，$c''d$，$e''(f'')$，即完成作图［图 3.108（c）］。

例 3.27　已知同坡屋面的倾角 α=30° 及檐口线的 H 面投影［见图 3.109（a）］，求屋面交线的 H 面投影及 V 面投影。

从图 3.109（a）中可知，此屋顶的平面形状是一倒凹形，有 3 个同坡屋面两两垂直相交的屋顶。

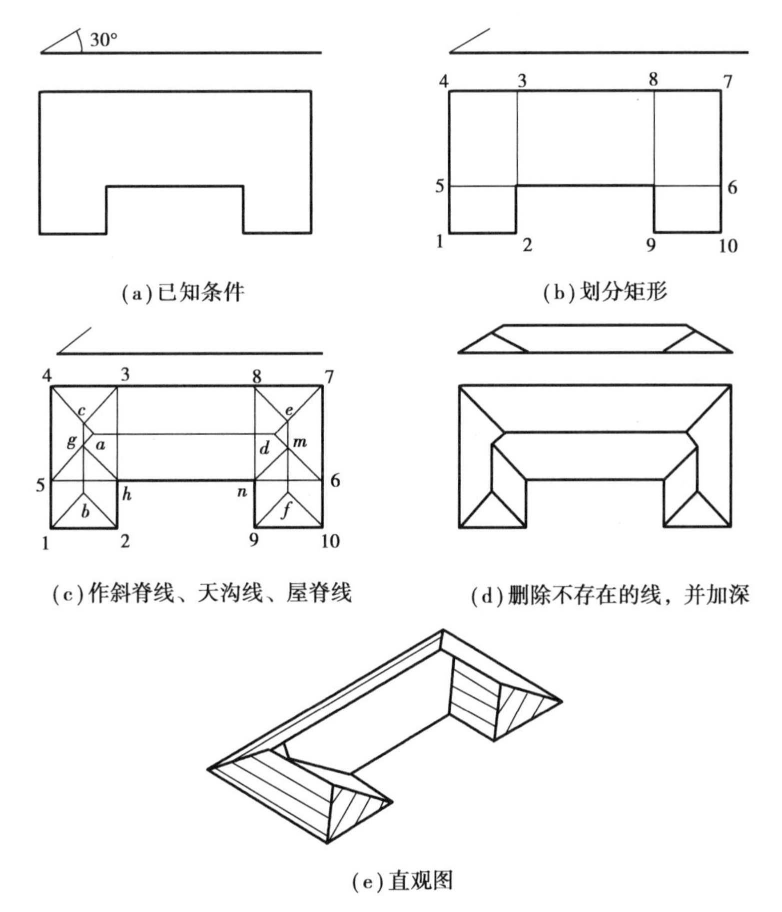

图 3.109　同坡屋面的投影图

具体作图步骤如下：

①将屋面的 H 面投影划分为 3 个矩形块，即 1，2，3，4；4，5，6，7；7，8，9，10［图 3.109（b）］。

②分别作各矩形顶角平分线和屋脊线得点 a，b，c，d，e，f，分别过同坡屋面的各个凹角作角平分线，得斜脊线 gh，mn，如图 3.109（c）所示。

③根据屋面交线的特点及倾角 α 的投影规律，分析去掉不存在的线条可得屋面的 V 面投影，如图 3.109（d）所示。同理，也可求得 W 面投影。

如图 3.109（e）所示为该屋面的直观图。

技能点 14　基本体的投影练习及应用

◎思政点拨◎

由形体得投影，由投影想体形，万物皆有联系。

师生共同思考：联系思维在学习、生活中的应用案例。

14.1　知识测试

1. 根据立体的正面投影和水平投影（图 3.110），可推断出其侧投影为（　　）。
2. 根据图 3.111 所示，选择正确的左视图（　　）。

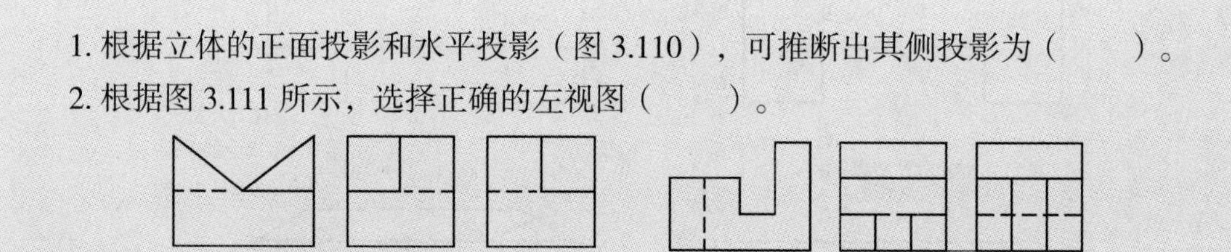

图 3.110　技能点 14 测试题 1 图　　图 3.111　技能点 14 测试题 2 图

3. 根据图 3.112 所示，选择正确的俯视图（　　）。

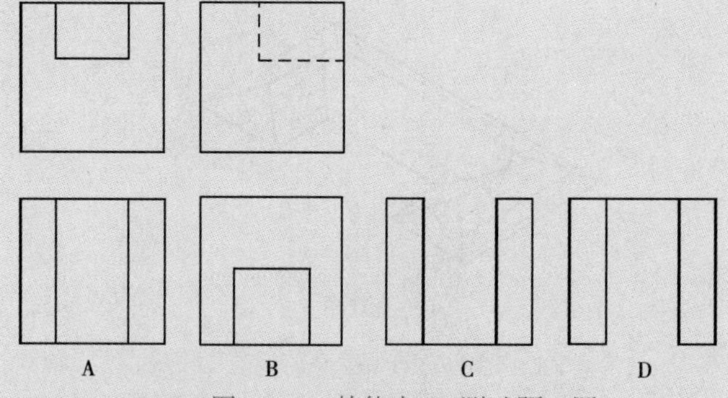

图 3.112　技能点 14 测试题 3 图

4. 根据图 3.113 所示，正确的左视图是（　　）。
5. 形体表面有 A、B、C、D 4 个点（图 3.114），下列说法中正确的是（　　）。

   A. A 上 B 下，C 右 D 左　　B. A 左 B 右，C 上 D 下

C. *A*前*B*后，*C*左*D*右　　　　D. *A*左*B*右，*C*后*D*前

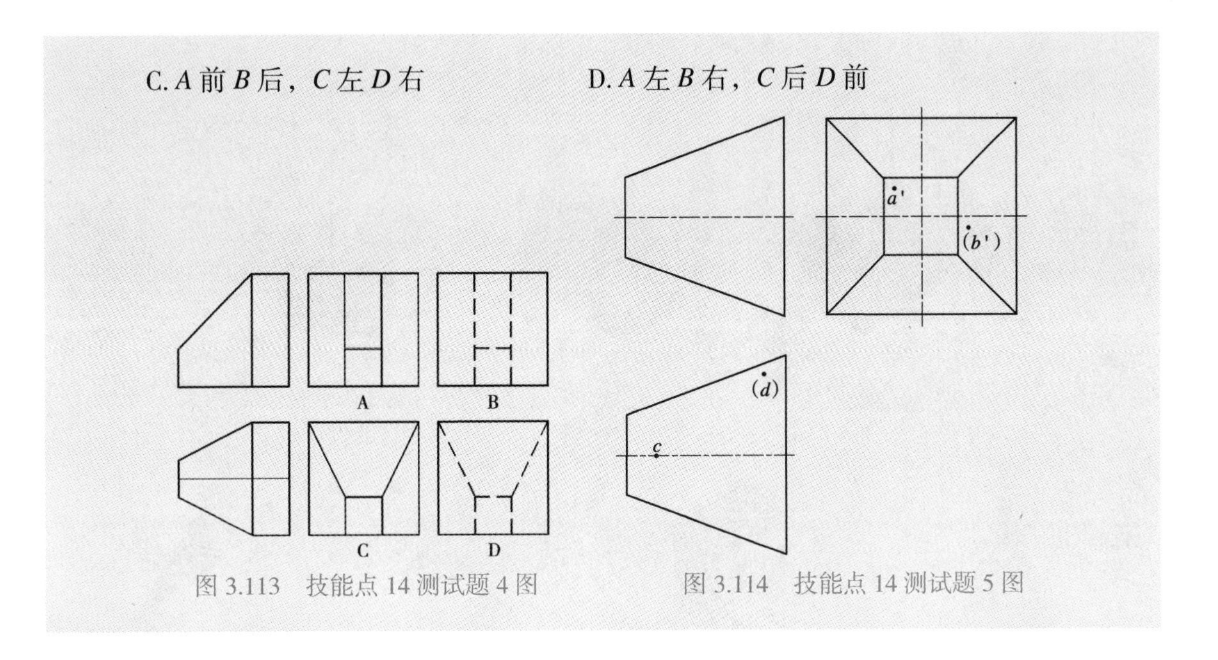

图3.113　技能点14测试题4图　　　　图3.114　技能点14测试题5图

14.2　技能训练

1. 根据图3.115所示轴测图，找出对应的投影图。

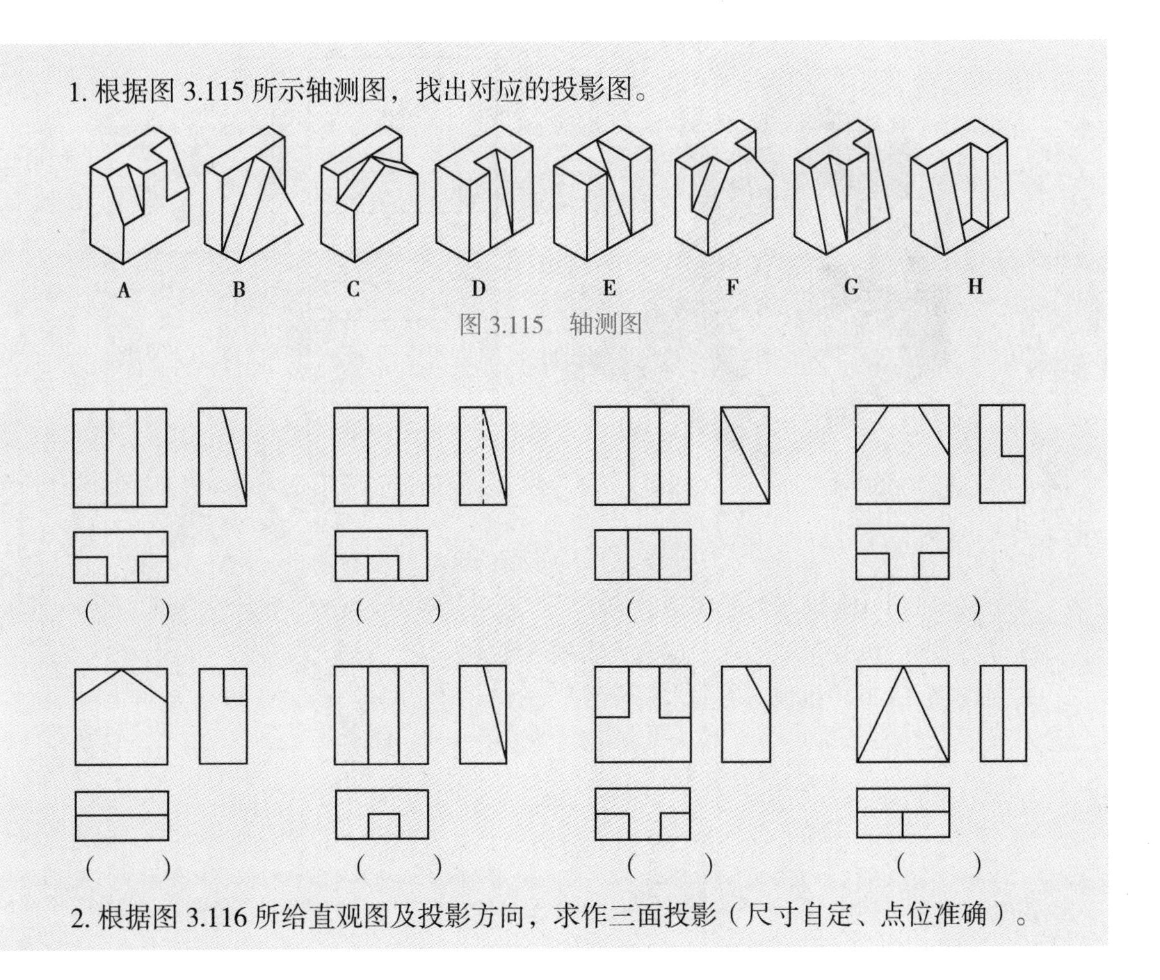

图3.115　轴测图

(　　)　(　　)　(　　)　(　　)

(　　)　(　　)　(　　)　(　　)

2. 根据图3.116所给直观图及投影方向，求作三面投影（尺寸自定、点位准确）。

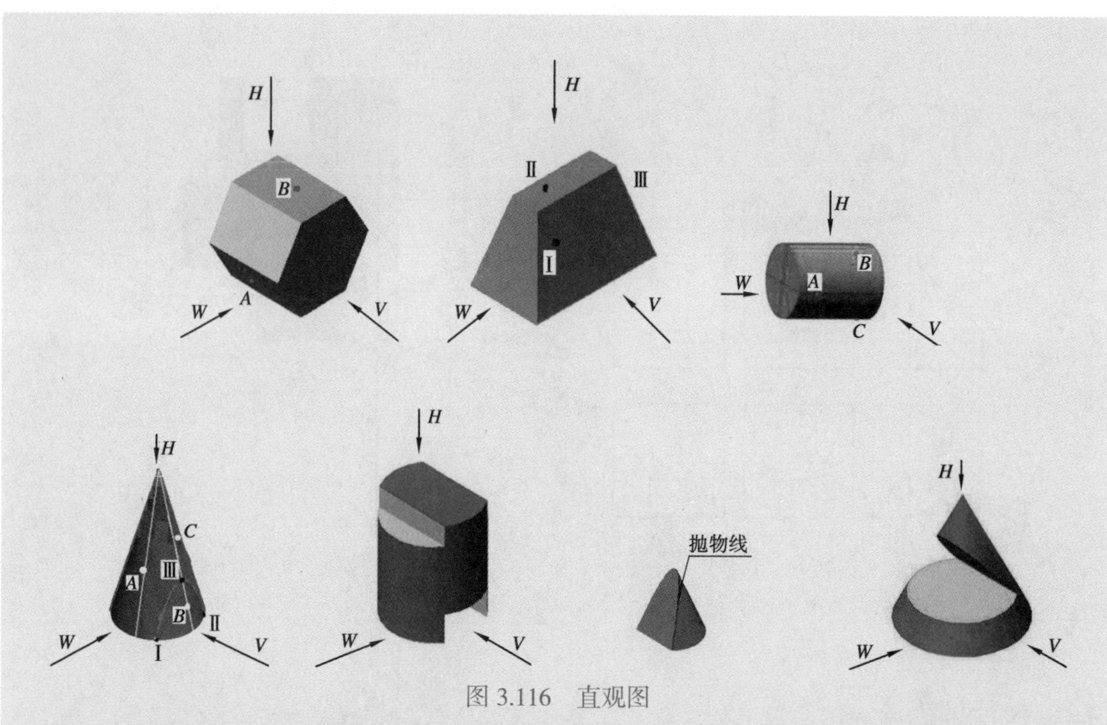

图 3.116　直观图

3. 已知涵洞端部挡土墙的轴测图和部分投影（图 3.117），补全其三面投影。

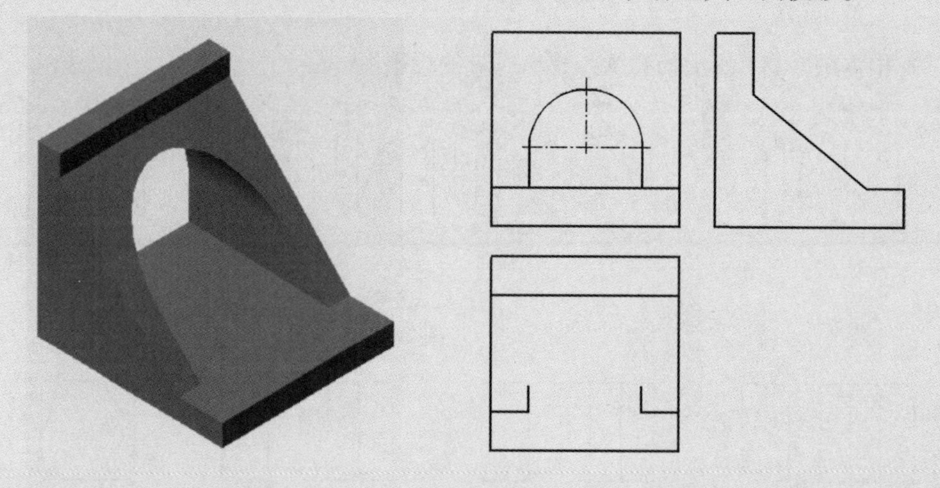

图 3.117　涵洞的投影

4. 在图 3.118 中补全房屋轮廓烟囱的正面投影和气楼（老虎窗）的水平投影。

5. 求作图 3.119 中穿矩形孔圆球的表面相贯线。

6. 补全图 3.120 中拱顶房屋的水平投影。

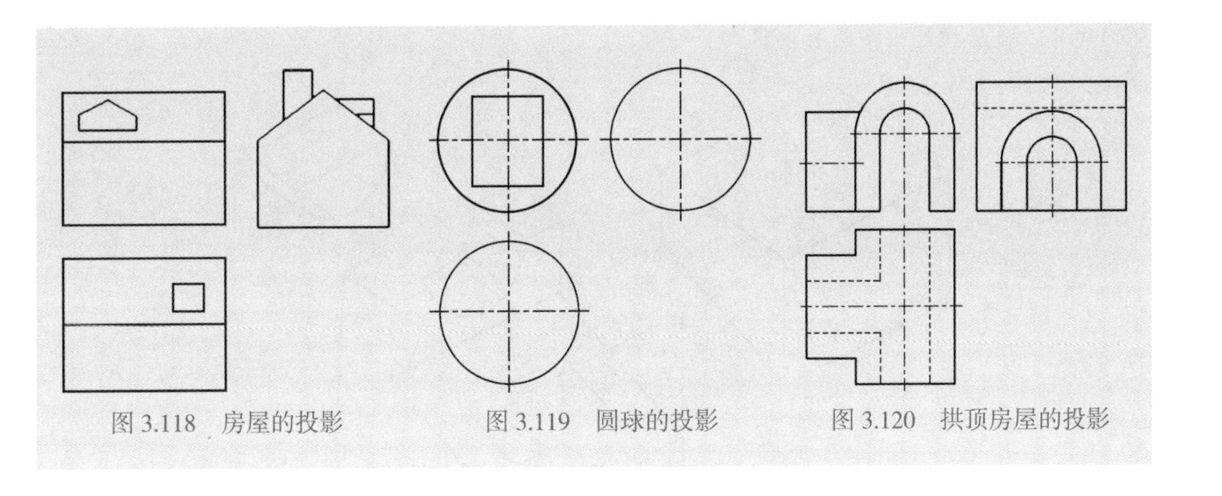

图 3.118　房屋的投影　　图 3.119　圆球的投影　　图 3.120　拱顶房屋的投影

知识点 15　组合体的投影规定

◎思政点拨◎

组合方式、组合顺序、组合层级不同，所得组合体的形状就不同，建筑物的外形及内部可利用空间就不同。

师生共同思考：组合意识、层级意识的应用及其对自身思维的影响。

任何复杂的建筑物都是由多个基本形体按一定的方式组合而成的，这些由基本几何体通过叠加、挖切形成的复杂形体称为组合体。研究组合体的投影是研究建筑形体投影的基础。

对于更为复杂的形体，尤其是形式多样、构造和结构复杂的建筑物，仅靠三视图是无法表达清楚的，为此，结合工程实际的需要，在三视图的基础上《房屋建筑制图统一标准》（GB/T 50001—2017）对工程图样的表达方法做了进一步规定，它主要包含 4 个方面：一是视图；二是剖面图；三是断面图；四是图样的简化画法。它们对绘制和识读工程图样有着极为重要的作用。

15.1　组合体的画法

微课　组合体的组成方式

任何一个建筑形体都可以看成一个难易不同的组合体。要画出组合体的投影应先把组合体分解为若干基本几何体，分析它们的相对位置、表面关系及组成特点，这一过程称为形体分析。下面结合实例介绍组合体的画图方法和步骤。

例 3.28　画切口形体的三面投影图。

（1）形体分析

如图 3.121 所示，该形体可以看成由长方体挖切而成，先切割出大梯形块 I，再切割出小梯形块Ⅱ，最后挖切出半圆柱块Ⅲ。

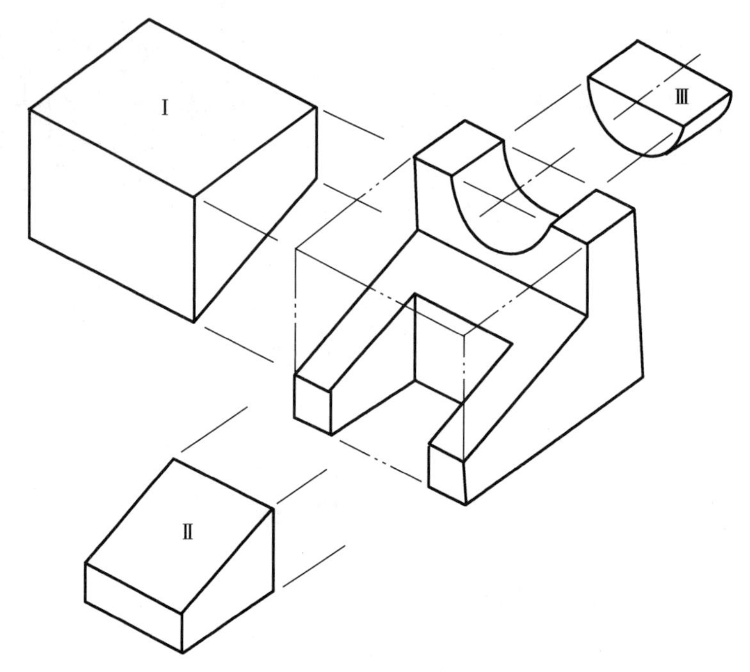

图 3.121　切口形体分析

（2）视图选择

在充分观察形体构造特点的基础上，从 3 个方面合理选择投影表达方案：

①合理安放，使形体放置平稳，合乎自然状态或正常工作位置（如房屋应放在地坪上，柱子应竖直放置，而梁应横向放置）。

②以正面投影（*V* 向）为主反映形体主要特征，并兼顾其他投影作图简便清晰。力求反映各向实形、避免虚线。如图 3.122（a）所示的放置和 *V* 向选择。

③确定投影图（视图）数量。在确保完整清晰表达形体的前提下，以投影图数量最少为佳。本例应采用 3 个投影图表示（注：在以后表达房屋建筑内外形状和构造时，须用更多的视图。常拟订多种投影方案进行比较，择优作图）。

（3）定比例，选图幅

先根据形体的大小和复杂程度确定绘图比例，再根据形体总体尺寸、比例和投影图数量，结合尺寸标注填写标题栏和文字说明的需要确定图幅大小。

（4）画投影图

先固定图纸、绘出边框和标题栏后，再按下列步骤绘图：

①合理布局。使各投影图及其他内容在整张图幅内安排匀称，重点是布置各投影图的作图基准线（如中心线、对称线、底面线或形体的总体轮廓），本例以长方形的总体轮廓进行布局，如图 3.122（b）所示。

②轻画底稿。可按先总体后局部，先大后小，先基本形体后组合关系，先实线后虚线的顺序进行，并注意各投影作图的相互配合和严格对应，如图 3.122（c）—（e）所示。

③检查漏误，加粗描深。全面检查各投影图是否正确，相互之间是否严格对应，改正错漏、

擦去多余图线，按线型规范加粗描深，如图 3.122（f）所示。

（5）标注尺寸，填写文字、标记及标题栏（略）

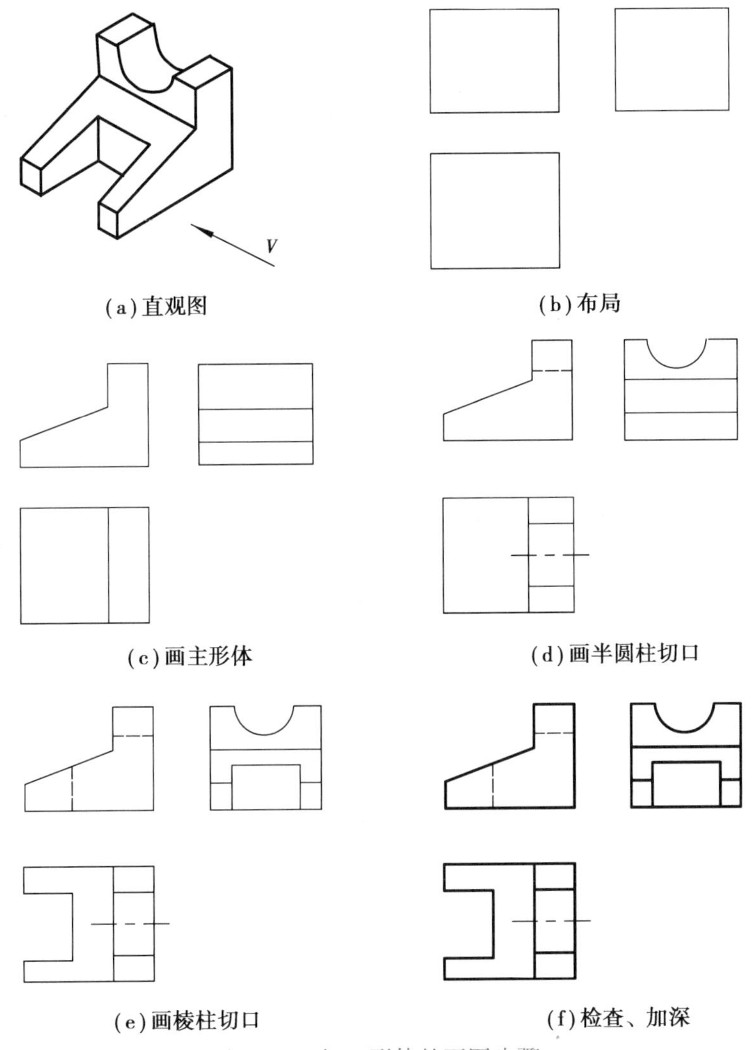

图 3.122　切口形体的画图步骤

例 3.29　画建筑形体的三面投影图。

（1）形体分析

如图 3.123 所示，该建筑形体是一种双坡屋面的小平房、由五棱柱形正房Ⅰ、五棱柱形耳房Ⅱ，四棱柱形烟囱Ⅲ，长方形平台Ⅳ和长方形门窗洞口组成。Ⅰ和Ⅱ、Ⅲ之间属相贯式组合，Ⅳ与Ⅰ为叠加式组合，而Ⅰ上门窗洞口属于挖切式。

（2）视图选择

根据房屋的形状和使用特点、应将房屋底面放在 *H* 面（地面）上，而以正房（建筑主体）和门窗洞口作主要投影方向（*V* 向），常称为正立面图，*W* 投影称侧立面图，*H* 投影称平面图。本例必须 3 个投影才能完整表达其形状。

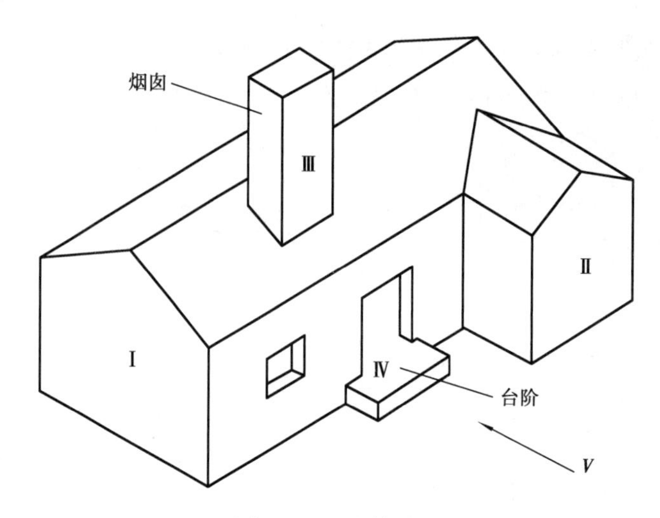

图 3.123 形体分析

（3）定比例选图幅（略）

（4）画投影图

如图 3.124 所示，其中门窗洞口的深度（虚线）未画出。

（5）标注尺寸（略）

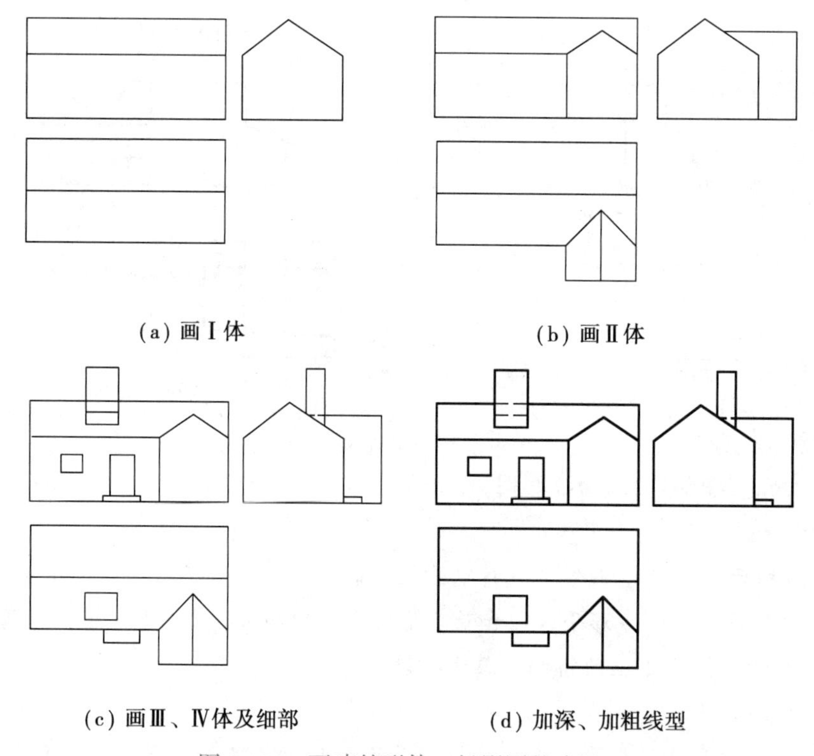

图 3.124 画建筑形体三投影图的步骤

15.2 组合体的尺寸标注

在工程图样中，投影图只能反映建筑形体（组合体）的形状和各基本形体的相互关系，必须通过标注尺寸才能反映形体的真实大小。每一投影图和“知识点5”中的平面图形尺寸注法一样，要求做到：正确、完整、清晰、合理，只是各投影图之间要互相配合，避免错漏、矛盾和不必要的重复。

15.2.1　尺寸分类

运用形体分析法来标注任何复杂的建筑形体的尺寸，可将尺寸分为3类。

（1）定形尺寸

定形尺寸是确定组合体中各基本形体形状大小的尺寸。

如图3.125所示的组合体，可看成长方体底板Ⅰ，正立梯形体肋板Ⅱ和侧立长方体板Ⅲ叠加而成，分别标注其定形尺寸Ⅰ—$a\times b\times c$，Ⅱ—d（d_2）$\times e\times f$，Ⅲ—$g\times b\times e$，如图3.126（a）所示。从图中可知，分别标注3个基本形体应有10个尺寸，但其中b，e相同，可共用，只需标注8个尺寸。

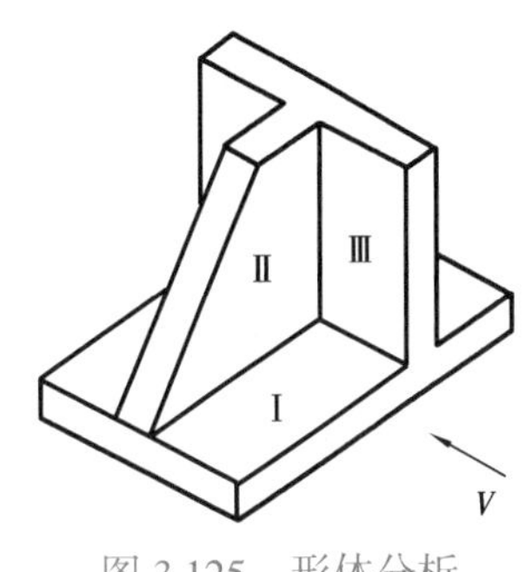

图3.125　形体分析

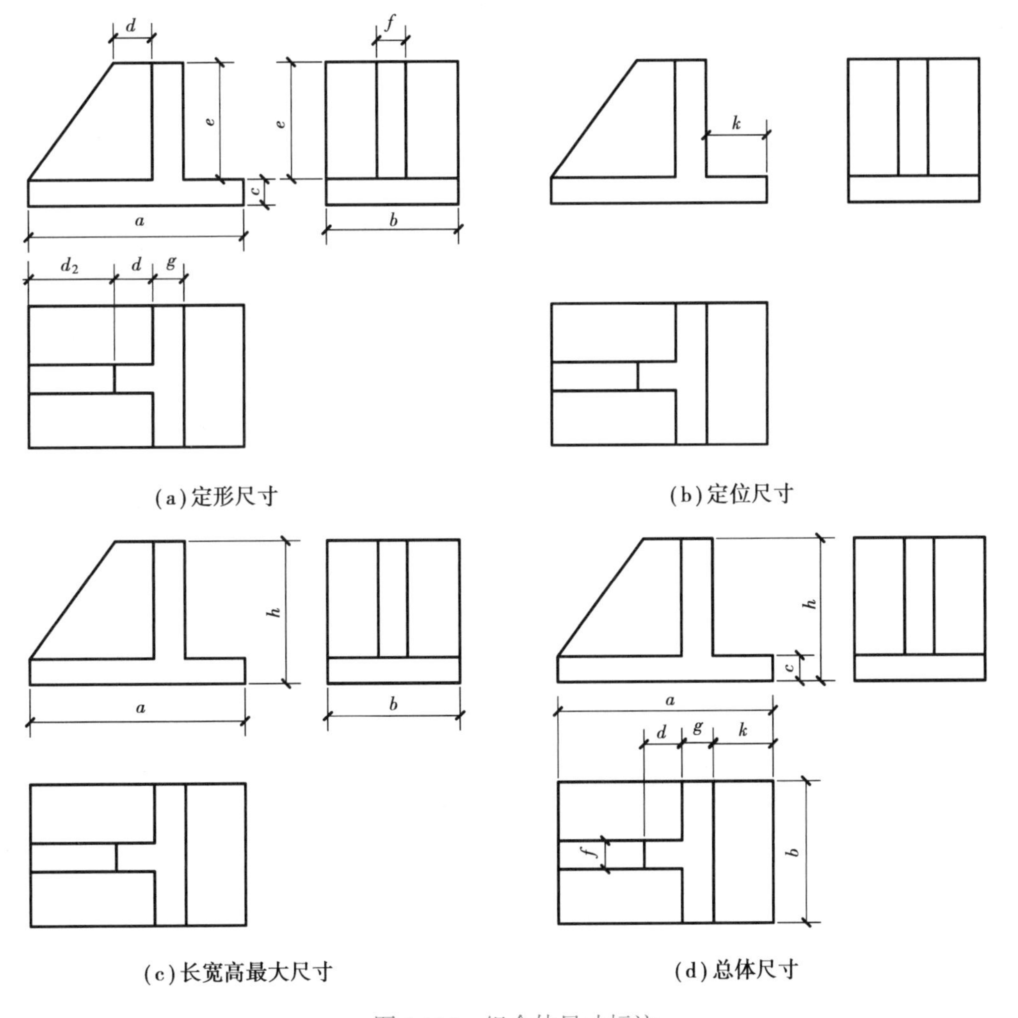

图3.126　组合体尺寸标注

（2）定位尺寸

定位尺寸是确定组合体中各基本形体相对位置以及局部形状（缺口、孔、槽等）的位置尺寸。由图 3.125 可知，以底板Ⅰ为基础确定立板Ⅱ，Ⅲ的位置简便易测，但肋板Ⅱ处于对称位置，长、宽、高 3 个方向自然定位，不必标注定位尺寸。而侧立板Ⅲ的位置左右不对称、须标注定位尺寸 *k*［图 3.126（b）］。

（3）总体尺寸

总体尺寸是确定组合体在长、宽、高 3 个方向上最大的尺寸。如图 3.126（c）所示的尺寸 *a*，*b*，*h*。

综合分析上述尺寸标注可知，分别标注 3 类尺寸，必然重复，造成多余甚至矛盾。为此应进行统筹调整，可概括为：先定形、后定位，最后调整注总体。统观图 3.126（a）—（c），发现尺寸 d_2，*e* 是多余的，可省去，只需标注 8 个尺寸［图 3.126（d））。经过调整，使全图尺寸排列整齐清晰。

15.2.2 尺寸配置

由于工程图样是用多面正投影来表达形体的形状，每个投影图可反映二维尺寸，若每个投影图都标全 3 类尺寸，势必造成庞杂零乱。为此，除了确保尺寸齐全，每个尺寸注法正确无误外，还应注意下列尺寸配置原则：

（1）反映实形

只能在反映实形或真实大小的投影上标注尺寸。

（2）相对集中

每一个基本形体或局部孔槽的定形、定位尺寸尽量集中。如图 3.126（d）所示，底板的长度 *a* 和宽度 *b* 集中在 *H* 投影上；所有长度尺寸集中在 *V*，*H* 投影图之间；所有高度尺寸都集中在 *V*，*W* 投影图之间，而 *W* 投影上未标一个尺寸。

（3）标注明显

在形状特征明显的投影上标注尺寸，如圆孔的直径应标注在圆上，圆角的半径应标注在圆弧上。

（4）避虚就实

尺寸尽量标注在可见投影上，避免注在虚线上。

（5）尽量标注在图形外

标注时，应尽量将尺寸标注在图形外，严禁与图线重叠。

（6）排列整齐，避免交叉

如图 3.126（d）所示的长度和高度尺寸，既相对集中，又将大尺寸 *a* 和 *h* 放在外侧，小尺寸 *d*，*g*，*k*，*c* 放在内侧，且使 *d*，*g*，*k* 串联在一条线上，做到整齐清晰。

必须指出，由于建筑物的特殊性（体形庞大、尺寸精度要求不太高）和形体的多样性，尺寸标注既要严守规范，又有一定的灵活性：一是允许尺寸重复，但在数值上不得矛盾；二是以清晰合理为基础，可采用不同方案；三是采用一些通用的简化注法。图 3.127 为一柱座的尺寸标注，供读者分析参考。

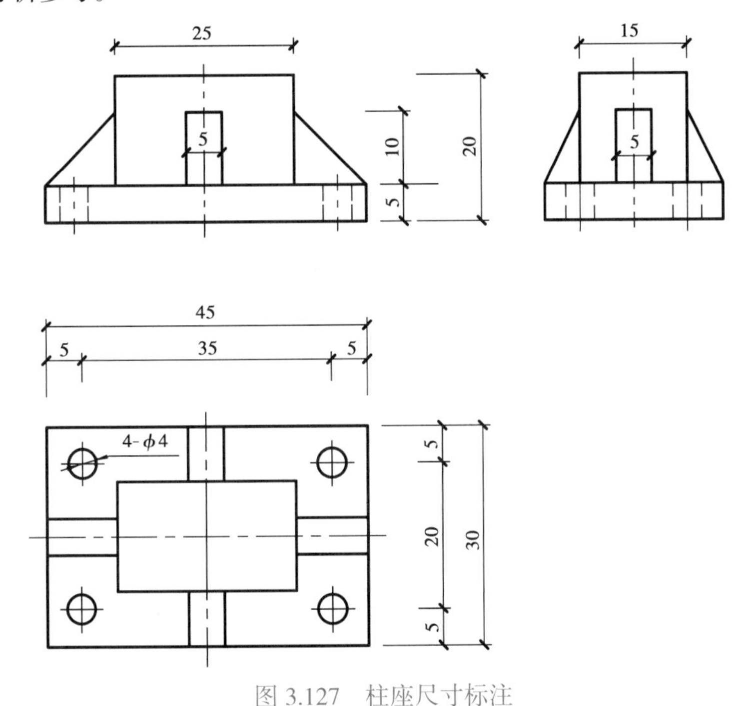

图 3.127　柱座尺寸标注

15.3　组合体的读图方法

根据组合体的投影图想象出它的形状和结构，这一过程就叫读图。读图是画图的逆过程，是从平面图形到空间形体的想象过程。因此，画图与读图也是相辅相成，不断提高和深化读图能力的过程，通过前面各知识点、技能点的学习，要求读者不但熟悉工程图样绘制规范、更要熟练掌握三面正投影图的形成原理，几何元素的投影特性，基本形体及组合体的投影表达方法，这是读图的基础。

微课 组合体的识读

综合前述各知识点、技能点关于画图和读图的讨论，对组合体投影图的读图方法可以概括为 3 种方法：投影分析法、形体分析体、线面分析法。

15.3.1　投影分析法

多面正投影图的核心是任何形体必须用两个以上，甚至更多的投影图互相配合才能表达清楚。因此，必须首先弄清用了几个投影图，它们的对应关系如何。从方位到线框图线都要一一对应，弄清相互关系。

15.3.2　形体分析法

在投影分析的基础上，一般从正面投影入手，将各线框和其他投影对应起来，分析所处方位（上下、左右、前后）和层次，想象局部形状（基本形体或切口形体）再将各部分综合起来想象整体形状及组合关系。

15.3.3 线面分析法

对于较复杂的投影图，仅用投影分析法和形体分析法，不一定能完全看懂，这就需要用点、线、面的投影特性来分析投影图中每个线框、每条线、每个交点代表什么，进而判断形体特征及其组合方式。

顺便指出，若投影图中标注有尺寸，则可借助尺寸判断形体大小和形状（如根据 Sϕ×× 可判定是球体）。

验证是否读懂投影图的措施，除了用制作实物来证明外，常用下列措施来检验：

①画出立体图；

②补第三投影图或补图线；

③改正图中错处。

例 3.30　根据三面投影图想象出形体的空间形状［图 3.128（a）］。

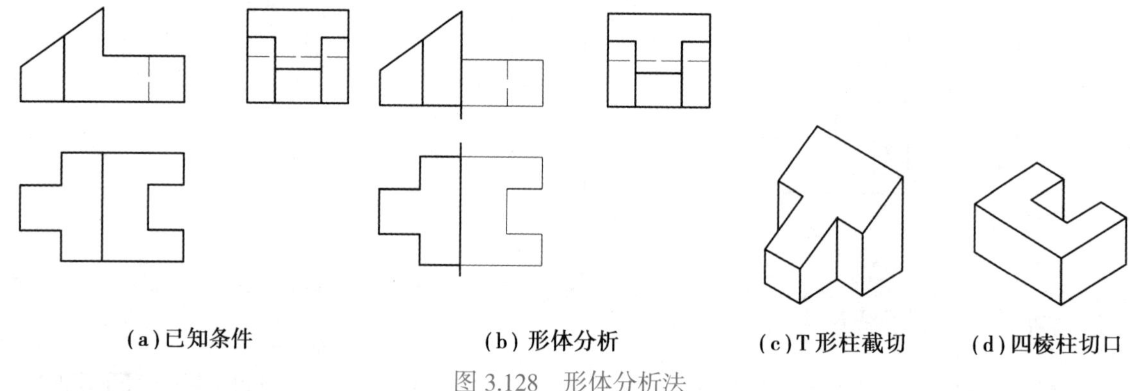

(a)已知条件　(b)形体分析　(c)T形柱截切　(d)四棱柱切口

图 3.128　形体分析法

作图：

（1）投影分析

由图 3.128（a）可知，该图给出了常见的三面投影，根据“长对正”，自左至右逐一对出 V，H 投影上 5 条竖向线的对应位置；根据“高平齐”，自上而下对出 V，W 面投影上 5 条横向直线的对应位置；根据“宽相等”，自前向后对出四组直线转折 90° 后的对应位置。

（2）形体分析

在弄清投影对应关系后，由 V，H 面投影可将图形划分为两部分［图 3.128（b）］，图中用粗细线区分，左边粗线部分可看成一 T 形立柱，其上被正垂面斜截而成［图 3.128（c）］。而右边细线部分则是一四棱柱切口［图 3.129（d）］。最后将两部分形状合在一起就得出整体形状［图 3.129（a）］。

必须指出，将投影图形划分成两部分是一种假想的思维方法，若结合处共面或是连续的光滑表面，没有分界线，见图 3.129（a）中“×”处。此外，该形体也可看成一长方体被截切去 5 块而成［图 3.129（b）］。

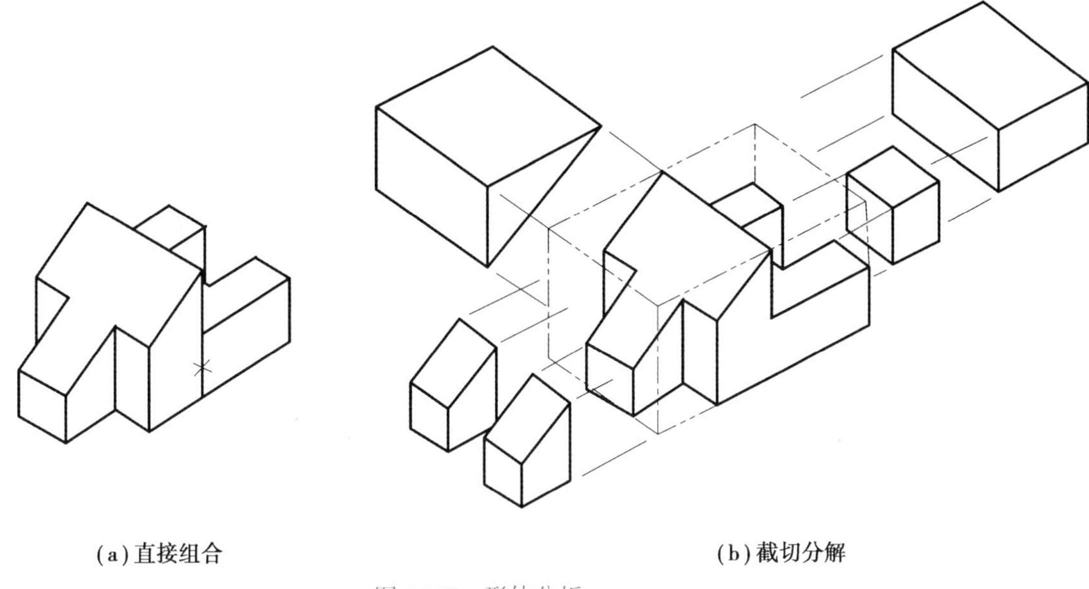

图 3.129　形体分析

例 3.31　已知一组合体的 V，H 面投影，补画其 W 面投影［图 3.130（a）］。

作图：

（1）投影分析

根据已知的 V，H 面投影按“长对正”自左至右对应出各线点的位置，并注意 V 面投影的上下层次，H 面投影的前后层次。

（2）形体分析

由水平投影的半圆对应正面投影最左最右直线，结合上下层次，可看出形体的下部是一水平半圆板；而由正面投影上部的半圆形和圆对应到水平投影的实线及虚线，显然是一正立的方形半圆板、放置于水平半圆板上方的后部［图 3.130（b）］。

（3）线面分析

将 V 面上的圆对应到 H 面上的两条虚线，可以看出是半圆板上的圆孔［图 3.130（c）］；将 V 面上半圆板中部上方的矩形线框对应到 H 面上半圆板中部前方的矩形线框，可以看出是在半圆板中部上方开了一方形槽［图 3.130（d）］；将 V 面上水平半圆板的左右对称性切口对应到 H 面上的两条直线，可以看出是半圆板左右切去弧形块，并补画出完整的 W 投影图［图 3.130（e）］。最后综合想象出形体的整体形状［图 3.130（f）］。

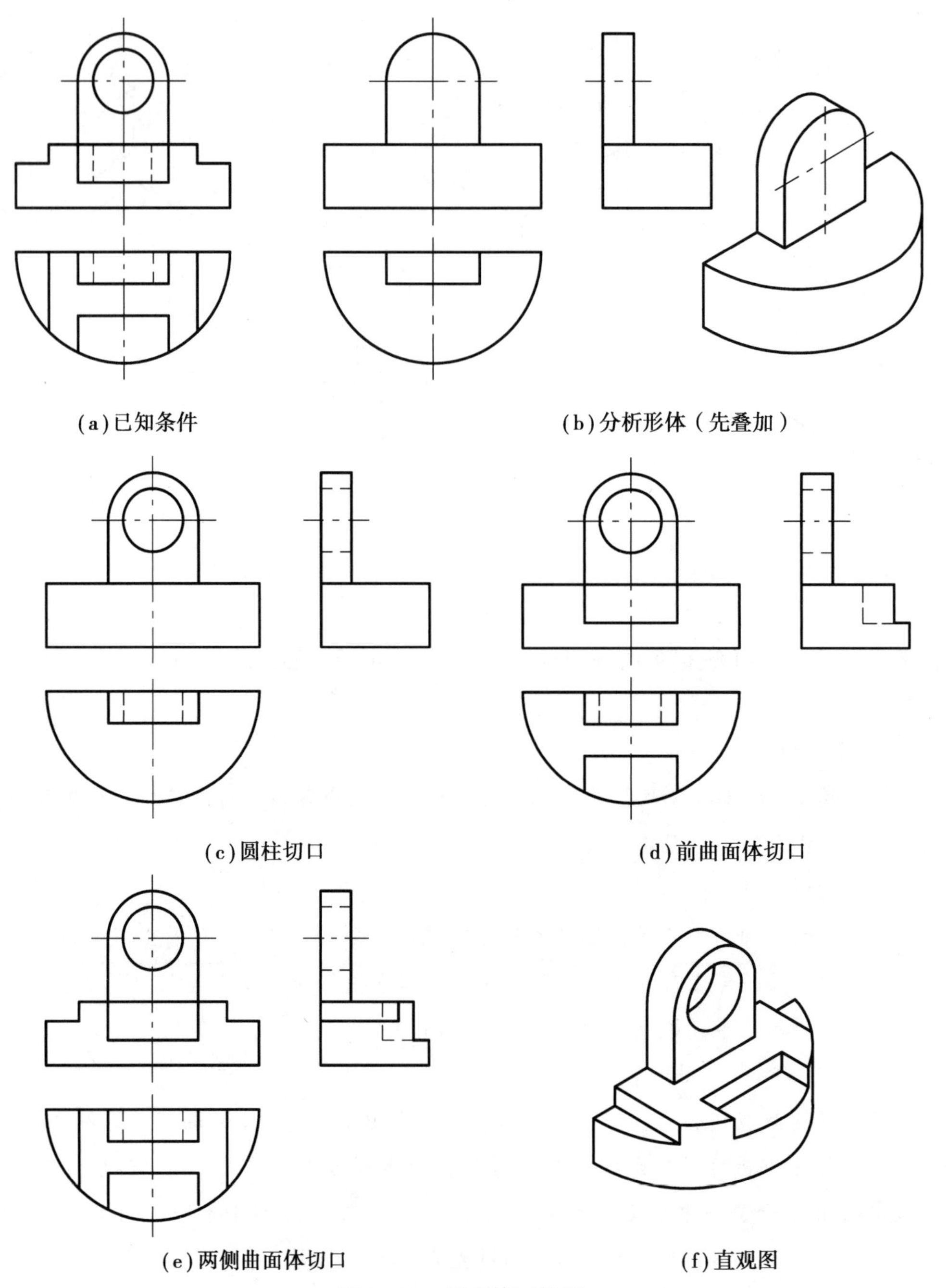

(a)已知条件

(b)分析形体（先叠加）

(c)圆柱切口

(d)前曲面体切口

(e)两侧曲面体切口

(f)直观图

图 3.130 补画第三投影

例 3.32 补画榫头三面投影图中所缺图线［图 3.131（a）］。

作图：

（1）投影分析

根据三面投影“长对正、高平齐、宽相等”的投影规律，对 3 个投影图上各点、线初步查找其对应关系，判断可能缺少图线的位置。

（2）形体分析

对照 V，H 面投影可知，形体由左右两部分组成，左边是高度为 h 宽度为 b 的长方块，左下方有一长方形切口 C。由此可对应画出 H 面投影上的虚线，W 面投影上的矩形图线及一条与缺口对应的实线。见图 3.131（b）中加粗的图线。右边也可初步判断为长方体。

（3）线面分析

对右边的长方体，将三面投影互相对应分析，可以看出长方体后上方被截切一长方形切口 D；而前上方被正垂面 P_V 和侧垂面 Q_W 斜切形成斜线 EF。从而对应补画出有关图线，其中棱线 $g'f'$ 遮住了后方的虚线［图 3.131（c）］。

（4）综合整理

综合整理加粗描深［图 3.131（d）］，想象出空间形状，如图 3.132 所示。

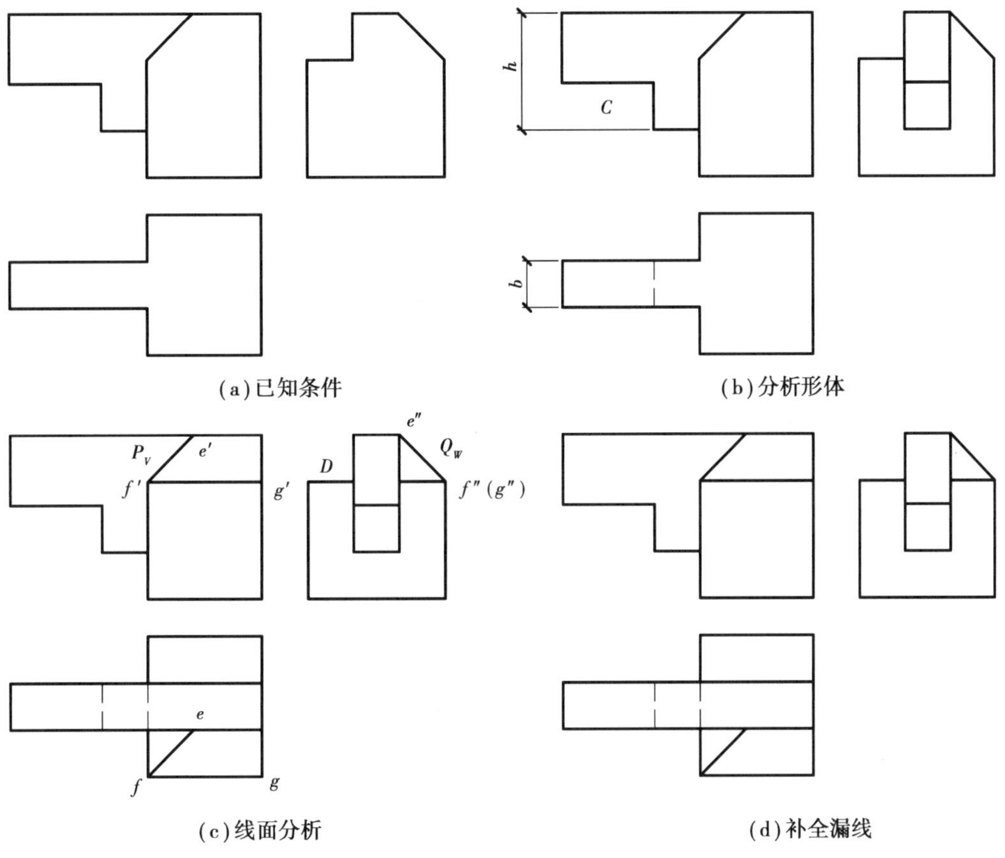

图 3.131　补图线

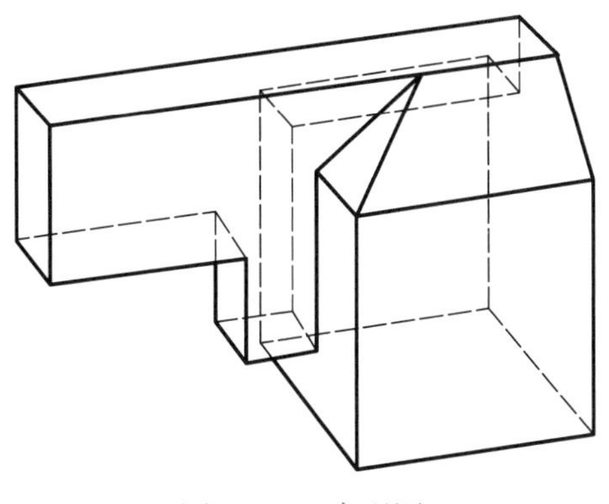

图 3.132　直观图

例 3.33　已知一半球体被四平面截切，以 H 面投影为准，改正 V，W 面投影中的错误，如图 3.133（a）所示。

作图：由题意和图 3.133(a)，半球体被两正平面和两侧平面截切，其水平投影积聚成直线；而平面截切球体、其截交线应是圆弧，分别在 V，W 面上反映实形（半圆）。因此，图 3.133(a) 中打"×"号的两条直线是错的，应改成图 3.133（b）中的半圆，相当于球形屋顶的四道墙面。

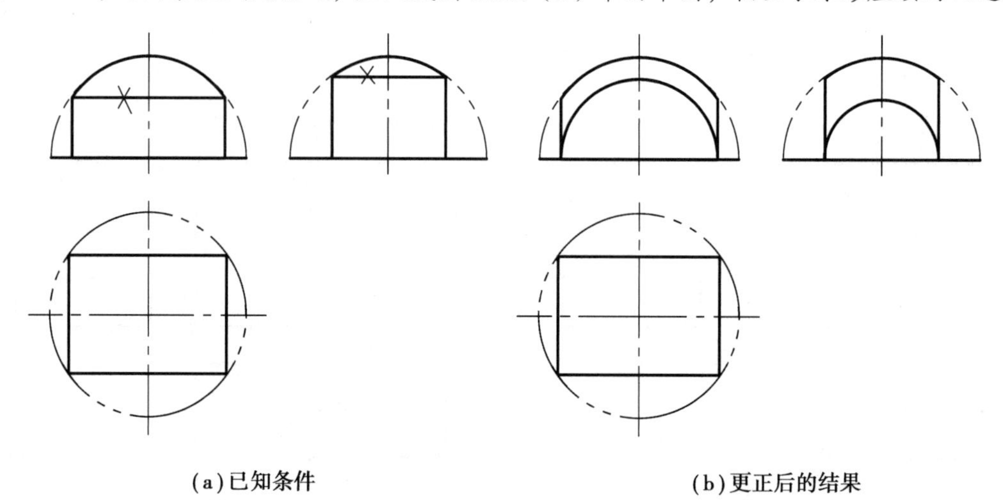

图 3.133　改正错误图线

例 3.34　参考图 3.134（a），若其 H 面投影不变，试构思 V 面投影不同的其他形体。

作图：图 3.134（a）反映两个铅垂圆柱同轴叠加式组合体的投影，水平投影的两个圆有积聚性。若水平投影不变，则在不同高度层次内，可形成多种组合方案，如图 3.134（b）—（d）。

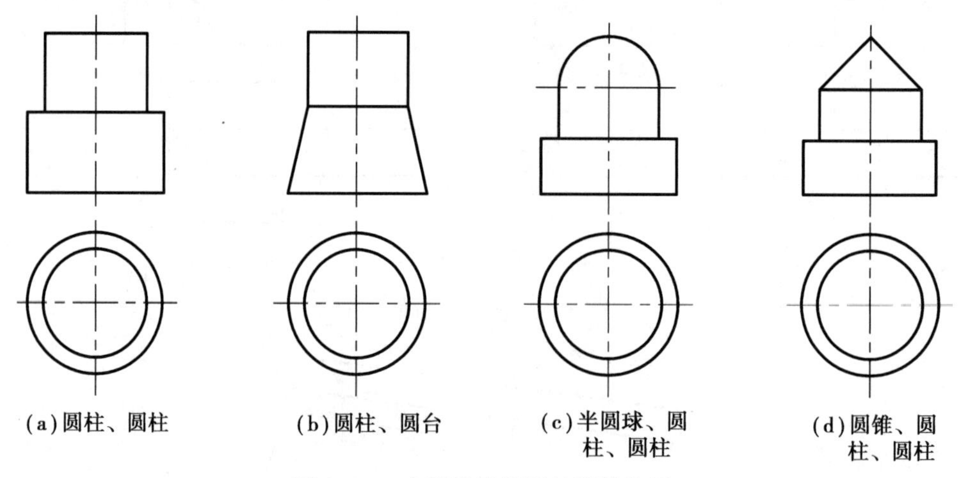

图 3.134　水平投影相同的形体构思

15.4　常用视图

视图用于表达建筑形体各个方向的外观形状，尽量取消虚线的使用。在一般情况下规定了 6 个基本视图；在特殊情况下可使用有关辅助视图。

15.4.1　基本视图

如图 3.135（a）所示的形体，将其置于一个互相垂直的六投影面体系中［见图 3.135（b）］，以前（*A* 向）后（*F* 向）左（*C* 向）右（*D* 向）上（*B* 向）下（*E* 向）6 个方向分别向 6 个投影面作正投影，得到 6 个正投影图（视图）。*A* 向得正立面图（原称正面投影或 *V* 面投影），*B* 向得平面图（原称水平投影或 *H* 面投影），*C* 向得左侧立面图（原称左侧面投影或 *W* 面投影），*D* 向得右侧立面图，*E* 向得底面图，*F* 向得背立面图。其展开方向如图 3.135（b）所示，展开后的配置如图 3.135（c）所示，可省略图名；为了节约图纸幅面，可按图 3.135（d）配置，但必须在各图的正下方注写图名，并在图名下画一粗横线。

由形成过程可知，6 个基本视图仍然遵守“长对正、高平齐、宽相等”的投影规律，作图与读图时，要特别注意它们的尺寸关系、方位关系和对应关系。在使用时，应以三视图为主，合理确定视图数量。如表达一幢房屋的外观，就不可能有底面图。

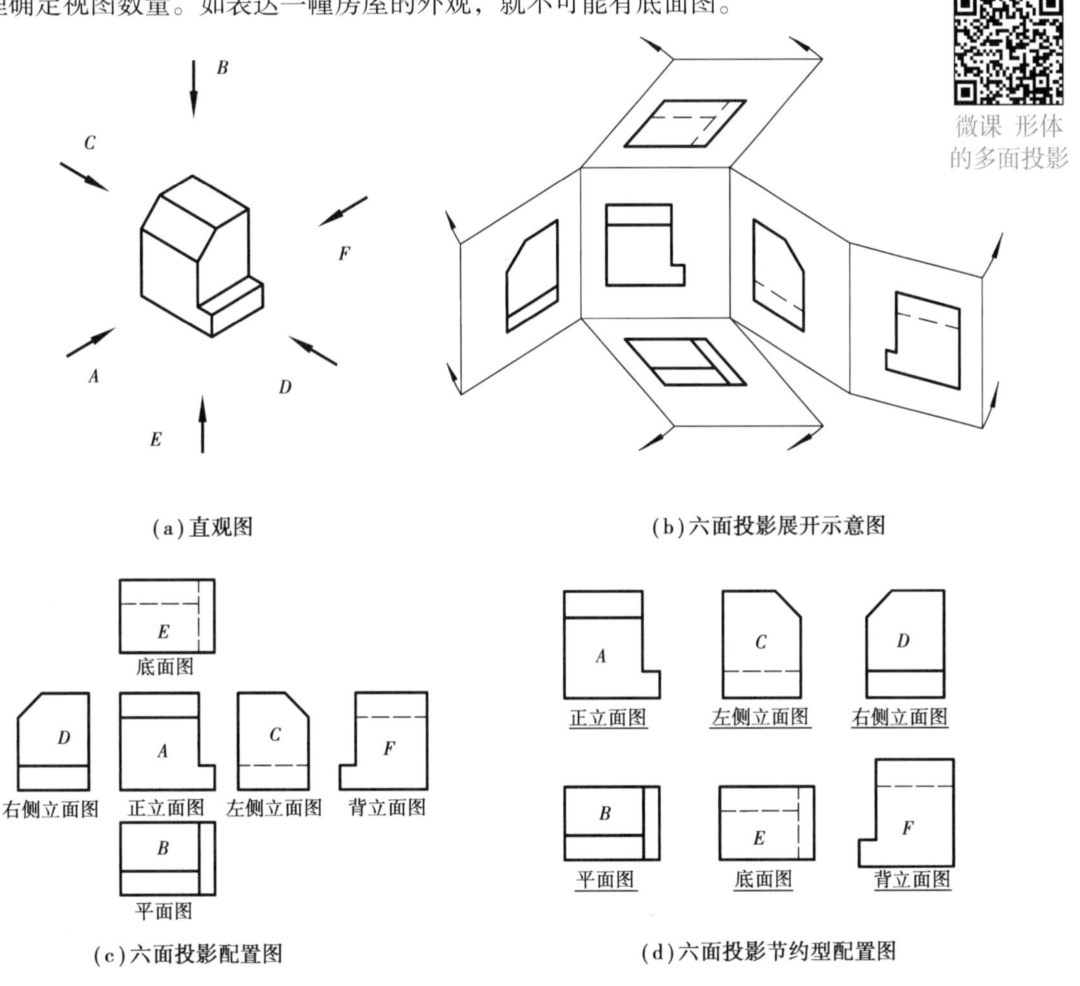

图 3.135　基本视图的形成、配置与名称

15.4.2　局部视图

当物体的某一局部尚未表达清楚，而又没有必要画出完整视图时，可将局部形状向基本投影面进行投射，得到的视图称为局部视图。如图 3.136 所示形体的左侧凸台，只需从左投射，

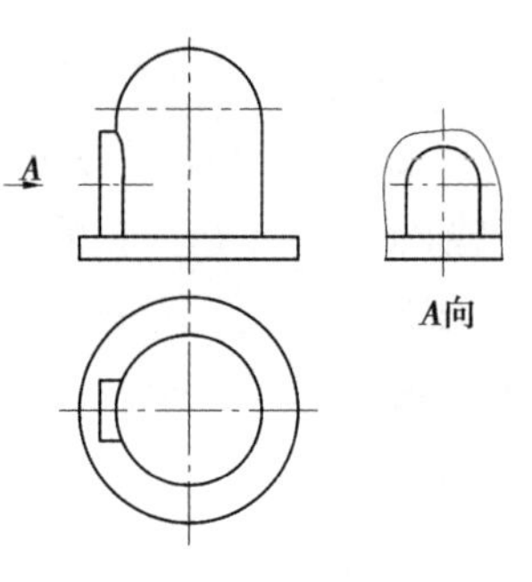

图 3.136　局部视图

单独画出凸台的视图，即可表示清楚。

局部视图的范围用波浪线表示。当局部结构完整，且外形轮廓又成封闭时波浪线可省略不画。局部视图需在要表达的结构附近，用箭头指明投影方向，并注写字母，在画出的局部视图下方注出视图的名称"*A* 向"，如图 3.136 所示。

当局部视图按投影关系配置，中间又没有其他图形隔开时，可省略上述标注。

15.4.3　斜视图

当物体的某个表面与基本投影面不平行时，为了表示该表面的真实形状，可增加与倾斜表面平行的辅助投影面，倾斜表面在辅助平面上的正投影，称为斜视图。

斜视图也是表示物体某一局部形状的视图，因此也要用波浪线表示出其断裂边界，其标注方法与局部视图相同。

在不致引起误解的情况下，斜视图可以旋转到垂直或水平位置绘制，但须在视图的名称后加注"旋转"二字，如图 3.137 所示。

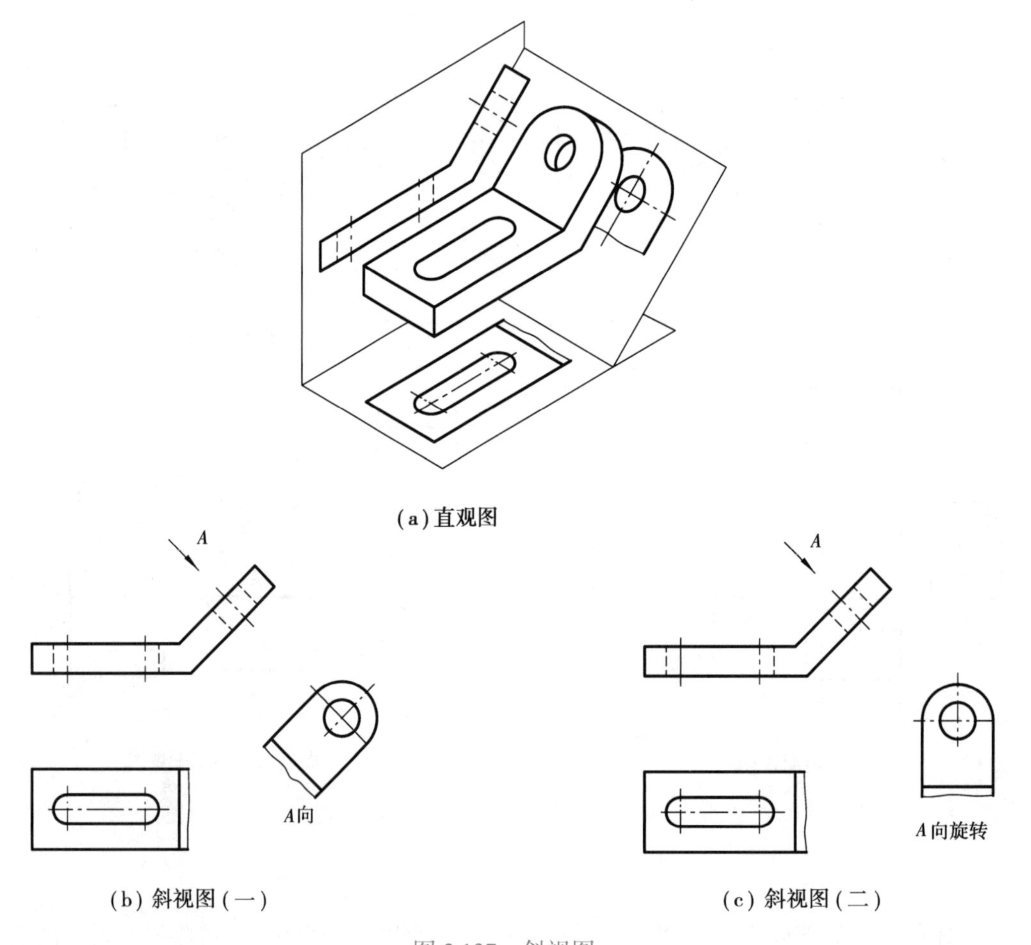

图 3.137　斜视图

15.4.4　旋转视图

假想将物体的某一倾斜表面旋转到与基本投影面平行，再进行投射，所得到的视图称为旋转视图，如图 3.138 所示。

该法常用于建筑物各立面不互相垂直时，表达其整体形象。

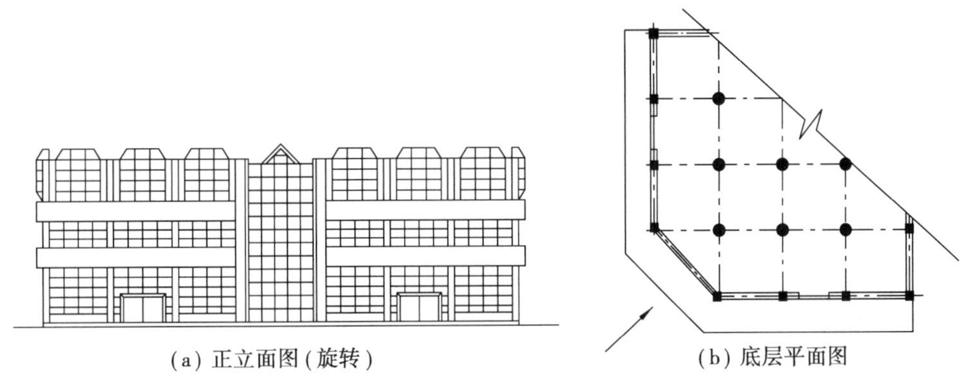

(a) 正立面图 (旋转)　　(b) 底层平面图

图 3.138　旋转视图

15.4.5　镜像视图

假想用镜面代替投影面，按照物体在镜面中的垂直映像绘制图样，得到的图形称为镜像视图。镜像视图多用于表达顶棚平面以及有特殊要求的平面图。采用镜像投影法所画出的图样应在图名之后加注“（镜像）”二字，如图 3.139 所示。

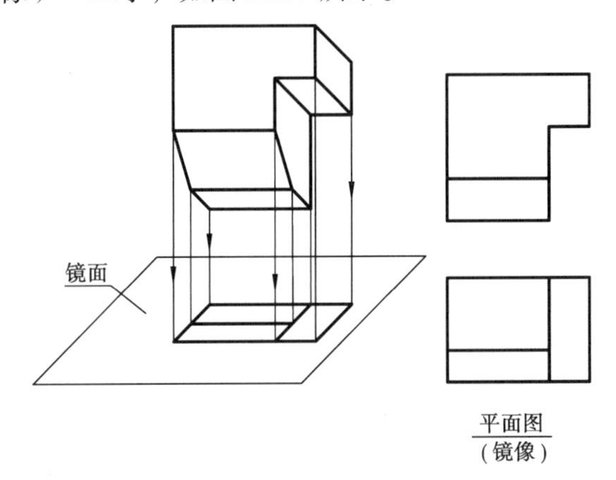

图 3.139　镜像视图

15.5　简化画法

微课 简化画法

为了提高绘图速度或节省图纸空间，建筑制图国家标准允许采用下列简化画法：

15.5.1　对称画法

对称图形可以只画一半，但要加上对称符号，如图 3.140 所示。对称符号一对平行的短细实线表示，其长度为 6~10 mm。两端的对称符号到图形的距离应相等。

省略掉一半的梁或杆件要标注全长，如图 3.140（a）所示。

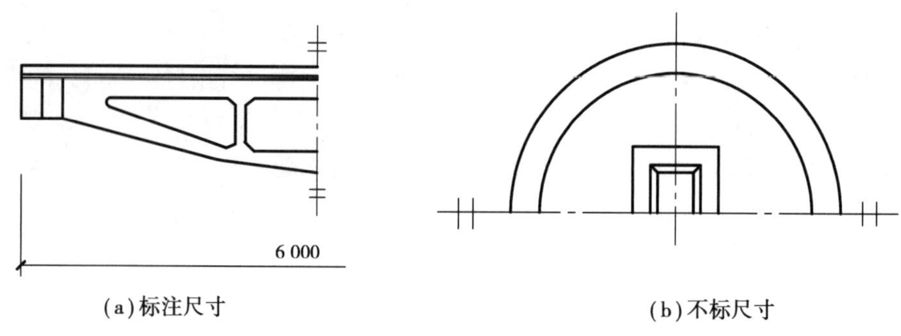

图 3.140　对称画法

15.5.2　相同要素简化画法

当物体上有多个完全相同且连续排列的构造要素时，可在适当位置画出一个或几个完整图形，其他要素只需在所处位置用中心线或中心线交点表示，但要注明个数，如图 3.141 所示。

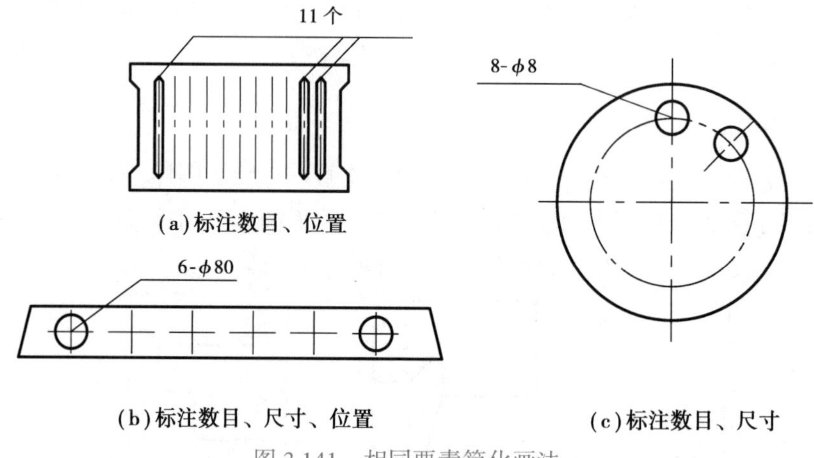

图 3.141　相同要素简化画法

15.5.3　折断画法

只需表示物体的一部分形状时，可假想把不需要的部分折断，画出留下部分的投影，并在折断处画上折断线，如图 3.142 所示。

15.5.4　断开画法

如果形体较长，且沿长度方向断面相同或均匀变化，可假想将其断开，去掉中间部分，只画两端，但要标注总长，如图 3.143 所示。

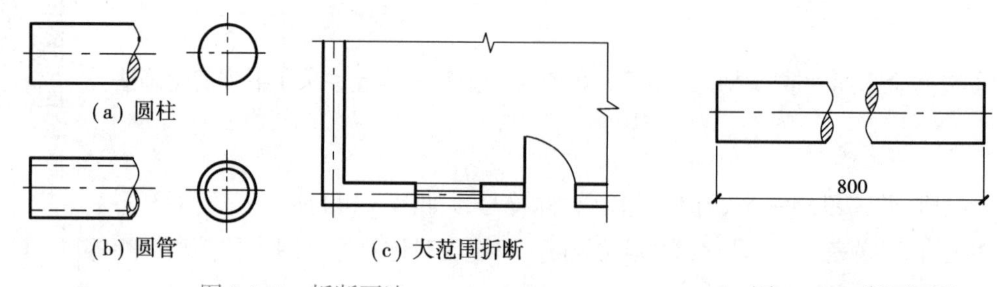

图 3.142　折断画法

图 3.143　断开画法

技能点 15　组合体的投影练习及应用

◎思政点拨◎

由体得图是分解，由图得体是组合。方式、方法很多，但最终结果或目标一致。师生共同思考：在结果或目标导向中，我能做什么。

15.1　知识测试

1.（　　）是组合体。

A. 圆球体　　B. 建筑形体　　C. 四棱柱　　D. 四边形

2.［多项选择题］（　　）是组合体。

A. 圆球体 + 四棱柱　　B. 四棱锥 + 四棱柱

C. 四棱柱 + 四边形　　D. 三角形 + 棱锥体

E. 同坡屋面

3.［多项选择题］组合体标注尺寸时通常需要标注（　　）。

A. 定形尺寸　　B. 定位尺寸　　C. 总尺寸

D. 单个尺寸　　E. 圆球尺寸

4.［多项选择题］形体常用视图包括（　　）。

A. 基本视图　　B. 局部视图　　C. 斜视图

D. 旋转视图　　E. 镜像视图

5.［多项选择题］线面分析法中，投影图中的某一条线可能是空间中的（　　）。

A. 一条线　　B. 一个点　　C. 一个体

D. 一个面　　E. 面、线重叠

6.［多项选择题］长方体组合体投影图中线的含义是（　　）。

A. 棱线的积聚　　B. 棱线的投影　　C. 面的积聚

D. 面的投影　　E. 体的积聚

7.［多项选择题］长方体组合体投影图中点的含义是（　　）。

A. 面的积聚　　B. 棱线的投影　　C. 棱线的积聚

D. 棱角的投影　　E. 面的投影

15.2　技能训练

1. 请完成图 3.144 所示组合体的三面投影图。

2. 请完成图 3.145 所示组合体的三面投影图（尺寸自主合理确定）。

3. 请完成图 3.146 所示榫头的组合体分解图和三面投影图。

4. 请根据图 3.147 所给形体的两个投影图，尽可能多地作出第三投影图。

5. 请对照 3.148 所示轴测图和所给投影图中不同颜色的线型和块形，在投影面或轴测图中找到并标出对应的投影。

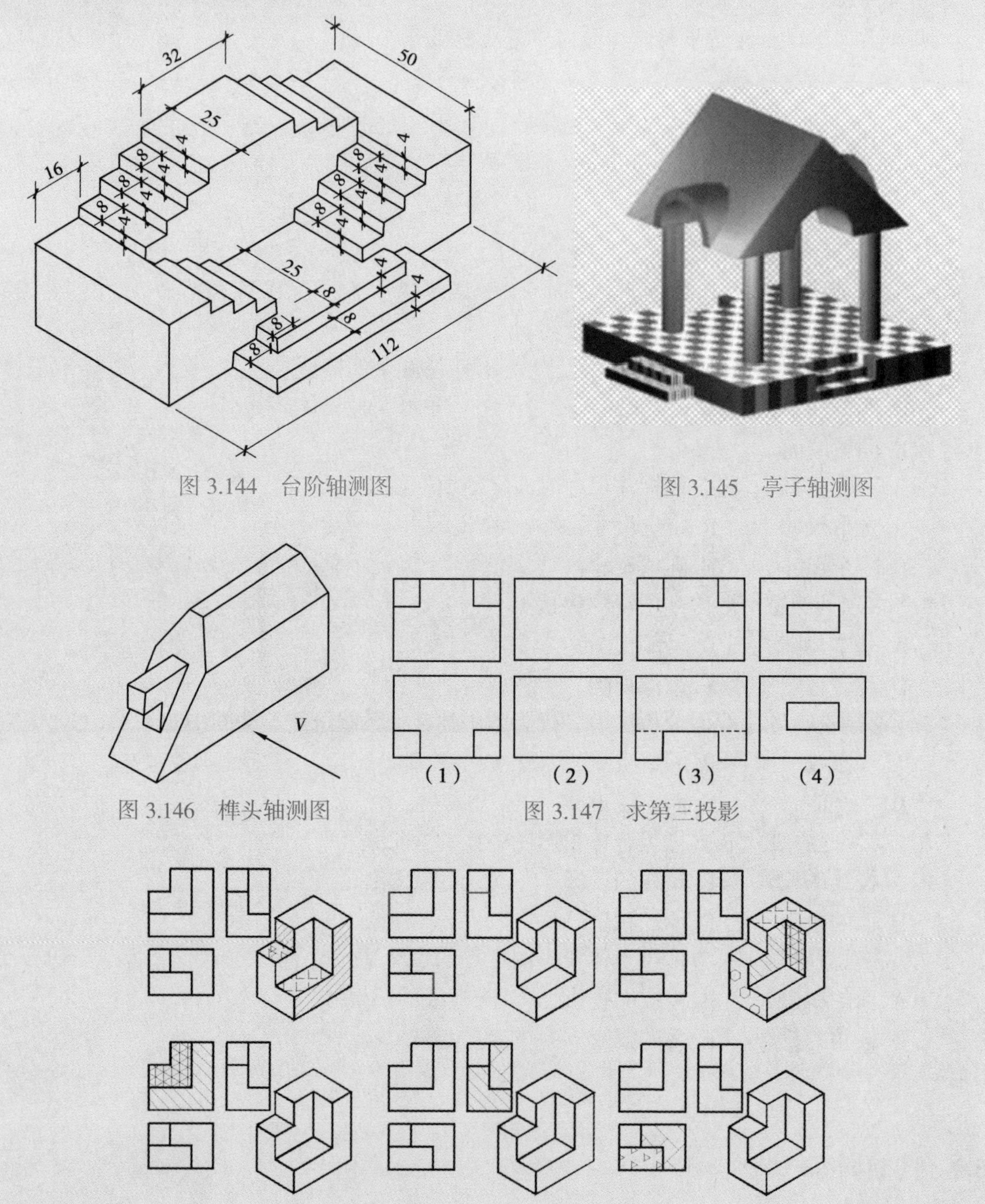

图 3.144　台阶轴测图

图 3.145　亭子轴测图

图 3.146　榫头轴测图

图 3.147　求第三投影

图 3.148　以型、块定投影

6. 已知图 3.149 所示四坡屋面的倾角 α =30° 和直观图，请自定尺寸完成该四坡屋面的三面投影图。

7. 已知图 3.150 所示四坡屋面的倾角 α=30° 及檐口线的 *H* 面投影，求屋面交线的三面投影图。

8. 根据图 3.151 所示组合体直观图及投影方向，求作三面投影（尺寸自定、位置相对准确）。

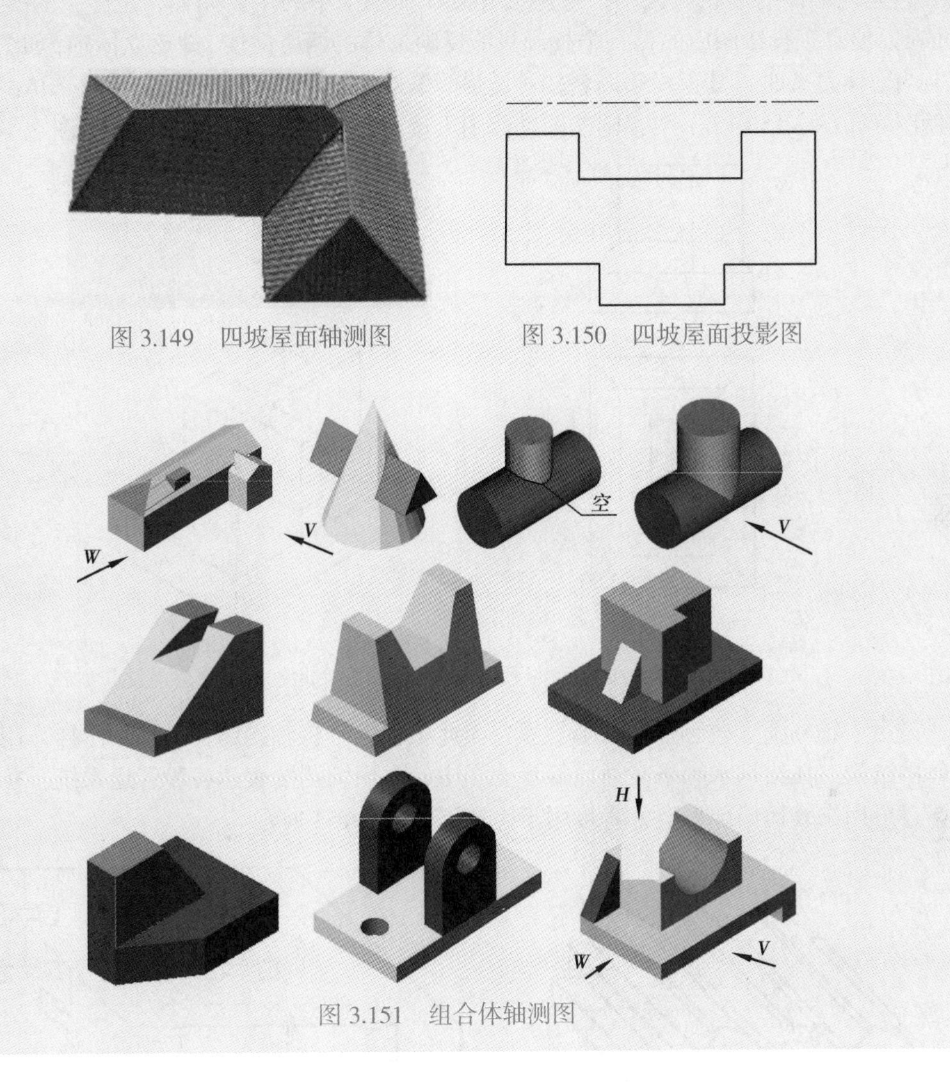

图 3.149　四坡屋面轴测图

图 3.150　四坡屋面投影图

图 3.151　组合体轴测图

知识点 16　轴测投影图的规定

◎思政点拨◎

轴测投影显直观，但仅供参考；投影图形显复杂，能直接施工。

师生共同思考：某些事件看似简单，却很复杂，可用可借鉴；某些事件看似复杂，却很简单，无用无借鉴。

16.1　轴测投影认知

微课 轴测投影认知

16.1.1　轴测投影的作用

在工程实践中，因为正投影图度量性好，绘图简便，所以一般采用正投影来准确表达建筑形体的形状与大小，它是工程设计和施工中的主要图样，是施工的主要依据。但是正投影图中的每一个投影只能反映形体的两个向度，缺乏立体感，如图 3.152（a）所示。当形体复杂时，其正投影图就较难读懂。若在正投影图旁边，再绘出该形体的轴测图作为辅助图样［图 3.152（b）］，则能辅助读图人读懂正投影图，以弥补正投影图之不足。

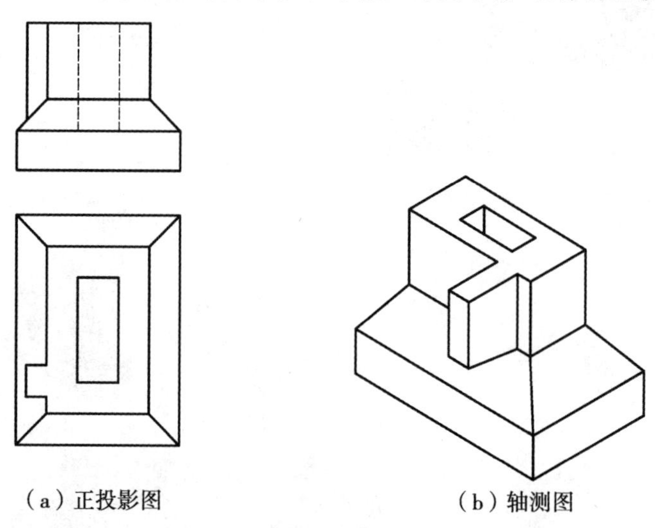

（a）正投影图　　（b）轴测图

图 3.152　带门框的杯形基础

正是由于轴测图立体感强，清晰易懂，因此工程上常将轴测图作为辅助图样，用来表达复杂物体的结构。在给排水和采暖通风等专业图中，常用轴测图表达各种管道系统，在其他专业图中，还可用来表达局部构造，直接用于生产，如图 3.153 所示。

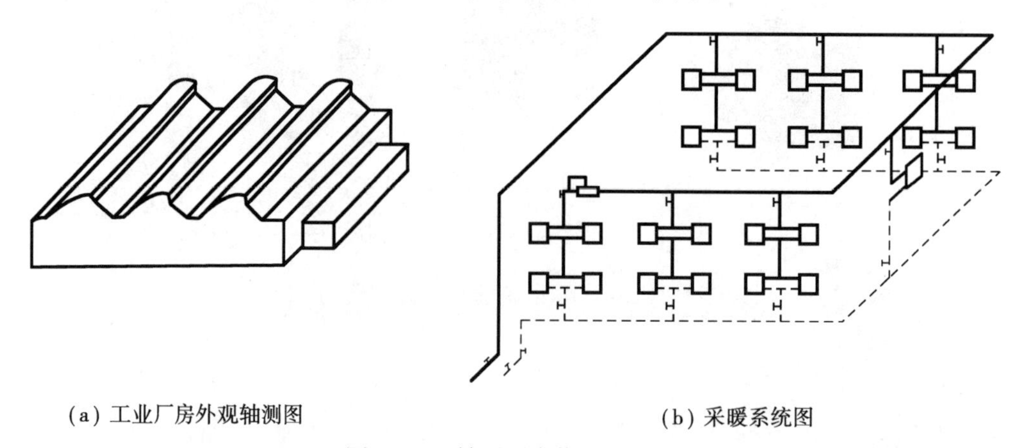

（a）工业厂房外观轴测图　　（b）采暖系统图

图 3.153　轴测图常作为辅助图

16.1.2　轴测投影的形成

（1）轴测投影的形成

在物体上定出一个直角坐标系，将形体连同该坐标系，沿不平行于任一坐标面的方向，用平行投影的方法，将其投射在单一投影面上，就得到了具有立体感的轴测投影，如图 3.154（a）所示。

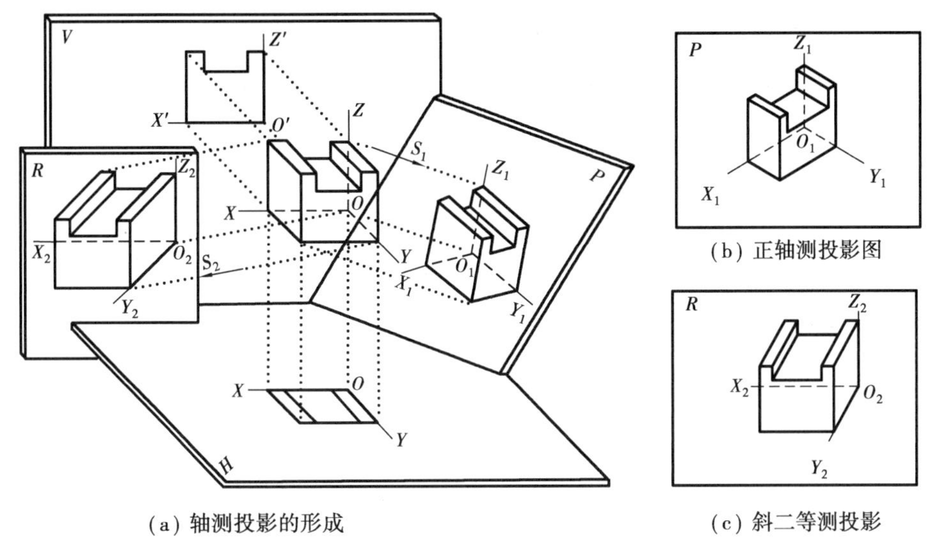

（a）轴测投影的形成

（b）正轴测投影图

（c）斜二等测投影

图 3.154　轴测投影的形成

当投射方向 S_1 垂直于轴测投影面 P 时，所得的新投影称为正轴测投影，如图 3.154（b）所示。当投射方向 S_2 不垂直于轴测面 R 时，所得的新投影称为斜轴测投影，如图 3.154（c）所示。

（2）轴测投影的特性

轴测投影是单面平行投影，立体感比正投影图强，即使未经专业训练的人也可以看懂。但由于物体上的面倾斜于投影面，因此，轴测投影不反映物体的真实形状和大小，缺乏度量性，而且作图比正投影麻烦。

16.1.3　轴间角与轴伸缩系数

在轴测投影中（见图 3.154），新投影面 P，R 面称为轴测投影面，表示空间形体长、宽、高 3 个方向的 3 条直角坐标轴 OX，OY，OZ 的轴测投影 O_1X_1，O_1Y_1，O_1Z_1 称为轴测投影轴（简称轴测轴）。两相邻轴测轴之间的夹角 $\angle X_1O_1Z_1$，$\angle X_1O_1Y_1$，$\angle Y_1O_1Z_1$ 称为轴间角。3 个轴间角之和为 360° 。轴测轴上某线段长度与坐标轴上对应线段的长度之比，称为该轴的轴伸缩系数。X，Y，Z 轴的轴伸缩系数分别表示为

$$p=O_1X_1/OX$$

$$q=O_1Y_1/OY$$

$$r=O_1Z_1/OZ$$

轴间角与轴伸缩系数是轴测投影中的两个基本要素，在画轴测投影之前，必须先确定这两个要素，才能画出轴测投影。

16.1.4 轴测投影的分类

随着形体对投影面的相对位置不同，以及投射线对投影面的倾斜方向不同，有多种轴间角与轴伸缩系数。按投射线对投影面的夹角可分为：

①正轴测投影。投射方向垂直于投影面。

②斜轴测投影。投射方向倾斜于投影面。

按 3 个轴伸缩系数是否相等可分为：

①三等轴测投影。三个轴伸缩系数相等。

②二等轴测投影。两个轴伸缩系数相等。

③不等轴测投影。三个轴伸缩系数都不相等。

常用的有正等测轴测投影、正面斜二测轴测投影与水平斜二测轴测投影。

16.1.5 轴测投影规律

①平行性。物体上互相平行的直线其轴测投影仍平行。

②定比性。一直线的分段比例在轴测投影中比例仍不变。

③轴向线段投影长 = 轴伸缩系数 × 线段实长。

④斜线应先找出两端点坐标，然后连接。

投影规律是画轴测投影的依据和方法，在后续画图中将大量使用。

16.2 正等测轴测投影

正等测是轴测图中最常用的一种，也是作图比较简便的一种。

16.2.1 正等测轴测投影的轴间角与轴伸缩系数

正等测轴测投影的 3 条直角坐标轴与轴测投影面的夹角 α，β，γ 均相等，用垂直于轴测投影面的光线照射后，3 个轴间角也相同，分别为 120° ；3 个轴伸缩系数也相等，即 $p=q=r$，计算得：$p=q=r=0.82$，如图 3.155（a）所示。

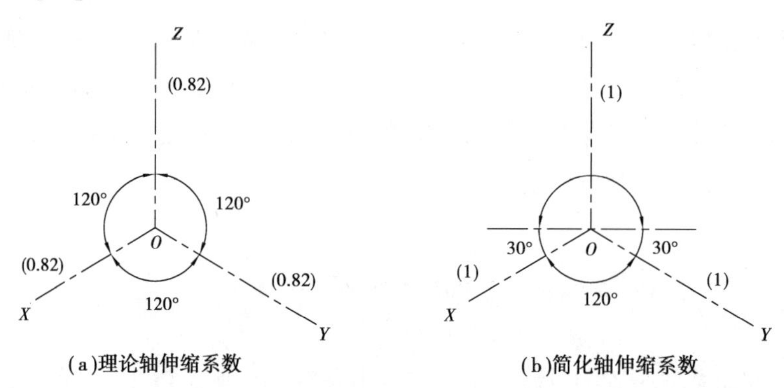

图 3.155 正等测的轴间角与轴伸缩系数

在实际应用中，为了作图简便，常将轴伸缩系数简化，使 $p=q=r=1$，这样平行于坐标轴的线段就可按实际尺寸直接作图。简化作出的正等测轴测图比实际正等测投影图放大了 1.22 倍（1/0.82=1.22），如图 3.156 所示。

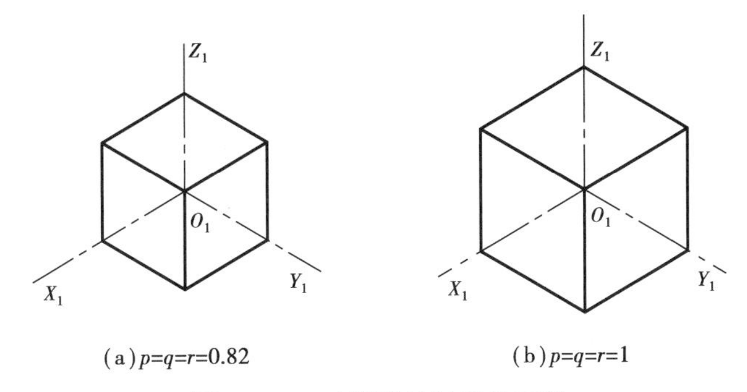

图 3.156　正等测的轴伸缩系数

16.2.2　平面立体的正等测轴测图画法

微课 平面体正等轴测图画法

根据形体的正投影图画轴测投影图时，应遵循的一般步骤为：

①读懂正投影图，进行形体分析并确定形体上直角坐标系位置。

②选择合适的轴测图种类与观察方向，确定轴间角与轴伸缩系数。

③根据形体特征选择作图方法有：坐标法、切割法、叠加法、端面法等。

④作图时先绘底稿线。

⑤检查底稿是否有误，然后加深图线。不可见部分通常省略，不绘虚线。

（1）坐标法

根据物体上各点的坐标，沿轴向度量，画出它们的轴测投影，并依次连接，得到物体的轴测图，这种画法称为坐标法。它是画轴测图最基本的方法，也是其他各种画法的基础。对于作棱锥、棱柱体的轴测投影图尤为适宜。

例 3.35　已知正六棱柱正投影，如图 3.157（a），画其正等测轴测图。

分析：

由于正六棱柱前后、左右对称，故选其轴线为 OZ 轴，坐标原点可选在顶面，也可选在底面。

作图：

①在物体上（正投影图上）定出一个直角坐标系，如图 3.157（a）所示。

②在合适的地方画出轴测轴，如图 3.157（b）所示。

③在 O_1X_1 轴上量取 $o_1a_1=oa$，$o_1d_1=od$，得 a_1，d_1，在 O_1Y_1 轴上量取 $o_1m_1=om$，$o_1n_1=on$，得 m_1，n_1，过 m_1，n_1 作直线平行于 O_1X_1 轴，并在此平行线上量取 $m_1b_1=mb$，$m_1c_1=mc$，$n_1f_1=nf$，$n_1e_1=ne$，得 b_1，c_1，e_1，f_1 4 点。连接各点即得正六棱柱底面（正六边形）的正等测投影图，如图 3.157（b）所示。

④在 O_1Z_1 轴上量取高度 o_1g_1，以 g_1 点为中心作顶面正六边形的正等测投影图（也可分别从 a_1，b_1，c_1，d_1，e_1，f_1 往上作垂线，分别量取高度 o_1g_1，即得顶面正六边形的投影），将顶面、底面对应点连成铅垂线，即得正六棱柱的正等测投影图，如图 3.157（c）所示。

⑤检查作图结果无误后，擦去不可见轮廓线，加粗可见轮廓线，完成全图，如图 3.157（d）所示。

（2）切割法

对于能从基本体切割而成的形体，可先画出基本体，然后进行切割，得出该形体的轴测图。

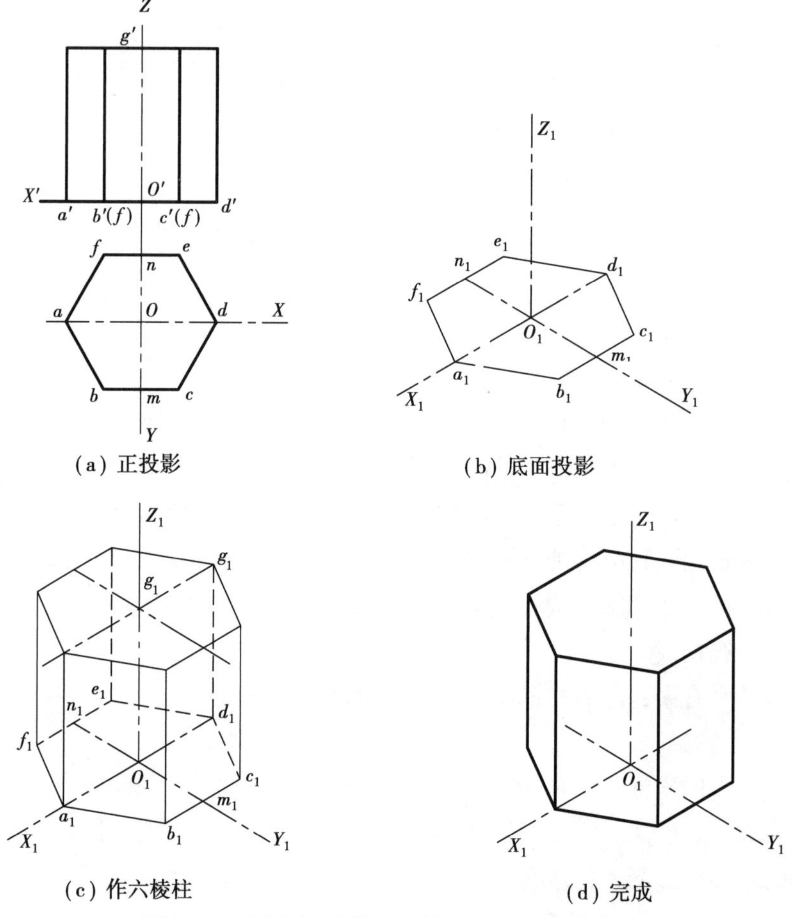

图 3.157　用坐标法作正六棱柱的正等测轴测图

例 3.36　画出如图 3.158 所示物体的正等测轴测图。

分析：

该物体可看成由长方体切去两个三棱柱和一个四棱柱而成，画图时以坐标法为基础，可先画出完整的基本形体，然后在正投影图上量尺寸，切去多余的形体，即得所画物体的轴测图。

作图：

①在正投影图上定出一个直角坐标系，如图 3.158（a）所示。

②在合适的地方画出轴测轴，如图 3.158（b）所示。

③用坐标法作长方体的正等测轴测图，如图 3.158（b）所示。

④在长方体上切去两个三棱柱，如图 3.158（c）所示。

⑤在长方体上切去四棱柱，如图 3.158（d）所示。

⑥检查作图结果无误后，擦去不可见轮廓线，加粗可见轮廓线，完成全图，如图 3.158（e）所示。注意不要遗漏切割后的可见轮廓线。

（3）叠加法

对于由几个基本体叠加而成的组合体，宜将各基本体逐个画出，最后完成整个形体的轴测图。画图时要特别注意各部分位置的确定，一般是先大后小。

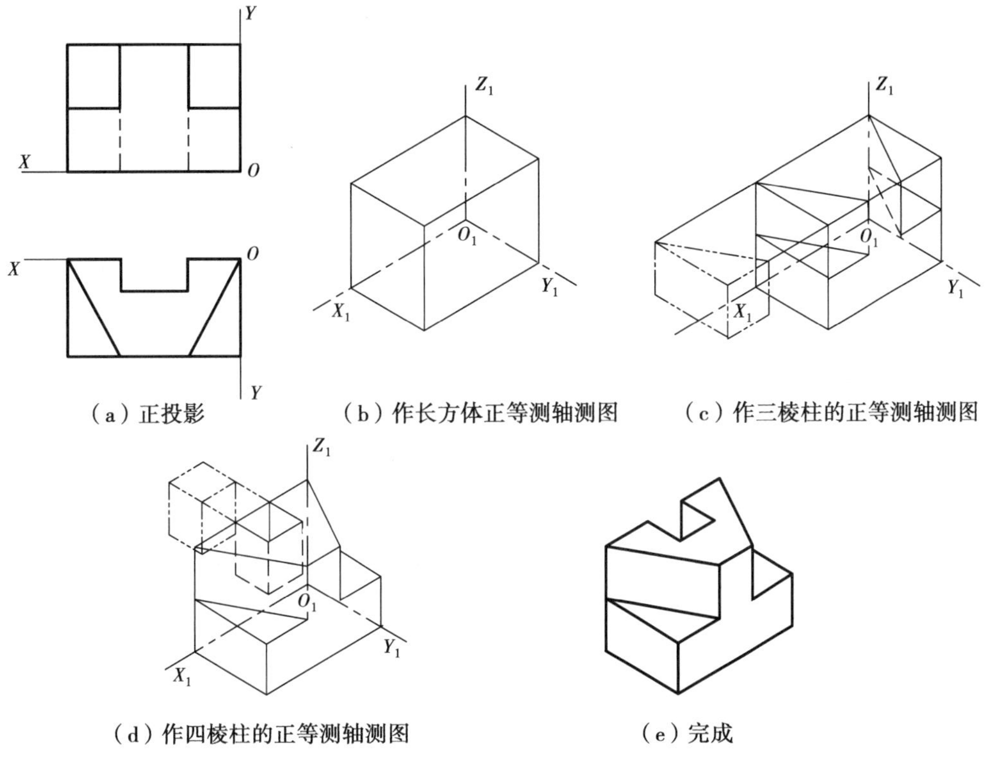

（a）正投影　（b）作长方体正等测轴测图　（c）作三棱柱的正等测轴测图

（d）作四棱柱的正等测轴测图　（e）完成

图 3.158　用切割法作正等测轴测图

例 3.37　已知梁板柱节点的正投影图，如图 3.159（a），画其正等测轴测图。

分析：

梁板柱节点由四棱柱叠加组合而成，为使形体的构造关系表达清楚，应画仰视轴测图，即投射方向由左前下至右后上。

作图：

确定空间直角坐标系，按板、柱、主梁、次梁的顺序逐一叠加。

①在正投影图上定出一个直角坐标系，如图 3.159（a）所示。

②在合适的地方画出轴测轴，如图 3.159（b）所示。

③作板底的平行四边形，向上取板厚，连接可见棱线得楼板轴测图，如图 3.159（b）所示。

④在楼板底面作柱、主梁、次梁的水平面投影，如图 3.159（c）所示。

⑤过柱的在楼板底面的水平面投影向下取高度，绘柱的轴测图，如图 3.159（d）所示。

⑥过主梁的在楼板底面的水平面投影向下取高度，绘主梁的轴测图，并画出主梁与柱左右的交线，如图 3.159（e）所示。

⑦过次梁的在楼板底面的水平面投影向下取高度，绘次梁的轴测图，并画出次梁与柱前后的交线，如图 3.159（f）所示。

⑧检查作图结果无误后，擦去不可见轮廓线，加粗可见轮廓线，完成全图，如图 3.159（f）所示。

（4）端面法

对于柱类形体，通常是先画出能反应柱体特征的一个可见端面，然后画出可见的棱线和底面，完成形体的轴测图。见综合应用举例。

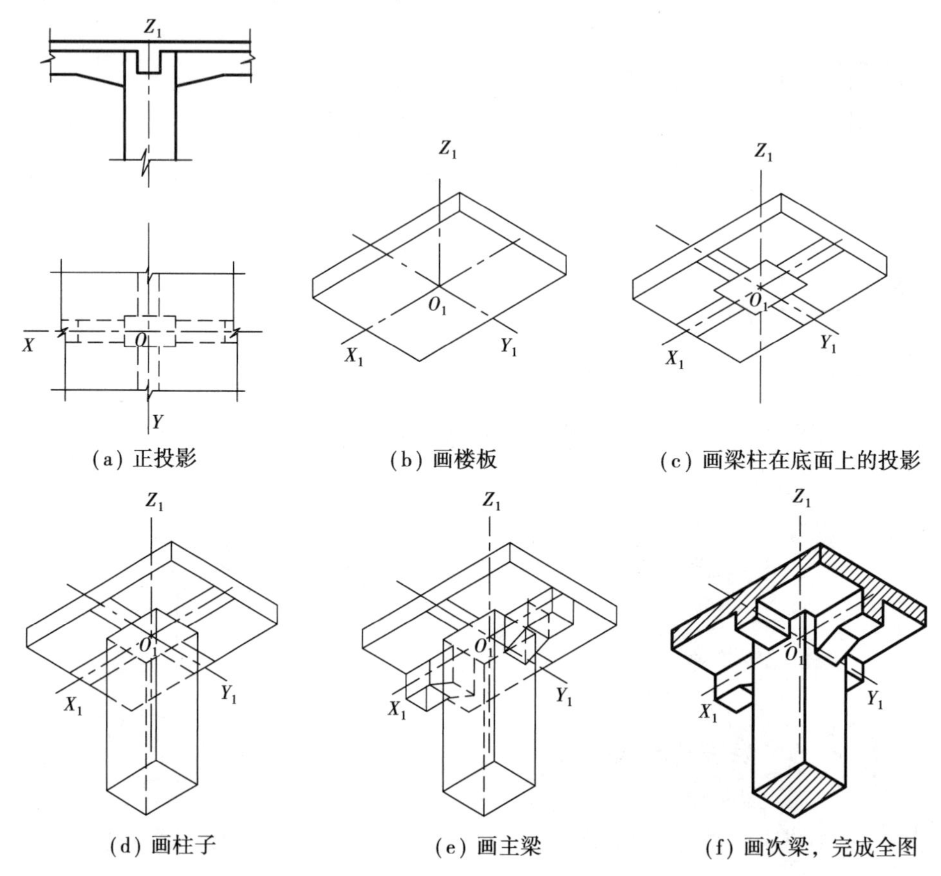

(a) 正投影　(b) 画楼板　(c) 画梁柱在底面上的投影

(d) 画柱子　(e) 画主梁　(f) 画次梁，完成全图

图 3.159　用叠加法画梁板柱节点的正等测轴测图

16.2.3　回转体的正等测轴测投影图画法

回转体的轴测画法可归纳为作圆或圆弧的轴测图。

（1）三面圆

在平行投影中，当圆所在的平面平行于投影面时，其投影是一个圆；当圆所在的平面平行于投射方向时，投影为一直线；而当圆所在的平面倾斜于投影面时，则投影为一椭圆。

如图 3.160 所示为 3 个坐标面内直径相等的圆的正等测投影图。3 个坐标面对 P 平面的倾角相等，当 3 个坐标面上的圆的直径相等时，其正等测是 3 个形状大小全等，但长短轴方向不同的椭圆。

在正等测中，当采用简化系数 $p=q=r=1$ 时，3 个椭圆的长、短轴长度分别为 $1.22D$ 与 $0.7D$；当采用轴伸缩系数 $p=q=r=0.82$ 时，长、短轴长度分别为 D 与 $0.58D$。D 是平行于坐标面的空间圆的直径。

（2）圆的正等测轴测图的画法

在实际应用中，画圆的正等测轴测图的方法有八点法与四心圆法，常用的是四心圆法，具体作图方法如图 3.161 所示。

①在正投影图上定出一个直角坐标系，如图 3.161（a）所示。

②在合适的地方画出轴测轴，如图 3.161（b）所示。

③作圆的外切正方形的轴测投影，在 X_1 轴和 Y_1 轴上分别量取圆的半径实长，得 A_1，B_1，C_1，D_1 4 点，过 A_1，B_1，C_1，D_1 分别作 X_1 轴和 Y_1 轴的平行线，得菱形，如图 3.161（b）所示。

④将两钝角的顶点 O_1 及 O_2 与两对边中点 B，C，A，D 连线，分别交菱形的长对角线于 O_3，O_4。O_1，O_2，O_3，O_4 即为椭圆的 4 个圆心，如图 3.161（c）所示。

⑤以 O_1B_1 为半径，O_1 和 O_2 为圆心作上下两段大圆弧，再以 O_3B_1 为半径，O_3 和 O_4 为圆心作左右两段小圆弧，即为所求圆形轴测图，如图 3.161（c）、(d）所示。

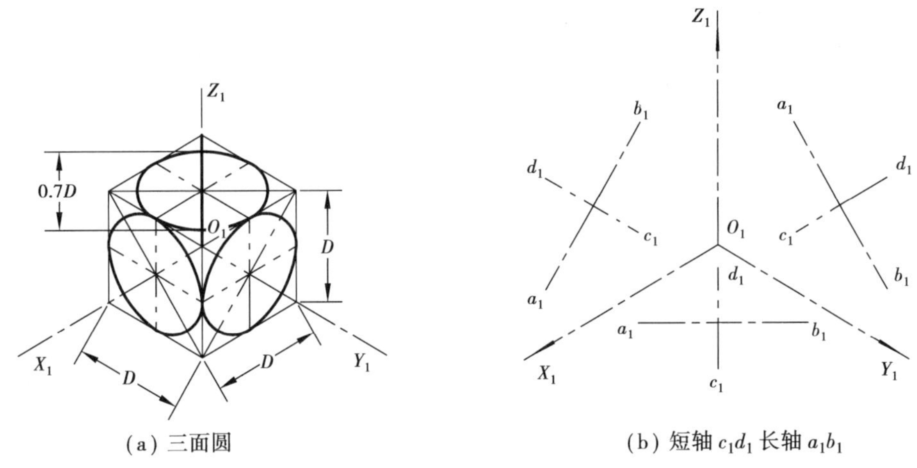

(a) 三面圆　　(b) 短轴 c_1d_1 长轴 a_1b_1

图 3.160　坐标面及其平行面上圆的正等测轴测图

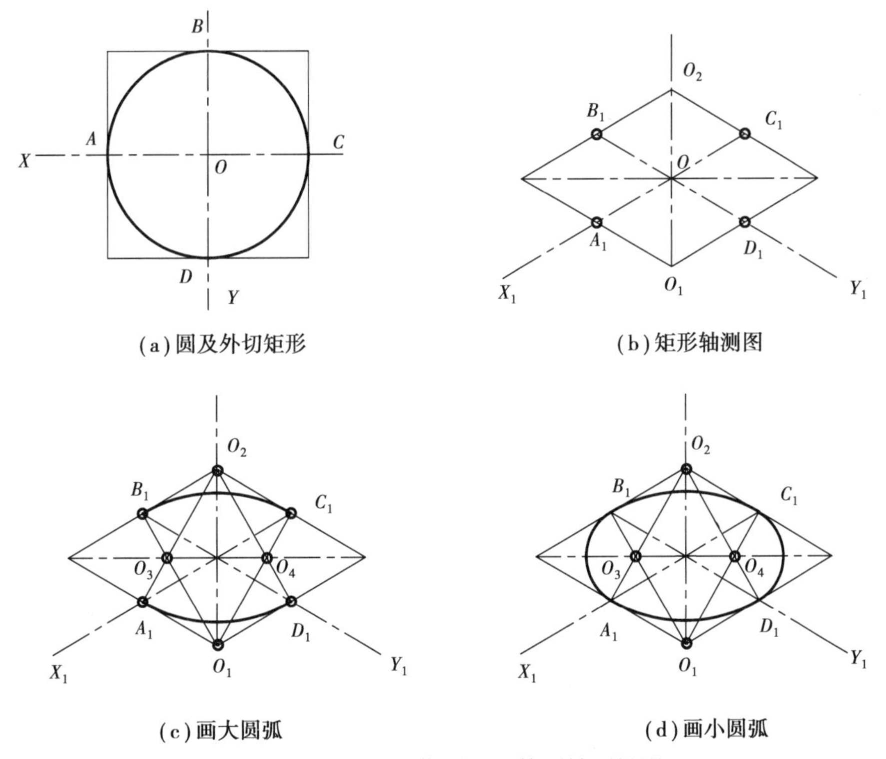

(a) 圆及外切矩形　　(b) 矩形轴测图

(c) 画大圆弧　　(d) 画小圆弧

图 3.161　四心圆法作圆的正等测轴测投影

H，V，W 面上的圆的正等测圆（椭圆）的画法分别如图 3.162 所示。

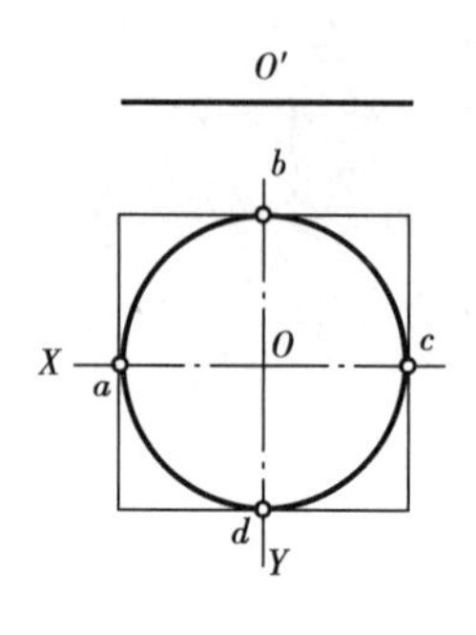

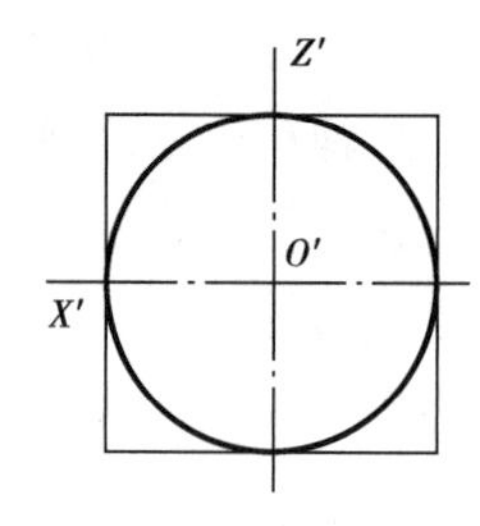

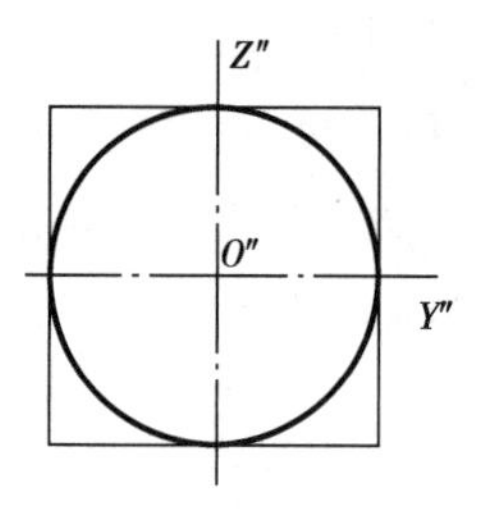

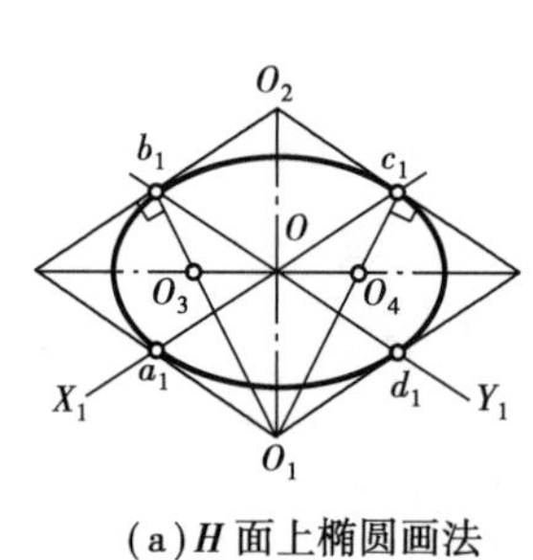

(a) H 面上椭圆画法

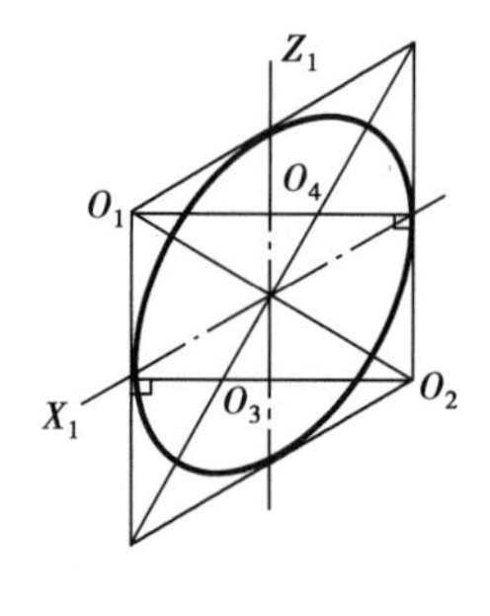

(b) V 面上椭圆画法

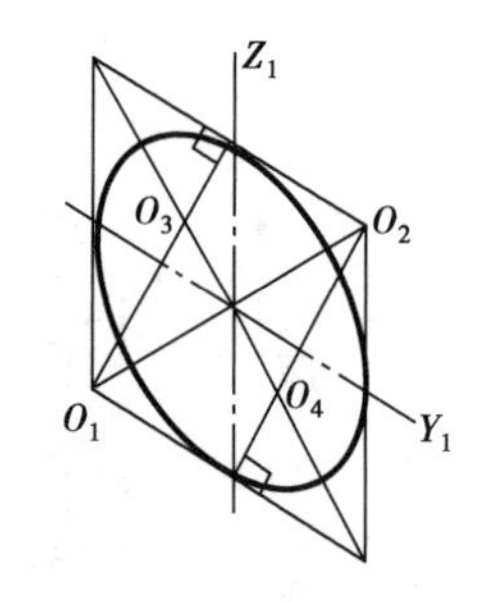

(c) W 面上椭圆画法

图 3.162　H，V，W 面上的圆的正等测轴测图

（3）回转体正等测轴测图的画法

绘制回转体的正等测图，一般先画出平行于坐标面的圆的正等测图，再用直线或包络曲线画出其外形线即可。

微课 曲面体正等测轴测图画法

①圆柱的正等测轴测图。

如图 3.163 所示为铅垂放置的正圆柱体的正等测轴测图画法：先作出轴测轴 $X_1Y_1Z_1$ 用四心圆法作出 H 面上底圆的正等测图——椭圆，再以柱高平移圆心作顶面可见椭圆（此为移心法），最后作两椭圆的最左最右切线，即为圆柱正等测的轮廓线（切点是长轴端点），为加强立体效果，可加绘平行于轴线的阴影线，越近轮廓线画得越密，在轴线附近不画。

②圆锥的正等测轴测图。

如图 3.164 所示为圆锥的正等测轴测图画法：先作底面椭圆，过椭圆中心往上取圆锥高度，得锥顶 s_1，过 s_1 点作椭圆的切线，加绘阴影线得图。

③带圆角柱体的正等测轴测图画法。

如图 3.165 所示为倒角法绘制带圆角柱体的正等测轴测图：平面图中有 4 个圆角，即四段圆弧分别与四边形的四条边相切。在正等测图中，这 4 段圆弧的轴测投影可视为同一椭圆的不同弧段，先作长方体及切点的正等测，如图 3.165（b）所示；再应用 H 面上椭圆的四心圆法，过切点作相应边的垂线，两两相交得四圆心 O_1~O_4，作出顶面上的 4 个圆角；从 4 个圆心向下量取 h 得底面的四个圆心，画出底面上的 4 个圆角；作转向轮廓线，如图 3.165（c）所示；去掉作图线，完成全图，如图 3.165（d）所示。

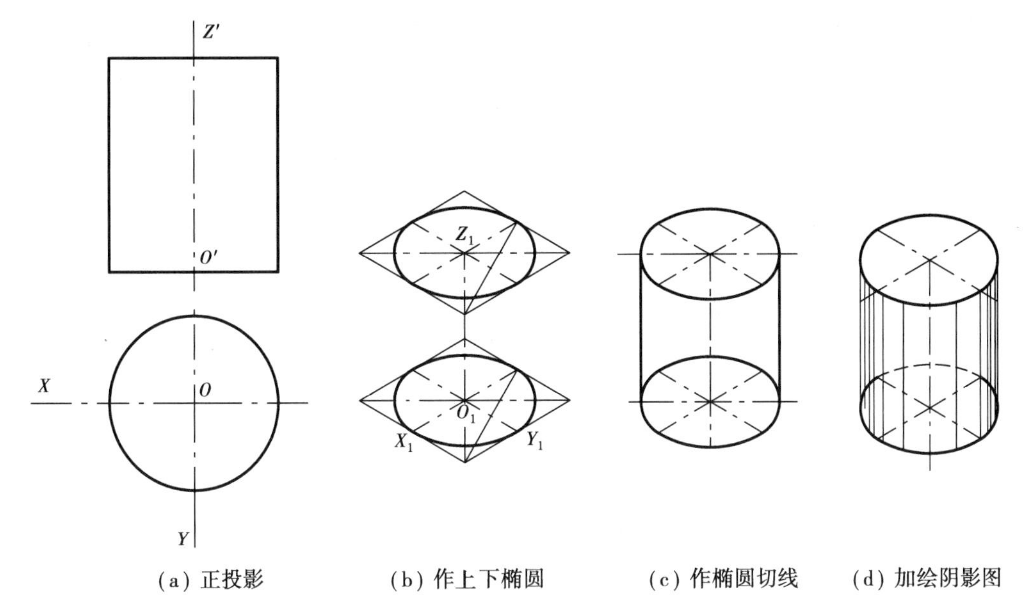

图 3.163　正圆柱体的正等测轴测图画法

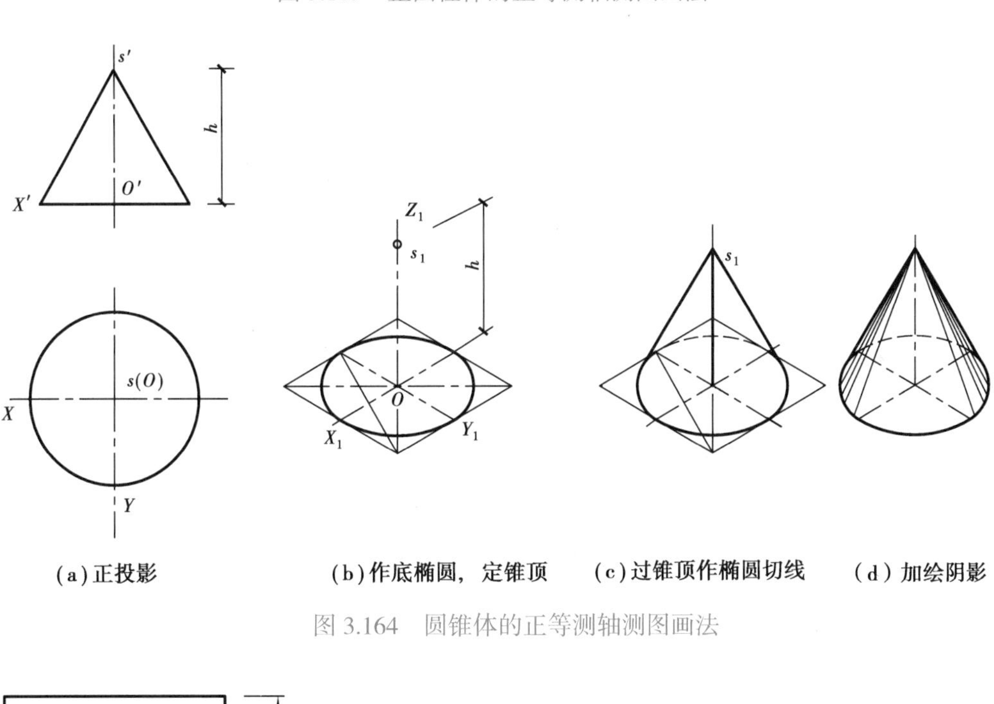

图 3.164　圆锥体的正等测轴测图画法

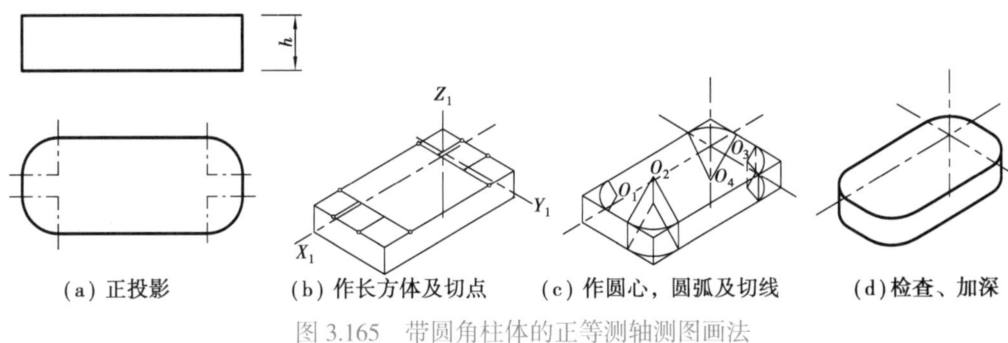

图 3.165　带圆角柱体的正等测轴测图画法

16.2.4 综合应用举例

例 3.38 如图 3.166（a）所示，已知台阶的正投影图，求它的正等测轴测图。

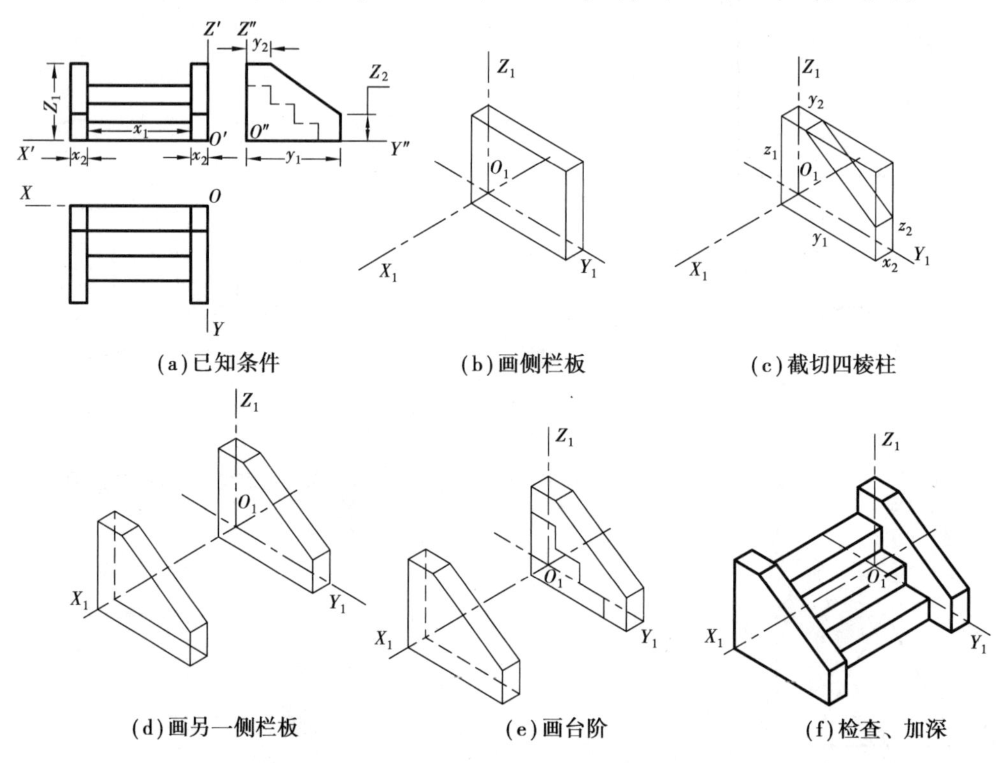

图 3.166 台阶的正等测轴测图画法

分析：

台阶由两侧栏板和三级踏步组成。一般先逐个画出两侧栏板，然后再画踏步。本例采用装箱法、切割法、端面法 3 种方法来完成。

作图：

①在正投影图上确定坐标系。

②作正等轴测轴。

③画侧栏板。先根据右侧栏板的长、宽、高画出右侧栏板长方体，如图 3.166（b）所示；在长方体顶面沿 O_1Y_1 方向量 Y_2，在前面沿 O_1Z_1 方向量 Z_2，并分别引线平行于 O_1X_1，画出两斜边，得右侧栏板，如图 3.166（c）所示。这个长方体好像是一个把侧栏板装在里面的箱子，故这种方法称为装箱法。切去三棱柱块又使用了切割法。

用同样方法画出左侧栏板。注意要沿 O_1X_1 方向量出两侧栏板之间的距离 X_1，如图 3.166（d）所示。

④画踏步。在右侧栏板的内侧面上，先按踏步的侧面投影形状画出踏步端面的正等测图，要注意每级的高度和宽度画法，如图 3.166（e）所示。凡是底面比较复杂的棱柱，都应先画端面，这种方法称为端面法。过端面各顶点引 O_1X_1 轴平行线，直到与左栏板的右侧面的可见轮廓线相交为止。

检查清理，完成全图，如图 3.166（f）所示。

例 3.39　如图 3.167（a）所示，已知柱冠的正投影图，求作正等测轴测图。

分析：

由上而下，柱冠由方板、圆台和圆柱组成，宜用叠加法作图。其次，选用正等测可用四心圆法作椭圆，画法较简便。另外，柱冠的上部形体大，下部形体小，如果投影方向从上往下，上部肯定遮挡下部，所以应选自下往上投影。

作图：

①在正投影图上确定坐标系，如图 3.167（a）所示。

②确定轴测轴方向，画出方板。为简化作图，可先画底面，然后向上画高度，如图 3.167（b）所示。

③以方板底面的中心 O_1 作为圆心，画圆台顶面的四心椭圆，如图 3.167（c）所示。

④画圆台的底面。先从 O_1 向下量圆台高度，得圆台底面的圆心 O_2，然后画一个四心椭圆，随后画出圆台轮廓线，如图 3.167（d）所示。

⑤画出圆柱的轴测图，如图 3.167（e）所示。

⑥检查作图结果无误后，擦去不可见轮廓线，加粗可见轮廓线，完成全图，如图 3.167（e）所示。

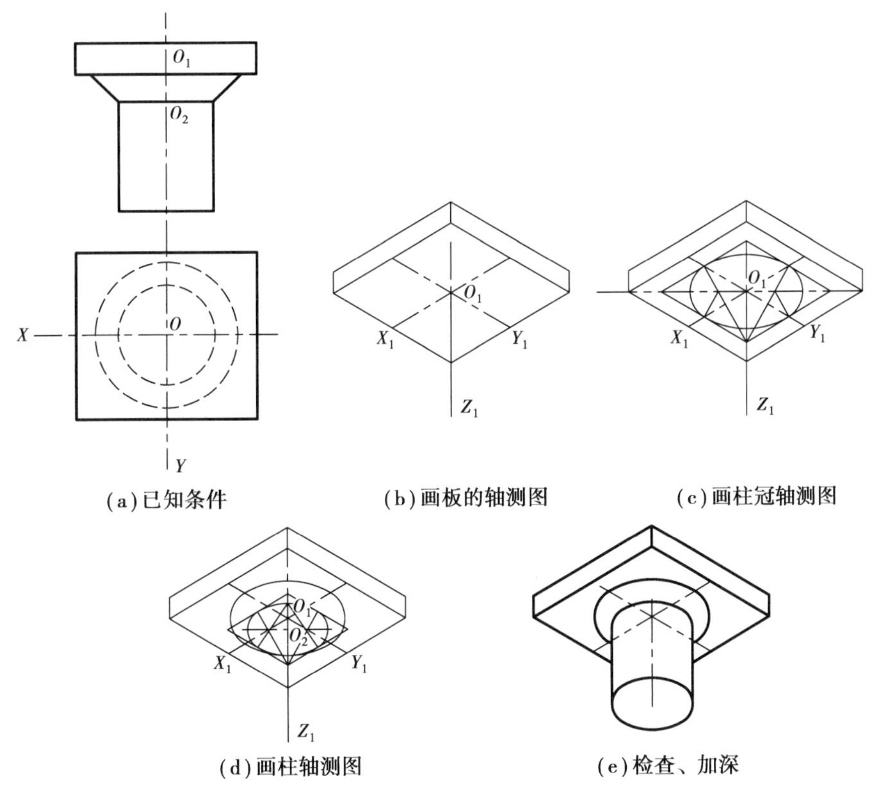

图 3.167　柱冠的正等测轴测图

16.3　斜二等轴测图投影

当投射方向与轴测投影面倾斜（但不与原坐标面或坐标轴平行）时，所得的平行投影称为斜轴测投影。常用的斜轴测投影有两种，即正面斜二测轴测图、水平斜二等测轴测图。

16.3.1 正面斜二测轴测图

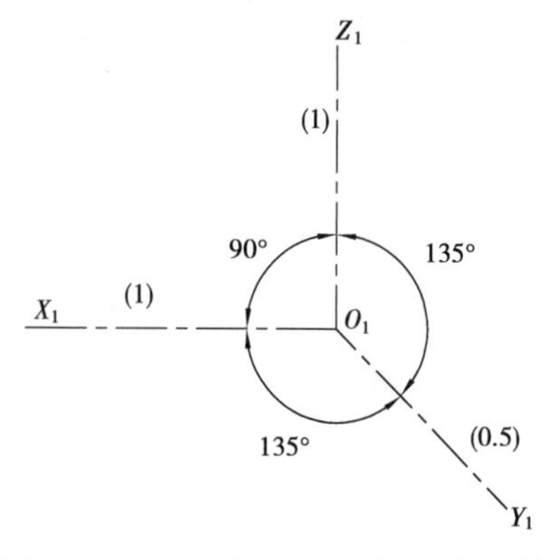

图 3.168 正面斜二测的轴间角与轴伸缩系数

以 V 面或 V 面平行面作为轴测投影面，所得到的斜轴测称为正面斜二测轴测图。这种图特别适用于正面形状复杂、曲线多的形体和设备系统图。

（1）正面斜二测轴测图的轴间角与轴伸缩系数

在正面斜二测轴测图中，轴间角：$\angle X_1O_1Z_1=90°$，$\angle X_1O_1Y_1=\angle Y_1O_1Z_1=135°$。坐标轴 O_1X_1 与 O_1Z_1 的轴伸缩系数等于 1，坐标轴 OY 在轴测投影面上的投影随投射方向的不同而变化，即 O_1Y_1 的轴伸缩系数与轴间角可根据需要选择，在实际作图中，通常采用国家制图标准规定的正面斜二测轴测图的各轴伸缩系数为 $p=r=1$，$q=0.5$，如图 3.168 所示。

（2）正面斜二测轴测图的画法

物体的正面斜二测轴测图的作图步骤及方法与正等测轴测图基本相同。由于正面平行于投影面，$\angle X_1O_1Z_1=90°$，$p=r=1$，物体上凡平行于投影面的图形均反映真实形状和大小，因此作图非常方便，只要先画出实形的 V 面投影，然后自各点作 45° 斜线，根据轴伸缩系数 q 量取 Y 向尺寸的 1/2 相连即可。

例 3.40 如图 3.169（a）所示，已知空心砖的两面投影，求作正面斜二测轴测图。

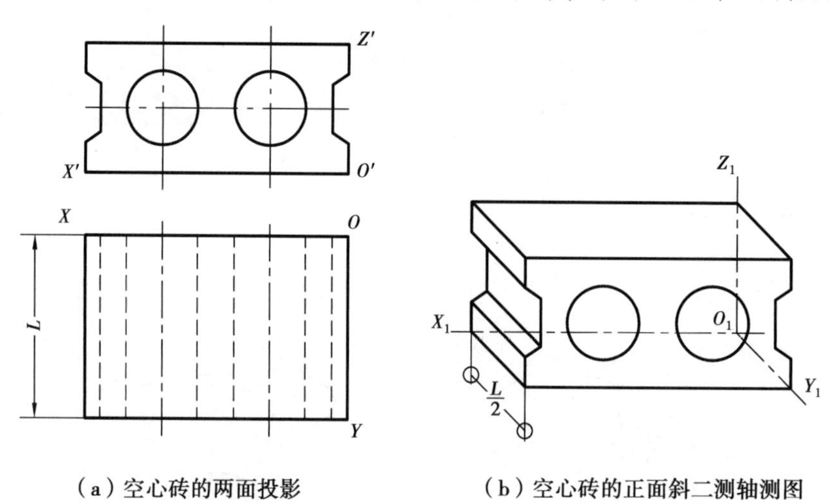

（a）空心砖的两面投影　　（b）空心砖的正面斜二测轴测图

图 3.169 作空心砖的正面斜二测轴测图

分析：

空心砖的正面投影有圆和 V 形槽，若使正立面与轴测投影面 $X_1O_1Z_1$ 平行，圆孔就还是圆，作图就简便多了。

作图：

①在正投影图上确定坐标系。

②作正面斜二测轴测图。

③先在 $X_1O_1Z_1$ 坐标面上画出空心砖的正面投影，通过该端面各棱点作 O_1Y_1 轴的平行线，自端面起在这些平行线上量取其宽（L）的一半（$0.5L$）。顺序连接端头各点即可，如图 3.169（b）所示。

16.3.2　水平斜二测轴测图

若以 H 面或 H 面平行面作为轴测投影面，所得斜轴测投影称为水平斜二测轴测图。这种轴测图适宜绘制一幢房屋的水平剖面，一个区域的总平面或设备施工系统图。

（1）水平斜二测轴测图的轴间角与轴伸缩系数

在水平斜二测轴测图中，轴间角：$\angle X_1O_1Y_1=90°$，$\angle X_1O_1Z_1=120°$，$\angle Y_1O_1Z_1=150°$。坐标轴 O_1X_1 与 O_1Y_1 的轴伸缩系数均等于 1，O_1Z_1 的轴伸缩系数等于 1/2，即 $p=q=1$，$r=0.5$，高度方向（O_1Z_1）铅垂，如图 3.170 所示。

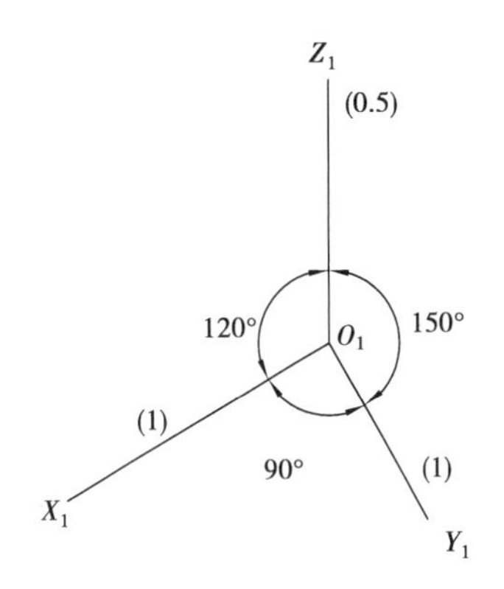

图 3.170　水平斜二测的轴间角与轴伸缩系数

（2）水平斜二测轴测图的画法

物体的水平斜二测轴测图的作图步骤及方法与正面斜二测轴测图基本相同。由于水平面平行于投影面，$\angle X_1O_1Y_1=90°$，$p=q=1$，物体上凡平行于投影面的图形均反映真实形状和大小，故作图非常方便，只要先画出实形的 H 面投影，然后自各点向上作垂线，根据轴伸缩系数 r 量取 Z 向尺寸的 1/2 相连即可。

例 3.41　如图 3.171（a）所示，已知建筑物的两面投影，求作水平斜二测轴测图。

分析：

该建筑物是主楼和附楼咬接而成的，底层地面形状为两个矩形连接，就将底层地面作投影面，然后按上述投影原理和画图方法很容易就可作出水平斜二测轴测图。

作图：

①在正投影图上确定坐标系，以主楼的右后墙角为坐标原点，如图 3.171（a）所示。

②作水平斜二测轴测轴，如图 3.171（b）所示。

③在 $X_1O_1Y_1$ 坐标面上画出建筑物地面的实形（相当于将水平投影逆时针旋转 30°），如图 3.171（b）所示。

④在主楼的 4 个墙角向上作垂线，从图 3.171（a）的正面投影中量取主楼高度的 1/2，连接各点即得主楼的顶面，如图 3.171（c）所示。

⑤用同样的方法可画出附楼的投影，要特别注意咬接部分的准确，如图 3.171（d）所示。

⑥检查清理，加粗可见轮廓线，完成全图，如图 3.171（d）所示。

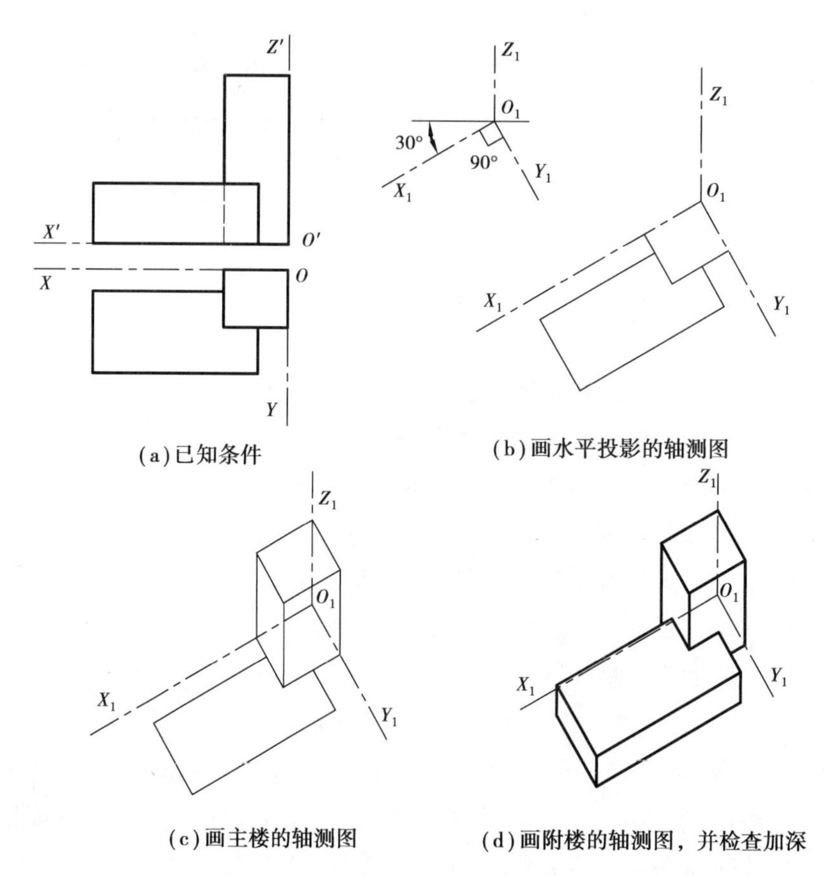

图 3.171　建筑物水平斜二测轴测图的画法

例 3.42　如图 3.172 所示，已知建筑群的规划平面图，其中各建筑物的高度为 1 号楼主楼高 6 个单位长，对接附楼 5 个单位长，咬接附楼 4 个单位长，2 号楼群楼高 3 个单位长，主楼 8 个单位长，3 号楼高 6 个单位长。用水平斜二测轴测图画建筑群的鸟瞰图。

分析：

按照水平斜二测轴测图的画法，参照上述例题的步骤，逐幢画出轴测图。

作图：

①在正投影图上确定坐标系，以 1 号楼的右后墙角为坐标原点，如图 3.172（a）所示。

②作水平斜二测轴测轴，如图 3.172（b）所示。

③作 1 号楼轴测图。

④作 2 号楼轴测图，注意 2 号楼在地面上的定位。

⑤作 3 号楼轴测图，注意 3 号楼的朝向倾斜，定位时要先找两端点坐标。

⑥检查清理，加深可见轮廓线，渲染配景，完成区域建筑群水平斜二测轴测图。

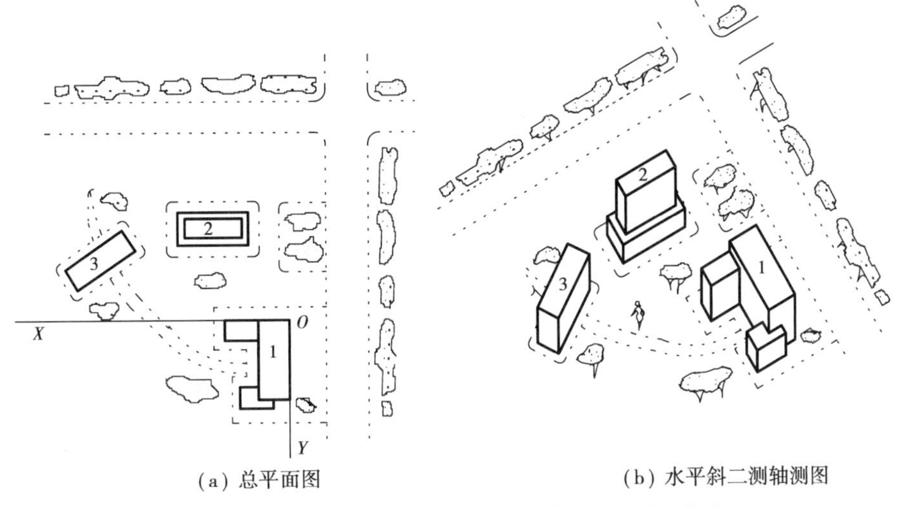

（a）总平面图　　（b）水平斜二测轴测图

图 3.172　用水平斜二测轴测图画建筑群的鸟瞰图

例 3.43　如图 3.173 所示，已知一幢房屋的立面图及平面图，作其被水平截面剖切后余下部分的水平斜二测轴测图投影。

解　①先画断面。实际上是把房屋的平面图逆时针旋转 30° 后画出其断面，如图 3.173（b）所示。

②过各角点向下画高度线，作出内外墙角、门、窗、柱子等主要构件的轴测图，如图 3.173（c）所示。

③画台阶、勒脚线等细部，完成水平斜二测轴测投影，如图 3.173（d）所示。

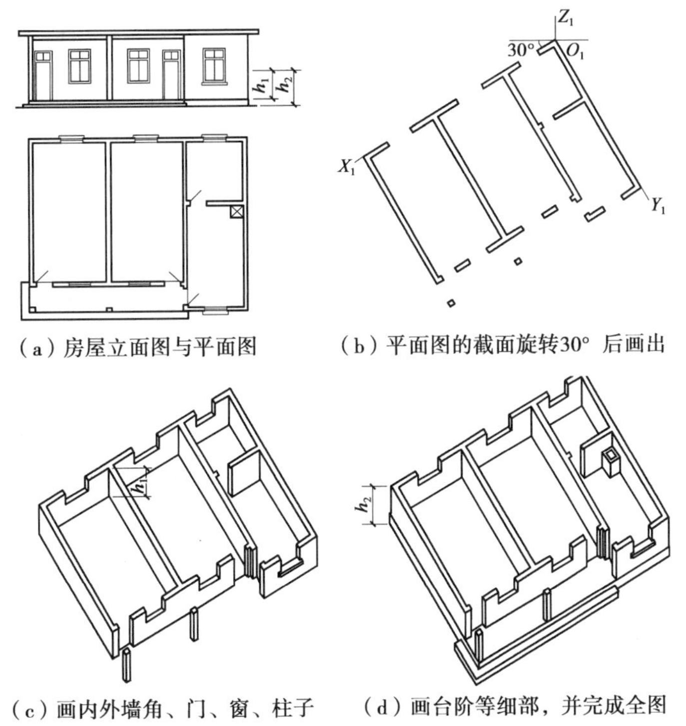

（a）房屋立面图与平面图　　（b）平面图的截面旋转30° 后画出

（c）画内外墙角、门、窗、柱子　　（d）画台阶等细部，并完成全图

图 3.173　水平剖切房屋的水平斜二测轴测图画法

16.4 轴测图投影方向的选择

轴测图的种类繁多，在绘制轴测图时，首先要考虑的是选用哪种轴测图来表达物体。由于正等测轴测图、斜二测轴测图的投影方向与轴测投影面之间的角度，以及投影方向与坐标面之间的角度均有所不同，甚至物体本身的特殊形状均影响图示效果，因此，在选择时应该考虑画出的图样要有较强的立体感，不要有太大的变形，以致不符合日常的视觉形象。同时，还要考虑从哪个方向去观察物体，才能使物体最复杂的部分显示出来。总之，要求图形明显、自然、作图方法力求简便。

16.4.1 轴测图的直观性分析

影响轴测图直观性的因素有两个：一是形体自身的结构；二是轴测投射方向与各形体的相对位置。在作轴测图表达一个形体时，为使直观性好，表达清楚，应注意以下 4 点：

①要避免被遮挡。

②要避免转角处交线投影成一直线。

③要避免平面体投影成左右对称的图形。

④要避免有侧面的投影积聚为直线，如图 3.174 所示。

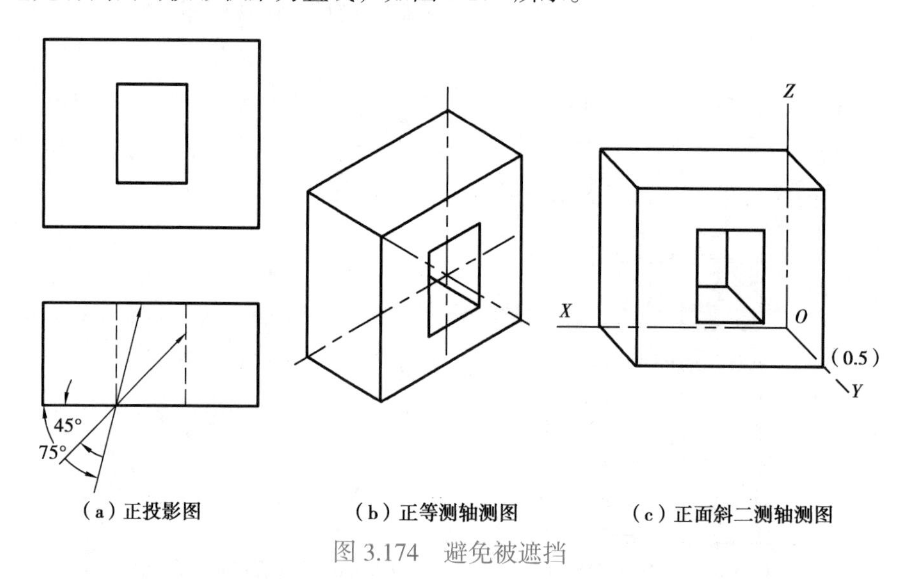

图 3.174 避免被遮挡

16.4.2 轴测图类型的选择

①在正投影图中，如果物体的表面有与正面、平面方向成 45° 的，就不应采用正等测轴测图，这是因为这个方向的面在轴测图上均积聚为一直线，平面的轴测图就显示不出来，如图 3.175 所示。

②正等测轴测图的三个轴间角和轴伸缩系数均相等，故平行于 3 个坐标平面的圆的轴测投影（椭圆）的画法相同，且作图简便。因此，具有水平或侧平圆的立体宜采用正等测轴测图，如图 3.176 所示。

③凡平行 V 面的圆或曲线，其 V 面轴测投影反映实形，故采用正面斜二测轴测图较为方便，如图 3.177 所示。

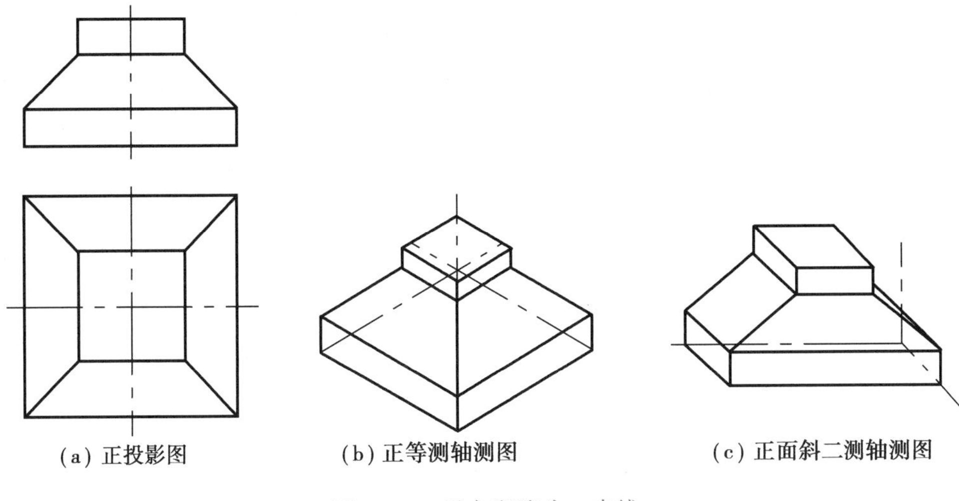

图 3.175 避免积聚为一直线

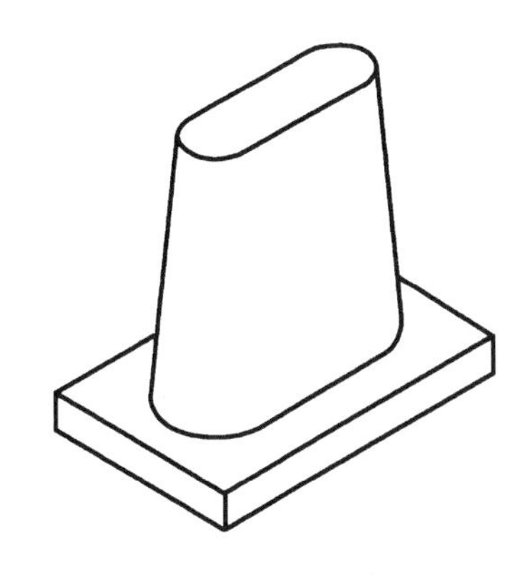

图 3.176 桥墩正等测轴测图

图 3.177 花格正面斜二测轴测图

16.4.3 投影方向的选择

在决定了轴测图的类型之后，还须根据物体的形状特征选择恰当的投影方向，使需要表达的部分最为明显。

在这之前所讲的轴测投射方向，大多都是从左前上至右后下的。在这种观看角度下，各类轴测图侧重表达的是物体的左、前、上表面。其实各类轴测图还可用另外 3 种方向投射，以便侧重表达其他相应的表面。在图 3.178 中，表示了形体在 4 种不同的投射方向下的正等测轴测图的效果。对“上小下大”的形体，不适合作仰视的轴测图，而应作俯视的轴测图。究竟从哪个角度才能把形体表达清楚，应根据具体情况选用不同的投射方向。

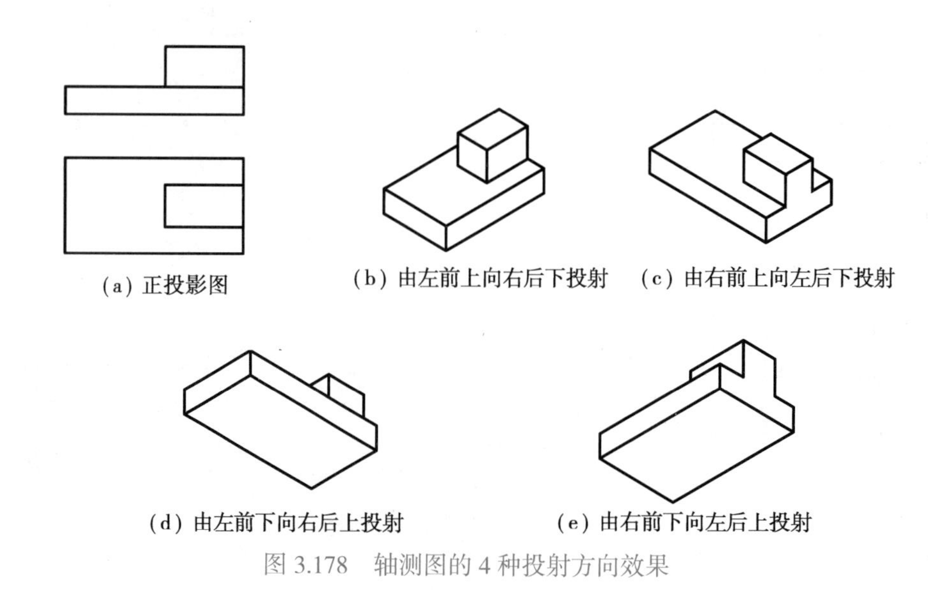

图 3.178　轴测图的 4 种投射方向效果

技能点 16　轴测投影图的练习及应用

◎思政点拨◎

轴测图绘制练习很费时，曲面体比平面体更费时，但万变不离其宗。

师生共同思考：关键意识，抓住关键点是成功的关键和捷径，如何才能抓住关键点？

16.1　知识测试

1. 图 3.179 中对应形体三面投影图的轴测图是（　　）。

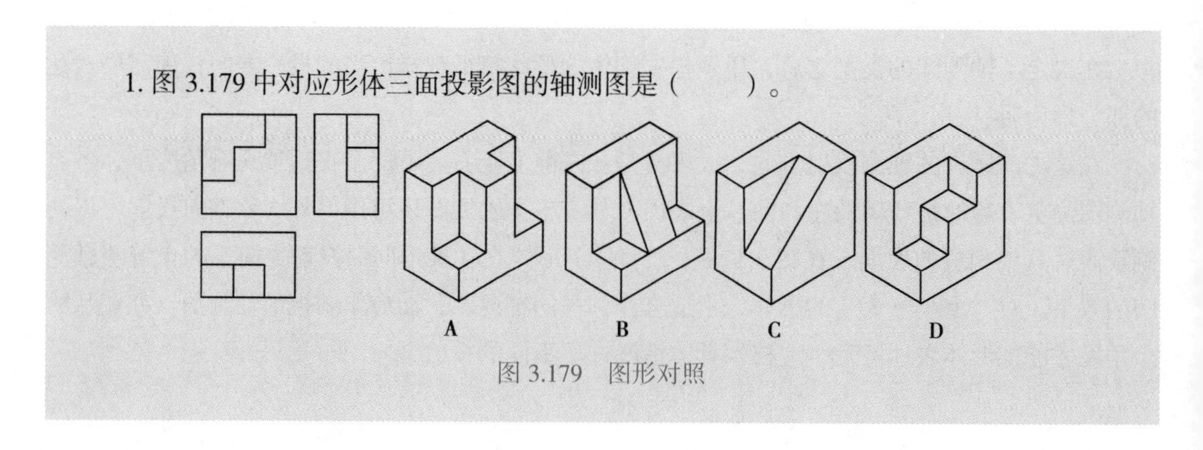

图 3.179　图形对照

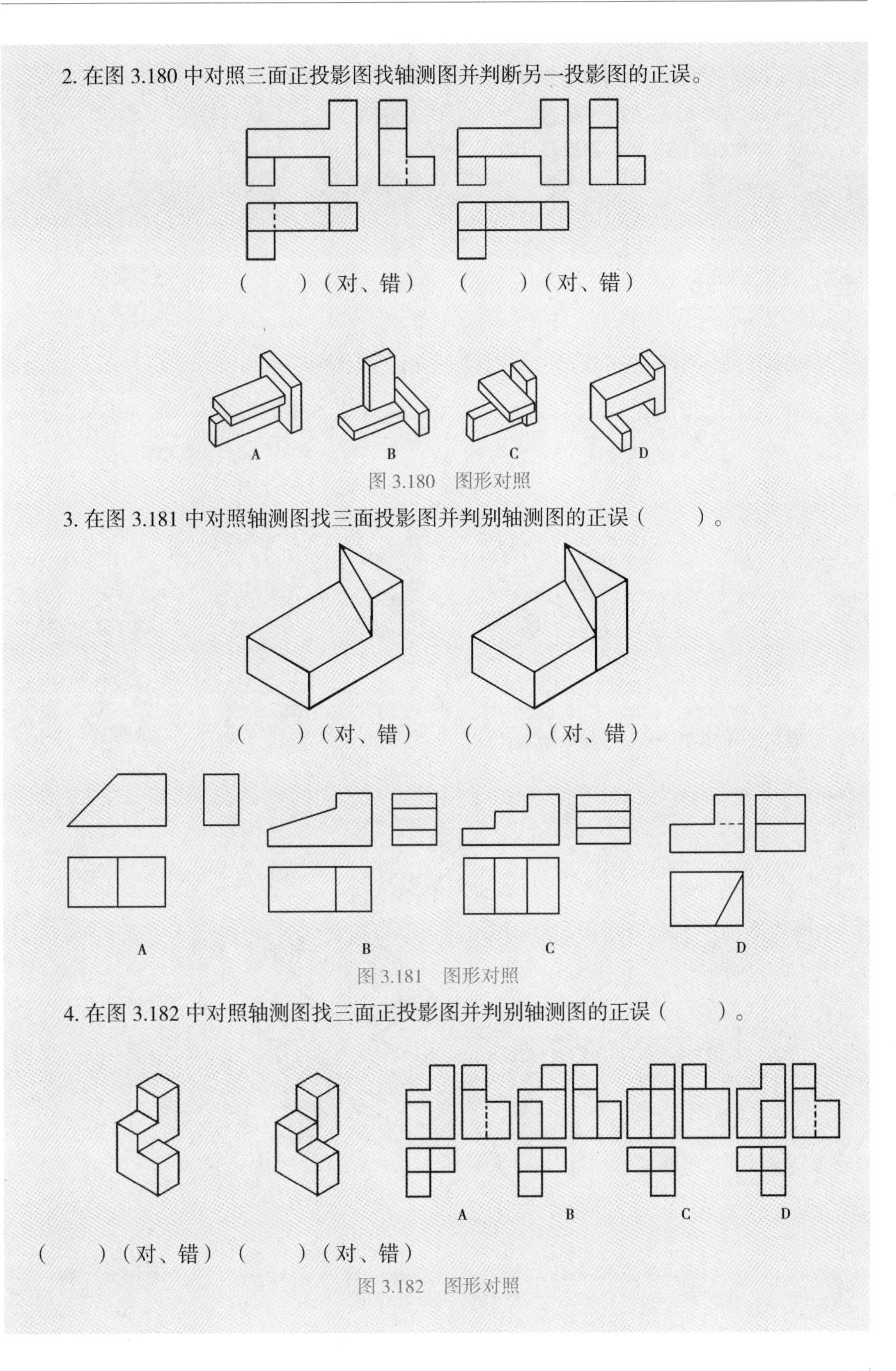

2. 在图 3.180 中对照三面正投影图找轴测图并判断另一投影图的正误。

（　　）（对、错）　（　　）（对、错）

图 3.180　图形对照

3. 在图 3.181 中对照轴测图找三面投影图并判别轴测图的正误（　　）。

（　　）（对、错）　（　　）（对、错）

图 3.181　图形对照

4. 在图 3.182 中对照轴测图找三面正投影图并判别轴测图的正误（　　）。

（　　）（对、错）（　　）（对、错）

图 3.182　图形对照

5.［多项选择题］轴测投影分为（　　）。
A. 正等测　　B. 正轴测　　C. 斜等测　　D. 斜轴测

6.［多项选择题］正轴测投影分为（　　）。
A. 正四测　　B. 正二测　　C. 正等测　　D. 正三测

16.2 技能训练

1. 根据所给分解图 3.183 所示，自定合理尺寸，绘制轴测图。

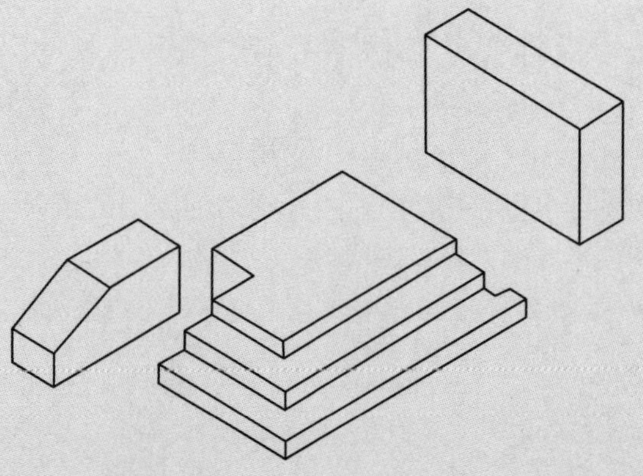

图 3.183　轴测图分解图

2. 根据图 3.184 所示，绘制轴测图。

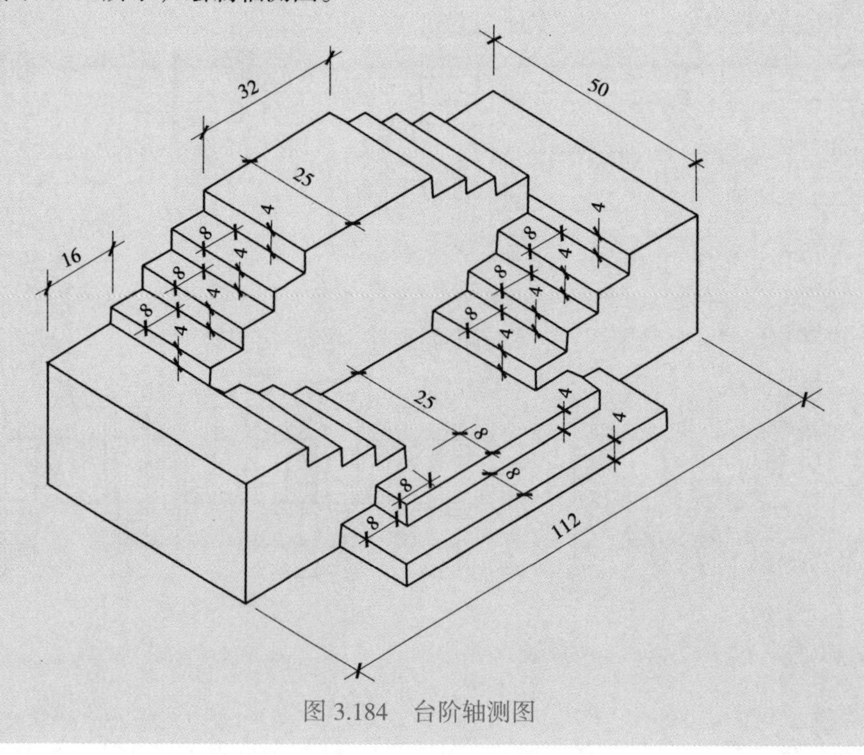

图 3.184　台阶轴测图

3. 根据图 3.185 所示，绘制轴测图及投影图（自定合理尺寸）。

图 3.185　抄绘图样

4. 抄绘图 3.186 所示的亭子投影图和轴测图（尺寸自定）。

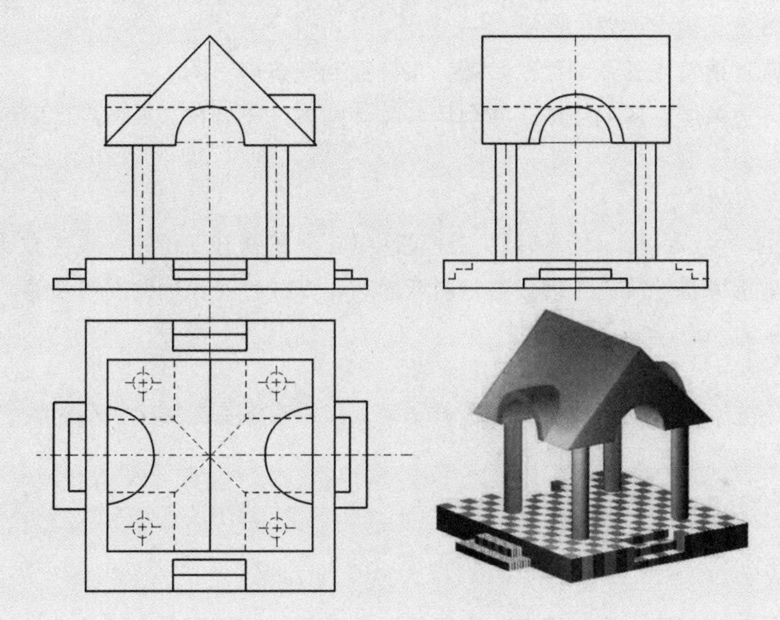

图 3.186　亭子投影图和轴测图

项目 4　建筑工程施工图的规定及应用

【学习目标】

①能正确陈述建筑施工图的种类、作用、图示方法及图纸的编排要求。

②能熟练陈述建筑施工图中首页、总平面图、平面图、立面图、剖面图、详图的形成，并利用各种读图方法正确识读以上图纸。

③能正确陈述建筑施工图的绘制步骤，正确绘制建筑施工图。

④能熟练陈述单层厂房的组成，并利用各种读图方法正确识读单层厂房图纸。

【教学准备】

①实体模型、半成品楼、仿真软件、建筑图纸、建筑物施工相关视频或微课。

②建筑技能训练基地或施工现场进行对照学习，开放性讨论的问题等资源。

【教法建议】

同学们线下先行观看视频或微课并进行学习，然后在课堂或线上进行讨论：

①施工图识读与施工质量的关系?

②施工图绘制与施工质量的关系?

【1+X 考点】

①识图部分。能识读小型工程建筑平面图、立面图、剖面图的主要技术信息（平面及空间布局、主要空间控制尺寸、水平及竖向定位）；能识读相关图例及符号等；能准确识读建筑设计说明；能准确阅读门窗统计表；能准确阅读其他建筑设计文件。

②绘图部分。能按照工作任务要求，绘制建筑物平、立、剖面图。

知识点 17　建筑施工图的形成及组成

◎思政点拨◎

分类前提不同，分类结果亦不同，每一组成部分都有自己的作用。

师生共同思考：分类意识；我是中国人，中华儿女之一，我对祖国、对社会的作用是什么?

17.1　概述

建筑按使用功能不同分为工业建筑、农业建筑和民用建筑三大类。工业建筑包括冶金工业、机械工业、化学工业、电子工业、纺织工业、食品工业等的各种厂房、仓库、动力间等；农业建筑包括谷仓、饲养场、温室等；民用建筑则包括居住建筑（住宅、宿舍、公寓）、公共建筑（学校、医院、商场、宾馆、体育馆、影剧院等）。所有的建筑都是将设计画在图纸上再建造出来的。

房屋建筑图是用来表达房屋内外形状、大小、结构、构造、装饰、设备等情况的图纸，是指导房屋施工的依据，也是进行定额预算和使用维修的依据。

17.2　房屋各组成部分及作用

一般情况下，房屋的主要组成部分有：

17.2.1　基础

基础是房屋最下部的承重构件，起着支承整个建筑物的作用。

17.2.2　墙体

墙体是房屋的承重和维护构件，承受来自屋顶和楼面的荷载并传给基础，同时能遮挡风雨对室内的侵蚀。其中外墙起围护作用，内墙起分隔作用。

17.2.3　楼（地）面

楼（地）面是房屋中水平方向的承重构件，同时在垂直方向将房屋分隔为若干层。

17.2.4　楼梯

楼梯是房屋垂直方向的交通设施。

17.2.5　门窗

门窗具有连接室内外交通及通风、采光的作用。

17.2.6　屋顶

屋顶既是房屋最上部的承重结构，又是房屋上部的围护结构。主要起到防水、隔热和保温的作用。

上述为房屋的基本组成部分，除此以外房屋结构还包括台阶、阳台、雨篷、勒脚、散水、雨水管、天沟等建筑细部结构和建筑配件。在房屋的顶部装有上人孔，便于日后屋顶检修。

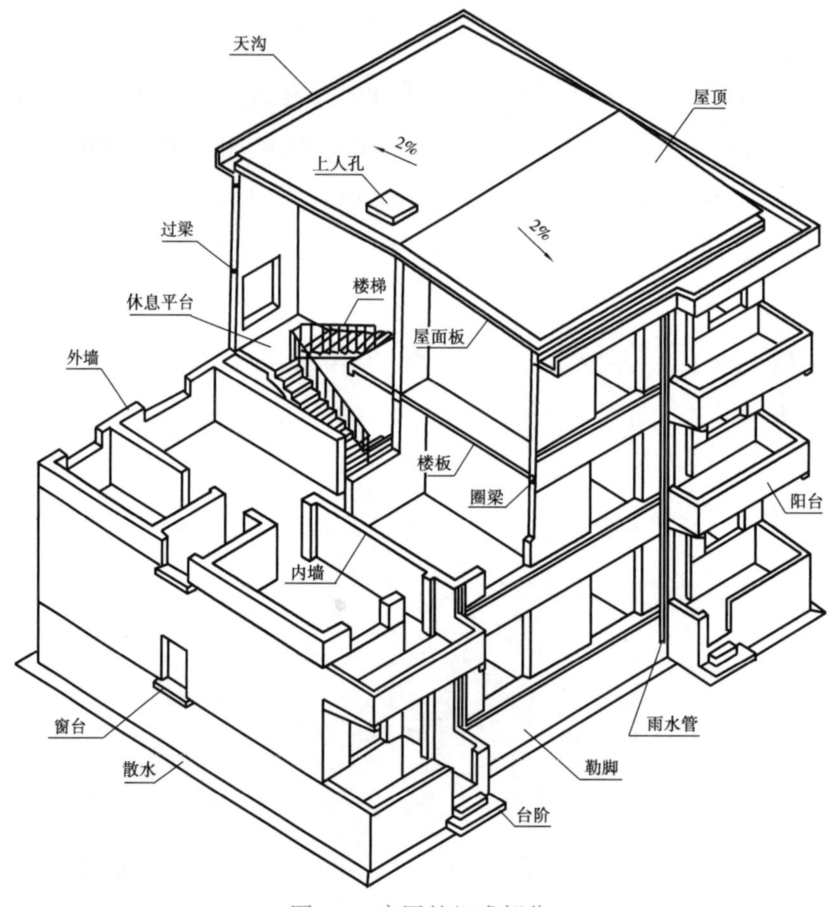

图 4.1　房屋的组成部分

17.3　房屋建筑施工图的用途和内容

房屋建筑施工图是表示建筑物的总体布局、外部造型、内部布置、细部构造做法、内外装饰、满足其他专业对建筑的要求和施工要求的图样，是建造房屋和概预算工作的依据。房屋建筑施工图的内容包括图纸目录、总平面图、建筑设计说明、门窗表、各层建筑平面图、各朝向建筑立面图、剖面图和各种详图。在工程中用来指导房屋施工的图纸被称为房屋的施工图。

微课 建筑施工图的用途和内容

17.4　施工图分类及编排顺序

按图纸的内容和作用不同，一套完整的房屋施工图通常应包括如下内容：

17.4.1　图纸目录

图纸目录通常包括图纸目录和设计总说明两部分内容。其中图纸目录应先列新绘制图纸，后列选用的标准图或重复利用图；设计总说明一般应包含施工图的设计依据、本工程项目的设计规模和建筑面积、本项目的相对标高与总图绝对标高的对应关系、室内室外的做法说明、门窗表等内容。

17.4.2　总图

通常包括一项工程的总体布置图。

17.4.3　建筑施工图（简称“建施”）

建施图一般应有总平面图、平面图、立面图、剖面图及详图。

17.4.4　结构施工图（简称“结施”）

结施图一般应有基础图、结构平面图及构件详图。

17.4.5　设备施工图（简称“设施”）

设施图一般应有给水排水、采暖通风、电气设备、通讯监控等的平面布置图、系统图和详图。

17.4.6　装饰施工图

装饰施工图一般应有装饰平面图、装饰立面图、装饰详图、装饰电气布置图和家具图。

17.5　建筑施工图的图示方法

建筑施工图的绘制应遵守《房屋建筑制图统一标准》（GB/T 50001—2017）、《总图制图标准》（GB/T 50103—2010）及《建筑制图标准》（GB/ T 50104—2010）等的有关规定。在绘图和读图时应注意以下 5 点：

17.5.1　线型

房屋建筑图为了使所表达的图形重点突出，主次分明，常使用不同宽度和不同型式的图线，其具体规定可见《房屋建筑制图统一标准》（GB/T 50001—2017）。常用的线型见表 4.1。

表 4.1　常见线型图例表

名称		线型	线宽	用途
实线	粗	————————	b	①新建建筑物 ±0.000 高度的可见轮廓线 ②新建的铁路、管线
	中	————————	$0.7b$ $0.5b$	①新建构筑物、道路、桥涵、边坡、围墙、露天堆场、运输设施的可见轮廓线 ②原有标准轨距铁路
	细	————————	$0.25b$	①新建建筑物 ±0.000 高度以上可见建筑物、构筑物轮廓线 ②原有建筑物、构筑物、原有窄轨、铁路、道路、桥涵、围墙的可见轮廓线 ③新建人行道、排水沟、坐标线、尺寸线、等高线
虚线	粗	— — — — — — — —	b	新建建筑物、构筑物的地下轮廓线
	中	— — — — — — — —	$0.5b$	计划预留扩建的建筑物、构筑物、铁路、道路、运输设施、管线、建筑红线及预留用地各线
	细	— — — — — — — —	$0.25b$	原有建筑物、构筑物、管线的地下轮廓线

续表

名称		线型	线宽	用途
单点长画线	粗	—-—-—-—-—	b	露天矿开采界限
	中	—-—-—-—-—	$0.5b$	土方填挖区的零点线
	细	—-—-—-—-—	$0.25b$	分水线、中心线、对称线、定位轴线
双点长画线	粗	—--—--—--—	b	用地红线
	中	—--—--—--—	$0.7b$	地下开采区塌落界限
	细	—--—--—--—	$0.5b$	建筑红线
折断线			$0.5b$	断线
不规则曲线			$0.5b$	新建人工水体轮廓线

注：根据各类图纸所表示的不同重点确定使用不同粗细线型。

17.5.2 比例

建筑专业、室内设计专业制图选用的比例应符合表 4.2 的规定。

表 4.2 比例

图名	比例
建筑物或构筑物的平面图、立面图、剖面图	1:50, 1:100, 1:150, 1:200, 1:300
建筑物或构筑物的局部放大图	1:10, 1:20, 1:25, 1:30, 1:50
配件及构造详图	1:1, 1:2, 1:5, 1:15, 1:20, 1:25, 1:30, 1:50

17.5.3 尺寸标注

①除标高和总平面图上的尺寸以米（m）为单位外，在房屋建筑图上的其余尺寸均以毫米（mm）为单位，故可不在图中注写单位。

②建筑物各部分的高度尺寸可用标高表示。标高符号的画法及标高尺寸的书写方法应按照 GB/T 50001—2017 的规定执行，如图 4.2 所示。

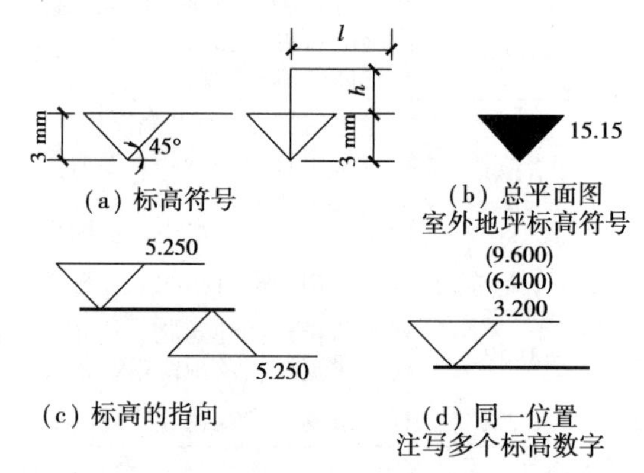

图 4.2 标高符号

l—取适当长度注写标高数字；h—根据需要取适当高度

③标高的分类。房屋建筑图中的标高，分为绝对标高和相对标高两种。

a. 绝对标高是以青岛黄海平均海平面的高度为零点参照点所得到的高差值。

b. 相对标高是以每一幢房屋的室内底层地面的高度为零点参照点，书写时应写成 ±0.000。

另外，标高符号还可分为建筑标高和结构标高两类。

a. 建筑标高是指装修完成后的尺寸，它已将构件粉饰层的厚度包括在内。

b. 结构标高应该剔除外装修的厚度，它又称为构件的毛面标高。

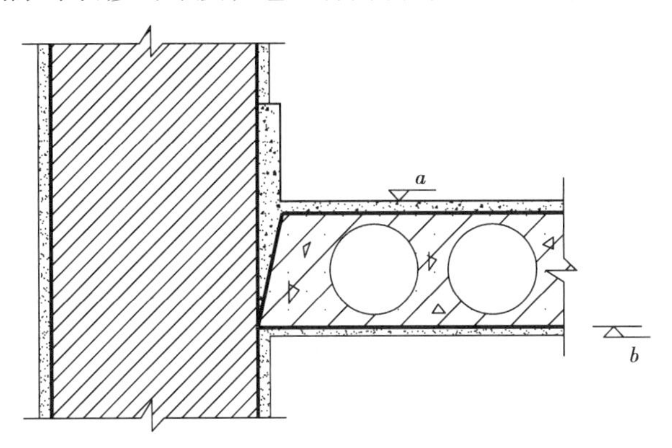

微课　建筑标高和结构标高

图 4.3　建筑标高和结构标高

在图 4.3 中，标高 *a* 所表示的是建筑标高；*b* 表示的则是楼面的结构标高。

17.5.4　定位轴线

微课　定位轴线

定位轴线是房屋施工放样时的主要依据。

在绘制施工图时，凡是房屋的墙、柱、大梁、屋架等主要承重构件上均应画出定位轴线。定位轴线的画法如下：

①定位轴线应用细单点长画线绘制。

②定位轴线应编号，编号应注写在轴线端部的圆内。圆应用细实线绘制，直径 8 ~ 10 mm。定位轴线圆的圆心应在定位轴线的延长线或延长线的折线上，如图 4.4 所示。

③除较复杂需采用分区编号或圆形、折线形外，一般平面上定位轴线的编号，宜标注在图样的下方或左侧。横向编号应用阿拉伯数字，从左至右顺序书写；竖向编号应用大写英文字母、从下至上顺序编写，如图 4.5 所示。

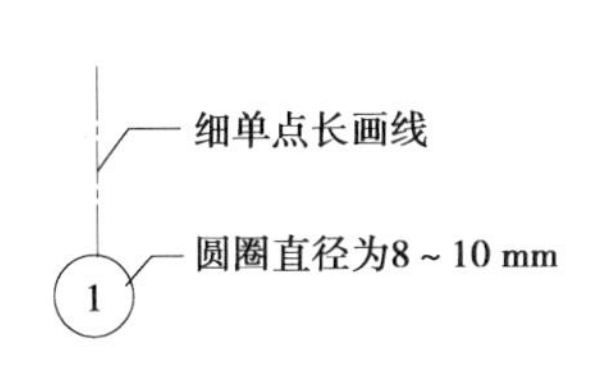

图 4.4　轴线编号

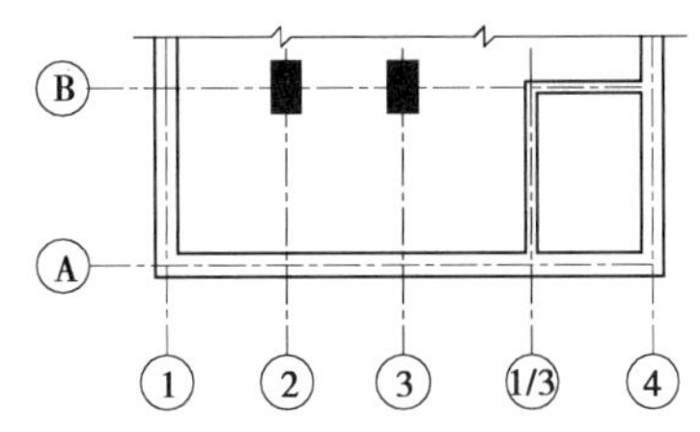

图 4.5　定位轴线的编号顺序

④英文字母作为轴线编号时，应全部采用大写字母，不应用同一个字母的大小写来区分轴线号。英文字母的 I，O，Z 不得用作轴线编号。当字母数量不够使用，可增用双字母或单字母加数字注脚。

⑤组合较复杂的平面图中定位轴线也可采用分区编号，如图 4.6 所示。编号的注写形式应

为“分区号 - 该分区编号”。“分区号 - 该分区编号”采用阿拉伯数字或大写英文字母表示。

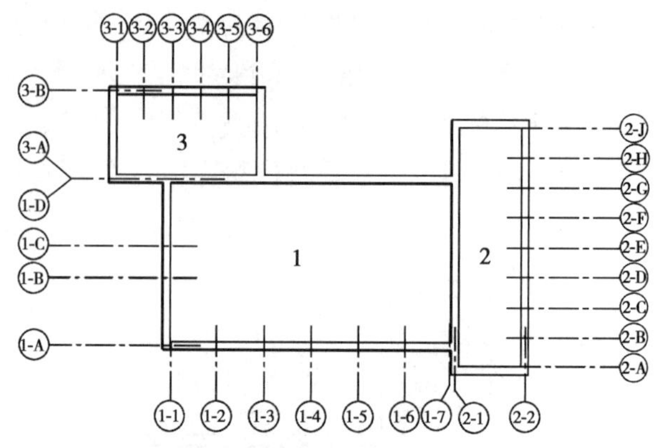

图 4.6　定位轴线的分区编号

⑥附加定位轴线的编号，应以分数形式表示，并应符合下列规定：

a. 两根轴线间的附加轴线，应以分母表示前一轴线的编号，分子表示附加轴线的编号。编号宜用阿拉伯数字顺序编写。如图 4.5 中的(1/3)即表示编号为 3 和 4 两根轴线间的第一根附加轴线，如图 4.7（a）所示。

微课 附加轴线

b.1 号轴线或 A 号轴线之前的附加轴线的分母应以 01 或 0A 表示，如图 4.7（b）所示。

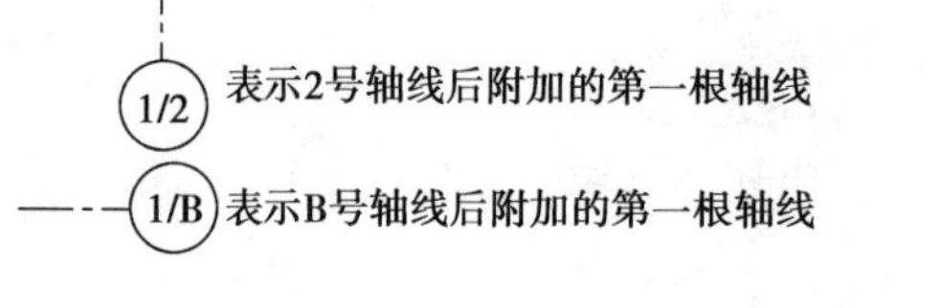

(a)轴线后附加

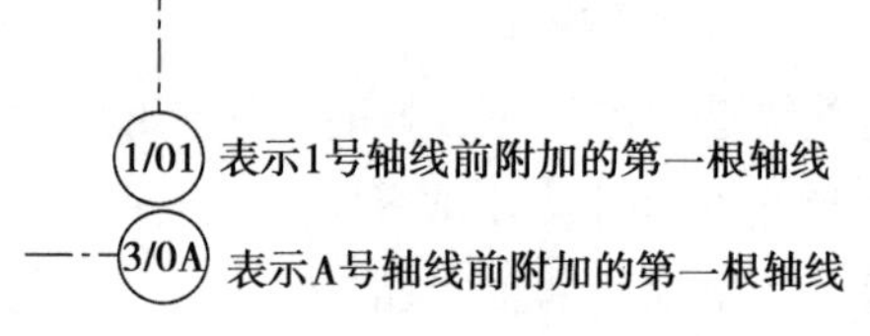

(b)轴线前附加

图 4.7　附加轴线

讨论：附加轴线常用于建筑施工图的哪些构件或部位？

⑦一个详图适用于几根轴线时，应同时注明各有关轴线的编号，如图 4.8 所示。

⑧通用详图中的定位轴线，应只画圆，不注写轴线编号。

⑨圆形与弧形平面图中的定位轴线，其径向轴线应以角度进行定位，其编号宜用阿拉伯数字表示，从左下角或 -90°（若径向轴线很密，角度间隔很小）开始，按逆时针顺序书写；其环向轴线宜用大写英文字母表示，从外向内顺序编写，如图 4.9、图 4.10 所示。

⑩折线形平面图中定位轴线的编号可按图 4.11 的形式编写。

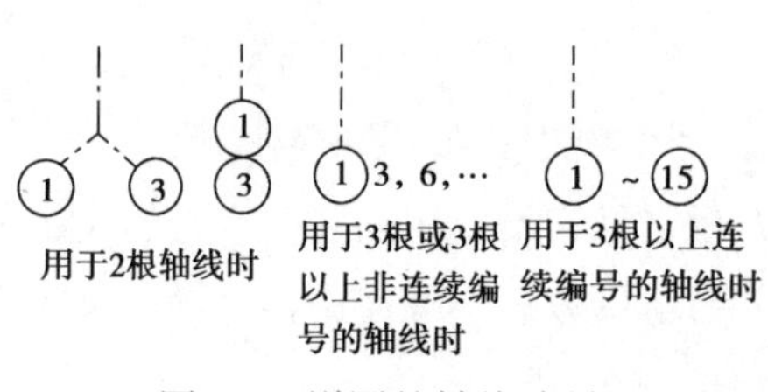

图 4.8　详图的轴线编号

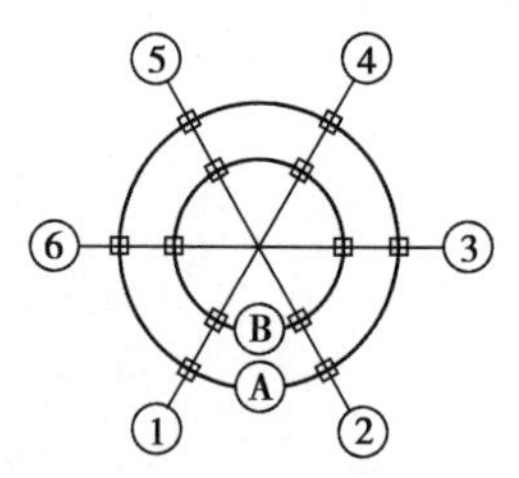

图 4.9　圆形平面定位轴线的编号

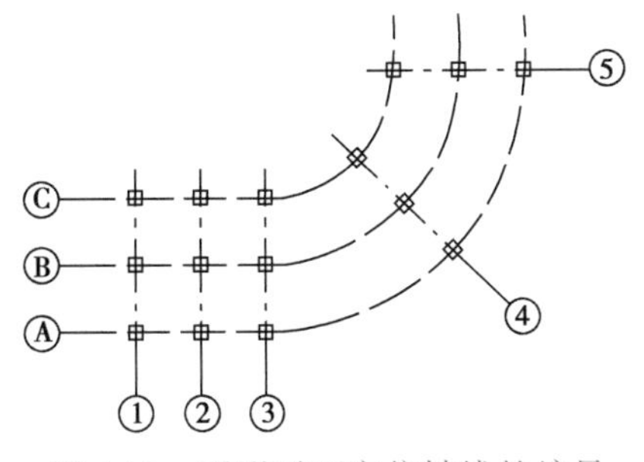

图 4.10　弧形平面定位轴线的编号

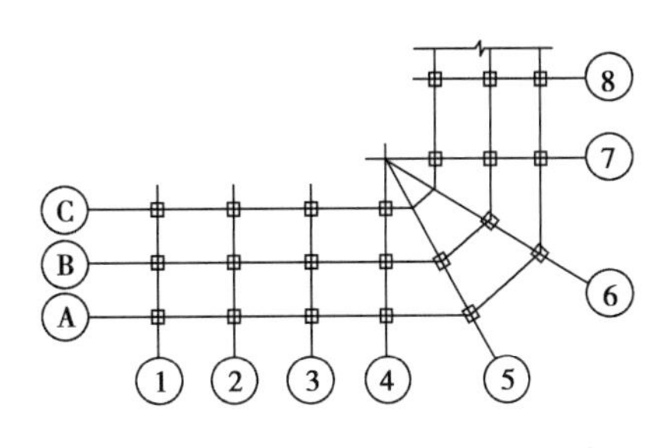

图 4.11　折线形平面定位轴线的编号

17.5.5　索引符号和详图符号

（1）索引符号

对于图中需要另画详图表示的局部或构件，为了读图方便，应在图中的相应位置以索引符号标出。索引符号由两部分组成：一是用细实线绘制的直径为 10 mm 的圆圈，内部以水平直径线分隔；二是用细实线绘制的引出线。具体画法如图 4.12 所示。图 4.12（c）为索引符号的一般画法，圆圈中的 2 表示详图所在的图纸编号，5 表示的是详图的编号；图 4.12（b）“—”则表示详图和被索引的图在同一张图纸上；图 4.13 用于剖切详图的索引，其中引出线上的“—”是剖切位置线，引出线所在的一侧即为剖切时的投影方向。

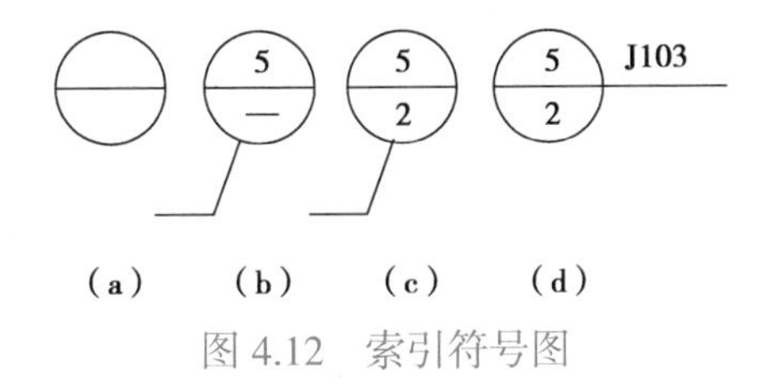

图 4.12　索引符号图

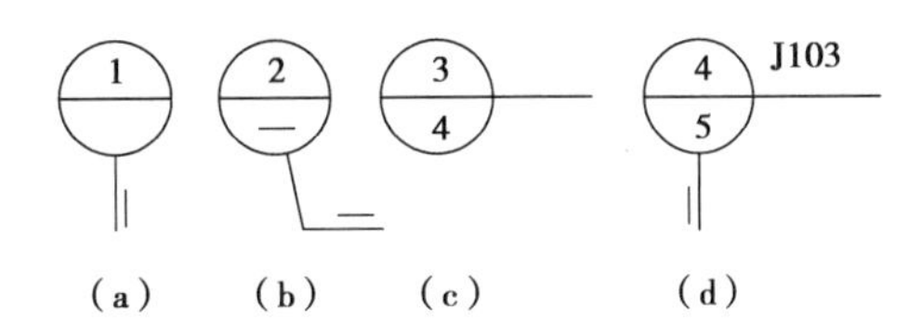

图 4.13　用于索引剖面详图的索引符号

（2）详图符号

用来表示详图的位置及编号，也可以说是详图的图名。详图符号是用粗实线绘制的直径为 14 mm 的圆。图 4.14 说明编号为 5 的详图就出自本页。图 4.15 表示详图编号为 4，而被索引的图纸编号为 5。

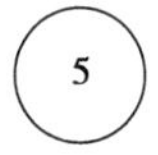

图 4.14　与被索引图样同在一张图纸内的详图符号

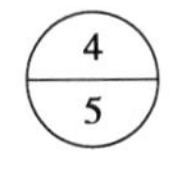

图 4.15　与被索引图样不同在一张图纸内的详图符号

技能点 17　建筑施工图的认知练习及应用

◎思政点拨◎

思政点拨：认知源于实践，实践是检验真理的唯一标准。

师生共同思考：我的“所思、所作、所为”是否经得起时间的检验。

17.1 知识测试

1. 房屋建筑工程图中相对标高的零点 ±0.000 是指（　　）的标高。

A. 室外设计地面　　B. 屋顶平面

C. 底层室内主要地面　　D. 青岛附近黄海的平均海平面

2. 建筑工程图中定位轴线应用（　　）线型。

A. 虚线　　B. 单点长画线　　C. 实线　　D. 波浪线

3. 房屋建筑工程图纸上标高尺寸是以（　　）为单位。

A. mm　　B. cm　　C. m　　D. km

4. 施工图中（　　）的尺寸数值以米为单位。

A. 详图　　B. 总平面图　　C. 基础平面图　　D. 大型厂房平、立、剖面图

5. 施工图上的尺寸数字一般以（　　）为单位，所以图纸上只注写数字，不注写单位。

A. mm　　B. cm　　C. dm　　D. m

6. 一套建筑施工图中，剖面图的剖切符号应在（　　）上表达。

A. 总平面图　　B. 底层平面图　　C. 标准层平面图　　D. 屋顶平面图

7. 在底层平面图上不表达（　　）。

A. 指北针　　B. 剖切符号　　C. 室外设计标高　　D. 雨棚的投影

8. 定位轴线采用分区编号时，（　　）写在前面。

A. 字母　　B. 数字　　C. 都可以　　D. 并排在一起

9. 建筑平面图是假想水平剖切面沿（　　）适当高度剖切后，所作的水平剖视图。

A. 室外地坪以上　　B. 室内地坪以上　　C. 窗台上方　　D. 楼面上方

10. 详图符号为 $\frac{5}{2}$（圆圈）圆圈内的 2 表示（　　）。

A. 详图所在的定位轴线编号　　B. 详图的编号

C. 详图所在的图纸编号　　D. 被索引的图纸的编号

11. 详图索引符号为 —$\frac{5}{—}$（圆圈）圆圈内的 5 表示（　　）。

A. 详图所在的定位轴线编号　　B. 详图的编号

C. 详图所在的图纸编号　　D. 被索引的图纸的编号

12. 详图索引符号为 —$\frac{5}{—}$（圆圈）圆圈内的“—”表示（　　）。

A. 详图所在的定位轴线编号　　B. 详图的编号

C. 详图在本张图纸内　　D. 被索引的图纸的编号

13. 在建筑工程图上，标高以 m 为单位，应标注在标高符号上，标高符号的高度约为（　　）。

A. 3 mm　　B. 4 mm　　C. 5 mm　　D. 6 mm

14. ［多项选择题］GB 规定，建筑工程图中（　　）的尺寸单位为 m。

A. 标高　　B. 剖面图　　C. 剖面图　　D. 立面图

15.［多项选择题］图 4.16 所示表示的标高是（　　）。

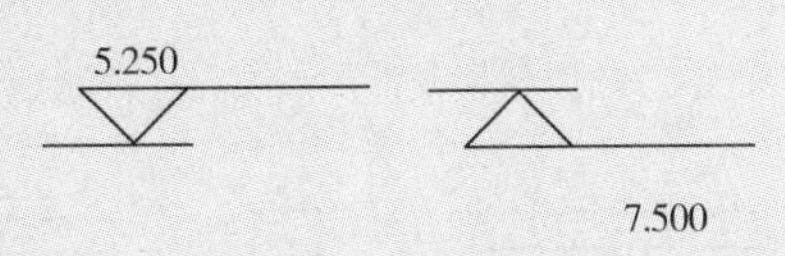

图 4.16　标高符号

A. 某点的顶面标高为 5.25 m　　B. 某点的底面标高为 5.25 m

C. 某点的顶面标高为 7.50 m　　D. 某点的底面标高为 7.50 m

17.2　技能训练

1. 请在图 4.17 所示的方框处填写箭头所指处的名称。

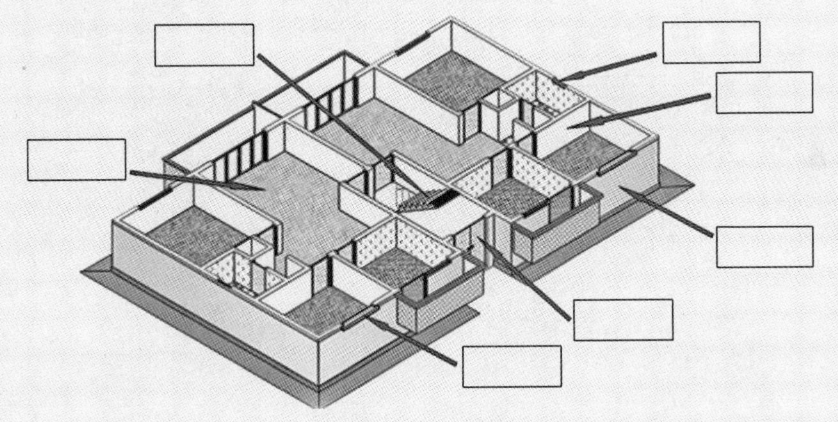

图 4.17　底层示意图

2. 请填写图 4.18 中箭线所指处建筑物的组成部分的名称。

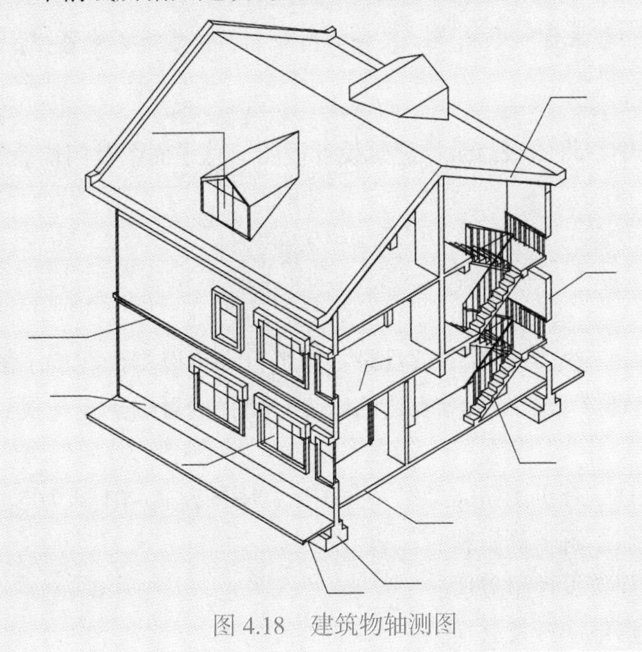

图 4.18　建筑物轴测图

3. 请填写图 4.19 中的轴线编号。

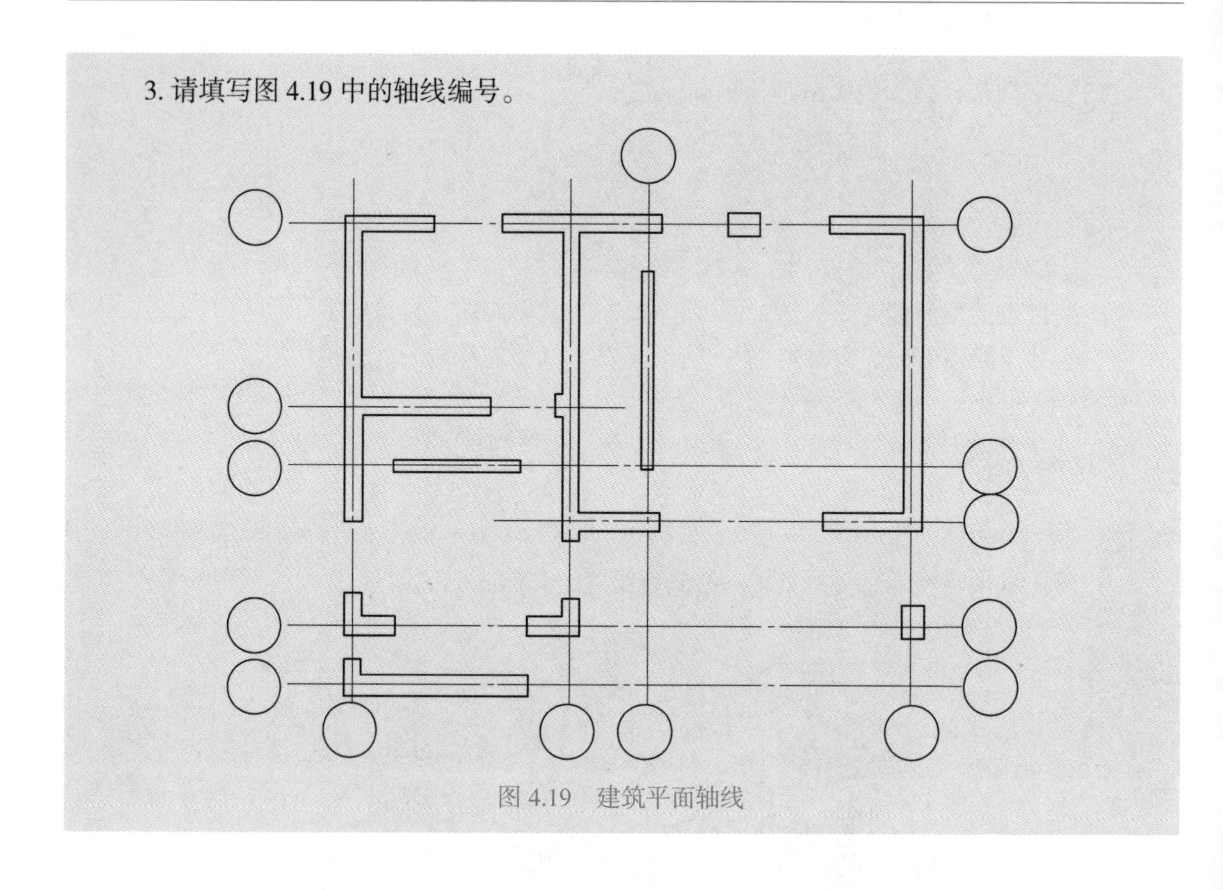

图 4.19　建筑平面轴线

知识点 18　图纸首页的内容规定

◎思政点拨◎

图纸首页是领头，说明及编排有规定、有内容。

师生共同思考：如果你是领头羊，你会如何规划、规定并实施可控、可监测的内容呢？

在施工图的编排中，将图纸目录、建筑设计说明、总平面图及门窗表等编排在整套施工图的前面，称为图纸首页。

18.1　图纸目录

拿到一套图纸后，首先要查看图纸目录。图纸目录可以帮助我们了解图纸的总张数、图纸专业类别及每张图纸所表达的内容，使我们可以迅速地找到所需要的图纸。

微课　图纸首页

图纸目录有时也称“首页图”，即第一张图纸，附图建施 -01 即为本套图纸的首页图。

从图纸目录中可以了解下列资料：

设计单位——某建筑设计事务所。

建设单位——某房地产开发公司。

工程名称——某花园小区住宅楼。

工程编号——工程编号是设计单位为便于存档和查阅而采取的一种管理方法。

图纸编号和名称——每一项工程总会有许多张图纸，在同一张图纸上往往画有多个图形。因此设计人员为了表达清楚，便于使用时查阅，就必须针对每张图纸所表示的建筑物的部位，给图纸起一个名称，另外再用数字编号，确定图纸的秩序。

在图纸目录编号项的第一行，可以看到图号“建施 -01”。其中，“建施”表示图纸种类为建筑施工图，“01”表示其为建筑施工图的第一张；在图名相应的行中，可以看到“设计说明、门窗表、材料做法表”，也就是图纸表达的内容。图号“结施 -01”，其中，“结施”表示图纸种类为结构施工图，“01”表示其为结构施工图的第一张；在图名相应的行中，表示图纸的内容为结构设计总说明。

该套图纸共有建筑施工图 14 张，结构施工图 9 张。

目前图纸目录的形式由各设计单位自己规定，尚没有统一的格式。但总体上包括上述内容。

18.2　建筑设计说明

建筑设计说明的内容根据建筑物的复杂程度有多有少，但不论内容有多少，必须说明设计依据、建筑规模、建筑物标高、装修做法和对施工的要求等。下面以“建筑设计说明”为例介绍读图方法。

18.2.1　设计依据

包括政府的有关批文。这些批文主要有两个方面的内容：一是立项；二是规划许可证。

18.2.2　建筑规模

主要包括占地面积（规划用地及净用地面积）和建筑面积。这是设计出来的图纸是否满足规划部门要求的依据。

占地面积：建筑物底层外墙皮以内所有面积之和。

建筑面积：建筑物外墙皮以内各层面积之和。

18.2.3　标高

在房屋建筑中，规范规定用标高表示建筑物的高度。建筑设计说明中要说明相对标高与绝对标高的关系，例如建施 -01 中“相对标高 ±0.000 等于绝对标高值（黄海系）1 891.15 m”，这就说明该建筑物底层室内地面设计在比青岛外的黄海平均海平面高 1 891.15 m 的水平面上。

18.2.4　装修做法

这方面的内容比较多，包括地面、楼面、墙面等的做法。我们需要读懂说明中的各种数字、符号的含义。例如建施 -03 中散水坡面的说明：“散水坡面详西南 J802，沿房屋周边转通”。这是说明散水坡面的做法。

18.2.5　施工要求

施工要求包含两个方面的内容，一是要严格执行施工验收规范中的规定，二是对图纸中不详之处的补充说明。

技能点 18　图纸首页的认知练习及应用

◎思政点拨◎

企业标准应不低于国家标准。

师生共同思考：作为一个大学生，我们的行为准则是否也应不低于普通个人的行为准则呢？

18.1　知识测试

1. 图纸目录的形式通常采用（　　）。

A. GB 格式　　B. 企业格式　　C. GB/T 格式　　D. 统一格式

2. 门窗统计表中门窗的统计计量单位是（　　）。

A. 套　　B. 个　　C. 樘　　D. 扇

3. 图纸目录通常使用（　　）规格。

A. A1　　B. A2　　C. A3　　D. A4

4. [多项选择题] 图纸首页通常包含（　　）。

A. 图纸目录　　B. 建筑设计说明　　C. 总平面图　　D. 门窗统计表

5. [多项选择题] 建筑设计说明通常包含（　　）。

A. 设计依据　　B. 政府批文　　C. 建筑规模　　D. 建筑物标高

E. 装修做法　　F. 施工要求　　G. 图纸张数　　H. 材料做法表

18.2　技能训练

某职业技术学院家属区住宅楼 21 栋，一梯二户、共七层、两个单元，每户跃层 180 m^2，框架结构，有总平面图 1 张、平面图 4 张（底层、二层、三至七层、屋顶）；立面图 3 张、剖面图 1 张、详图 3 张（墙身节点、楼梯、厨卫），利用了西南 J402、J506 图集。图纸幅面大小等自行合理选择，请根据图纸目录的内涵自行设计图纸目录表。

知识点 19　总平面图的形成、组成及内容规定

◎思政点拨◎

总平面图展示原有建筑、道路等的布置情况和新建建筑物的情况等。

师生共同思考：总体意识、大局意识。

总平面图可分为建筑总平面图和水电总平面图。建筑总平面图又分为设计总平面图和施工总平面图。此知识点介绍的是土建总平面图中的设计总平面图，简称总平面图。

19.1 总平面图的作用和形成

19.1.1 作用

在建筑图中，总平面图是用来表达一项工程的总体布局的图样。它通常表示了新建房屋的平面形状、位置、朝向及其与周围地形、地物的关系。总平面图是新建房屋与其他相关设施定位的依据；是土方工程、场地布置以及给排水、暖、电、煤气等管线总平面布置图和施工总平面布置图的依据。

微课 总平面图的作用和形成

19.1.2 形成

在地形图上画出原有、拟建、拆除的建筑物或构筑物以及新旧道路等的平面轮廓，即可得到总平面图。建施 - 02 即为某花园小区住宅楼所在地域的建筑总平面图。

19.2 总平面图的表示方法

19.2.1 比例

物体在图纸上的大小与实际大小相比的关系叫作比例，一般注写在图名一侧；当整张图纸只用一种比例时，也可以将比例注写在标题栏内。必须注意的是，图纸上所注尺寸是按物体实际尺寸注写的，与比例无关。因此，读图时物体大小以所注尺寸为准，不能用比例尺在图上量取。

由于总平面图包括的区域较大，在《总图制图标准》（GB/T 50103—2010）中规定（以下简称“总图标准”）：总平面图的比例一般用 1∶500、1∶1 000、1∶2 000 绘制。在实际工作中，由于各地方国土管理局所提供的地形图比例为 1∶500，所以我们常接触的总平面图多采用这一比例。各种总图中所用比例见表 4.3 所示。

表 4.3 总图比例

图 名	比 例
现状图	1∶500，1∶1 000，1∶2 000
地理交通位置图	1∶25 000 ～ 1∶200 000
总体规划、总体布置、区域位置图	1∶2 000，1∶5 000，1∶10 000，1∶25 000，1∶50 000
总平面图、竖向布置图、管线综合图、土方图、铁路、道路平面图	1∶300，1∶500，1∶1000，1∶2 000
场地园林景观总平面图、场地园林景观竖向布置图、种植总平面图	1∶300，1∶500，1∶1 000
铁路、道路纵断面图	垂直：1∶100，1∶200，1∶500 水平：1∶1 000，1∶2 000，1∶5 000
铁路、道路横断面图	1∶20，1∶50，1∶100，1∶200
场地断面图	1∶100，1∶200，1∶500，1∶1 000
详图	1∶1，1∶2，1∶5，1∶10，1∶20，1∶50，1∶100，1∶200

19.2.2 图例

由于总平面图采用的比例较小，因此各建筑物或构筑物在图中所占的面积较小。同时根据总平面图的作用，也无须将其画得很细。在总平面图中，上述形体可用图例（规定的图形画法称为图例）表示，即《总图标准》（GB/T 50103—2010）中的总平面图例。常用的有关图例见表 4.4。

表 4.4 常用的建筑总平面图例

序号	名称	图例	备注
1	新建建筑物	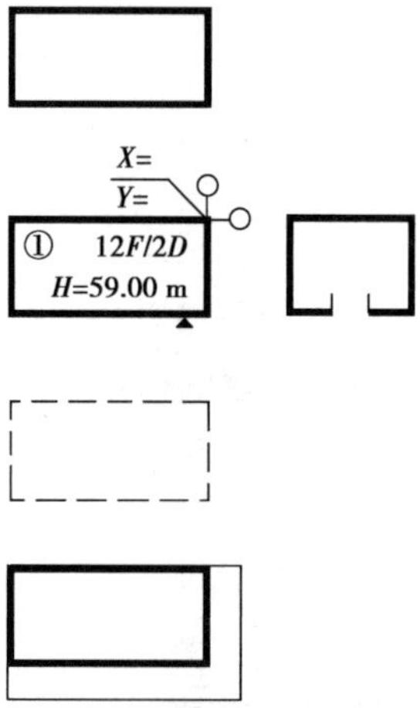 X= Y= ① 12F/2D H=59.00 m	新建建筑物以粗实线表示与室外地坪相接处 ±0.000 外墙定位轮廓线 建筑物一般以 ±0.000 高度处的外墙定位轴线交叉点坐标定位。轴线用细实线表示，并标明轴线号 根据不同设计阶段标注建筑编号，地上、地下层数，建筑高度，建筑出入口位置（两种表示方法均可，但同一图纸采用一种表示方法） 地下建筑物以粗虚线表示其轮廓 建筑上部（±0.000 以上）外挑建筑用细实线表示
2	原有建筑物	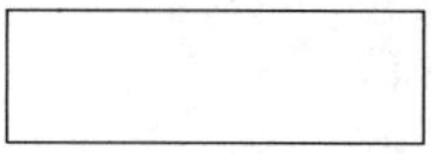	用细实线表示
3	计划扩建的预留地或建筑物		用中粗虚线表示
4	拆除的建筑物	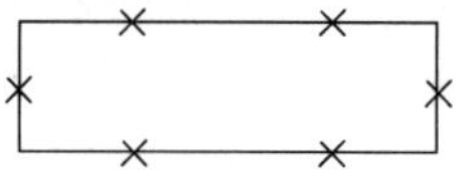	用细实线表示
5	建筑物下面的通道	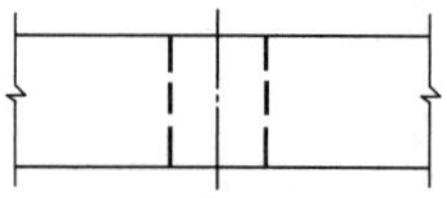	
6	散状材料露天堆场	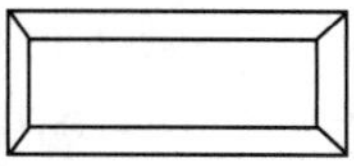	需要时可注明材料名称
7	其他材料露天堆场或露天作业场	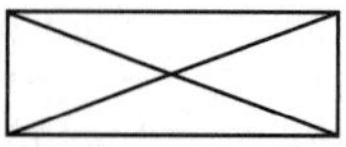	需要时可注明材料名称
8	铺砌场地	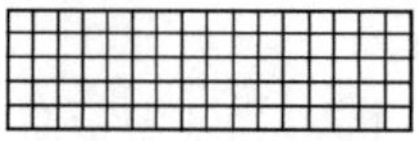	
9	敞棚或敞廊	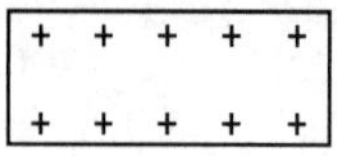	
10	高架式料仓	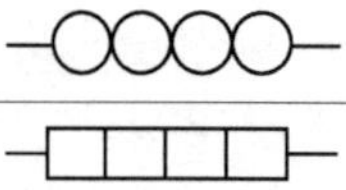	

续表

序号	名　称	图　例	备　注
11	漏斗式贮仓		左、右图为底卸式 中图为侧卸式
12	冷却塔（池）		应注明冷却塔或冷却池
13	水塔、贮罐		左图为卧式贮罐，右图为水塔或立式贮罐
14	水池、坑槽		也可以不涂黑
15	明溜矿槽（井）		
16	斜井或平硐		
17	烟　囱		实线为烟囱下部直径，虚线为基础，必要时可注写烟囱高度和上、下口直径
18	围墙及大门		
19	挡土墙	5.00 1.50	挡土墙根据不同设计阶段的需要标注 墙顶标高 墙底标高
20	挡土墙上设围墙		
21	台阶及无障碍坡道	① ②	①表示台阶（级数仅为示意） ②表示无障碍坡道
22	露天桥式起重机	G_m=　(t)	起重机起重量 G_m，以吨计算 “+”为柱子位置
23	露天电动葫芦	G_m　(t)	起重机起重量 G_m，以吨计算 “+”为支架位置
24	门式起重机	G_m =　(t) G_m = (t)	起重机起重量 G_m，以吨计算 上图表示有外伸臂 下图表示无外伸臂
25	架空索道		“I”为支架位置

续表

序号	名　称	图　例	备　注
26	斜坡卷扬机道		
27	斜坡栈桥 （皮带走廊等）	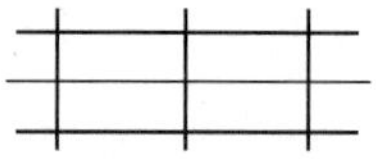	细实线表示支架中心线位置
28	坐　标	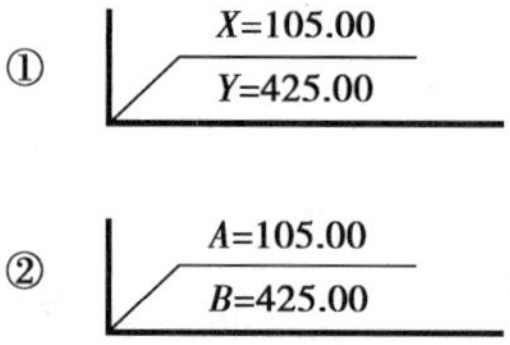 ① X=105.00 Y=425.00 ② A=105.00 B=425.00	①表示地形测量坐标系 ②表示自设坐标系 坐标数字平行于建筑标注
29	方格网交叉点标高	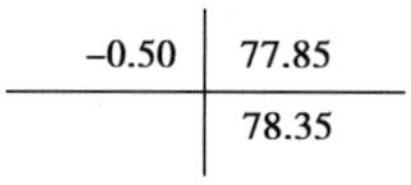 −0.50 77.85 78.35	“78.35”为原地面标高 “77.85”为设计标高 “−0.50”为施工高度 “−”表示挖方（“+”表示填方）
30	填方区、 挖方区、 未整平区 及零线	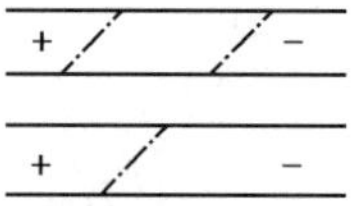 + − + −	“+”表示填方区 “−”表示挖方区 中间为未整平区 单点长画线为零点线
31	填挖边坡	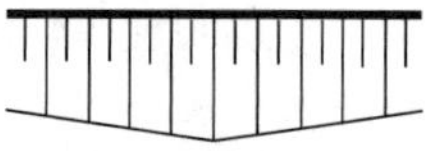	
32	分水脊线 与谷线	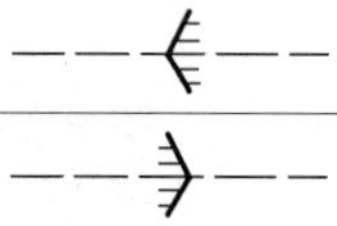	上图表示脊线 下图表示谷线
33	洪水淹没线		洪水最高水位以文字标注
34	地表排水方向		
35	截水沟	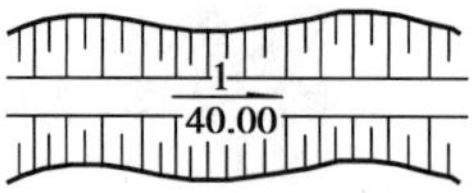 1 40.00	“1”表示1%的沟底纵向坡度，“40.00”表示变坡点间距离，箭头表示水流方向
36	排水明沟	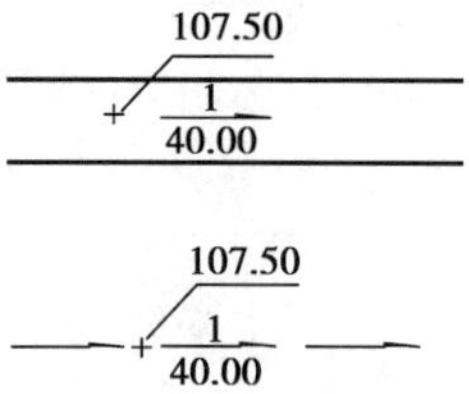 107.50 1 40.00 107.50 1 40.00	上图用于比例较大的图面 下图用于比例较小的图面 “1”表示1%的沟底纵向坡度，“40.00”表示变坡点间距离，箭头表示水流方向 “107.50”表示沟底变坡点标高（变坡点以“+”表示）
37	有盖板的排水沟	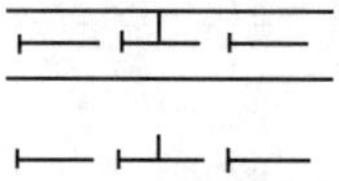	
38	雨水口	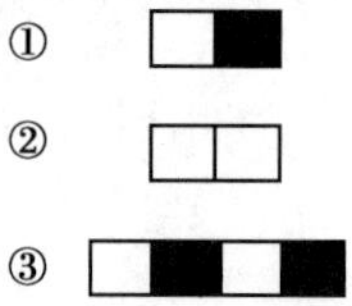 ① ② ③	①雨水口 ②原有雨水门 ③双落式雨水口
39	消火栓井		

续表

序号	名　称	图　例	备　注
40	急流槽		箭头表示水流方向
41	跌水		
42	拦水（闸）坝		
43	透水路堤		边坡较长时，可在一端或两端局部表示
44	过水路面		
45	室内地坪标高	151.00 (±0.00)	数字平行于建筑物书写
46	室外地坪标高	143.00	室外标高也可采用等高线
47	盲道		
48	地下车库入口		机动车停车场
49	地面露天停车场		
50	露天机械停车场		露天机械停车场

19.2.3　总平面图的定位

表明新建筑物或构筑物与周围地形、地物间的位置关系，是总平面图的主要任务之一。它一般从以下 3 个方面描述：

1）定向

在总平面图中，指向可用指北针或风向频率玫瑰图表示。

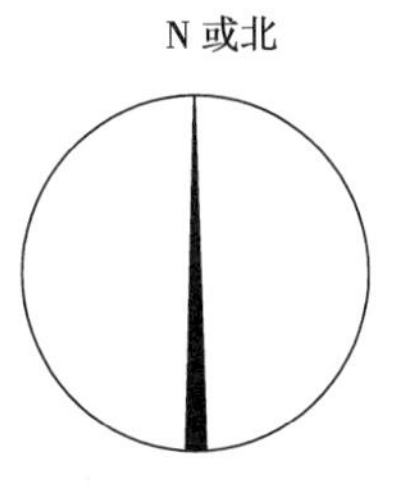

(a) 指北针

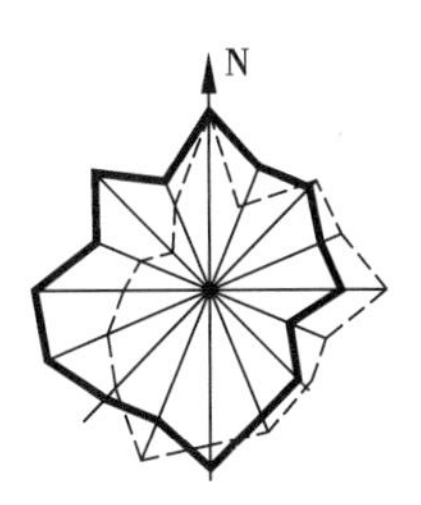

(b) 风向频率玫瑰图

图 4.20　指北针和风向频率玫瑰图

指北针的形状如图 4.20（a）所示，它的外圆直径为 24 mm，由细实线绘制，指北针尾部的宽度为 3 mm。若有特殊需要，指北针亦可以较大直径绘制，但此时其尾部宽度也应随之改变，通常应使其为直径的 1/8。

风由外面吹过建设区域中心的方向称为风向。风向频率是在一定时间内某一方向出现风向的次数占总观察次数的百分比，用公式表示为：

$$风向频率=\frac{某一风向出现的次数}{总观察次数}\times 100\%$$

风向频率是用风向频率玫瑰图（简称风玫瑰图）表示的。如图 4.20（b）所示，图中细线表示的是 16 个罗盘方位，粗实线表示常年的风向频率，虚线则表示夏季 6，7，8 这 3 个月的风向频率。

注意：在风玫瑰图中所表示的风向，是从外面吹向该地区中心的。

2）定位

确定新建建筑物的平面尺寸。

新建建筑物的定位一般采用两种方法：一是按原有建筑物或原有道路定位；二是按坐标定位。采用坐标定位又分为采用测量坐标定位和建筑坐标定位两种。

（1）根据原有建筑物定位

以周围其他建筑物或构筑物为参照物进行定位是扩建中常采用的一种方法。实际绘图时，可标出新建筑物与其他附近的房屋或道路的相对位置尺寸。

（2）根据坐标定位

以坐标表示新建筑物或构筑物的位置。当新建筑物所在地较为复杂时，为了保证施工放样的准确性，可使用坐标表示法。常采用的方法有：

①测量坐标。国土管理部门提供给建设单位的红线图，是在地形图上用细线画成交叉十字线的坐标网，南北方向的轴线为 X，东西方向的轴线为 Y，这样的坐标称为测量坐标。坐标网常采用 100 m × 100 m 或 50 m × 50 m 的方格网。一般建筑物的定位标记有两个墙角的坐标。

②施工坐标。施工坐标一般在新开发区，房屋朝向与测量坐标方向不一致时采用。

施工坐标是将建筑区域内某一点定为“0”点，采用 100 m × 100 m 或 50 m × 50 m 的方格网，沿建筑物主墙方向用细实线画成方格网通线，横墙方向（竖向）轴线标为 A，纵墙方向（横向）的轴线标为 B。施工坐标与测量坐标的区别如图 4.21 所示。

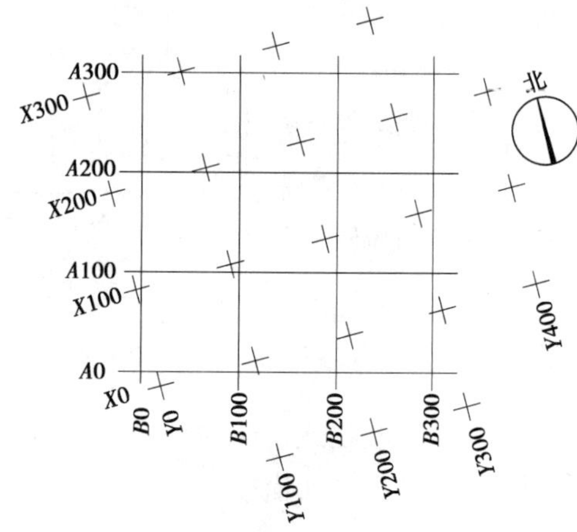

图 4.21　坐标网格

注：图中 X 为南北方向轴线，X 的增量在 X 轴线上；Y 为东西方向轴线，Y 的增量在 Y 轴线上。A 轴相当于测量坐标网中的 X 轴，B 轴相当于测量坐标网中的 Y 轴

通常，在总平面图上应标注出新建建筑物的总长和总宽，按规定该尺寸以米（m）为单位。

（3）定高

在总平面图中，用绝对标高表示高度数值，其单位为米（m）。

19.3　总平面图的主要内容

19.3.1　建筑红线

各地方国土管理部门提供给建设单位的地形图为蓝图，在蓝图上用红色笔划定的土地使用范围的线称为建筑红线。任何建筑物在设计和施工中均不能超过此线。例如，建施 -02 总平面图所示，第一幢房屋西北方向边线处已标出的红线即为建筑红线。

19.3.2　区分新旧建筑物

由表 4.3 可知，在总平面图上将建筑物分成 5 种情况，即新建的建筑物、原有的建筑物、计划扩建的预留地或建筑物、拆除的建筑物和新建的地下建筑物或构筑物。当我们阅读总平面图时，要区分哪些是新建的建筑物、哪些是原有的建筑物。在设计中，为了清楚表示建筑物的总体情况，一般还在图形中右上角以点数或数字表示楼房层数。当总图比例小于 1∶500 时，可不画建筑物的出入口。

19.3.3　标高

标注标高要用标高符号，标高符号的画法如图 4.2 所示。

标高数字以 m 为单位，一般图中标注到小数点后第三位。在总平面图中注写到小数点后第二位。零点标高的标注方式是：±0.000。

正数标高不注写“+”号，如 +3 m，标注成：3.000。

负数标高在数值前加一个“–”号，如 –0.6 m，标注成 –0.600。

19.3.4　等高线

地面上高低起伏的形状称为地形。地形是用等高线来表示的。等高线是用知识点 10 中标高投影的方式画出的单面正投影。从地形图上的等高线可以分析出地形的高低起伏状况。等高线的间距越大，说明地面越平缓；相反，等高线的间距越小，说明地面越陡峭。从等高线上标注的数值可以判断出地形是上凸还是下凹。数值由外圈向内圈逐渐增大，说明此处地形是往上凸；相反，数值由外圈向内圈减小，则此处地形为下凹。

19.3.5　道路

由于比例较小，总平面图上只能表示出道路与建筑物的关系，不能作为道路施工的依据。一般是标注出道路中心控制点，表明道路的标高及平面位置即可。

19.3.6　其他

总平面图除了表示以上的内容外，一般还有挡土墙、围墙、绿化等与工程有关的内容，读图时可结合表 4.3 进行。

19.4　总平面图的识读

①熟悉图名、比例、图例及有关文字说明。这是识读总平面图应具备的基本知识。

微课　总平面图的识读

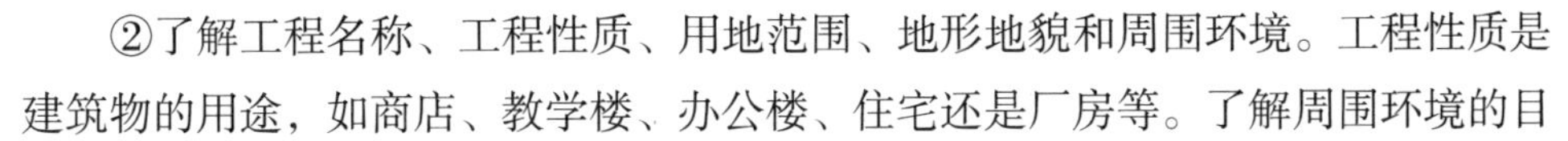

②了解工程名称、工程性质、用地范围、地形地貌和周围环境。工程性质是建筑物的用途，如商店、教学楼、办公楼、住宅还是厂房等。了解周围环境的目

的在于弄清周围环境对该建筑的不利影响。

③查看室内外地面标高从标高和地形图可知道建造房屋前建筑区域的原始地貌。

④了解房屋的平面位置和定位依据。确定新建筑物的位置是总平面图的主要作用。

⑤朝向和主要风向。

⑥道路交通及管线布置情况。

⑦道路与绿化。道路与绿化是主体工程的配套工程。从道路可了解建成后的人流方向和交通情况，从绿化可以看出建成后的环境绿化情况。

技能点 19　总平面图的认知练习及应用

◎思政点拨◎

图例不同、符号不同，代表的本质及意义随之不同。

师生共同思考：替代意识、代换意识。

19.1　知识测试

1. 在建筑施工图的总平面图中，应画出指北针，指北针要求为（　　）。
   A. 细实线绘制的 14 mm 直径的圆圈，指针尾部宽约 5 mm
   B. 细实线绘制的 24 mm 直径的圆圈，指针尾部宽约 3 mm
   C. 粗实线绘制的 14 mm 直径的圆圈，指针尾部宽约 5 mm
   D. 粗实线绘制的 24 mm 直径的圆圈，指针尾部宽约 3 mm
2. 在房屋总平面图中，粗实线画出的房屋表示（　　）。
   A. 已建的房屋　B. 拟建的房屋　C. 高层房屋　D. 多层房屋
3. 总平面图多用 1:500 比例的原因是（　　）。
   A. 好用　B. 用得较多　C. 地形图常用的比例　D. 表达较清楚
4. [多项选择题] 总平面图中通常包含（　　）。
   A. 原有房屋的位置　B. 拟建房屋的位置　C. 原有房屋的形状
   D. 拟建房屋的形状　E. 原有房屋的朝向　F. 拟建房屋的朝向
   G. 拟建房屋与周围地形、地物的关系
5. [多项选择题] 总平面图的作用有（　　）。
   A. 定位原有房屋　B. 定位拟建房屋　C. 计算土方工程量
   D. 布置施工场地　E. 布置各类管线

19.2　技能训练

1. 请填写图 4.22 所示图例的名称。

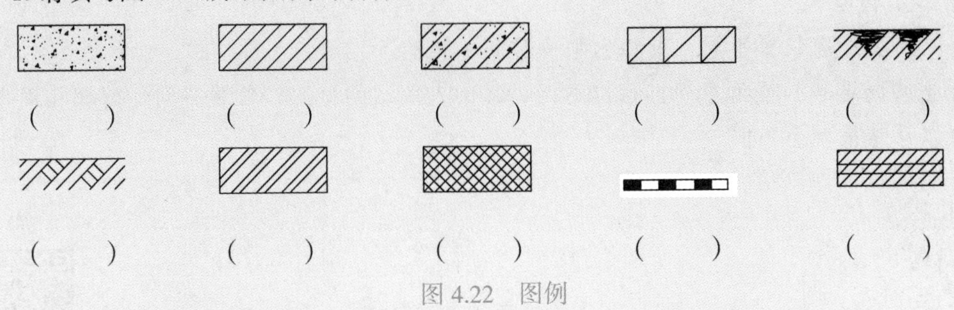

（　　）（　　）（　　）（　　）（　　）

（　　）（　　）（　　）（　　）（　　）

图 4.22　图例

2. 请在图 4.23 所示箭头图框处标注对应的名称。

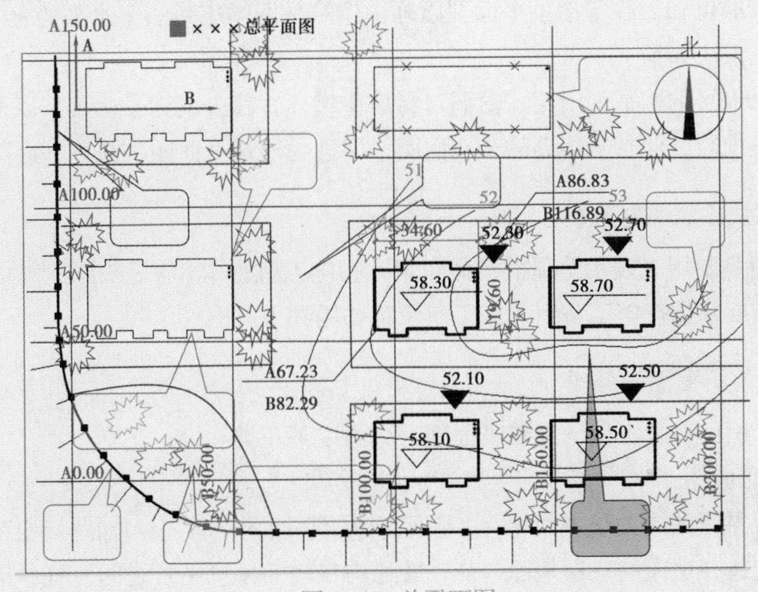

图 4.23　总平面图

3. 请标注图 4.24 所示风（向频率）玫瑰图中各细实线标识处的 16 个方位名称（如东东北、北东北等）。

图 4.24　风（向频率）玫瑰图

知识点 20　建筑平面图的形成、组成及内容规定

◎思政点拨◎

剖切平面所取位置不同，所得水平投影必不相同。

师生共同思考：视角意识、站位意识。每个人所站的角度、位置不同，处理相同事情的方法以及结果就会不同。

20.1　概述

微课　建筑平面图基础知识

20.1.1　建筑平面图的形成

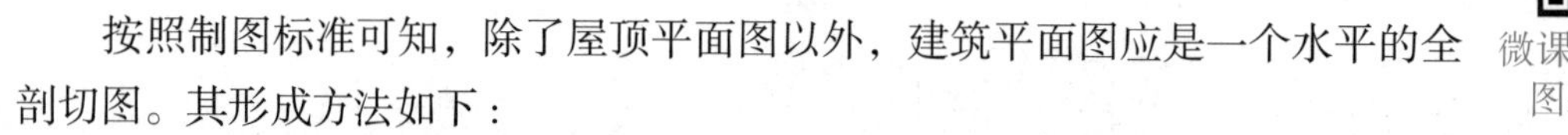

按照制图标准可知，除了屋顶平面图以外，建筑平面图应是一个水平的全剖切图。其形成方法如下：

假想用一个水平剖切平面沿门、窗洞口将房屋切开，移去剖切平面及其以上部分，将余下的部分向下作正投影，此时所得到的全剖面图，即称为建筑平面图，简称平面图。

20.1.2　建筑平面图的用途

建筑平面图主要用来表示房屋的平面布置，在施工过程中，它是放线、砌墙和安装门窗及编制概预算的重要依据。施工备料、施工组织都要用到平面图。

20.1.3　建筑平面图的分类

根据剖切平面的位置不同，建筑平面图可分为以下几类：

（1）底层平面图

又称为首层平面图或一层平面图。它是所有建筑平面图中首先绘制的一张图。绘制此图时，应将剖切平面选放在房屋的一层地面与从一楼通向二楼的休息平台之间，且尽量通过该层上所有的门窗洞口，见附图建施 -03。

（2）标准层平面图

由于房屋内部平面布置的不同，所以对于多层或高层建筑而言，应该每一层均有一张平面图。其名称就用本身的层数来命名，例如“二层平面图”等，见附图建施 -04。但在实际的建筑设计中，多层或高层建筑往往存在许多相同或相近平面布置形式的楼层，因此，在实际绘图时，可将这些相同或相近的楼层合用一张平面图来表示。这张合用的图就叫作标准层平面图，有时也可用其相对应的楼层数命名，例如“三 ~ 六层平面图”等，见附图建施 -05。

注：目前设计单位、施工现场不再使用“标准层平面图”的说法，而是用“× 层—× 层平面图”代替。

（3）顶层平面图

顶层平面图也可用相应的楼层数命名，如附图建施 -06 的“七层平面图”。

（4）屋顶平面图和局部平面图

除上述平面图外，建筑平面图还应包括屋顶平面图和局部平面图。其中屋顶平面图是将房屋的顶部单独向下所作的俯视图。它主要用来表述屋顶的平面布置及排水情况，见附图建施 - 07。而对于平面布置基本相同的中间楼层，其局部的差异，无法用标准层平面图来描述，此时则可用局部平面图表示。

（5）其他平面图

在多层和高层建筑中，若有地下室，则还应有地下负一层、负二层等平面图。

20.2　图例及符号

由于建筑平面图的绘图比例较小，所以其上的一些细部构造和配件只能用图例表示。有关图例画法应按照《建筑制图标准》（GB/T 50104—2010）中的规定执行。一些常用的构造及配件图例如图 4.25 所示。

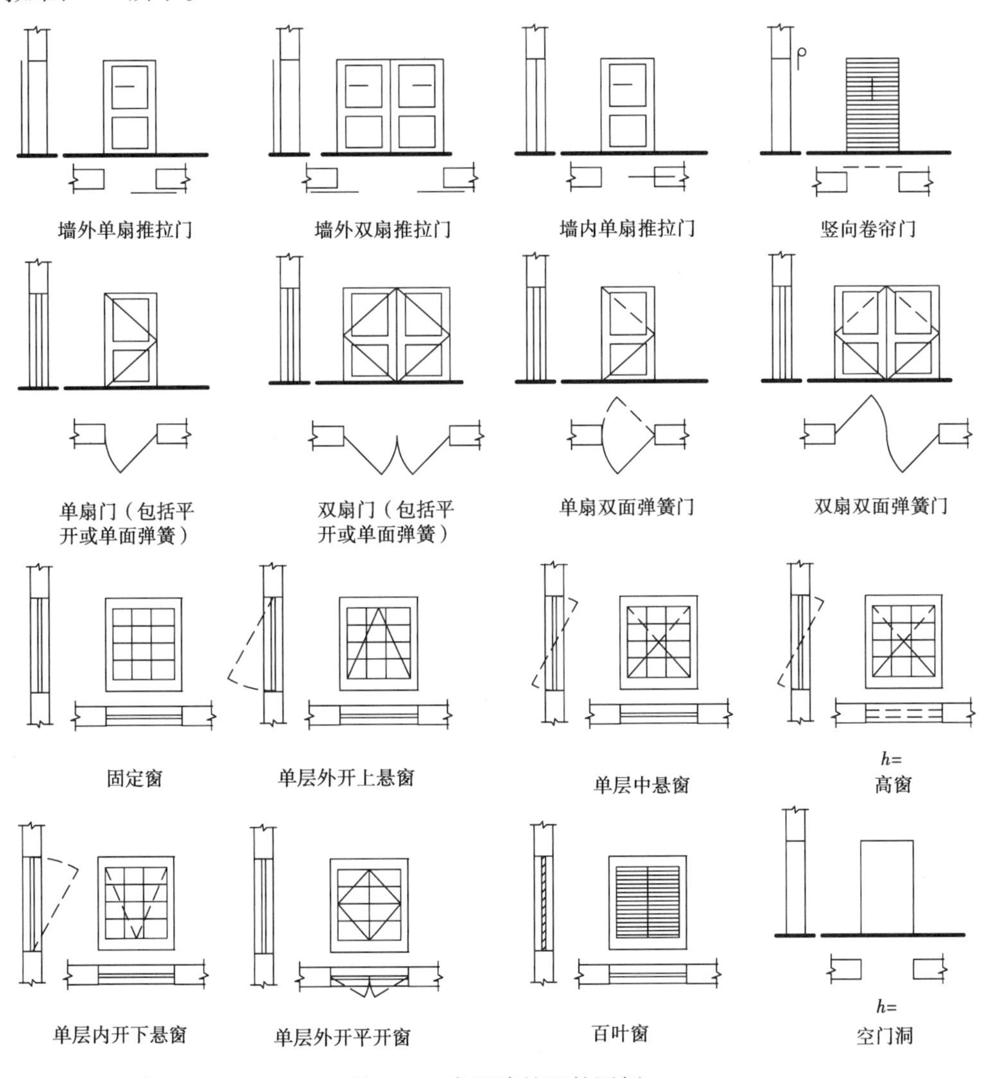

图 4.25　常用建筑配件图例

20.3 底层平面图

底层平面图是房屋建筑施工图中最重要的图纸之一。

下面以附图建施-03所示底层平面图为例，介绍底层平面图的主要内容。

20.3.1 图名、比例、图例及文字说明。

详见附图建施-03。

20.3.2 纵横定位轴线、编号及开间、进深

在建筑工程施工图中用轴线来确定房间的大小、走廊的宽窄和墙的位置，凡是主要的墙、柱、梁的位置都要用轴线来定位，如图4.4和图4.5所示。

除标注主要轴线之外，还可以标注附加轴线。附加轴线编号用分数表示，如图4.7（a）、（b）所示。一个详图适用于几根轴线时，应同时注明各有关轴线的编号，如图4.8所示。

如建施-03底层平面图，其横向定位轴线有①—⑬根主要轴线，纵向定位轴线有Ⓐ—Ⓕ六根轴线。建筑物横向定位轴线之间的距离称为开间，如①—②；纵向定位轴线之间的距离称为进深，如Ⓔ—Ⓕ。

20.3.3 房间的布置、用途及交通联系

平面布置是平面图的主要内容，着重表达各种用途房间与走道、楼梯、卫生间的关系。房间用墙体分隔，如附图建施-03底层平面图。从该图可以看出，自①—④轴线是一套四室两厅一厨一卫的C户型平面布置图，通过楼梯间进户，一梯两户，左右对称。

④和⑩轴线各有一双跑楼梯。建筑平面图比例较小，楼梯在平面图中只能示意楼梯的投影情况，楼梯的制作、安装详图详见楼梯详图或标准图集。在平面图中，表示的是楼梯设在建筑中的平面位置、开间和进深大小，楼梯的上下方向及上一层楼的步数。

20.3.4 门窗的布置、数量、开启方向及型号

在平面图中，只能反映出门、窗的平面位置、洞口宽度及与轴线的关系。门窗应按图4.25所示的常用建筑配件图例进行绘制。在施工图中，门用代号“M”表示，窗用代号“C”表示，如“M1”表示编号为1的门，而“LC2”则表示编号为2的铝合金窗。门窗的高度尺寸在立面图、剖面图或门窗表中查找，本例中门窗数量及规格见附图建施-01中门窗统计表。门窗的制作安装需查找相应的详图。

在平面图中门洞位置处若画成虚线，则表示此门洞为没安装门的洞口，如卫生间前室宽为700 mm的门洞；窗洞位置处若画成虚线，则表示此窗为高窗（高窗是指窗洞下口高度高于1 500 mm，一般为1 800 mm以上的窗）。按剖切位置和平面图的形成原理，高窗在剖切平面上方，并不能够投射到本层平面图上，但为了施工时阅读方便，国标规定把高窗画在所在楼层并用虚线表示。

M0920——门洞宽900 mm，高2 000 mm；

GM1824——钢门洞宽1 800 mm，高2 400 mm；

JM——卷门；

MC——门带窗；

C1518——窗洞宽 1 500 mm，高 1 800 mm；

LC1518——铝合金窗洞宽 1 500 mm，高 1 800 mm。

20.3.5 房屋的平面形状和尺寸标注

平面图中标注的尺寸分内部尺寸和外部尺寸两种，主要反映建筑物中门窗的平面位置及墙厚、房间的开间、进深大小、建筑的总长和总宽等。

内部尺寸一般用一道尺寸线表示墙与轴线的关系、房间的净长、净宽以及内墙门窗与轴线的关系。

外部尺寸一般标注 3 道尺寸。最里面一道尺寸表示外墙门窗的大小及与轴线的平面关系，也称门窗洞口尺寸。中间一道尺寸表示轴线尺寸，即房间的开间与进深尺寸。最外面一道尺寸表示建筑物的总长、总宽，即从一端外墙皮到另一端外墙皮的尺寸。

从附图建施 -03 底层平面图中可知，该住宅楼的客厅、主卧室、次卧室、小卧室及厨卫的平面形状均为长方形，其主卧室的开间 × 进深 =3 300 mm × 4 800 mm，客厅的开间 × 进深 = 3 900 mm × 8 800 mm，其余房间的开间和进深同理可得；进户门及卧室门均为 M1，厨房门为 LM2，卫生间门为 M2。

其内部尺寸有①、⑬、Ⓑ、Ⓔ、Ⓕ等轴线的墙厚为 370 mm，Ⓐ轴线墙厚为 240 mm；①、Ⓑ两轴线与墙的关系为左厚 250 mm，右厚 120 mm；

其外部尺寸有①—②轴线间主卧室尺寸有 900 mm、1 500 mm、900 mm 3 个门窗洞口的细部尺寸；②—③轴线间客厅的开间 × 进深 =3 900 × 6 600 mm；①—⑬轴线墙外皮间的总长度为 40 100 mm；Ⓐ—Ⓕ轴线墙外皮间的总宽度为 13 270 mm。

其楼梯间的开间 × 进深 =2 400 × 5 100 mm，由底层上到二层共有 18 步，由 ± 0.000 下到 –0.600 m 共有 4 步，每一步的踏面宽为 300 mm，踢面高为 150 mm。

在房屋建筑工程中，各部位的高度都用标高来表示。除总平面图外，施工图中所标注的标高均为相对标高。在平面图中，因为各房间的用途不同，房间的高度不都在同一个水平面上，如附图建施 -03 底层平面图中，± 0.000 表示客厅、主卧室、次卧室等房间的地面标高，–0.600 表示室内楼梯间起点地面的标高。

20.3.6 房屋的细部构造和设备配备情况

房屋的细部构造和设备包括房屋内部的壁柜、吊柜、厨房设备、搁板、水池、墙洞以及各种卫生设备，房屋外部的台阶、花池、散水、明沟、雨水管等的布置。附属设施只能在平面图中表示出平面位置，具体做法应查阅相关的详图或标准图集。例如，附图建施 -03 中，卫生间内的浴缸、马桶、洗面盆等。

20.3.7 房屋的朝向及剖面图的剖切位置、索引符号等

建筑物的朝向在底层平面图中用指北针表示。建筑物主要入口在哪面墙上，就称建筑物朝哪个方向。如附图建施 -03 底层平面图所示，指北针朝上，建筑物的主要入口在Ⓔ轴线上，说

明该建筑朝北，也就是人们常说的“坐南朝北”。指北针及风玫瑰图如图4.16所示。

本住宅楼的剖切位置Ⅲ—Ⅲ在④—⑤轴线间。

靠Ⓕ轴线处的散水及明沟的做法用详图索引符号标出，详西南J802。

20.3.8 墙厚（柱的断面）

建筑物中墙、柱是承受建筑物垂直荷载的重要结构，墙体又起着分隔房间的作用，为此它们的平面位置、尺寸大小都非常重要。从底层平面图中我们可以看到，外横墙和外纵墙墙厚分别为370 mm和240 mm。

20.4 其他各层平面图和屋顶平面图

除底层平面图外，在多层或高层建筑中，一般还有×层—×层平面图、顶层平面图、屋顶平面图、局部平面图和地下室平面图。×层—×层平面图和顶层平面图所表示的内容与底层平面图相比大同小异，屋顶平面图主要表示屋顶面上的情况和排水情况。下面以×层—×层平面图和屋顶平面图为例进行介绍。

20.4.1 ×层—×层平面图

×层—×层平面图与底层平面图的区别主要体现在以下5个方面：

（1）房间布置

×层—×层平面图的房间布置与底层平面图房间布置不同的必须表示清楚。附图建施-04、建施-05、建施-06等平面图中的所有房间布置均与底层平面图的布置相同。

（2）墙体的厚度（柱的断面）

由于建筑材料强度或建筑物的使用功能不同，建筑物墙体厚度或柱截面尺寸往往不一样（顶层小、底层大），墙厚或柱变化的高度位置一般在楼板的下皮。

附图建施-04与建施-03的内外墙厚均相同，其外横墙和外纵墙墙厚分别为370 mm和240 mm；而附图建施-05、建施-06的所有外横墙和外纵墙墙厚均变为240 mm。

（3）建筑材料

建筑材料的强度要求、材料的质量好坏在图中表示不出来，但是在相应的说明中必须叙述清楚，该说明详见项目5结施图。

（4）门与窗

×层—×层平面图中门窗设置与底层平面图往往不完全一样，在底层建筑物的入口处一般为门洞或大门，而在×层—×层平面图中相同的平面位置处，一般情况下都改成了窗。如附图建施-03中第一、二单元的入口处均为门洞，而附图建施-04、建施-05、建施-06图中相同的平面位置处均变为LC5的窗。

（5）表达内容

×层—×层平面图不再表示室外地面的情况，但要表示下一层可见的阳台或雨篷。楼梯表示为有上有下的方向。如附图建施-04中其楼梯间处就表示了入口处的雨篷。附图建施-04、建施-05中的楼梯方向有上有下。而附图建施-06中的楼梯只有下方向。

20.4.2　屋顶平面图

屋顶平面图主要表示 3 个方面的内容，如附图建施 -07 所示屋顶平面图。

①屋面排水情况。如排水分区、分水线、檐沟、天沟、屋面坡度、雨水口的位置等。如附图建施 -07 中的排水坡度有 2%，1%，0.5% 等。

②突出屋面的物体。如电梯机房、楼梯间、水箱、天窗、烟囱、检查孔、管道、屋面变形缝等的位置。如附图建施 -07 中 600 mm × 600 mm 屋面检修孔。

③细部做法。屋面的细部做法除图中Ⓔ轴线屋面检修孔详西南 J202 标准图集的做法外，屋面的细部做法还包括高出屋面墙体的泛水、天沟、变形缝、雨水口等。

20.5　平面图的阅读与绘制

20.5.1　阅读底层平面图方法及步骤

微课 底层平面图的识读

从图纸目录中，可以查到底层平面图的图号为附图建施 -03，如附图所示。底层平面图涉及的内容最全面，因此，我们阅读建筑平面图时，首先要读懂底层平面图。读底层平面图的方法步骤如下：

①首先查看图名与比例：底层平面图 1∶100、附图建施 -03，从而确定为所找的图纸。

②查阅建筑物的朝向、形状、主要房间的布置及相互关系。从底层平面图中的指北针可以看出该建筑为坐南朝北，房间均为一字型，通过楼梯间相连。

③复核建筑物各部位的尺寸。复核的方法是将细部尺寸加起来看是否等于轴线尺寸，再将轴线尺寸和两端轴线外墙厚的尺寸加起来看是否等于总尺寸。

④查阅建筑物墙体（柱）采用的建筑材料，查阅时要结合设计说明阅读。这部分内容可能编排在建筑设计说明中，也可能编排在结构设计说明中。本例编排在结构设计说明中，其墙体材料为实心黏土砖。

⑤查阅各部位的标高。查阅标高时主要查阅房间、卫生间、楼梯间和室外地面标高。

⑥核对门窗尺寸及樘数。核对的方法是检查图中实际需要的数量与门窗表中的数量是否一致。

⑦查阅附属设施的平面位置。如厨房中的洗菜池和灶台、卫生间内的浴缸、马桶、洗面盆的平面位置等。

⑧阅读文字说明，查阅对施工及材料的要求。对于这个问题要结合建筑设计说明阅读，如附图建施 -01 中的建筑设计说明。

20.5.2　阅读其他各层平面图的注意事项

微课 平面图的识读

在熟练阅读底层平面图的基础上，阅读其它各层平面图要注意以下几点：

①查明各房间的布置是否同底层平面图一样。该建筑因为是住宅楼，标准层和底层平面图的布置完全一样。若是沿街建筑或公共建筑，房间的布置将会有很大的变化。

②查明墙身厚度是否同底层平面图一样。该建筑中外墙的厚度有变化，由底层、二层的 370 mm 和 240 mm 全部变为 240 mm。内墙的厚度无变化，均为 240 mm。

③门窗是否同底层平面图一样。该建筑中门窗变化仅有一处。底层楼梯间的门洞变为二至

七层的 LC5 窗。除此之外，在民用建筑中底层外墙窗一般还需要增设安全措施，如窗栅等。

④采用的建筑材料是否同底层平面图一样。在建筑中，房屋的高度不同，对建筑材料的质量要求也不一样。

⑤注意楼面、卫生间及楼梯休息平台的标高变化。

⑥不再表示剖切符号和散水。

20.5.3　阅读屋顶平面图的要点

阅读屋顶平面图主要注意两点：

①屋面的排水方向、排水坡度及排水分区。

②结合有关详图阅读，弄清分仓缝、女儿墙泛水、高出屋面部分的防水、泛水做法。

20.5.4　平面图的绘制

①准备绘图工具及用品。

②选比例定图幅、画图框和标题栏。

微课 建筑工程平立剖的绘制

③进行图面布置。根据房屋的复杂程度及大小，确定图样的位置。注意留出注写尺寸、符号和有关文字说明的空间。

④画铅笔线图。用铅笔在绘图纸上画成的图称为一底图，简称“一底”。

a. 画出定位轴线。定位轴线是建筑物的控制线，故在平面图中，凡是承重的墙、柱、大梁、屋架等都要画轴线，并按规定的顺序进行编号，如图 4.26（a）所示。

b. 画出全部墙厚、柱断面和门窗位置。此时应特别注意构件的中心是否与定位轴线重合。画墙身轮廓线时，应从轴线处分别向两边量取。由定位轴线定出门窗的位置，然后按图 4.25 的规定画出门窗图例，如图 4.26（b）所示。若表示的是高窗、通气孔、槽等不可见的部分，则应以虚线绘制。

c. 画其他构配件的轮廓。所谓其他构配件，是指台阶、坡道、楼梯、平台、卫生设备、散水和雨水管等，如图 4.26（c）所示。

以上 3 步用较硬的铅笔（H 或 2H）轻画。

⑤检查后描粗加深有关图线。

在完成上述步骤后，应仔细检查，及时发现错误。然后按照《建筑制图标准》（GB/T 50104—2010）的有关规定，描粗加深图线（用较软的铅笔 B 或 2B 绘制）。

线型要求：剖到的墙轮廓线，画粗实线；可见的台阶、楼梯、窗台、雨篷、门扇等画中粗实线；楼梯扶手、楼梯上下引导线、窗扇等，画细实线；定位轴线画细单点长画线。

⑥标注尺寸、注写定位轴线编号、标高、剖切符号、索引符号、门窗代号及图名比例和文字说明等内容。一般用 HB 的铅笔，如图 4.26（c）所示。

⑦复核。图完成后需仔细校核，及时更正，尽量做到准确无误。

⑧上墨（描图）。用描图纸盖在“一底”图上，用黑色的墨水（绘图墨水、碳素墨水）按“一底”图描出的图形称为底图，又称“二底”。

以上只是绘制建筑平面图的大致步骤，在实际操作时，可按房屋的具体情况和绘图者的习惯加以改变。

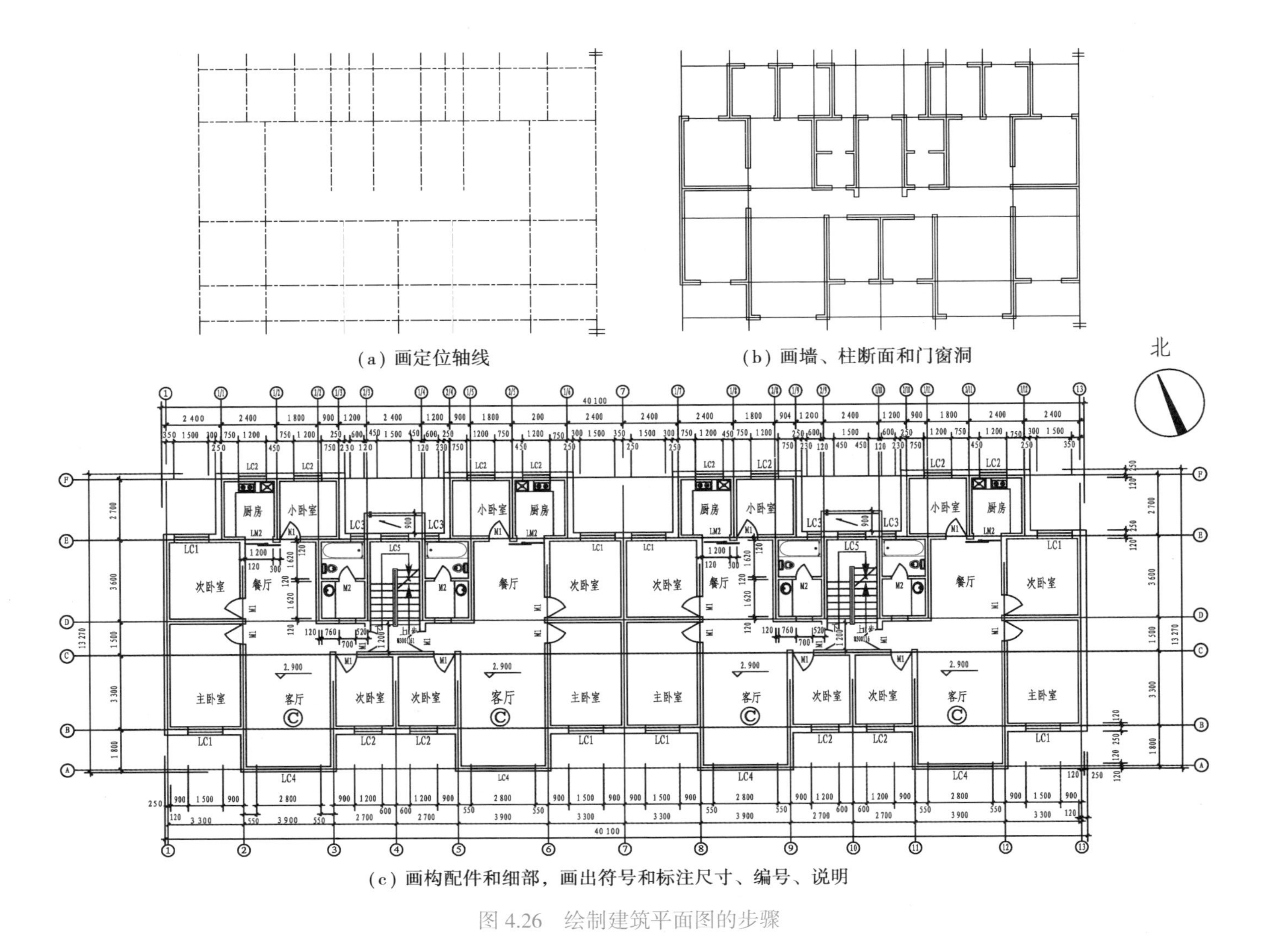

（a）画定位轴线

（b）画墙、柱断面和门窗洞

（c）画构配件和细部，画出符号和标注尺寸、编号、说明

图 4.26　绘制建筑平面图的步骤

技能点 20　建筑平面图的认知练习及应用

◎思政点拨◎

平面图的认知是基础，立面图、剖面图均与平面图有联系。

师生共同思考：基础决定高度和格局。我要如何才能打好人生的基础。

20.1　知识测试

1. 建筑平面图的外部尺寸俗称“外三道”，其中最里面一道尺寸标注的是（　　）。
   A. 房屋的开间、进深　　B. 房屋内墙的厚度和内部门窗洞口尺寸
   C. 房屋水平方向的总长、总宽　　D. 房屋外墙的墙段及门窗洞口尺寸
2. 平面图的外部尺寸俗称“外三道”，其中中间一道尺寸标注的是（　　）。
   A. 房屋的开间、进深　　B. 房屋内墙的厚度和内部门窗洞口尺寸
   C. 房屋水平方向的总长、总宽　　D. 房屋外墙的墙段及门窗洞口尺寸
3. 在建筑图中，金属材料的剖面图例表示为（　　）。

   A　　B　　C　　D

4. 在建筑施工图中，左图所示定位轴线的编号表示（　　）。

   2/C

   A. C 号轴线后附加的第 2 根轴线　　B. 2 号图纸上的 C 号轴线
   C. 2 号轴线后附加的 C 号轴线　　D. 在此位置有 2 号和 C 号两根轴线
5. 定位轴线、水平方向编号应用（　　）顺序编写，竖向编号应用（　　）顺序编写。
   A. 阿拉伯数字从下至上　　B. 阿拉伯数字从左至右
   C. 大写英文字母从下至上　　D. 大写英文字母从左至右
6. 建筑平面图是（　　）。
   A. 剖面图　　B. 全剖面图　　C. 半剖面图　　D. 局部剖面图
7. ［多项选择题］房屋工程图按专业不同分为（　　）。
   A. 建筑施工图　　B. 结构施工图　　C. 设备施工图　　D. 节点大样施工图
   E. 钢结构施工图
8. ［多项选择题］定位轴线垂直方向的编号不能用（　　）字母。
   A. I　　B. J　　C. O　　D. Z　　E. Y
9. ［多项选择题］在底层平面图应该表达（　　）。
   A. 指北针　　B. 剖切符号　　C. 室外设计标高　　D. 雨篷的投影　　E. 轴线编号
10. ［多项选择题］建筑平面图通常包含有（　　）。
   A. 底层平面图　　B. 二层平面图　　C. 标准层平面图　　D. 顶层平面图　　E. 屋顶平面图

20.2 技能训练

1. 根据图 4.27 所示，请填写相关内容。

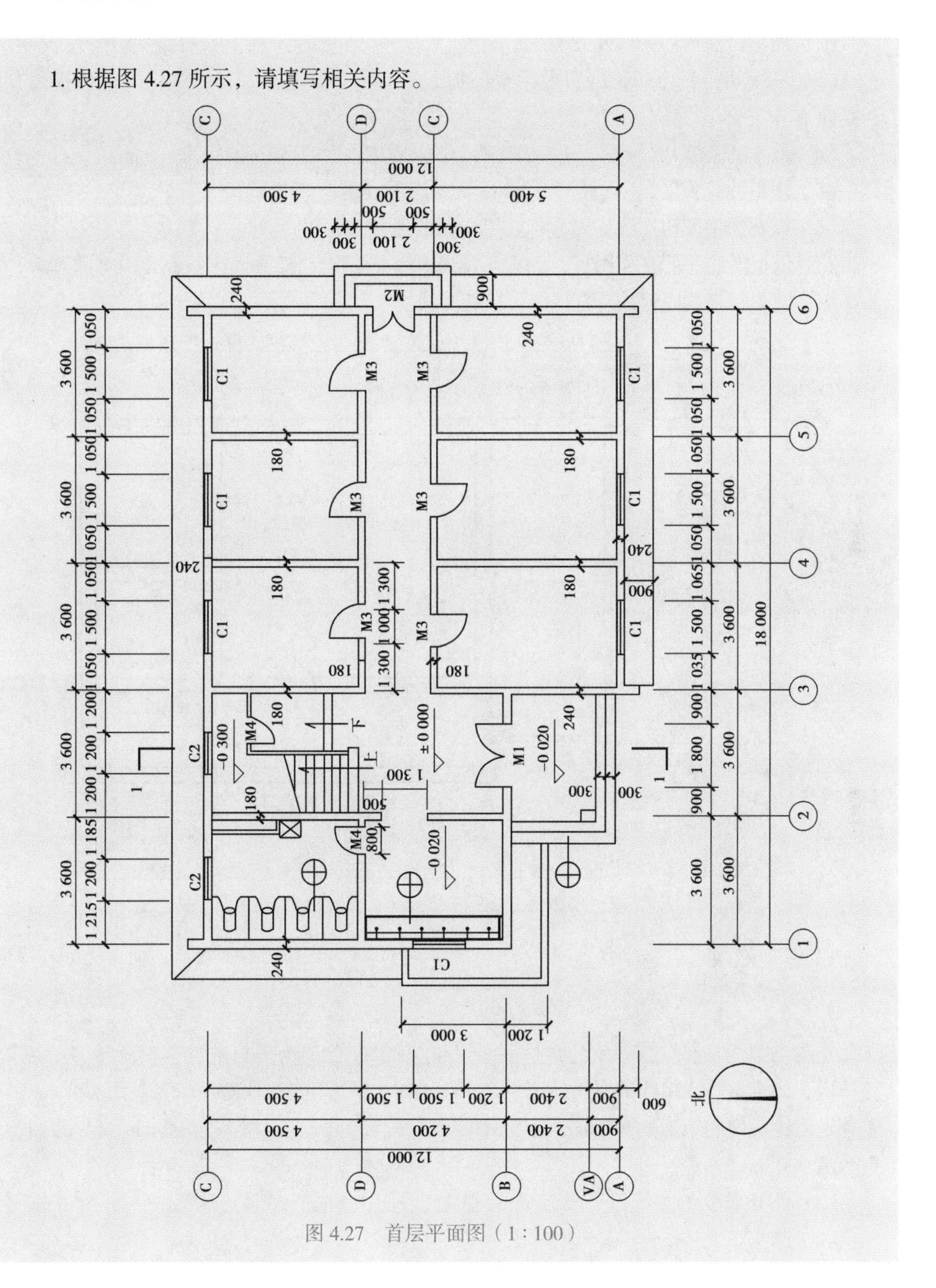

图 4.27　首层平面图（1∶100）

（1）建筑物外墙厚（　　）mm。

（2）列举首层窗的编号及其宽度：

（3）由剖切符号可知，剖切平面 1-1 通过（　　　　　　　　　　　），投射方向是向（　　　　　　　　　　　）。

（4）散水的宽度是（　　　）mm，室外台阶与室内地面的高差是（　　　）mm。

（5）房屋的总长度是（　　　）mm，总宽度是（　　　）mm。

（6）请在图中圈出图线、尺寸标注等错误的地方，并更正。

2. 请依据所绘制的平面图形，如图 4.28 所示，根据自己对平面图所包含内容的理解，写出本平面图所表达内容并补全可能欠缺的图线。

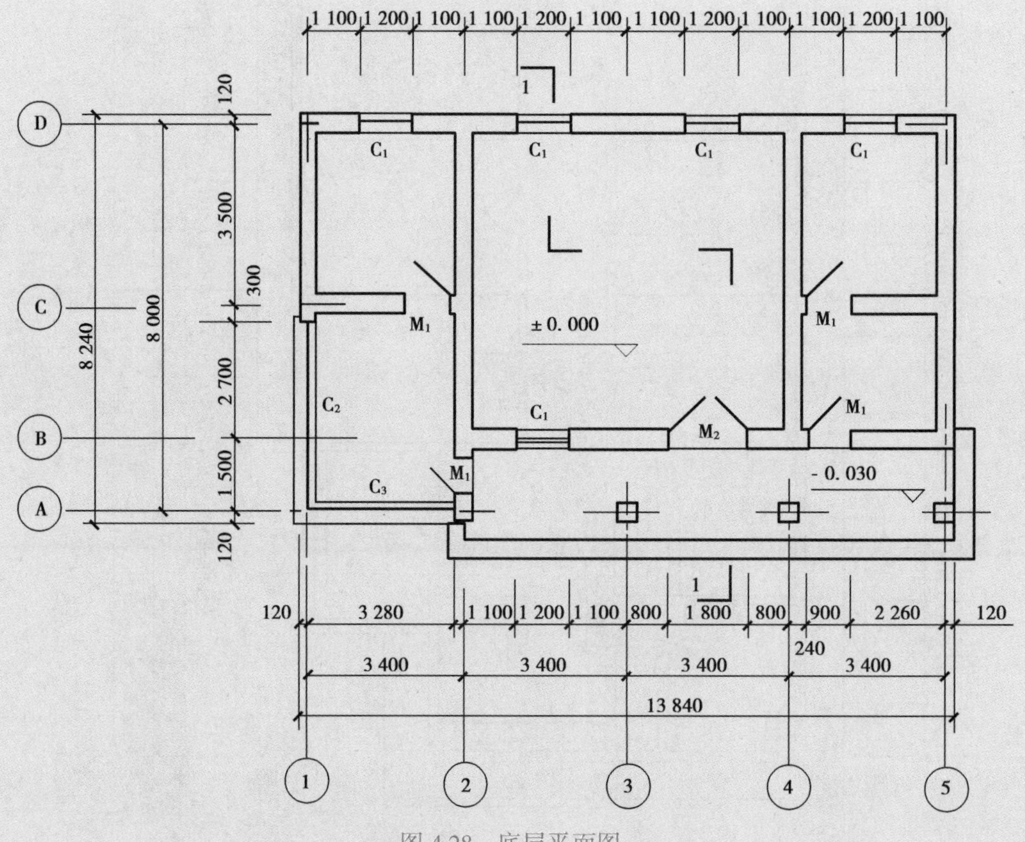

图 4.28　底层平面图

3. 图 4.29 为某单位门卫室的建筑平面图和立面图，朝向为南偏东 30°。设有门卫室、接待室、休息室等，房间的室内地面标高为 ±0.000，卫生间的地面比门卫室低 100 mm，室外走廊比房间的地面低 100 mm，台阶的每级踏步高为 150 mm。层高 3 900 mm，M1（0920），窗台高 900 mm。

（1）本建筑物的总长（　　　）mm，总宽（　　　）mm，墙体厚度为（　　　）mm。

（2）绘出指北针。

（3）写全定位轴线编号。

（4）注写平面图和立面图中必要的标高。

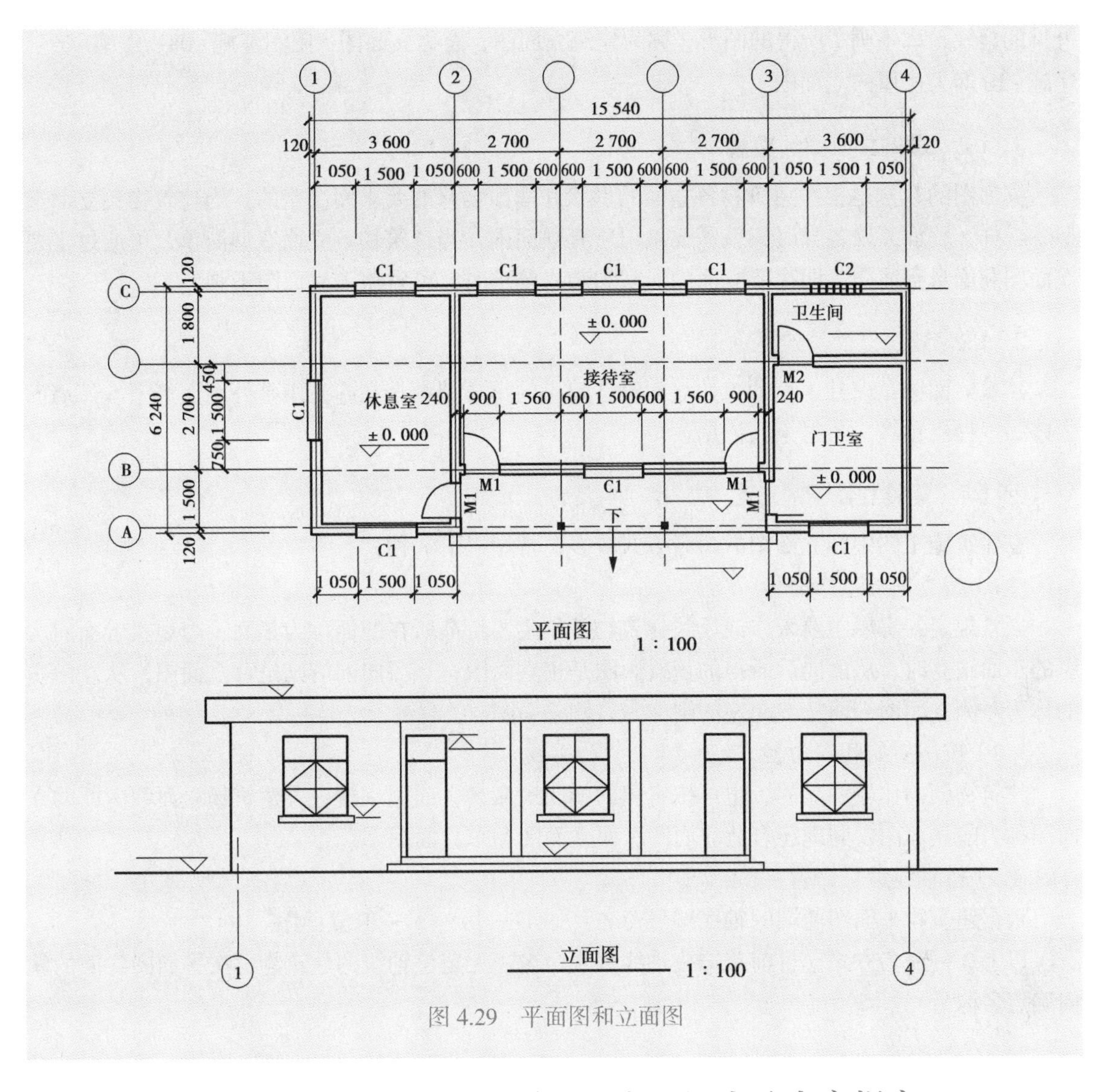

图 4.29　平面图和立面图

知识点 21　建筑立面图的形成、组成及内容规定

◎思政点拨◎

立面图往往只绘制可见部分，不可见部分不绘制。

师生共同思考：反思意识、批评与自我批评意识。人们通常看见的都是自己的优点，而对自身的缺点往往视而不见或隐藏起来了。

21.1　建筑立面图的形成、数量、用途及名称

微课　建筑立面图的形成与识读

21.1.1　建筑立面图的形成

从房屋的前、后、左、右等方向直接作正投影，只画出其上的可见部分（不

可见的虚线轮廓不画）所得的图形，称为建筑立面图，简称立面图。附图建施-08、建施-09、建施-10即为房屋的立面图。

21.1.2 建筑立面图的数量

立面图的数量是根据建筑物各立面的形状和墙面装修的要求而决定的。当建筑物各立面造型不一样、墙面装修各异时，就需要画出所有立面图。当建筑物各立面造型简单，可通过主要立面图和墙身剖面图表明次要立面的形状和装修要求时，可省略该立面图不画。

21.1.3 建筑立面图的用途

建筑立面图是设计工程师表达立面设计效果的重要图纸。在施工中是外墙面造型、外墙面装修、工程概预算、备料等的依据。

21.1.4 建筑立面图的命名

在建筑施工图中，立面图的命名方式较多，常用以下3种：

（1）按立面的主次命名

通常规定，房屋主要入口或反映建筑物外貌主要特征所在的面称为正面，当观察者面向房屋的正面站立时，从前向后所得的正投影图是正立面图；从后向前的则是背立面图；从左向右的称为左侧立面图；而从右向左的则称为右侧立面图。

（2）按房屋的朝向命名

建筑物朝向比较明显的，也可按房屋的朝向来命名立面图。规定，建筑物立面朝南面的立面图称为南立面图，同理还有北立面图、西立面图和东立面图。

（3）按轴线编号命名

根据建筑物平面图两端的轴线编号命名。如①—⑬、Ⓐ—Ⓕ立面图。

以上3种命名方式，目前首选按轴线编号命名。无定位轴线的建筑物可按平面图各面的朝向确定名称。

21.2 建筑立面图的主要内容

①图名、比例。

②定位轴线。

③表明建筑物外形轮廓。包括门窗的形状位置及开启方向、室外台阶、花池、勒脚、窗台、雨篷、阳台、檐口、墙面、屋顶、烟囱、雨水管等的形状和位置。

④用标高表示出各主要部位的相对标高。如室内外地面、各层楼面、檐口、女儿墙压顶、雨篷及总高度。

⑤立面图中的尺寸。立面图中的尺寸是表示建筑物高度方向的尺寸，一般用3道尺寸线表示。最外面一道为建筑物的总高，即从建筑物室外地面到女儿墙压顶（或檐口）的距离。中间一道尺寸线为层高，即上下相邻两层楼地面之间的距离。最里面一道为细部尺寸，表示室内外地面高差、防潮层位置、窗下墙的高度、门窗洞口高度、洞口顶面到上一层楼面高度、女儿墙或挑檐板高度。

⑥外墙面的分格。如附图建施 - 08 ①—⑬立面图所示，该建筑外墙面的分格线以横线条为主，竖线条为辅；利用通长的窗檐进行横向分格，利用凹凸墙面进行竖向分格。

⑦外墙面的装修。外墙面装修一般用索引符号表示具体做法（具体做法需查找相应的标准图集）或在图上直接引出标注。附图建施 - 08 ①—⑬立面图中，直接标出其外墙材料，勒脚用灰色涂料，水平分格线条和檐口线用白色涂料，屋顶外边缘用浅棕灰色涂料，其余墙面用米黄色涂料。

21.3　立面图的阅读与绘制

微课 立面图的识读

21.3.1　立面图的阅读

阅读立面图时应对照平面图阅读，查阅立面图与平面图的关系，这样才能建立起立体感，加深对平面图、立面图的理解。

（1）了解图名和比例

根据附图建施 - 08 的图名：①—⑬立面图，再对照附图建施 - 03 的底层平面图可知，该图也就是第三幢住宅楼的背立面图。绘图比例为 1∶100。

（2）了解建筑物的体型和外部形状

该住宅楼为七层平顶建筑，外形是长方体。

（3）了解门窗的类型、位置及数量

该住宅楼背立面底层有 3 种规格（LC1，LC2，LC4）共 12 樘窗；窗均为推拉窗。二至七层背立面每层窗的规格和数量均同底层。

（4）查阅建筑物各部位的标高及相应的尺寸

室外地坪标高为 –0.600 m，屋檐顶面标高为 21.200 m，由室外地坪至屋檐总高为 21.8 m，层高 2.9 m，其他标高见附图建施 - 08 所示。

（5）了解其他构配件

房屋下部作有勒脚，檐口四周作有斜面，楼梯间入口处作有雨篷。

（6）查阅外墙面

各细部的装修做法，如窗台、窗檐、雨篷、勒脚等。

（7）其他

结合相关的图纸，查阅外墙面、门窗、玻璃等的施工要求。

21.3.2　立面图的绘制

一般是在绘制好各层平面图的基础上，对应平面图来绘制立面图。绘制方法及步骤大致同平面图，具体步骤如下：

①选取和平面图相同的绘图比例及图幅。

②画铅笔线图（用较硬的 H 或 2H 铅笔）。

a. 画室外地坪线、两端的定位轴线、外墙轮廓线和屋顶或檐口线，并画出首尾轴线和墙面分格，如图 4.30（a）所示。

b. 确定细部位置。内容包括定门窗洞口位置线、窗台、雨篷、窗檐、阳台、檐口、墙垛、勒脚、雨水管等。对于相同的构件，只画出其中的一到两个，其余的只画外形轮廓，如图中的门窗等，如图 4.30（b）所示。

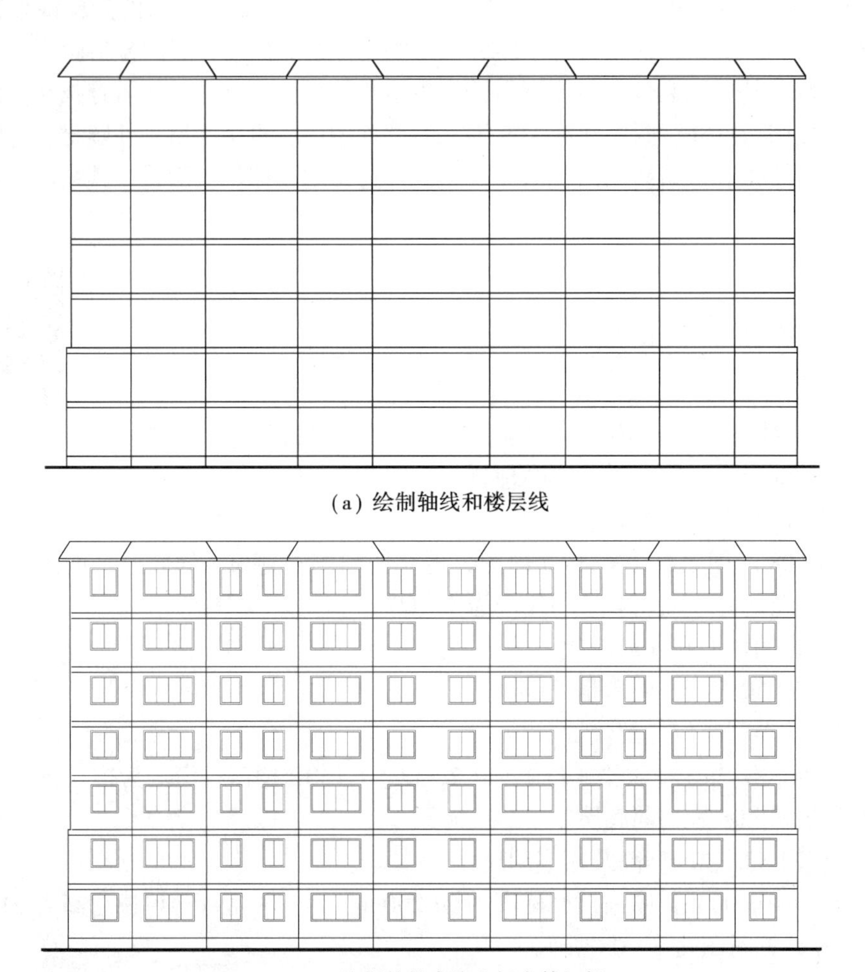

(a) 绘制轴线和楼层线

(b) 绘制外轮廓线和门窗等细部

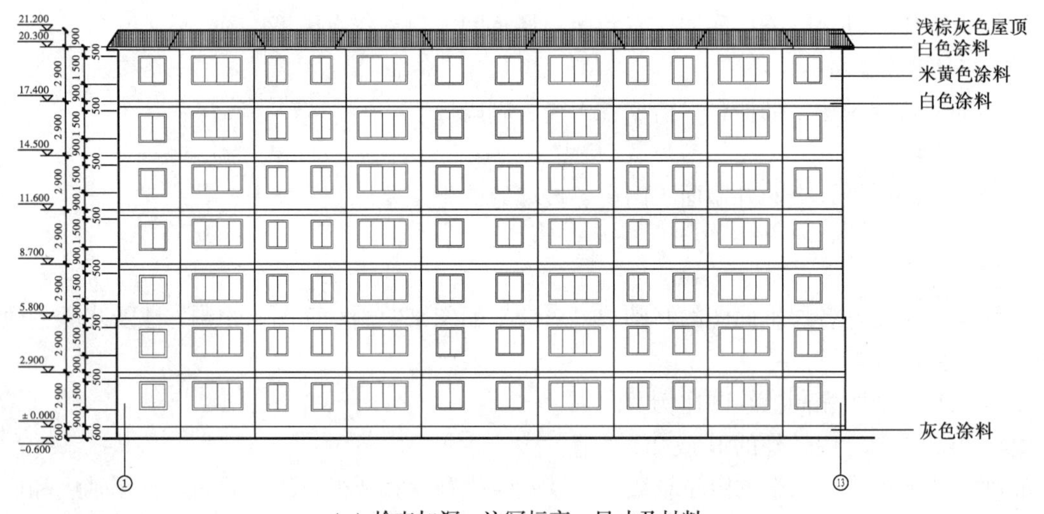

(c) 检查加深、注写标高、尺寸及材料

图 4.30　立面图的绘制步骤

③检查后加深图线（用较软的 B 或 2B 铅笔）。为了立面效果明显，图形清晰，重点突出，层次分明，立面图上的线型和线宽一定要区分清楚。

线型要求：地坪线画加粗实线（1.4b）；外轮廓线（天际线）画粗实线；墙轮廓线、门窗洞轮廓线，画中粗线；门窗分格线、墙面分格线、雨水管等，画细实线。

④标注标高、尺寸，填写图名、比例、注明各部位的装修做法，如图 4.30（c）所示。

⑤校核。

技能点 21　建筑立面图的认知练习及应用

◎思政点拨◎

建筑立面图主要反映建筑物外在造型、使用材料等；同时，外形会遮挡内部。

师生共同思考：人可以改变外形，外形也可以掩盖自身缺陷一时，但缺陷终会展现出来。

21.1　知识测试

1. 在房屋的立面图中，房屋的外轮廓线用（　　）。
   A. 粗实线　B. 中实线　C. 细实线　D. 加粗线
2. 在房屋的立面图中，地面线用加粗线，其线宽为粗实线的（　　）。
   A. 1.2 倍　B. 1.3 倍　C. 1.4 倍　D. 1.5 倍
3. [多项选择题] 立面图可以按（　　）方式命名。
   A. 朝向　B. 轴线　C. 色彩　D. 主出入口　E. 出入口
4. [多项选择题] 立面图是（　　）图。
   A. 正投影　B. 斜投影　C. 平行投影
   D. 剖面　E. 轴测
5. [多项选择题] 立面图表达的主要内容有（　　）。
   A. 建筑物外轮廓　B. 立面尺寸　C. 标高
   D. 外墙装修情况　E. 定位轴线

21.2　技能训练

图 4.31 所绘制的立面图是根据图 4.28 的平面图所绘制的，回答以下问题。

（1）立面图的图名是（　　　　　　　　　　）。

（2）立面图的比例是（　　　　），对应平面图的比例是（　　　　）。

（3）建筑物室内外高差是（　　　　）mm。

（4）建筑物室外地坪标高为（　　　　）m，屋檐顶面标高为（　　　　）m，室外地坪至屋檐总高为（　　　　）m，建筑物总高为（　　　　）m，层高为（　　　　）m，共（　　　　）层。

（5）建筑物外墙装修材料是（　　　　　　　　　　　　　　）。

（6）建筑物外墙门窗有几种类型？有几种规格？

（7）补全Ⓐ—Ⓓ立面图的尺寸。

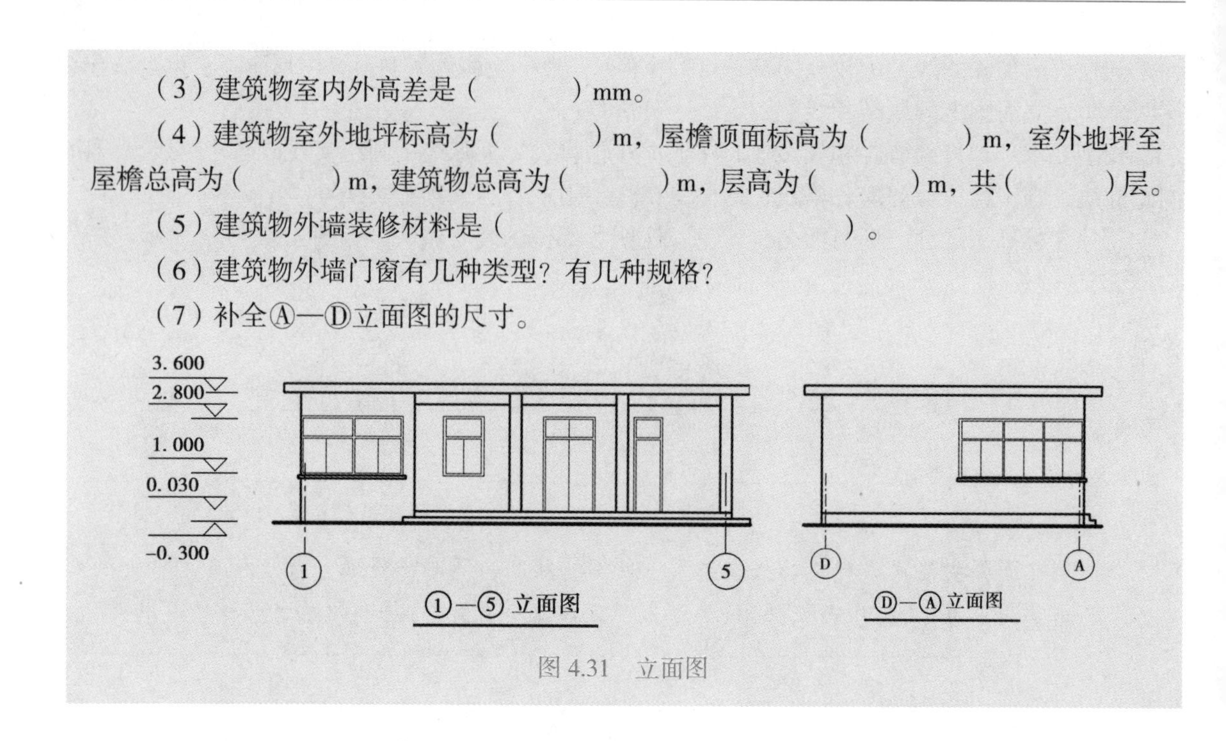

图 4.31　立面图

知识点 22　建筑剖面图的形成、组成及内容规定

◎思政点拨◎

剖面图主要反映建筑外部不可见，但内部依然存在的空间。

师生共同思考：镜子意识。自身的缺陷和不足是必然存在的，但自己往往看不透，需要借助他人才行。

从前面所看到的平面图和立面图中，可以了解到建筑物各层的平面布置以及立面的形状，但无法得知层与层之间的联系。建筑剖面图就是用来表示建筑物内部垂直方向的结构形式、分层情况、内部构造以及各部位高度的图样。

22.1　形体剖面图

用视图虽然能清楚地表达出物体的外部形状，但内部形状却需用虚线来表示，对于内部形状比较复杂的物体，就会在图上出现较多的虚线，虚实重叠，层次不清，读图和标注尺寸都比较困难。为此，标准中规定用剖面图表达物体的内部形状。

22.1.1　剖面图的形成与基本规则

（1）剖面图的形成

假想用一个剖切平面将物体切开，移去观察者与剖切平面之间的部分，将剩下的那部分物体向投影面投影，所得到的投影图就叫作剖面图，简称剖面。

微课　剖面图的形成与标注

如图 4.32 所示为一杯形基础，图 4.32（a）、（b）为剖切前的立体图和两个基本视图，其杯形孔在正立面图中为虚线。图 32（c）为剖切过程，假想的剖切平面 *P* 平行于投影面 *V*，且处于形体的对称面上。这样，剖切平面剖切处的断面轮廓和其投影轮廓完全一致，仅仅发生实线与虚线的变化，为了区分断面与非断面，在断面上画出了剖面符号（又称材料图例）。

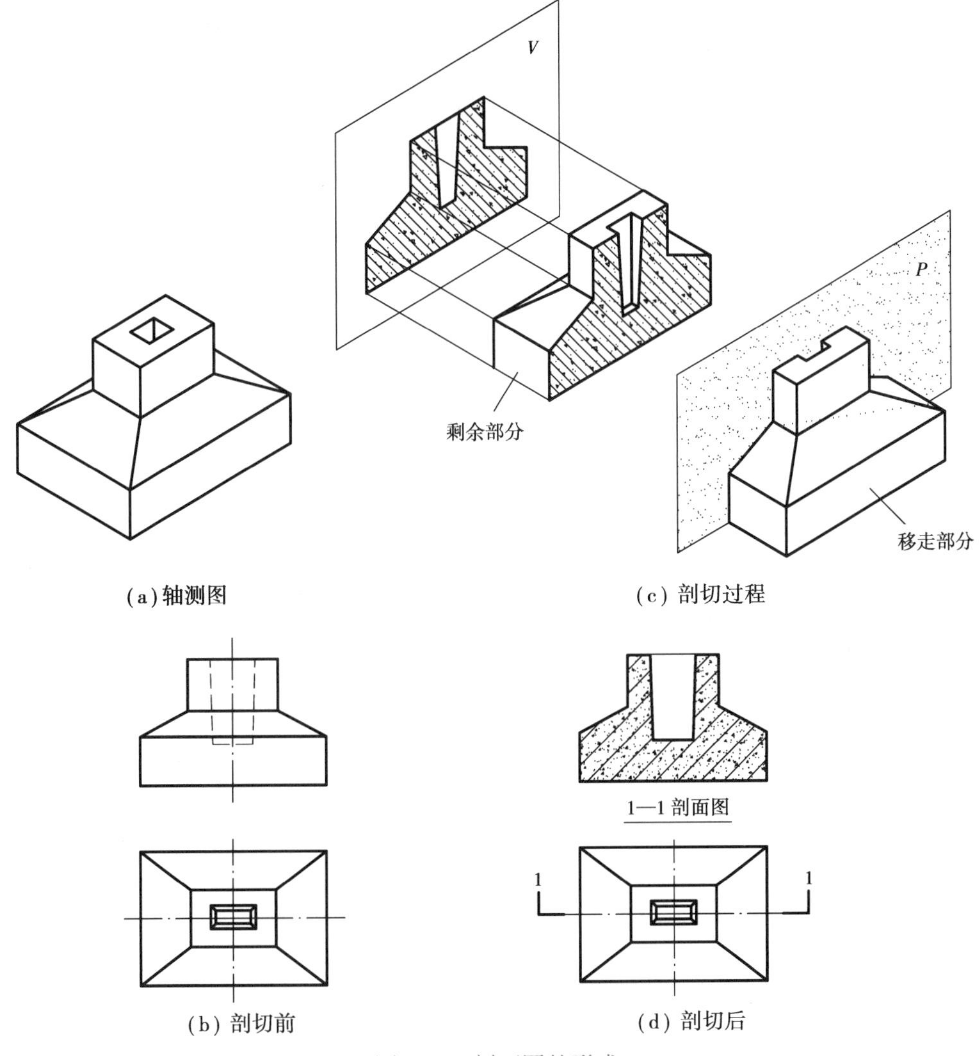

图 4.32　剖面图的形成

（2）画剖面图的基本规则

由剖面图的形成过程和识别需要，可概括出画剖面图的基本规则如下：

①假想的剖切平面应平行于被剖视图的投影面，且通过形体的相应投影轮廓线，而不致产生新的截交线，剖切面最好选在形体的对称面上。

②剖切处的断面用粗实线绘制，其他可见轮廓线用细实线或中粗线。不可见的虚线只在影响形体表达时才保留。

③为了区分断面实体和空腔，并表现材料和构造层次。在断面上画上材料图例（也称剖面符号）。其表示方法有 3 种。一是不需明确具体材料时，一律画 45° 方向的间隔均匀的细实线，且全图方向，间隔一致；二是按指定材料图例（见表 4.5）绘制，若有两种以上材料，则应用

中实线画出分层线；三是在断面很狭小时，用涂黑（如金属薄板、混凝土板）或涂红（如小比例的墙体断面）表示。

④注剖切代号。在一组视图中，为了标明剖面图与其他视图的关系，一般应标注剖切代号，它包含四项内容：一是在对应的视图上用粗短线标记剖切平面的位置，一般将粗短线画在图形两边，长为 6 ~ 10 mm；二是对剖切平面编号，用阿拉伯数字或罗马数字依次注写在粗短线外侧；三是标记剖面图的投影方向，在粗短线的外端顺投影方向画粗短线，长为 4 ~ 6 mm，如 Ⅰ└ ┘Ⅰ；四是在剖面图下方图名处注写剖面编号，如Ⅰ—Ⅰ剖面图。

⑤在一组视图中，无论采用几个剖面图，都不影响其他视图的完整性。

表 4.5　常用建筑材料图例

序号	名称	图例	说明	序号	名称	图例	说明
1	自然土壤		细斜线为 45°（以下均相同）	13	多孔材料		包括珍珠岩，泡沫混凝土、泡沫塑料
2	夯实土壤			14	纤维材料		各种麻丝、石棉、纤维板
3	砂、灰图粉刷		粉刷的点较稀	15	松散材料		包括木屑、稻壳
4	砂砾石 三合土			16	木材		木材横断面、左图为简化画法
5	普通砖		砖体断面较窄时可涂红	17	胶合板		层次另注明
6	耐火砖		包括耐酸砖	18	石膏板		
7	空心砖		包括多孔砖	19	玻璃		包括各种玻璃
8	饰面砖		包括地砖、瓷砖、马赛克、人造大理石	20	橡胶		
9	毛石			21	塑料		包括各种塑料及有机玻璃
10	天然石材		包括砌体、贴面	22	金属		断面狭小时可涂黑
11	混凝土		断面狭窄时可涂黑	23	防水材料		上图用于多层或比例较大时
12	钢筋混凝土			24	网状材料		包括金属、塑料网

22.1.2　剖面图的类型与应用

为了适应建筑形体的多样性，在遵守基本规则的基础上，由于剖切平面数量和剖切方式不同而形成下列常用类型：全剖面图、半剖面图、局部剖面图和阶梯剖面图。

微课 剖面图的类型与应用

（1）全剖面图

全剖面图是用一个剖切平面把物体全部剖开后所画出的剖面图。它常应用在某个方向外形比较简单，而内部形状比较复杂的物体上。图 4.32（d）就是全剖面图。

图 4.33（a）为一双杯基础的两面投影图。若需将其正立面图改画成全剖面，并画出左侧立面的剖面图，材料为钢筋混凝土。可先画出左侧立面图的外轮廓后，再分别改画成剖面图，并标注剖切代号，如图 4.33（b）所示。

从图 4.33 中可知，为了突出视图的不同效果，平面图的可见轮廓线改用中实线；两剖面图的断面轮廓用粗实线，而杯口顶用细实线，材料图例中的 45° 细线方向一致；剖面取在前后的对称面上，而 *B—B* 剖面取在右边杯口的局部对称线上。

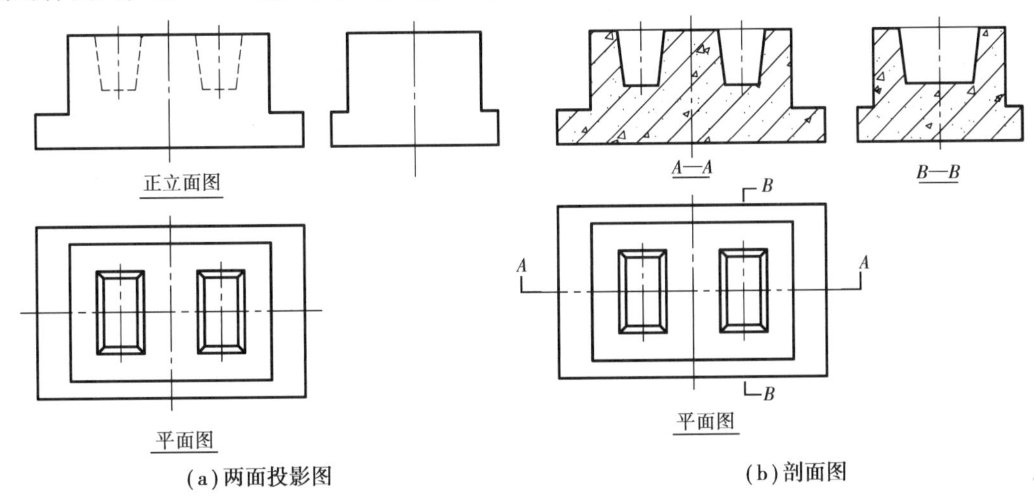

图 4.33　全剖面图

（2）半剖面图

在对称物体中，以对称中心线为界，一半画成视图，一半画成剖面图后组合形成的图形称为半剖面图（见图 4.34），半剖面图经常运用在对称或基本对称，内外形状均比较复杂的物体上，同时表达物体的内部结构和外部形状。

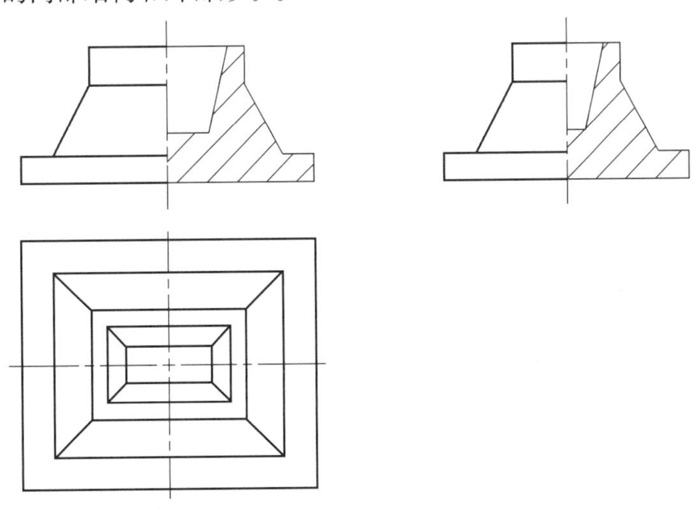

图 4.34　半剖面图

在画半剖面图时，通常把半个剖面图画在垂直对称线的右侧或画在水平对称线的下方。必须注意，半个剖面图与半个视图间的分界线按规定必须画成单点长画线。此外，由于内部对称，其内形的一半已在半个剖面图中表示清楚，因此，在半个视图中，表示内部形状的虚线就不必再画出。

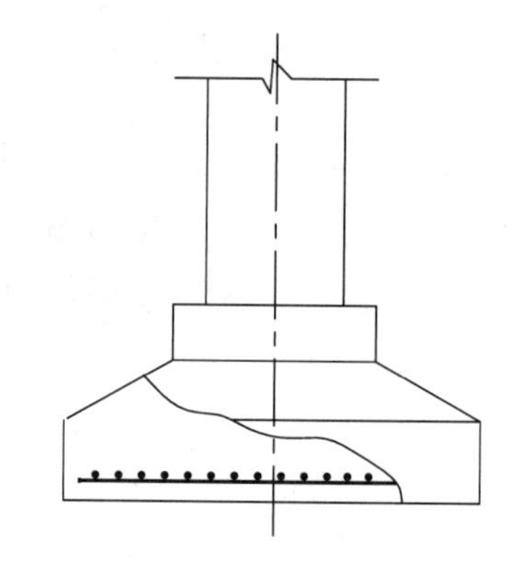

半剖面的标注方法与全剖面相同，在图 4.34 中由于正立面图及左侧立面图中的半剖面都是通过物体左右和前后的对称面进行剖切的，故可省略标注；如果剖切平面的位置不在物体的对称面上，则必须用带数字的剖切符号把剖切平面的位置表示清楚，并在剖面图下方标明相应的剖面图名称：×—×（省去了“剖面图”三字）。

（3）局部剖面

用剖切平面局部地剖开不对称的物体，以显示物体该局部的内部形状所画出的剖面图称为局部剖面图。如图 4.35 所示的柱下基础，为了表现底板中的钢筋布置，对正立面和平面图都采用了局部剖面的方法。

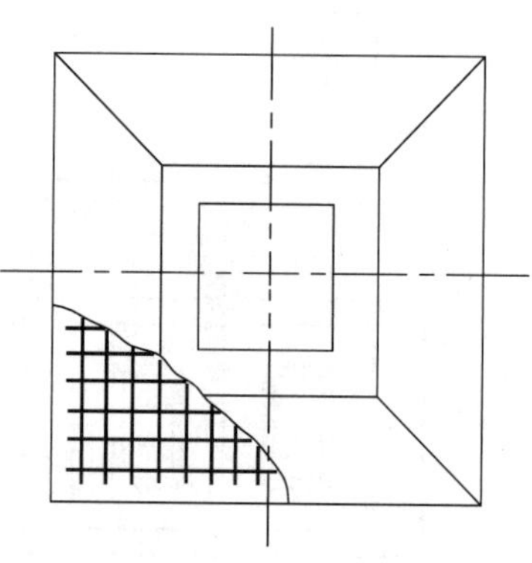

图 4.35　局部剖面图

当物体只有局部内形需要表达，而仍需保留外形时，应用局部剖面就比较合适，能达到内外兼顾、一举两得的表达目的。

局部剖面只是物体整个外形投影图中的一个部分，一般不标注剖切位置。局部剖面与外形之间用波浪线分界。波浪线不得与轮廓线重合，也不得超出轮廓线之外，在开口处也不能有波浪线。

在建筑工程图中，常用分层局部剖面图来表达屋面、楼面和地面的多层构造，如图 4.36（a）、（b）所示。

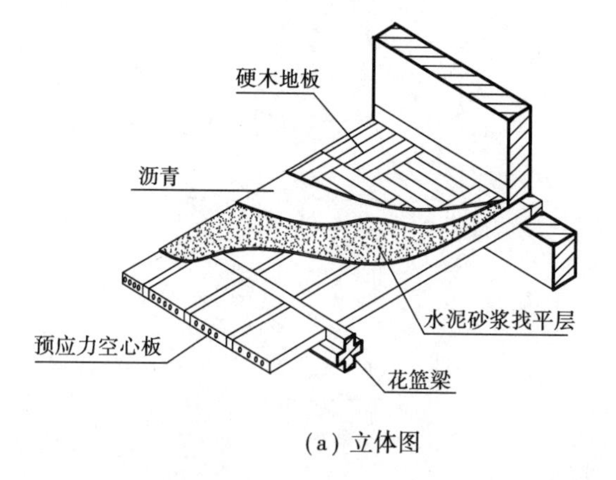

（a）立体图

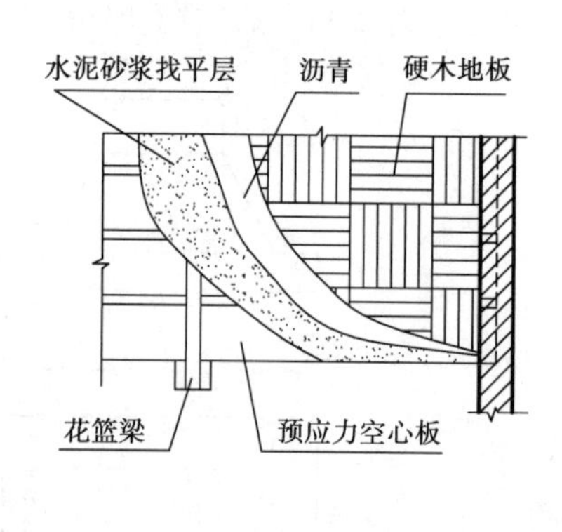

（b）平面图

图 4.36　分层局部剖面图

（4）阶梯剖面图

用一组投影面平行面剖开物体，将各个剖切平面截得的形状画在同一个剖面图中所得到的图形称为阶梯剖面图，如图 4.37 所示。阶梯剖面图运用在内部有多个孔槽需剖切，而这些孔槽又分布在几个互相平行的层面上的物体，可同时表达多处内部形状结构，且整体感较强。

在阶梯剖面图中不可画出两剖切平面的分界线，还应避免剖切平面在视图中的轮廓线位置上转折。在转折处的断面形状应完全相同。

阶梯剖面一定要完整地标注剖切面起始和转折位置，投影方向和剖面名称。

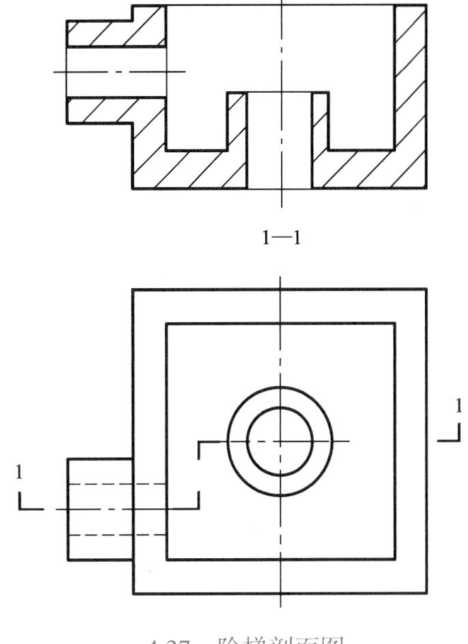

4.37　阶梯剖面图

例 4.1　已知盥洗池的正立面图和平面图，将其改成适当的剖面图，并作左侧立面的剖面图，见图 4.38（a）所示。

作图：

①形体分析。

根据图 38（a）两视图的对应关系可知，该盥洗池由两部分组成：左边为一小方形池，靠左后方池壁上开有一排水孔，右边为一大池，外形为长方体搁置在两块支承板上，大池内左边为上大下小的梯形漏斗，池底有一排水孔，右边为带小坡度的台面。

②剖面图选择。

针对盥洗池的形体构造特征，正立面图上取剖面应兼顾大小池和两个排水孔，以取阶梯剖 1—1 为宜；平面图对右边支承板不宜取剖面图（仍保留虚线）。只须对左边小池的出水孔取局部剖面；而原两视图（正立面图和平面图）在表现大池形状上是不充分的，若正立面图改为剖面图后，其横断面更是表达不清，必须以大池为重点补画 2—2 全剖面图，小池可以不考虑。

应该指出，正立面图和左侧立面图也可分别对大池和小池取局部剖面，有一定优点，但显得零散，缺乏整体性。

③作图步骤。

a. 先补画出左侧立面图底稿，如图 4.38（a）所示，以便对盥洗池的内外形状构造有较充分的认识。

b. 在平面图上标注剖切平面的位置。

c. 将正立面图改画成 1—1 阶梯剖面。

d. 将平面图左边小池改画成局部剖面。

e. 将左侧立面图改画成 2—2 全剖面图，如图 4.38（b）所示。

例 4.2　房屋的平、立、剖面图形成见图 4.39。

由该例可看出部分表达方法在建筑图中的应用，作图分析和作图步骤在后续内容还将叙述，此处从略。

说明：

①平面图中墙体断面用粗实线绘制，门窗按建筑图的绘制（参看专业图有关内容），其他设施用细实线绘制。

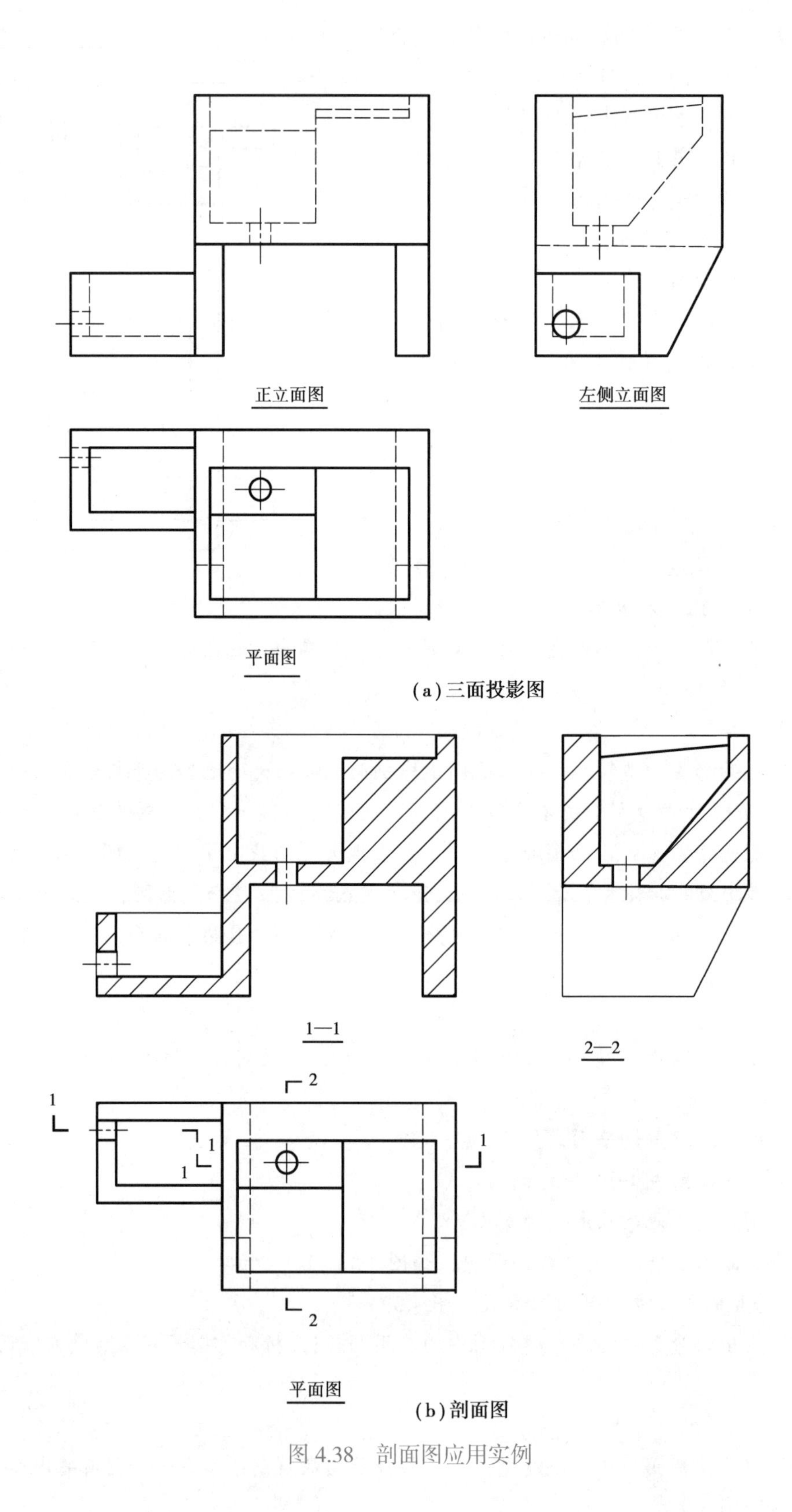

图 4.38　剖面图应用实例

②立面图中房屋主体外轮廓及地坪线用粗实线绘制；门窗、屋檐、台阶等外框线用中粗线绘制；其他细部构造（如窗扇分格线）用细实线绘制。

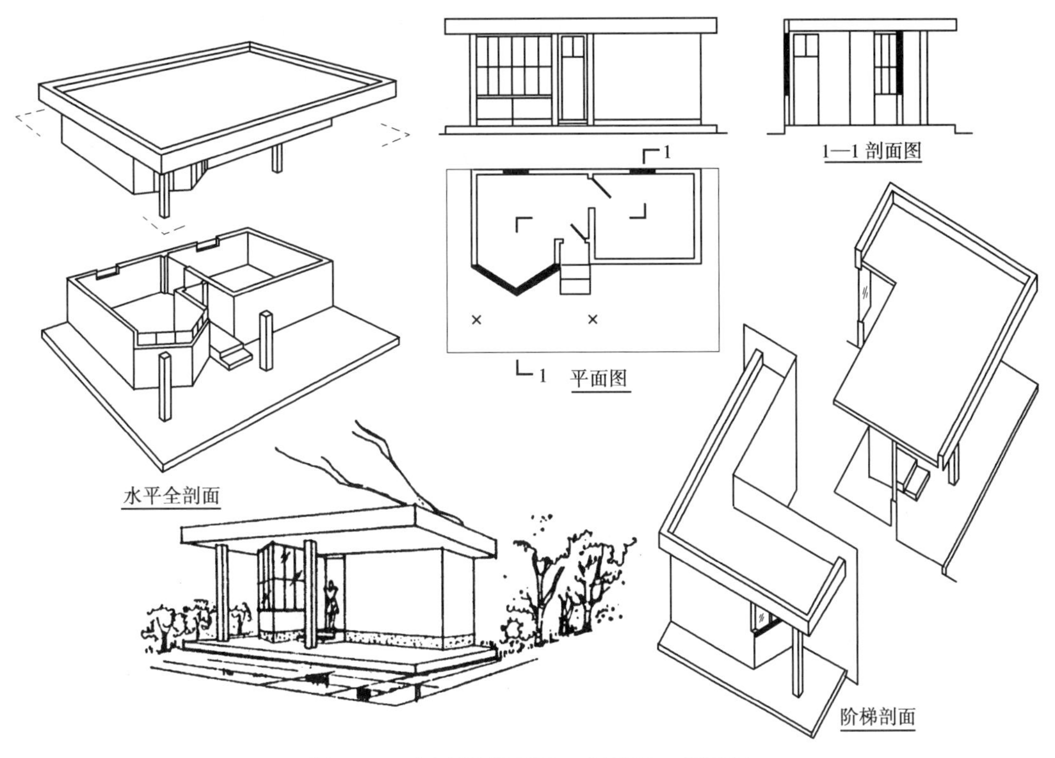

图 4.39　房屋的平面图、立面图、剖面图

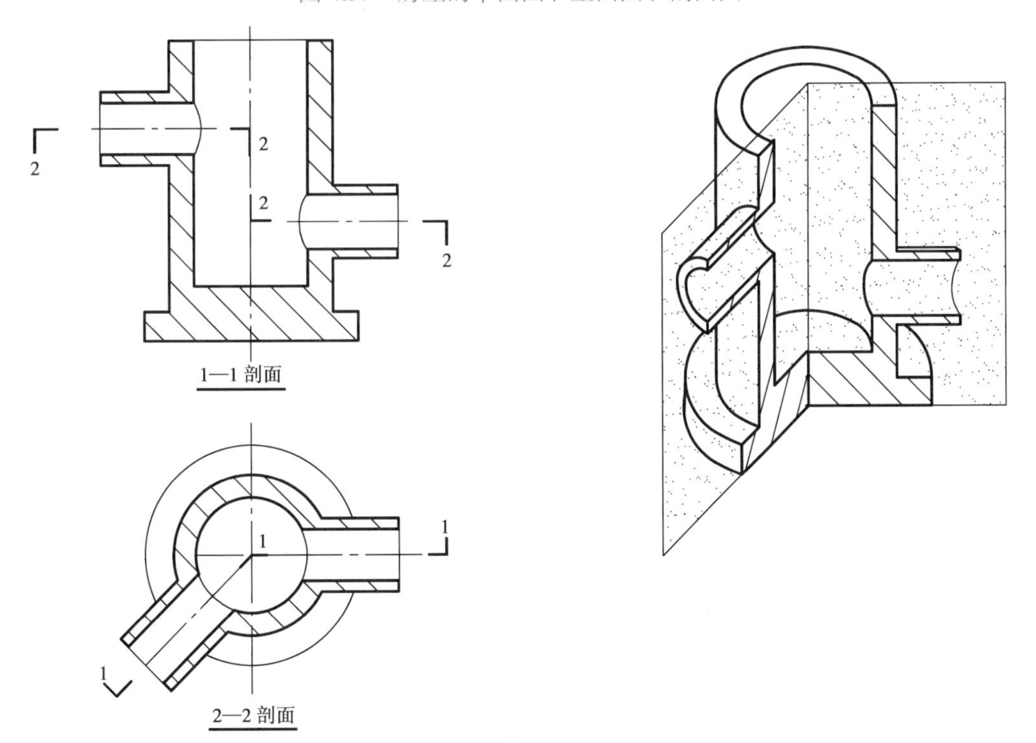

图 4.40　旋转剖面图

（5）旋转剖面图

用两个或两个以上相交平面作为剖切面剖开物体，将倾斜于基本投影面的部分旋转到平行于基本投影面后得到的剖面图，称旋转剖面图，如图 4.40 中 1—1 剖面。旋转剖面应用在物体内部有多处孔槽需剖切，每两剖切平面的交线又垂直于某一投影面时，以该交线为旋转轴。

画旋转剖面时一定要假想着把倾斜部分旋转到某投影面的平行面上，否则不能得到实长。

旋转剖面也要完整地标注剖切面的起始和转折位置，投影方向和剖面名称。

22.2 形体断面图

22.2.1 断面图与剖面图的区别

微课 断面图的类型与图示

当某些建筑形体只需表现某个部位的截断面实形时，在进行假想剖切后只画出截断面的投影，而形体的其他投影轮廓不予画出，称此截断面的投影为断面图（又称截面图）。

现以图 4.41（a）所示钢筋混凝土柱为例，在同一部位取剖面图和断面图的区别。

图 4.41（b）为剖面图，图 4.41（c）为断面图。在投影上 1—1 断面只反映了上柱正方形断面实形，2—2 断面只反映下柱工字形断面的实形；在剖切符号标记上，断面图只画出剖切平面位置线，不画投影方向线，而用剖切面编号所在一侧为投影方向。

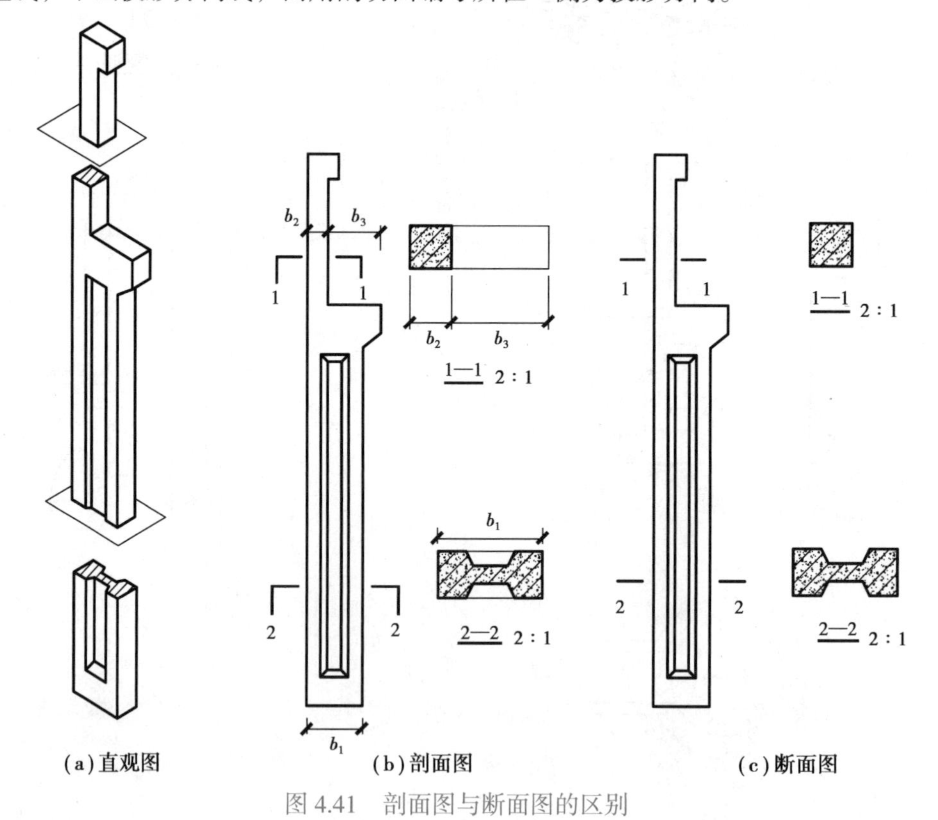

图 4.41 剖面图与断面图的区别

22.2.2 断面图的类型与应用

根据形体的特征不同和断面图的配置形式不同，可将断面图分为以下 3 类：

（1）移出断面

如图 4.42 所示的槽形钢，断面图画在标注剖切位置的视图之外。由于断面图单独画出，可按实际需要采取不同的比例画出。如图中立面图比例 1∶30，断面图比例 1∶20。断面图一般可布局在基本图样的右端或下方，图 4.41（c）的立柱也是移出断面。

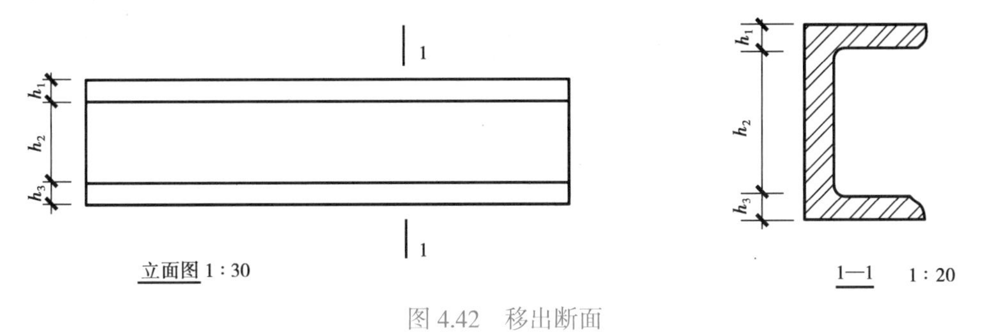

图 4.42　移出断面

（2）重合断面

当构件形状较简单时，可将断面直接画在视图剖切位置处，断面轮廓应加粗，图线重叠处按断面轮廓处理。这种画法的幅面利用紧凑且可以省去剖切符号的标注，如图 4.43 所示。

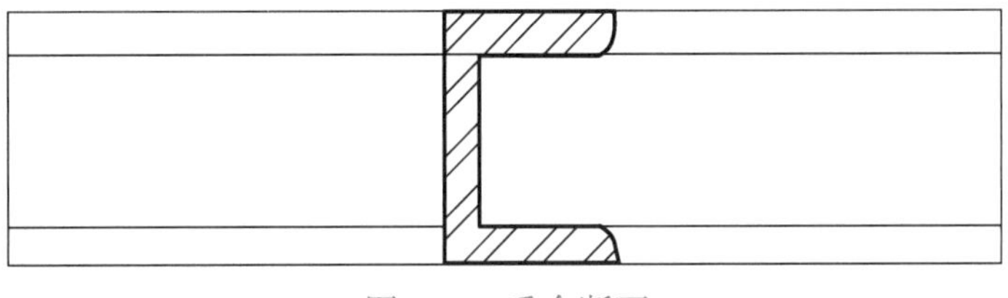

图 4.43　重合断面

（3）中断断面

当构件较长时，为了避免重合断面的缺点，将基本视图的剖切处用波浪线断开，在断开处画出断面图，也省去了剖切符号的标注，如图 4.44 所示。

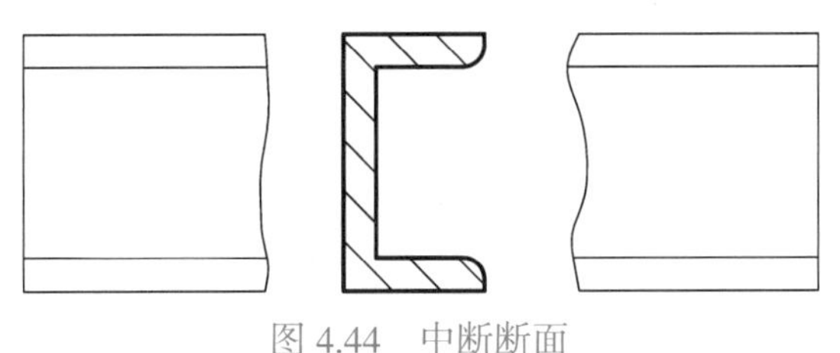

图 4.44　中断断面

图 4.45 中列举几种断面图实例，供读者参考。

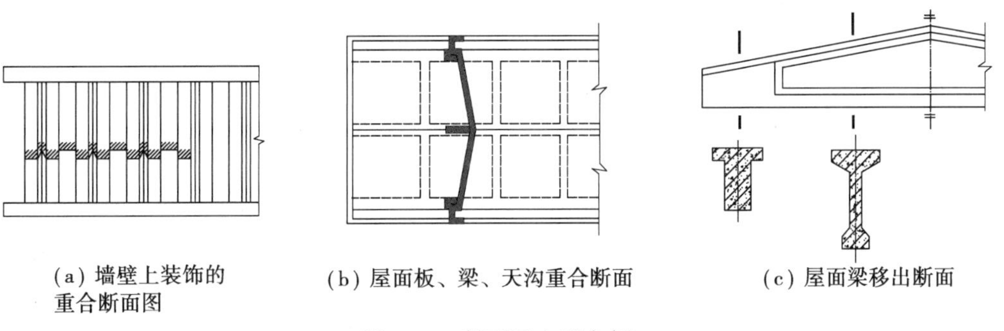

图 4.45　断面图应用实例

22.3　建筑剖面图的形成、数量、剖切位置选择及用途

微课　建筑剖面图的形成与识读

22.3.1　形成

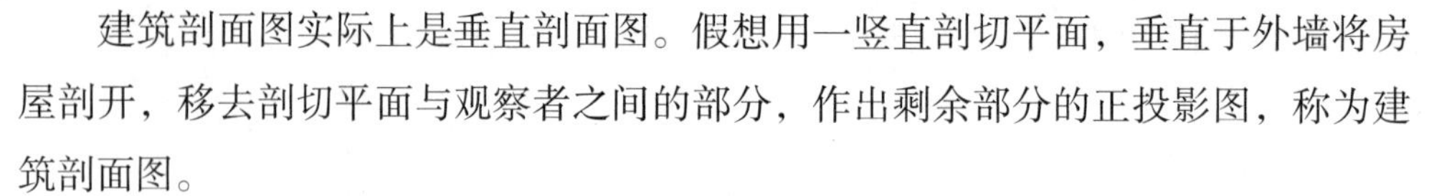
建筑剖面图实际上是垂直剖面图。假想用一竖直剖切平面，垂直于外墙将房屋剖开，移去剖切平面与观察者之间的部分，作出剩余部分的正投影图，称为建筑剖面图。

22.3.2　剖切位置选择

建筑剖面图的剖切部位，应根据图纸的用途或设计深度，在建筑平面图上选择能反映全貌、构造特征以及有代表性的部位剖切。一般应通过门窗洞口、楼梯间及主要入口等位置。

22.3.3　数量

建筑剖面图的数量应根据建筑物内部构造的复杂程度和施工需要而定。

22.3.4　用途

建筑剖面图同建筑平面图、建筑立面图一样，是建筑施工图中最重要的图纸之一，表示建筑物的整体情况。建筑剖面图用来表达建筑物内部的竖向结构和特征（如结构形式、分层情况、层高及各部位的相互关系），是施工、概预算及备料的重要依据。

22.4　建筑剖面图的有关图例和规定

22.4.1　比例

建筑剖面图的比例一般应与建筑平面图和建筑立面图的比例相同，以便和它们对照阅读。

22.4.2　定位轴线

在建筑剖面图中应画出两端墙或柱的定位轴线及其编号，以明确剖切位置及剖视方向。

22.4.3　图线

建筑剖面图中的室外地坪线用加粗粗实线画出。剖切到的部位如墙、柱、板、楼梯等用粗实线画出，未剖到的用中粗实线画出，其他如引出线等用细实线画出。基础用折断线省略不画，另由结构施工图表示。

22.4.4　多层构造引出线

多层构造引出线，应通过被引出的各层。文字说明可注写在横线的上方，也可注写在横线的端部；说明的顺序应由上至下，并与被说明的层次相一致。如层次为横向排列，则由上至下的说明顺序与由左至右的构造层次相一致。如图 4.46 所示为附图建施 - 11 中屋顶的构造做法。

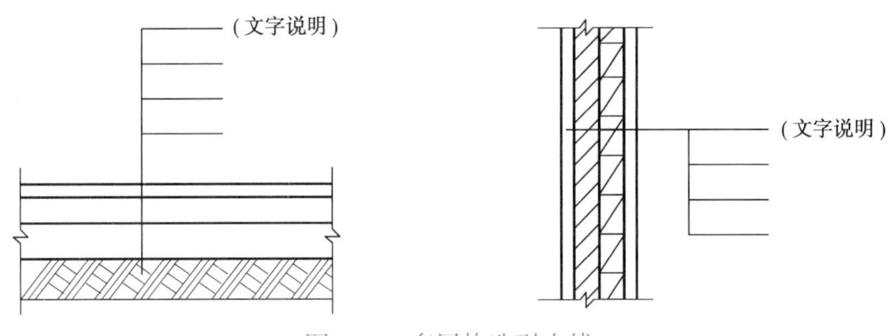

图 4.46 多层构造引出线

22.4.5 建筑标高与结构标高

建筑标高与结构标高见图 4.3。

22.4.6 坡度

建筑物倾斜的地方如屋面、散水、残疾人专用通道、车道等，需用坡度来表示倾斜的程度。图 4.47（a）是坡度较小时的表示方法，箭头指向下坡方向，2% 表示坡度的高宽比；图 4.47（b）、（c）是坡度较大时的表示方法。图 4.47（c）中直角三角形的斜边应与坡度平行，直角边上的数字表示坡度的高宽比。

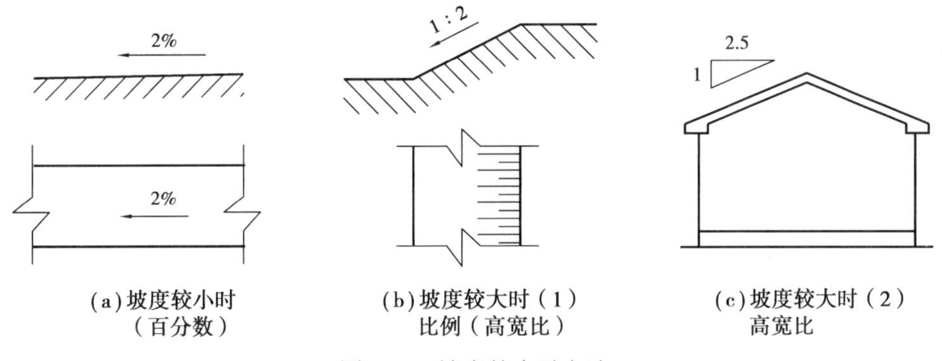

图 4.47 坡度的表示方法

下面以附图建施 - 11 为例，介绍建筑剖面图的主要内容、阅读方法与绘制步骤。

22.5 主要内容

22.5.1 注明图名和比例（略）

22.5.2 表示房屋内部的分层、分隔情况。

该建筑高度方向共分 7 层，进深方向分隔是Ⓓ—Ⓔ为楼梯间，其余为住宅的次卧室、小卧室和客厅的外墙面。

22.5.3 尺寸标注

建筑剖面图的尺寸标注一般有外部尺寸和内部尺寸之分。外部尺寸沿建筑剖面图高度方向标注 3 道尺寸，所表示的内容同建筑立面图。内部尺寸应标注内门窗高度、层间高度、隔断、吊顶、内部设备等的高度。

22.5.4 标高

在建筑剖面图中，应标注室内外地坪、楼面、楼梯平台面、窗台、檐口、女儿墙、雨篷、花饰等处的建筑标高，屋顶的结构标高。

22.5.5 其他

表示各层楼地面、屋面、内墙面、顶棚、踢脚、散水、台阶等的构造做法。表示方法可采用多层构造引出线标注，若为标准构造做法，则标出做法的编号。

22.5.6 表示檐口的形式和排水坡度

檐口的形式有两种：一种是女儿墙；另一种是挑檐。

22.5.7 索引符号

建筑剖面图中不能详细表示清楚的部位应标注索引符号，表明详图的编号及所在位置。如附图建施-11中Ⅲ—Ⅲ剖面图标注的西南J402（栏杆和扶手做法）和西南J508（雨篷处的做法）。

22.6 建筑剖面图的阅读与绘制

微课 建筑剖面图的识读

22.6.1 建筑剖面图的阅读

①结合底层平面图阅读，对应剖面图与平面图的相互关系，建立起房屋内部的空间概念。

②结合建筑设计说明或材料做法表阅读，查阅地面、楼面、墙面、顶棚的装修做法。

③查阅各部位的高度。

④结合屋顶平面图阅读，了解屋面坡度、屋面防水、女儿墙泛水、屋面保温、隔热等的做法。

22.6.2 建筑剖面图的绘制

一般做法是在绘制好建筑平面图、建筑立面图的基础上绘制建筑剖面图，并采用相同的图幅和比例。其步骤如下：

①确定定位轴线和高程控制线的位置。其中高程控制线主要指：室内外地坪线、楼层分格线、檐口顶线、楼梯休息平台线、墙体轴线等，如图4.48（a）所示。

②画出内外墙身厚度、楼板、屋顶构造厚度，再画出门窗洞高度、过梁、圈梁、防潮层、挑出檐口宽度、梯段及踏步、休息平台、台阶等的轮廓，如图4.48（b）所示。

③画未剖切到，但可见的构配件的轮廓线及相应的图例，如墙垛、梁（柱）、阳台、雨篷、门窗、楼梯栏杆、扶手。

④检查后按线型标准的规定加深各类图线。

⑤按规定标注高度尺寸、标高、屋面坡度、散水坡度、定位轴线编号、索引符号等；注写图名、比例及从地面到屋顶各部分的构造说明，如图4.48（c）所示。

⑥复核。

以上介绍的图纸内容都是建筑施工图中的基本图纸，表示全局性的内容，比例较小，需认真识读。

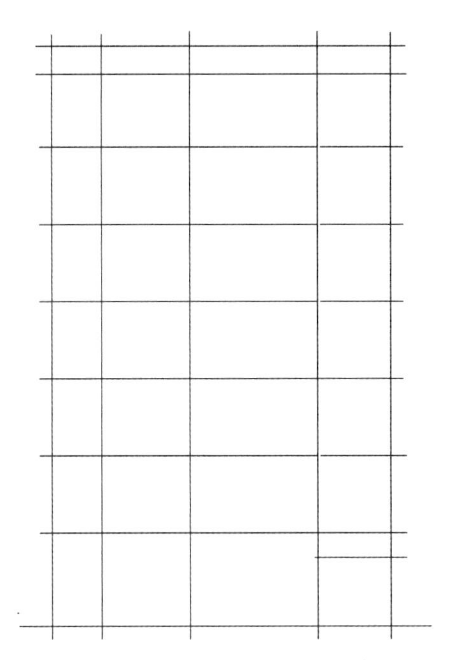

(a) 画定位轴线，室内外地坪线、楼地面、楼梯平台面，以及女儿墙顶线

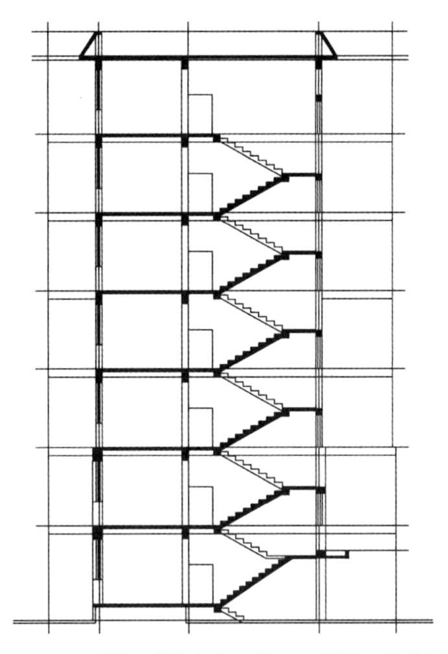

(b) 画剖切到的墙身，楼地面基层、结构层，门窗洞、楼梯等主要构件

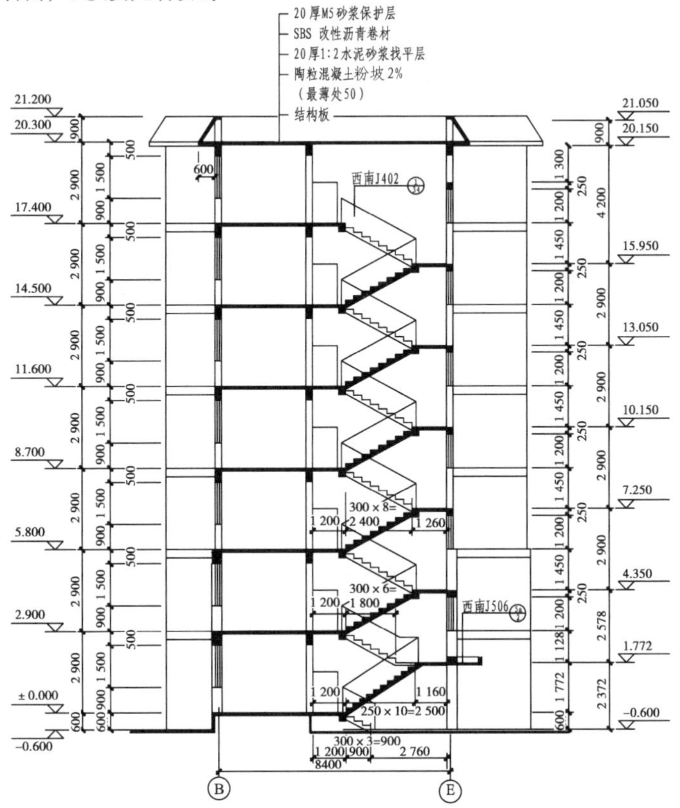

(c) 画可见的雨篷、扶手等其他构配件，描清细部，标注尺寸、符号、编号及说明

图 4.48　建筑剖面图的绘制步骤

技能点 22　建筑剖面图的认知练习及应用

◎思政点拨◎

同为剖面图上的线条，根据是否被剖到来划分，剖到为“近”，未剖则为“远”。线条“近粗远细”。

师生共同思考：“近粗远细”，“近”的就一定比“远”的粗、大？

22.1　知识测试

1. 图 4.49 所示组合体，正确的 1—1 剖视图是（　　）。

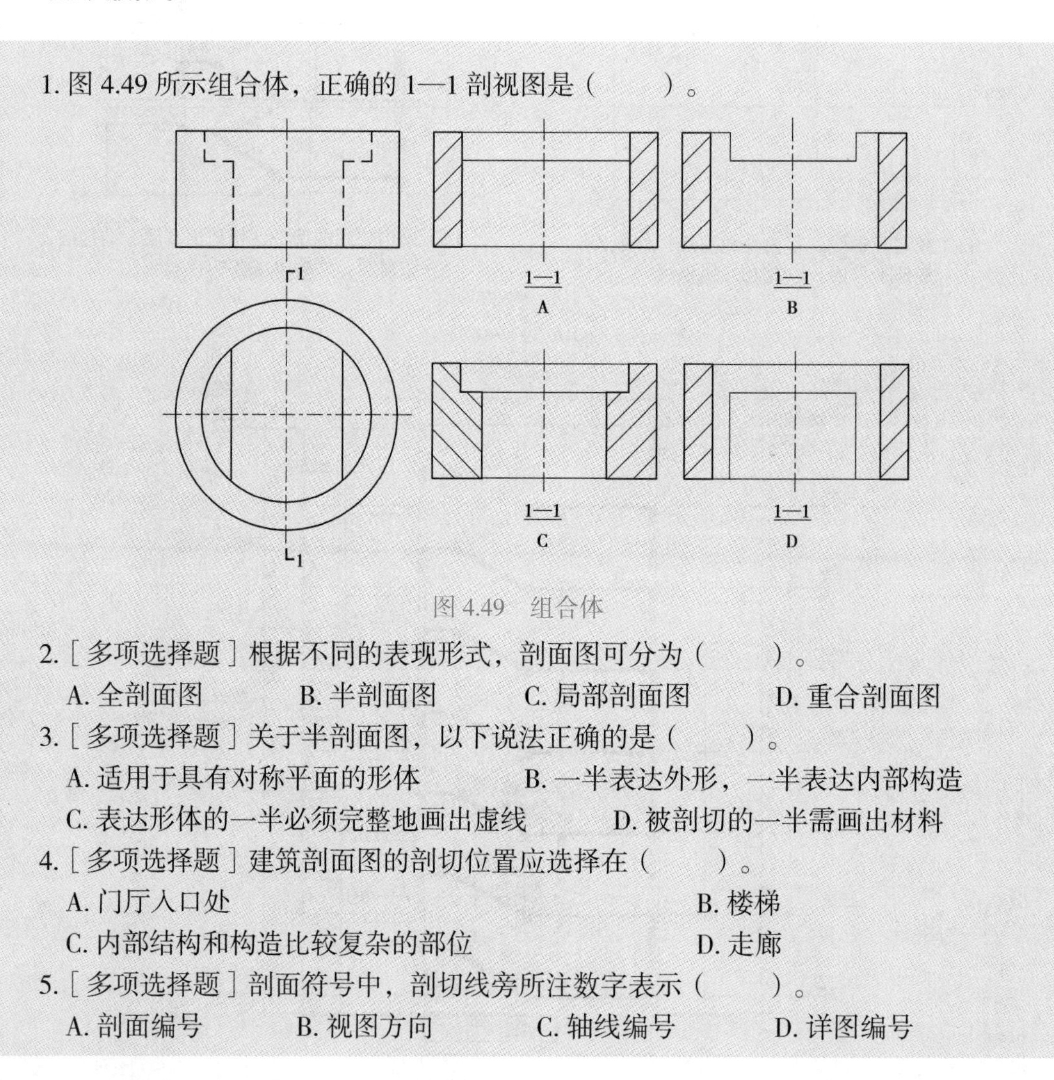

图 4.49　组合体

2.［多项选择题］根据不同的表现形式，剖面图可分为（　　）。

A. 全剖面图　B. 半剖面图　C. 局部剖面图　D. 重合剖面图

3.［多项选择题］关于半剖面图，以下说法正确的是（　　）。

A. 适用于具有对称平面的形体　B. 一半表达外形，一半表达内部构造

C. 表达形体的一半必须完整地画出虚线　D. 被剖切的一半需画出材料

4.［多项选择题］建筑剖面图的剖切位置应选择在（　　）。

A. 门厅入口处　B. 楼梯

C. 内部结构和构造比较复杂的部位　D. 走廊

5.［多项选择题］剖面符号中，剖切线旁所注数字表示（　　）。

A. 剖面编号　B. 视图方向　C. 轴线编号　D. 详图编号

22.2　技能训练

1. 请根据所绘制的剖面图，如图 4.50 所示，回答以下问题。

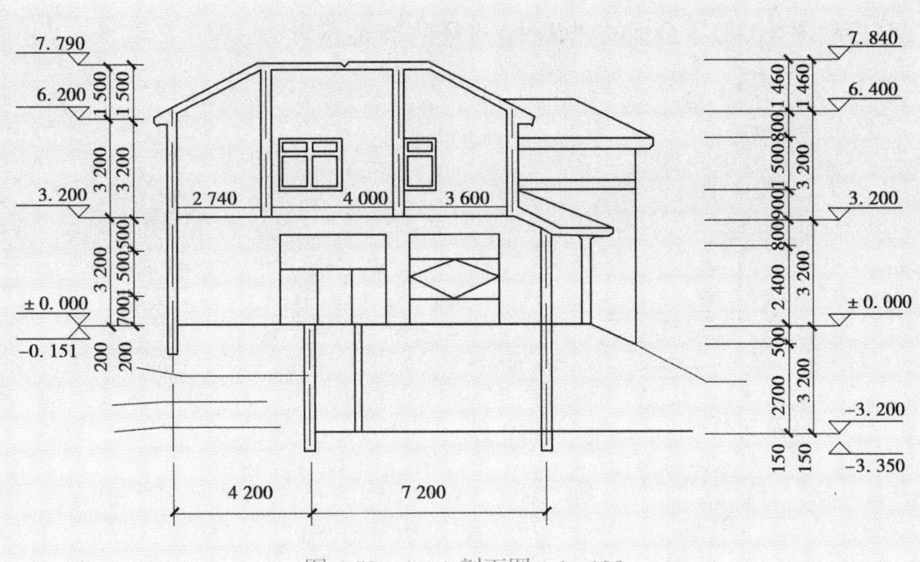

图 4.50　1—1 剖面图　1∶100

（1）剖面图的图名是（　　　　　　　　　　　　）。

（2）剖面图的比例是（　　　　），对应平面图、立面图的比例是（　　　　）。

（3）建筑物室内外高差是（　　　　）mm。

（4）建筑物室外地坪标高为（　　　　）m，屋檐顶面标高为（　　　　）m，室外地坪至屋檐总高为（　　　　）m，建筑物总高为（　　　　）m，层高为（　　　　）m，共（　　　　）层。

（5）门窗类型有几种？规格有几种？开启方式是什么？

（6）地下室层高是多少？

2. 完成以下投影的剖面图绘制

（1）请根据图 4.51 的两面投影，求杯形基础的 1—1 半剖面图。

（2）请根据图 4.52，求作形体的 1—1、2—2、3—3 剖面图和断面图。

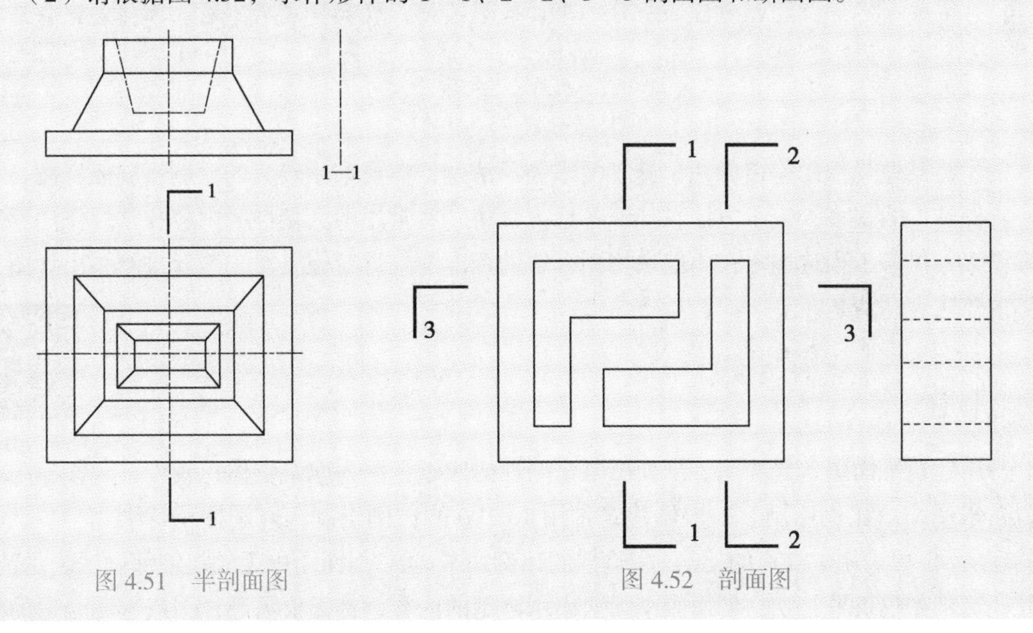

图 4.51　半剖面图　　　　图 4.52　剖面图

（3）请根据图 4.53，用合适的剖面图作形体的 W 面投影（材料：金属）。

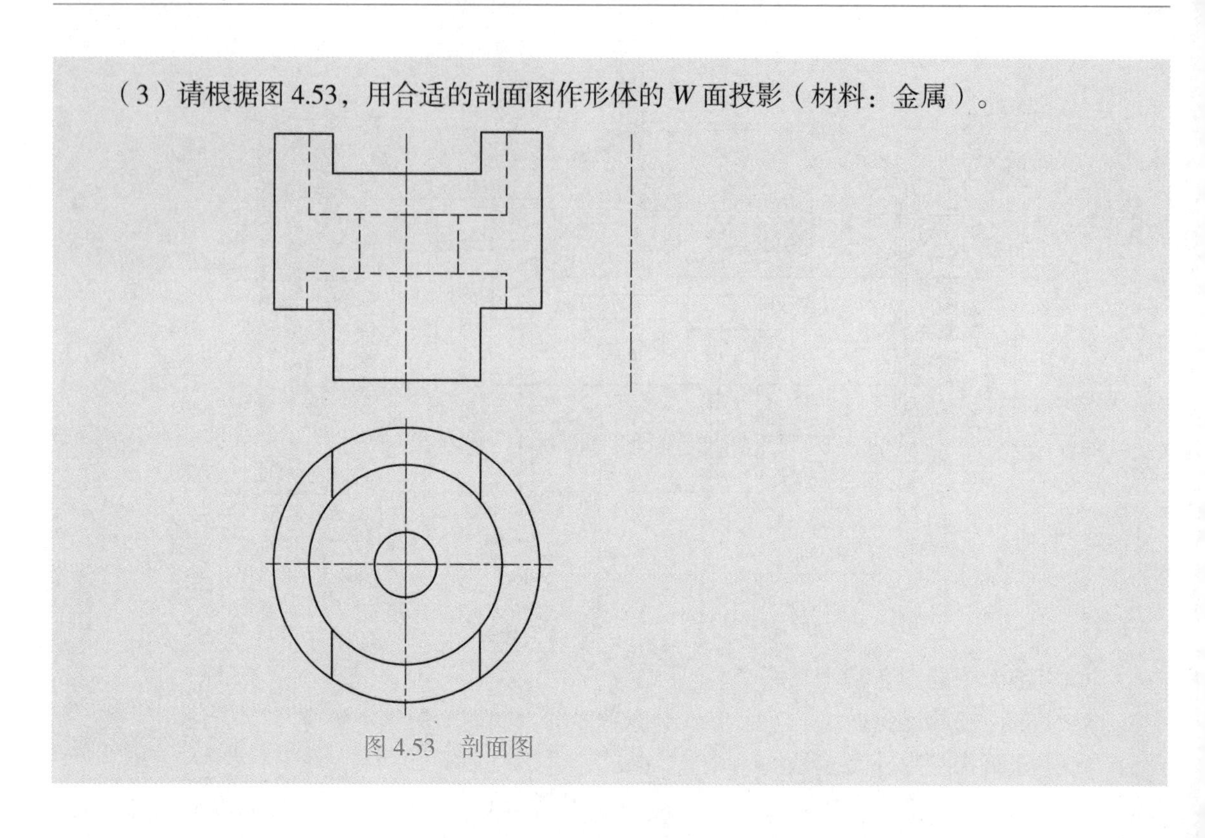

图 4.53　剖面图

知识点 23　建筑详图的形成、组成及内容规定

◎思政点拨◎

局部不清的建筑图，需要放大绘制成详图。

师生共同思考：放大效应。一件小事如处理不好，就会变成大事故。如何对事件进行“放大”和“缩小”呢。

为了将某些局部的构造做法、施工要求表示清楚，需要采用较大的比例绘制成详图。

详图的内容很多，表示方法各异。各地方都将一些常用的大量性的内容和常规作法编制成标准图集，供各工程选用。在不能选用到合适的标准图集进行施工时，需要重新画出详图，把具体的作法表达清楚。

23.1　概述

微课　建筑详图的形成及内容

房屋建筑平面图、立面图、剖面图是全局性的图纸，因为建筑物体积较大，所以常采用缩小比例绘制。一般性建筑常用 1∶100 的比例绘制，对于体积特别大的建筑，也可采用 1∶200 的比例。用这样的比例在平、立、剖面图中无法将细部做法表示清楚，因此，凡是在建筑平、立、剖面图中无法表示清楚的内容，都需要另绘详图或选用合适的标准图。详图的比例常采用 1∶1，1∶2，1∶5，1∶10，1∶20，1∶50 等几种。

详图与平、立、剖面图的关系是用索引符号联系的。索引符号、局部剖切索引符号及详图符号见图 4.12—图 4.15。

一幢房屋施工图通常需绘制以下几种详图：外墙剖面详图、楼梯详图、门窗详图及室内外一些构配件的详图，如室外的台阶、花池、散水、明沟、阳台等，室内的厕所、卫生间、壁柜、搁板等。下面以墙身剖面图（墙身详图）和楼梯详图为例介绍建筑详图的阅读方法。

23.2　外墙身详图

外墙身详图的剖切位置一般设在门窗洞口部位。它实际上是建筑剖面图的局部放大图样，一般按 1∶20 的比例绘制。外墙身详图主要表示地面、楼面、屋面与墙体的关系，同时也表示排水沟、散水、勒脚、窗台、窗檐、女儿墙、天沟、排水口、雨水管的位置及构造做法，如图 4.54 所示。

23.2.1　用途

外墙身详图与平、立、剖面图配合使用，是施工中砌墙、室内外装修、门窗立口及概算、预算的依据。

23.2.2　外墙身详图的基本内容

①表明墙厚及墙与轴线的关系。从图 4.54 中可以看到，墙体为砖墙，一、二层墙厚为 370 mm，墙的中心线距外墙 250 mm、距内墙 120 mm；三至七层墙厚为 240 mm，墙的中心线与轴线重合。

②表明各层楼中梁、板的位置及与墙身的关系。从图 4.54 中可知，该建筑的楼板、屋面板采用的是现浇钢筋混凝土板。

③表明各层地面、楼面、屋面的构造做法。该部分内容一般要与建筑设计说明和材料做法表共同表示。本工程要结合建施 - 01 的建筑设计说明阅读。

④表明各主要部位的标高。在建筑施工图中标注的标高称为建筑标高，标注的高度位置是建筑物某部位装修完成后的上表面或下表面的高度。它与结构施工图（见项目 5）的标高不同，结构施工图中的标高称为结构标高，它标注结构构件未装修前的上表面或下表面的高度。如图 4.54 所示，可看到建筑标高和结构标高的区别。

⑤表明门窗立口与墙身的关系。在建筑工程中，门窗框的立口有三种方式，即平内墙面、居墙中、平外墙面。图 4.54 中，门窗立口采用的是平内墙面的方式。

⑥表明各部位的细部装修及防水防潮做法。如图 4.54 中的散水、防潮层、窗台、窗檐、天沟等的细部做法。

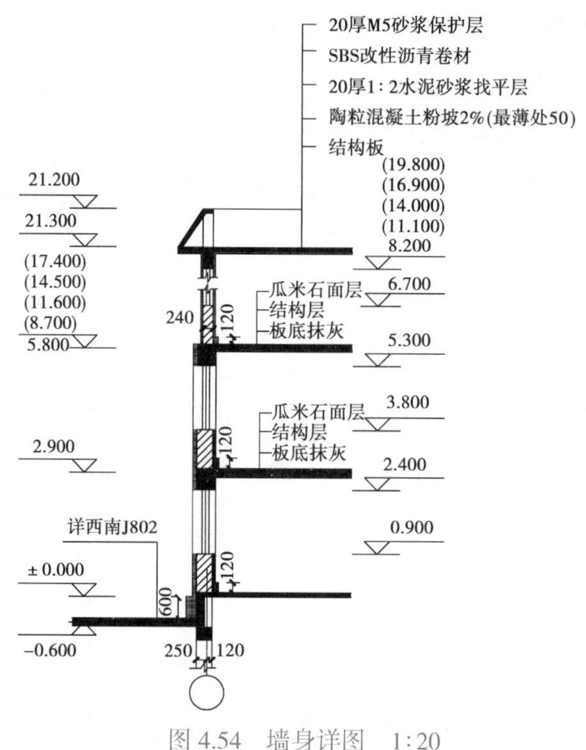

图 4.54　墙身详图　1∶20

23.2.3　读图方法及步骤

①掌握墙身剖面图所表示的范围。读图时结合建施 - Ⅱ中Ⅲ—Ⅲ剖面图，可知该墙身剖面图是Ⓑ轴上的墙，但是Ⓔ轴与Ⓑ轴对应，又未再画详图，说明此图也代表Ⓔ轴上的墙。

②掌握图中的分层表示方法。如图中楼面和屋面的做法是采用分层表示方法，画图时文字注写的顺序与图形的顺序对应。这种表示方法常用于地面、楼面、屋面和墙面等装修做法。

③掌握构件与墙体的关系。装配式楼板与墙体的关系一般有靠墙和压墙两种。图 4.54 为现浇楼板。

④结合建筑设计说明或材料做法表阅读，掌握细部的构造做法。

23.2.4　注意事项

①在 ±0.000 或防潮层以下的墙称为基础墙，施工做法应以基础图为准。在 ±0.000 或防潮层以上的墙，施工做法以建筑施工图为准，并注意连接关系及防潮层的做法。

②地面、楼面、屋面、散水、勒脚、女儿墙、天沟等的细部做法应结合建筑设计说明或材料做法表阅读。

③注意建筑标高与结构标高的区别。

23.3　楼梯详图

23.3.1　概述

（1）楼梯的组成

楼梯一般由楼梯段、平台、栏杆（栏板）和扶手三部分组成，见图 4.55。

①楼梯段。指两平台之间的倾斜构件。它由斜梁或板及若干踏步组成，踏步分踏面和踢面。

②平台。是指两楼梯段之间的水平构件。根据位置不同又有楼层平台和中间平台之分，中间平台又称为休息平台。

③栏杆（栏板）和扶手。栏杆扶手设在楼梯段及平台悬空的一侧，起安全防护作用。栏杆一般用金属材料做成，扶手一般有金属材料、硬杂木或塑料等做成。

（2）楼梯详图的主要内容

要将楼梯在施工图中表示清楚，一般要有 3 个部分的内容，即楼梯平面图、楼梯剖面图和踏步、栏杆、扶手详图等。

下面以图 4.55 楼梯详图为例，介绍楼梯详图的阅读和绘制。

23.3.2　楼梯平面图

楼梯平面图的形成同建筑平面图一样，假设用一水平剖切平面在该层往上行的第一个楼梯段中剖切开，移去剖切平面及以上部分，将余下的部分按正投影的原理投射在水平投影面上所得到的图，称为楼梯平面图。为此，楼梯平面图是房屋平面图中楼梯间部分的局部放大。如图 4.55 中楼梯平面图是采用 1∶50 的比例绘制。

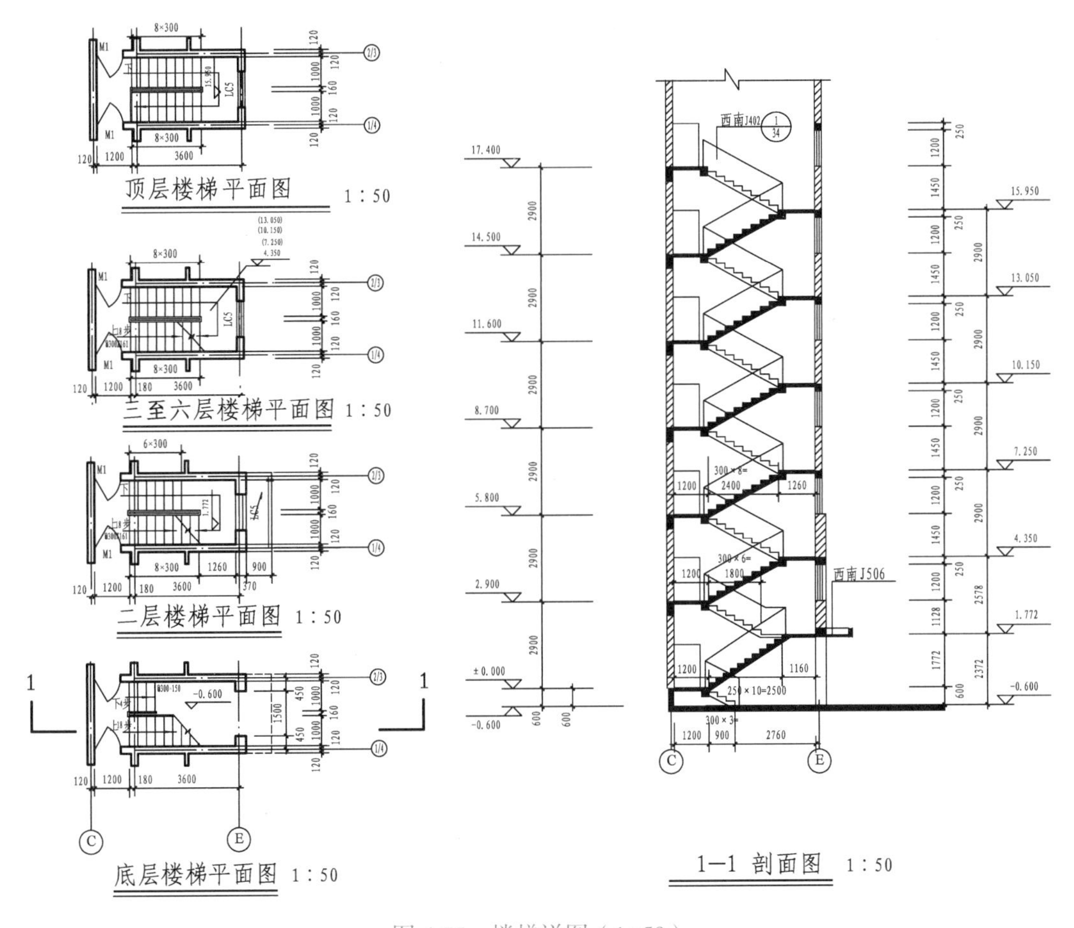

图 4.55　楼梯详图（1∶50）

楼梯平面图一般分层绘制，底层平面图是剖在上行的第一跑上，因此除表示第一跑的平面外，还能表明楼梯间一层休息平台下面小房间或进入楼层单元处的平面形状。中间相同的几层楼梯，同建筑平面图一样，可用一个图来表示，这个图称为 × 层— × 平面图。最上面一层平面图称为顶层平面图。

楼梯平面图一般有底层平面图、× 层— × 平面图和顶层平面图 3 个。而该住宅楼由于二层与三至六层的平面图不一致，故有 4 个楼梯平面图图样。

需要说明的是：按假设的剖切面将楼梯剖切开，折断线本应该为平行于踏步的折断线，为了与踏步的投影区别开，《建筑制图标准》（GB/T 50104—2010）规定画为 45° 斜折断线。

楼梯平面图用轴线编号表明楼梯间在建筑平面图中的位置，注明楼梯间的长宽尺寸、楼梯跑（段）数、每跑的宽度、踏步步数、每一步的宽度、休息平台的平面尺寸及标高等。

23.3.3 楼梯剖面图

假想用一铅垂剖切平面，通过各层的一个楼梯段将楼梯剖切开，向另一未剖切到的楼梯段方向进行投射，所绘制的剖面图称为楼梯剖面图。如图 4.55 的 1—1 剖面图。

楼梯剖面图的作用是完整、清楚地表明各层梯段及休息平台的标高，楼梯的踏步步数、踏面的宽度及踢面的高度，各种构件的搭接方法，楼梯栏杆（板）的形式及高度，楼梯间各层门窗洞口的标高及尺寸。

23.3.4 踏步、栏杆（板）及扶手详图

微课 楼梯栏杆详图识读

踏步、栏杆、扶手这部分内容与楼梯平面图、剖面图相比，采用的比例要大一些，其目的是表明楼梯各部位的细部做法。

（1）踏步。如图 4.55 中楼梯详图，踏面的宽为 300 mm，踢面的高为 181 mm，在楼梯平面图中表示为 @300 × 181。楼梯间踏步的装修若无特别说明，一般都是与地面的做法相同。在图 4.55 中踏步的具体做法见西南 J802。在公共场所，楼梯踏面要设置防滑条。

（2）栏杆、扶手。图 4.55 中栏杆、扶手的做法详见西南 J802。

除以上内容外，楼梯详图一般还包括顶层栏杆立面图、平台栏杆立面图和顶层栏杆楼层平台段与墙体的连接。

23.3.5 阅读楼梯详图的方法与步骤

①查明轴线编号，了解楼梯在建筑中的平面位置和上下方向。

②查明楼梯各部位的尺寸。包括楼梯间的大小、楼梯段的大小、踏面的宽度、休息平台的平面尺寸等。

③按照平面图上标注的剖切位置及投射方向，结合剖面图阅读楼梯各部位的高度。包括地面、休息平台、楼面的标高及踢面、楼梯间门窗洞口、栏杆、扶手的高度等。

④弄清栏杆（板）、扶手所用的建筑材料及连接做法。

⑤结合建筑设计说明，查明踏步（楼梯间地面）、栏杆、扶手的装修方法。内容包括踏步的具体做法、栏杆、扶手（金属、木材等）及其油漆颜色和涂刷工艺等。

23.3.6　楼梯图的绘制

在这里只介绍楼梯平面图和楼梯剖面图的绘制。

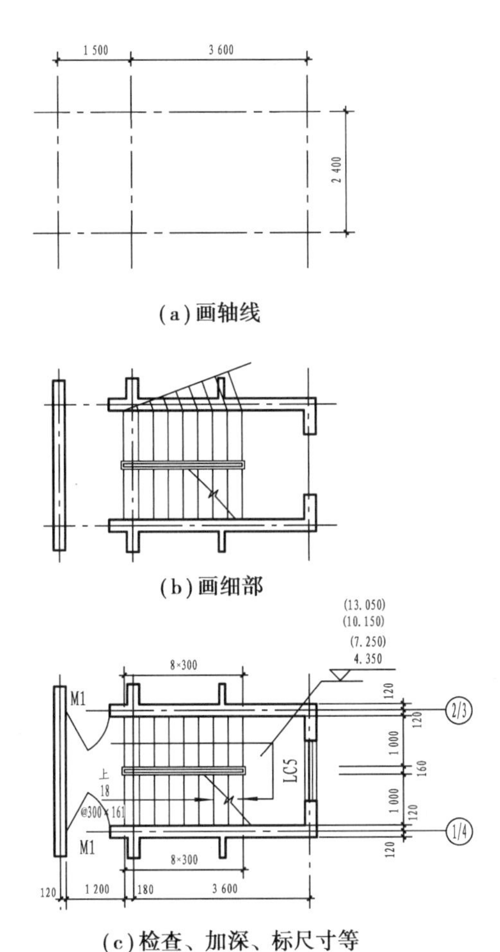

图 4.56　楼梯平面图的绘制

（1）楼梯平面图的绘制

①将各层平面图对齐，根据楼梯间的开间、进深尺寸画出墙身轴线，如图 4.56（a）所示。

②确定墙体厚度、门窗洞的位置、平台宽度、梯段长度及栏杆的位置。楼梯段长度的确定方法：楼梯段长度等于踏面宽度乘踏面数，踏面数为踏步数减 1。

③用等分平行线间距的方法分楼梯踏步，然后画出踏步面，踏步面简称踏面，如图 4.56（b）所示。

④加深图线。图线要求与建筑平面图一致。

⑤画箭头、标注上下方向，注写标高、尺寸、图名、比例及文字说明，如图 4.56（c）所示。

⑥检查。

（2）楼梯剖面图的绘制

①根据楼梯底层平面图中标注的剖切位置和投射方向，画墙身轴线，楼地面、平台和梯段的位置，如图 4.57（a）所示。

②画墙身厚度、平台厚度、楼梯横梁的位置，如图 4.57（b）所示。

③分楼梯踏步。水平方向同平面图分法，竖直方向按实际步数绘制。得到的梯段踏面和踢面轮廓线如图 4.57（b）。

④画细部。如楼地面、平台地面、斜梁、栏杆、扶手等。

⑤加深图线。线型要求同建筑剖面图一致。注写标高、尺寸及文字，如图 4.57（c）所示。

⑥检查。

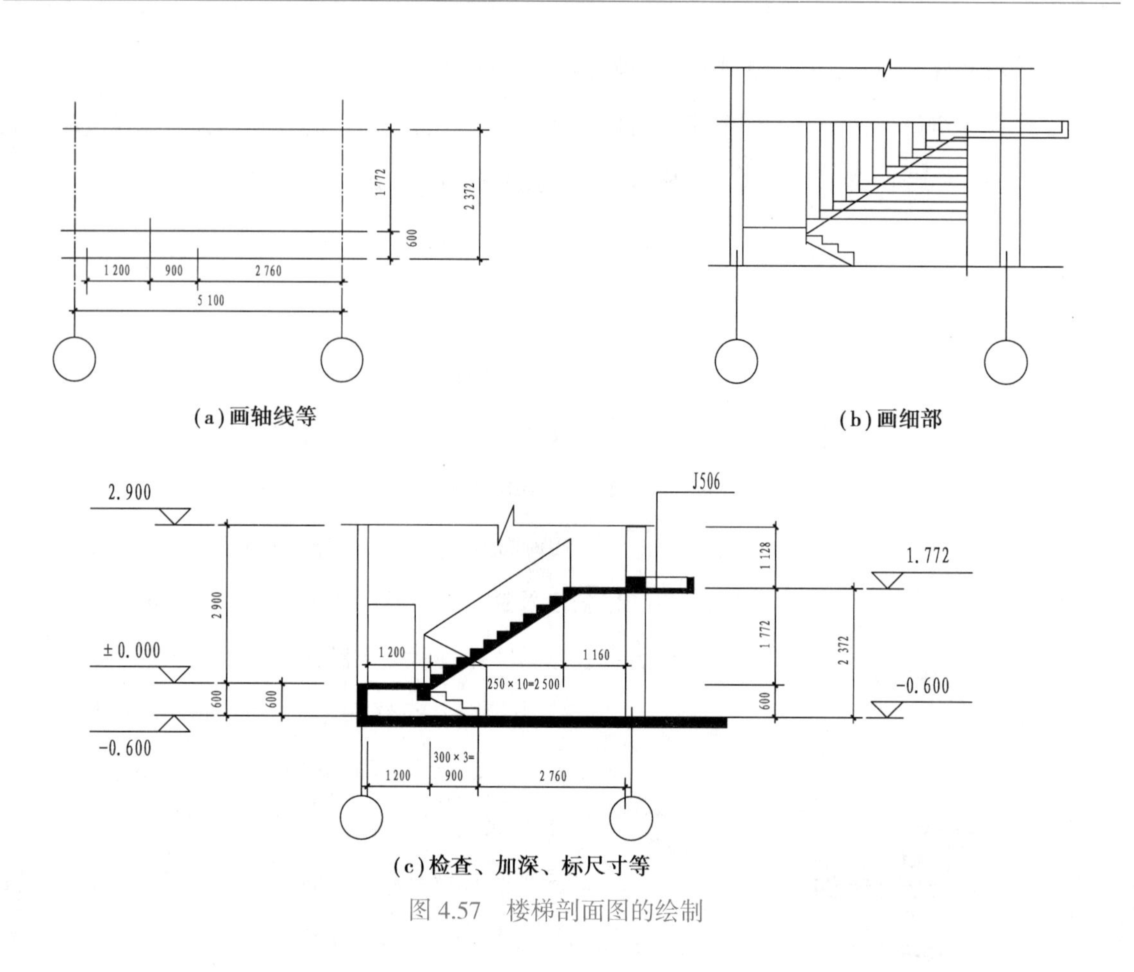

(a)画轴线等

(b)画细部

(c)检查、加深、标尺寸等

图 4.57　楼梯剖面图的绘制

技能点 23　建筑详图的认知练习及应用

◎思政点拨◎

详图须与原图相匹配，才能知晓出处。

师生共同思考：选择意识。事件有缘由、有因果。每个人做出选择后就要为自己的选择负责。

23.1　知识测试

1. 楼梯建筑详图不包括（　　）。

A. 平面图　　B. 剖面图　　C. 梯段配筋图　　D. 节点详图

2. 在建筑施工图中，当图样中某一局部或构件需另用由较大比例绘制的详图表达时，应采用索引符号索引，详图索引编号应写在（　　）。

A. 细实线绘制的 8 m 直径的圆圈内　B. 细实线绘制的 10 m 直径的圆圈内

C. 粗实线绘制的 10 m 直径的圆圈内　D. 粗实线绘制的 14 m 直径的圆圈内

3. 在建筑施工图中，图样中某一局部或构件可以用较大比例的详图表达，在详图上应注明详图符号，详图编号和被索引的图样所在的图纸编号应写在（　　）。

A. 细实线绘制的 10 m 直径的圆圈内　B. 细实线绘制的 14 m 直径的圆圈内

C. 粗实线绘制的 10 m 直径的圆圈内　D. 粗实线绘制的 14 m 直径的圆圈内

4. [多项选择题] 楼梯建筑详图包括（　　）。

A. 平面详图　B. 剖面详图　C. 梯段配筋图　D. 栏杆扶手详图

5. [多项选择题] 一套建筑施工图中，剖面图的剖切符号不应在（　　）上表达。

A. 总平面图　B. 底层平面图　C. 标准层平面图　D. 屋顶平面图

23.2　技能训练

1. 根据所给图 4.58 所示，回答以下问题。

（1）楼梯平面图的比例多为（　　）。

（2）楼梯平面形式是（　　）。

（3）楼梯的纵向定位轴线编号是(　　)横向定位轴线编号是(　　)，楼梯开间为（　　）mm，进深为（　　）mm。

（4）首层地面标高为（　　），室外地坪标高为（　　）m。

（5）楼梯段宽为（　　）mm，梯段长为（　　）mm，一跑楼梯有（　　）个踏步，踏步踏面宽为（　　）mm，踏步踢面高为（　　）mm，楼层层高为（　　）m。

（6）楼梯踏面、踢面的做法是什么？扶手的做法是什么？

（7）楼梯 1—1 剖面选择在什么位置？为什么要选择这个位置？

2. 根据图 4.59 所示女儿墙节点详图填空并回答以下问题。

（1）详图的绘制比例为（　　），轴线编号为（　　），适用于几个轴？

（2）墙体厚度为（　　）mm，天面的标高是什么意思？

（3）详图中所展现出的材料有（　　）。

（4）屋顶的材料做法及材料铺贴顺序是什么？

（5）除以上 4 点外，你还能读出哪些内容？

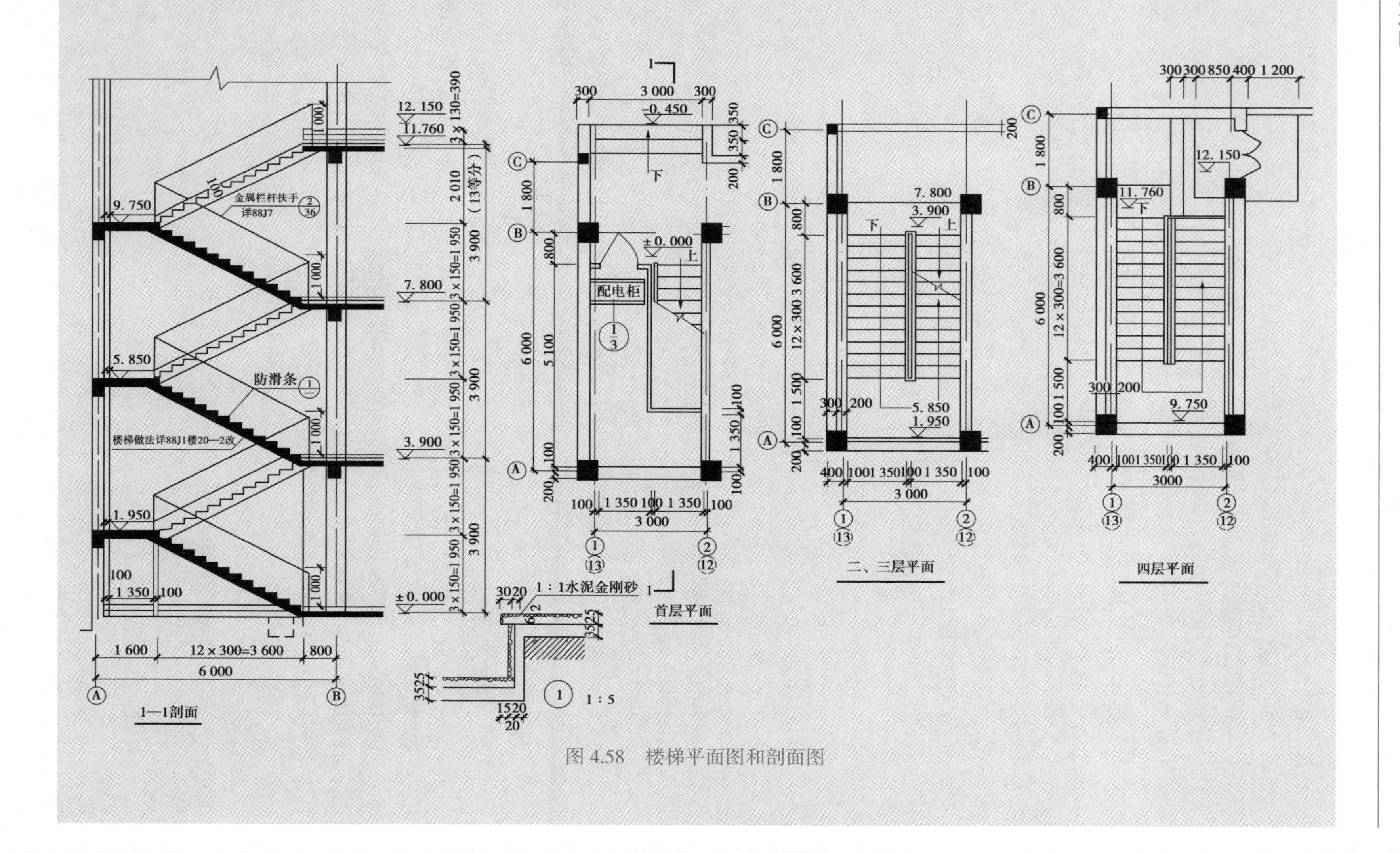

图 4.58　楼梯平面图和剖面图

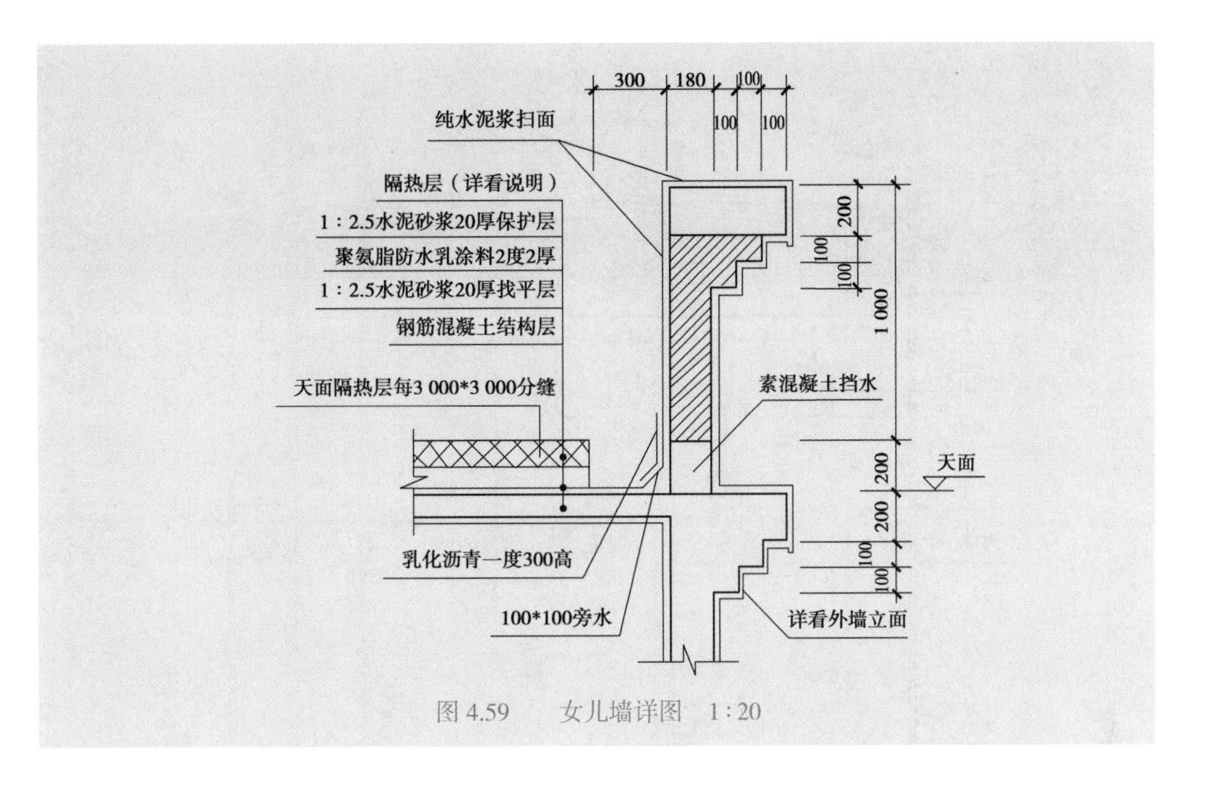

图 4.59　女儿墙详图　1:20

知识点 24　工业厂房的形成、组成及内容规定

◎思政点拨◎

用途不同，厂房布局与组成也会不同，所以布局由用途决定。

师生共同思考：生活和工作中，应该“事随钱走”，还是“钱随事走”？

24.1　厂房认知

工业厂房施工图的用途、内容和图示方法与前面叙述的民用房屋施工图是类似的。但是由于生产工艺条件不同，使用要求方面各有各的特点，因此施工图所反映的某些内容或图例符号有所不同。现以某厂装配车间为例，介绍单层工业厂房的组成部分及单层工业厂房建筑施工图的内容和特征。

单层工业厂房大多数采用装配式钢筋混凝土结构，其主要构件如图 4.60 所示。

24.1.1　屋盖结构

屋盖结构起承重和围护作用，其主要构件有屋面板、屋架，面板安装在天窗架和屋架上，天窗架安装在屋架上，屋架安装在柱子上。

24.1.2　柱子

柱子用以支承屋架和吊车梁，是厂房的主要承重构件。

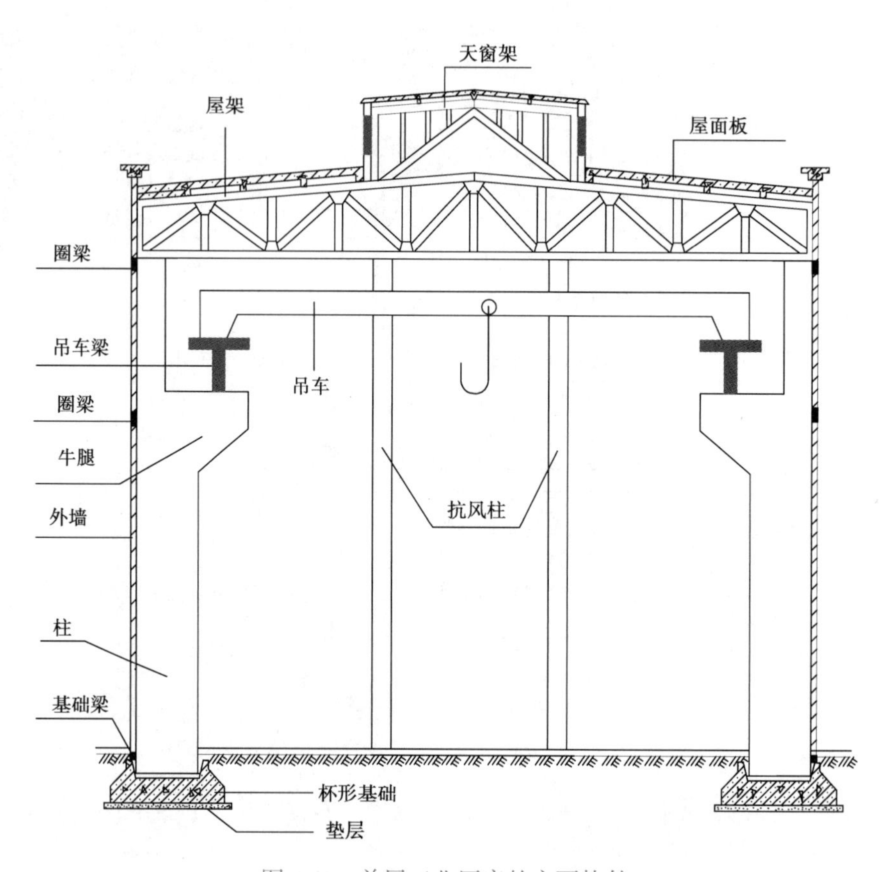

图 4.60　单层工业厂房的主要构件

24.1.3　吊车梁

有吊车的厂房，为了吊车的运行要设置吊车梁。吊车梁两端设置在柱子的牛腿上。

24.1.4　基础

基础用以支承柱子和基础梁，并将荷载传给地基。单层厂房的基础多采用杯形基础，柱子安装在基础的杯口上。

24.1.5　支撑

支撑包括屋盖结构的垂直和水平支撑，以及柱子间支撑。其作用是加强厂房的整体稳定性和抗震性。

24.1.6　围护结构

围护结构主要指厂房外墙及与外墙连在一起的圈梁、抗风柱。

装配式钢筋混凝土结构的柱、基础、连系梁或系杆、吊车梁及屋顶承重结构等都是采用预制构件，并且采用标准构件较多，各有关单位编制了一些标准构件图集，包括节点做法，供设计施工选用。

24.2　单层工业厂房建筑施工图

24.2.1　建筑平面图

该装配车间是单层单跨厂房。其建筑平面图（图 4.61，比例 1∶200）显示了以下内容。

（1）柱网布置

厂房中为了支承屋顶和吊车，需设置柱子，为了确定柱子的位置，在平面图上要布置定位轴线，横向定位轴线①—⑧和纵向定位轴线Ⓐ—Ⓑ即构成柱网，表示厂房的柱距与跨度。本车间柱距是 6 m，即横向定位轴线间距离（如①—②轴线距离）；该车间跨度为 18 m，即纵向定位轴线Ⓐ—Ⓑ之间距离。厂房的柱距决定屋架的间距和屋面板、吊车梁等构件的长度；厂房跨度决定屋架的跨度和起重机的轨距。我国单层厂房的柱距与跨度的尺寸都已系列化、标准化。

定位轴线一般是柱或承重墙中心线，而在工业建筑中的端墙和边柱处的定位轴线，常常设在端墙的内墙面或边柱的外侧处，如横向定位轴线①和⑧，纵向定位轴线Ⓐ和Ⓑ。

在两个定位轴线间，必要时可增设附加定位轴线，如Ⓐ轴线后附加的第一、二、三、四根轴线；⑦轴线后附加的第一根轴线。

（2）吊车设置

车间内设有梁式悬挂起重机（吊车）一台，吊车画法及图例如图 4.61 所示。图中选用的吊车起重量为 5 kN，即 Q=5 kN；吊车轨距为 16.5 m，即 L_K=16.5 m，用虚线所画的图例表示；用粗单点长画线表示起重机轨道的位置，也是吊车梁的位置，上下起重机用的钢梯置于⑥—⑦轴线间的Ⓐ轴线纵墙内缘。

（3）墙体、门窗布置

在平面图中需表明墙体和门窗的位置、型号及数量。图 4.61 中四周的围护墙厚为 240 mm；两端山墙内缘各有两根抗风柱，柱的中心线分别与附加轴线 1/A、3/A 相重合，外缘分别与①、⑧轴线相重合。

门窗表示方法和民用建筑门窗相同，在表示门窗的图例旁边注写代号，门的代号是 M，窗的代号是 C，在代号后面要注写序号如 M1、C1 等，同一序号表示同一类型门窗，它们的构造和尺寸相同（本图所示 GC——钢窗、GM——钢门）。本图中开设的两个外门分别标注了 GM1 钢折叠门、GM2 钢推拉门，门的入口设有坡道，室内外高差 200 mm；内门是工具间和更衣室的门为 M3，男、女厕所的门为 M4。纵墙方向开设的钢窗，由于图形较小和需要标注的尺寸较多，其型号就标注在立面图上。厂房室外四周设有散水，散水宽 800 mm。距Ⓑ轴线 1 200 mm 的西侧山墙外缘还设有消防梯。

（4）辅助生活间的布置

车间的东侧一个柱距为辅助建筑，有更衣室、工具间及男、女厕所等，它们的墙身定位均用附加轴线来标明。

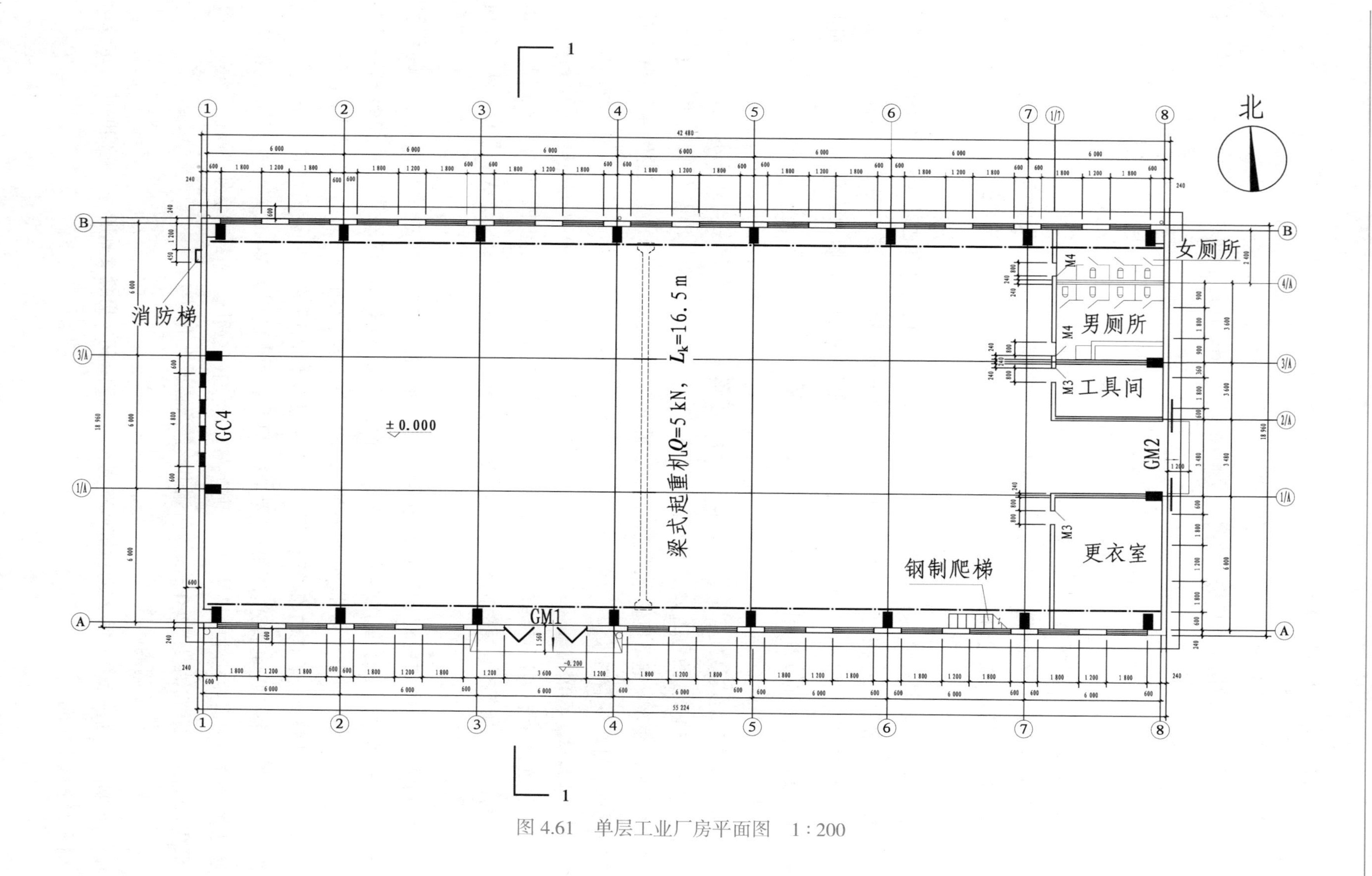

图 4.61 单层工业厂房平面图 1:200

（5）尺寸布置

平面图上通常沿长、宽两个方向分别标注 3 道尺寸：第一道尺寸是门窗洞的宽度和窗间墙宽度及其定位尺寸；第二道尺寸是定位轴线间尺寸；第三道尺寸是厂房的总长和总宽。此外，还包括厂房内部各部分的尺寸、其他细部尺寸和标高尺寸。

（6）有关符号（如指北针、剖切符号、索引符号）

在工业建筑平面图中同民用建筑一样需设置指北针，表明建筑物朝向；设置剖切符号，反映剖面图的剖切位置及剖视方向；并且在需要另画详图的局部或构件处画出索引符号。如图 4.61 中右上角的指北针，③—④轴线间的 1—1 剖切符号。

24.2.2　建筑立面图

厂房建筑立面图和民用建筑立面图基本相同，反映厂房的整个外貌形状以及屋顶、门、窗、天窗、雨篷、台阶、雨水管等细部的形状和位置，室外装修及材料做法等。

在立面图上，通常要注写室内外地面、窗台、门窗顶、雨篷底面以及屋顶等处的标高。

从图 4.62 中可以看到①—⑧立面图，从图 4.63 中可以看到Ⓑ—Ⓐ立面图，其比例均为 1∶200。读图时应配合平面图，主要了解以下内容：

（1）了解厂房立面形状

从①—⑧立面图看，该厂房为一矩形立面。从Ⓑ—Ⓐ立面图看。该厂房为双坡顶单跨工业厂房。

（2）了解门、窗立面形式、开启方式和立面布置

从①—⑧立面图看，Ⓐ轴线上有对开折叠大门，并有较大的门套。窗的立面形式从下至上有四段组合窗，下起第一段为单层外开平开窗，第二段为单层固定窗，第三段为单层中悬窗，第四段为固定窗。

（3）了解有关部位的标高

图 4.62 中标注了室内外地面标高、窗台顶面、窗楣底面、檐口、大门上口、大门门套和边门雨篷顶面的标高。

（4）了解墙面装修

墙面的装修一般是在立面图中标注简单的文字说明，本例中南墙的外墙面有间隔成上、中、下三段 1∶1∶4 水泥石灰砂浆粉刷的混水墙，每两段混水墙之间为清水墙；勒脚高 300 mm，用 1∶2 水泥石灰砂浆粉刷；窗台、窗眉、檐口采用 1∶2 水泥砂浆粉面。

（5）了解突出墙面的附加设施

从①—⑧立面图中可以看出在Ⓐ轴线处设有消防梯、⑧轴线处设有边门雨篷。

从平面图可以看出，⑧—①立面图与①—⑧立面图基本相同，只是①—⑧轴线的左右位置互调，但没有大门和大门口的坡道。由此可见⑧—①立面图可以省略不画。东山墙立面图和西山墙立面图也基本相同，只是东山墙上有边门，没有爬梯，故省略不画。

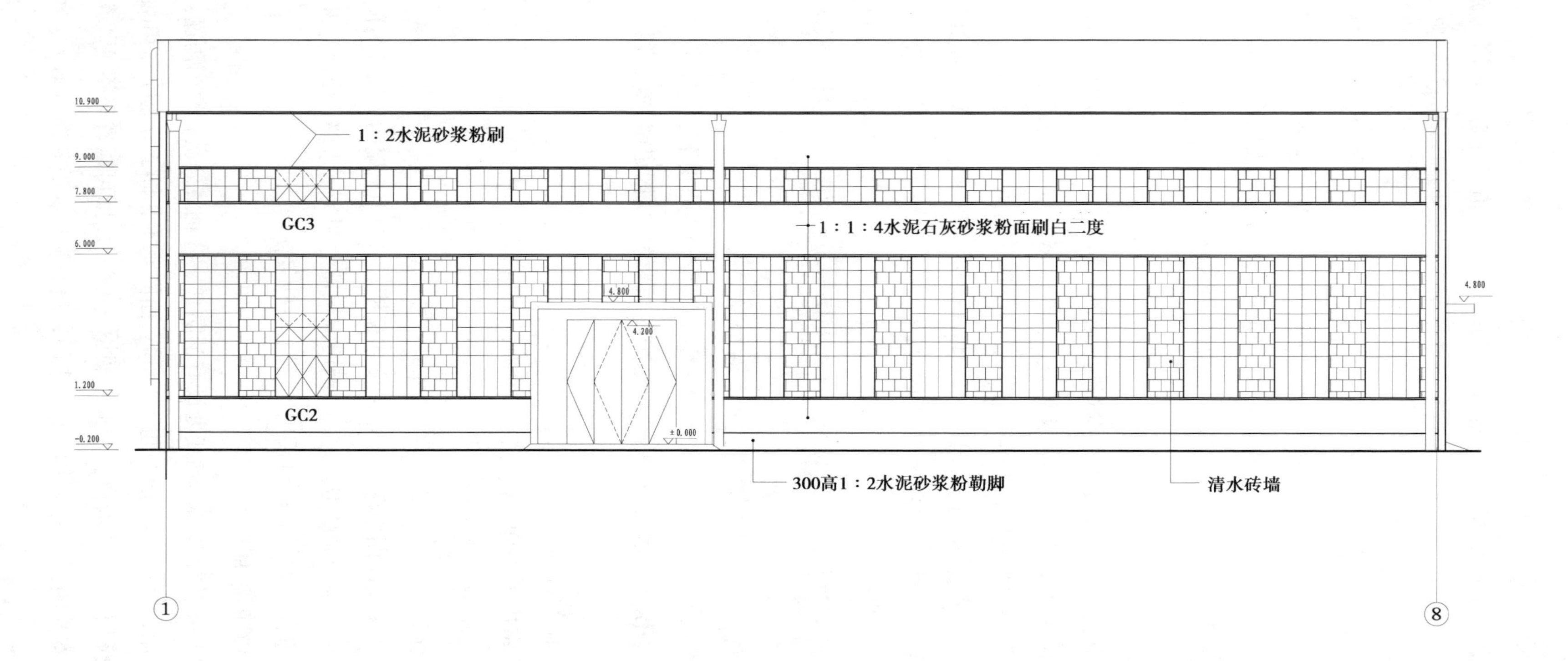

图4.62 单层工业厂房立面图①—⑧立面图 1：200

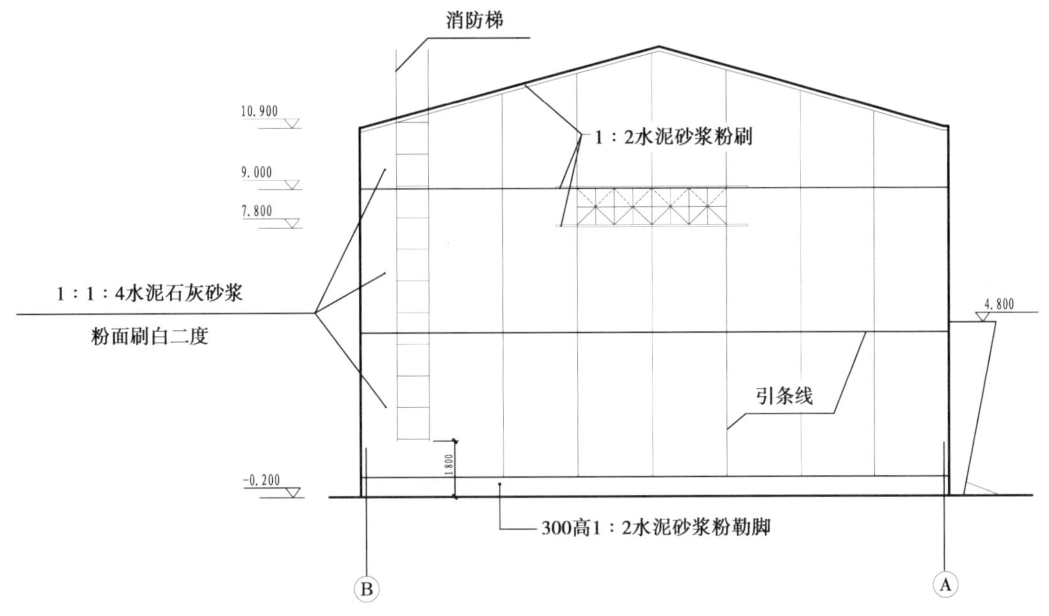

图 4.63　单层工业厂房Ⓑ—Ⓐ立面图　1:200

24.2.3　建筑剖面图

建筑剖面图有横剖面图和纵剖面图。在单层厂房建筑设计中，纵剖面一般不画，但在工艺设计中有特殊要求时，也需画出。现介绍该厂房 1—1 剖面图（图 4.64），此图为横剖面图，主要图示以下内容：

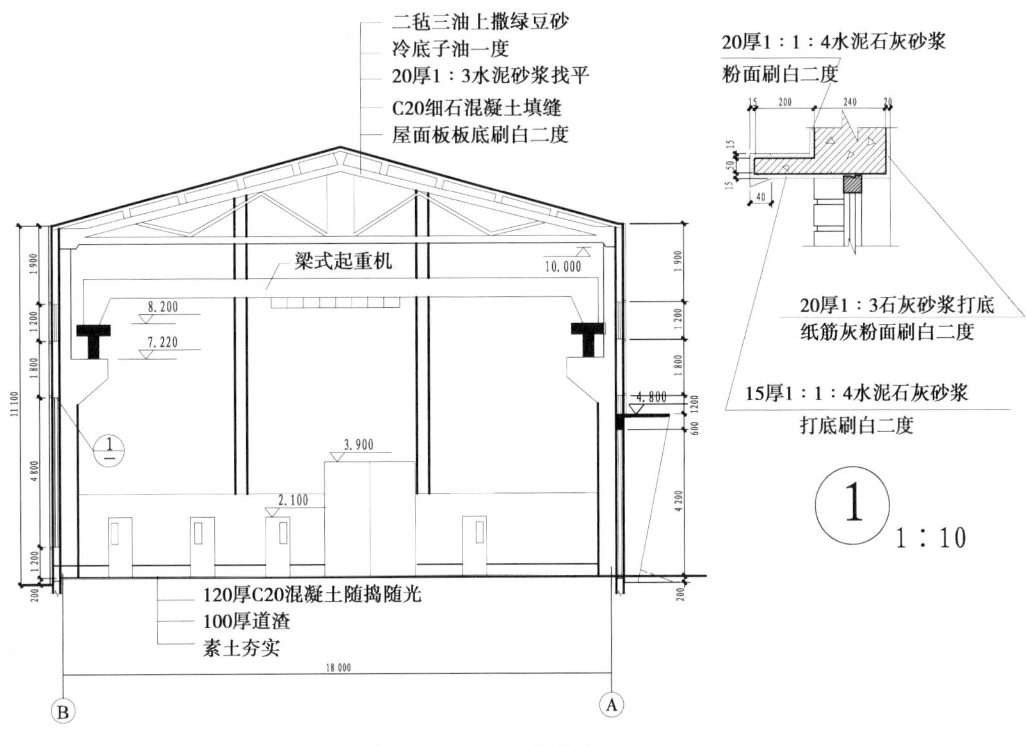

图 4.64　1—1 剖面图　1:200

①表明厂房内部的柱、吊车梁断面及屋架、天窗架、屋面板以及墙、门窗等构配件的相互关系。

②各部位竖向尺寸和主要部位标高尺寸。

③屋架下弦底面（或柱顶）标高 10.000 m，以及吊车轨顶标高 8.200 m，是单层厂房的重要尺寸，它们是根据生产设备的外形尺寸、操作和检修所需的空间、起重机的类型及被吊物件尺寸等要求来确定的。

④详图索引符号。由于剖面图比例较小，形状、构造做法、尺寸等表达不够清楚，和民用建筑一样需另画详图，需标出索引符号。

24.2.4 建筑详图

和民用建筑一样，为了将厂房细部或构配件的形状、尺寸、材料、做法等表示清楚，需要用较大比例绘制详图。单层厂房一般都要绘制墙身剖面详图，用来表示墙体各部分：如门、窗、勒脚、窗套、过梁、圈梁、女儿墙等详细构造、尺寸标高以及室内外装修等。单层工业厂房的外墙剖面还应表明柱、吊车梁、屋架、屋面板等构件的构造关系和联结，如图 4.64。其他节点详图如屋面节点、柱节点详图从略。

技能点 24 工业厂房的认知练习及应用

◎思政点拨◎

厂房承重结构不同，支撑结构亦不相同，需要相互匹配才好。

师生共同思考：我们的个人目标定位不同、工作岗位亦不相同，但我们的工作目标是相同的，适合自己的就是最好的。

24.1 知识测试

1. 按厂房承重骨架结构的材料可分为（　　）结构。

A. 砖石　　B. 钢筋混凝土　　C. 钢　　D. 组合

2. 单层工业厂房的结构类型主要有（　　）结构。

A. 砖混　　B. 框架　　C. 排架　　D. 钢架

3. 单层工业厂房的吊车主要有（　　）吊车类型。

A. 悬挂式单轨　　B. 梁式　　C. 桥式　　D. 悬臂

4. 吊车梁按照材料分主要有（　　）吊车梁。

A. 钢筋混凝土　　B. 木　　C. 钢　　D. 刚架

5. 厂房大门根据开关方式分为（　　）。

A. 平开门　B. 推拉门　C. 折叠门　D. 上翻门　E. 升降门　F. 卷帘门

6. 单层工业厂房中的尺寸通常布置为（　　）。

A. 第一道尺寸是厂房内部的细部尺寸和标高尺寸；第二道尺寸是门窗洞的宽度尺

寸；第三道尺寸是定位尺寸；第四道尺寸是厂房的总长和总宽。

B. 第一道尺寸是细部尺寸；第二道尺寸是定形尺寸；第三道尺寸是定位尺寸；第四道尺寸是总尺寸。

C. 第一道尺寸是标高尺寸；第二道尺寸是细部尺寸；第三道尺寸是定位尺寸；第四道尺寸是总尺寸。

D. 第一道尺寸是门窗洞的宽度和窗间墙宽度及其定位尺寸；第二道尺寸是细部尺寸；第三道尺寸是定位轴线间尺寸；第四道尺寸是厂房的总宽和总长。

7. 下列哪一项属于工业建筑中的辅助生产用房（　　）。

A. 生产加工车间　　B. 食堂、宿舍　　C. 锅炉房　　D. 办公楼

8. 单层厂房中屋架与柱子的连接是（　　）。

A. 铰连接　　B. 刚接　　C. 柔性连接　　D. 以上都有可能

9. [多项选择题] 单层工业厂房的屋盖结构主要起（　　）作用。

A. 承重　　B. 围护　　C. 支撑　　D. 连接　　E. 上下衔接

10. [多项选择题] 单层工业厂房的主要构件有（　　）。

A. 屋盖结构　　B. 柱子　　C. 吊车梁　　D. 基础　　E. 围护结构　　F. 支撑

11. [多项选择题] 单层工业厂房的支撑形式有（　　）。

A. 屋盖结构间的垂直支撑　　B. 屋盖结构间的水平支撑

C. 屋盖结构间的横向支撑　　D. 屋盖结构间的纵向支撑　　E. 柱子间支撑

12. [多项选择题] 单层工业厂房中常用的隔断方式有（　　）。

A. 玻璃钢隔断　　B. 金属网隔断　　C. 金属板隔断

D. 混合隔断　　E.1/4 砖墙隔断

13. [判断题] 刚架就是钢架。（　　）

14. [判断题] 纵向定位轴线与柱的关系主要有纵向边柱、中柱和变形缝处柱三种情况。（　　）

15. [判断题] 吊车梁或轨道只能固定在牛腿柱上。（　　）

24.2　技能训练

请识读图 4.60—图 4.64 的单层工业厂房图。

综合练习　建筑平、立、剖面图的联合识读练习（附图纸一套）

◎思政点拨◎

综合识读练习就是多图结合、对照，由图想形、由形得物过程。

师生共同思考：日常工作、学习中，如何对照、结合，举一反三。

Ⅰ.图纸目录表

某建筑设计事务所图纸目录表

设计号		02-002	工程名称	某花园			单项名称	小区住宅楼
工　种		建　筑	设计阶段	施工图	结构类别	砖混结构	完成日期	年　月　日
序　号	图　别	图号	图纸名称	张　数			图纸规格	备　注
				新设计	利　用			
					旧图	标准图		
1	建施	01	首页	1			1#	
2	建施	02	总平面图	1			1#	
3	建施	03	三幢底层平面图	1			1#	
4	建施	04	三幢二层平面图	1			1#	
5	建施	05	三幢三至六层平面图	1			1#	
6	建施	06	三幢七层平面图	1			1#	
7	建施	07	三幢屋顶平面图	1			1#	
8	建施	08	三幢①—⑬立面图	1			1#	
9	建施	09	三幢⑬—①立面图	1			1#	
10	建施	10	三幢Ⓐ—Ⓕ立面图	1			1#	
11	建施	11	Ⅲ—Ⅲ剖面图	1			1#	
12	建施	12	墙身结点详图	1			1#	
13	建施	13	楼梯详图	1			1#	
14	建施	14	厨、卫局部大详图	1			1#	
	利用标准图集代号							
	西南 J802、西南 J202、西南 J402、西南 J506							
项目负责人			工种负责人			归档接收人		
审定			制表人			归档日期	年　月　日	

Ⅱ.门窗统计表

门窗统计表

类　型	设计编号	洞口尺寸		数　量		合　计	图集名称	选用型号	备　注
		宽	高	一层	二至七层				
窗	LC1	2 250	2 250	8	8×6	56			推拉窗
	LC2	1 800	2 250	12	12×6	84			推拉窗
	LC3	900	1 800	4	4×6	28			推拉窗
	LC4	4 200	2 250	4	4×6	28			推拉窗
	LC5	4 200	2 250		2×6	12			推拉窗

续表

类　型	设计编号	洞口尺寸		数　量		合　计	图集名称	选用型号	备　注
		宽	高	一层	二至七层				
门	M1	900	2 000	20	20 × 6	140			平开门
	LM2	1 800	2 000	4	4 × 6	28			推拉门
	M2	700	2 000	4	4 × 6	28			平开门

Ⅲ. 建筑设计说明

1. 建筑耐久年限：　二级（> 50 年）
2. 建筑分类和耐火等级：　二类二级
3. 建筑物抗震设防烈度：　八度
4. 人防等级：　五级
5. 建设地点：　× × 省 × × 市
6. 建筑规模：　× × 花园小区住宅楼
7. 建筑占地面积：　规划用地 :16 783.00 m^2、净用地 :14 320.07 m^2
8. 建筑面积：　35 516.32 m^2
9. 建筑层数：　七层
10. 相对标高 ±0.000 等于绝对标高值（黄海系）1 891.15 m
11. 设计依据：

（1）× × 建筑设计事务所 20× × 年 1× × 月，《某花园小区住宅楼》初步文件。

（2）某市建委 20× × 年 × × 月 × × 日，关于某花园小区住宅楼工程设计的批复。

（3）某市计经委 20× × 年 × × 月 × × 日关于该项目施工图设计的要求和答复，以及建设用地小区内住宅的水、电、气的用量指标。

（4）国家及某省、市现行的有关法规规范。

12. 材料做法：

（1）散水坡面、暗沟：　详西南 J802

（2）地面（楼面）：　瓜米石找平

（3）内墙面、顶棚：　混合砂浆抹面

（4）外墙面：　勒脚用灰色涂料、墙面分格线和檐口线用白色涂料、屋顶四周用浅棕灰色涂料、其余墙面用米黄色涂料。

（5）楼梯栏杆：　详西南 J402

（6）入口处雨篷：　详西南 J506

（7）屋顶：　20 厚 M5 砂浆保护层、SBS 改性沥青卷材、20 厚 1∶2 水泥砂浆找平层、陶粒混凝土粉坡 2%、结构板

首页

建施 -01

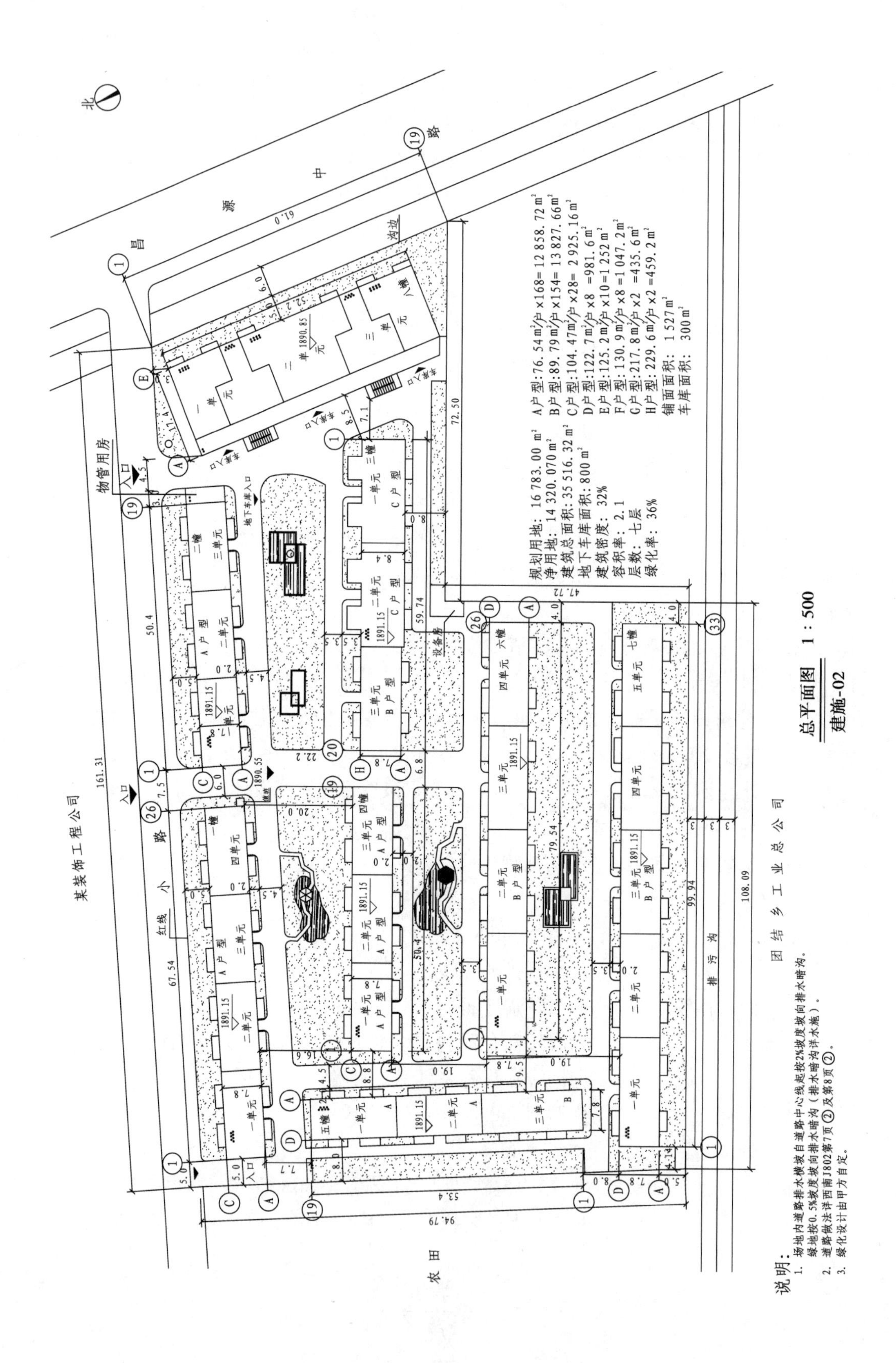
北
某装饰工程公司
团结乡工业总公司
农田
小路
排污沟
物管用房
入口
地下车库入口
设备房
规划用地：16 783.00 m²
净用地：14 320.070 m²
建筑总面积：35 516.32 m²
地下车库面积：800 m²
建筑密度：32%
容积率：2.1
层数：七层
绿化率：36%
A户型:76.54 m²/户×168=12 858.72 m²
B户型:89.79 m²/户×154=13 827.66 m²
C户型:104.47 m²/户×28= 2 925.16 m²
D户型:122.7 m²/户×8 =981.6 m²
E户型:125.2 m²/户×10=1 252 m²
F户型:130.9 m²/户×8 =1 047.2 m²
G户型:217.8 m²/户×2 =435.6 m²
H户型:229.6 m²/户×2 =459.2 m²
铺面面积：1 527 m²
车库面积：300 m²
总平面图 1：500
建施-02
说明：
1. 场地内道路排水横坡自道路中心线起按2%坡度坡向排水暗沟。绿地按0.5%坡度坡向排水暗沟（排水暗沟详水施）。
2. 道路做法详西南J802第7页②及第8页②。
3. 绿化设计由甲方自定。

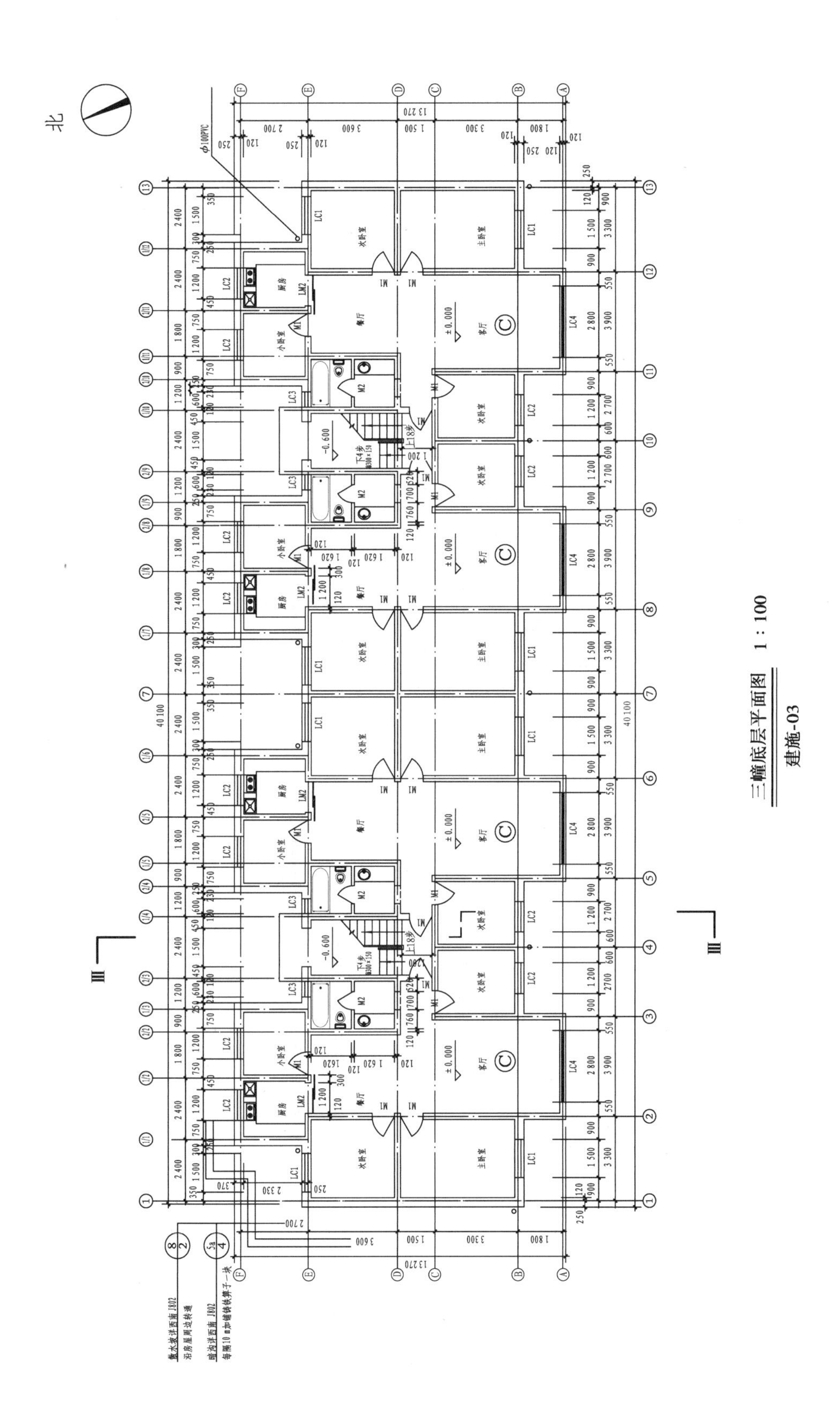
北
三幢底层平面图　1：100
建施-03

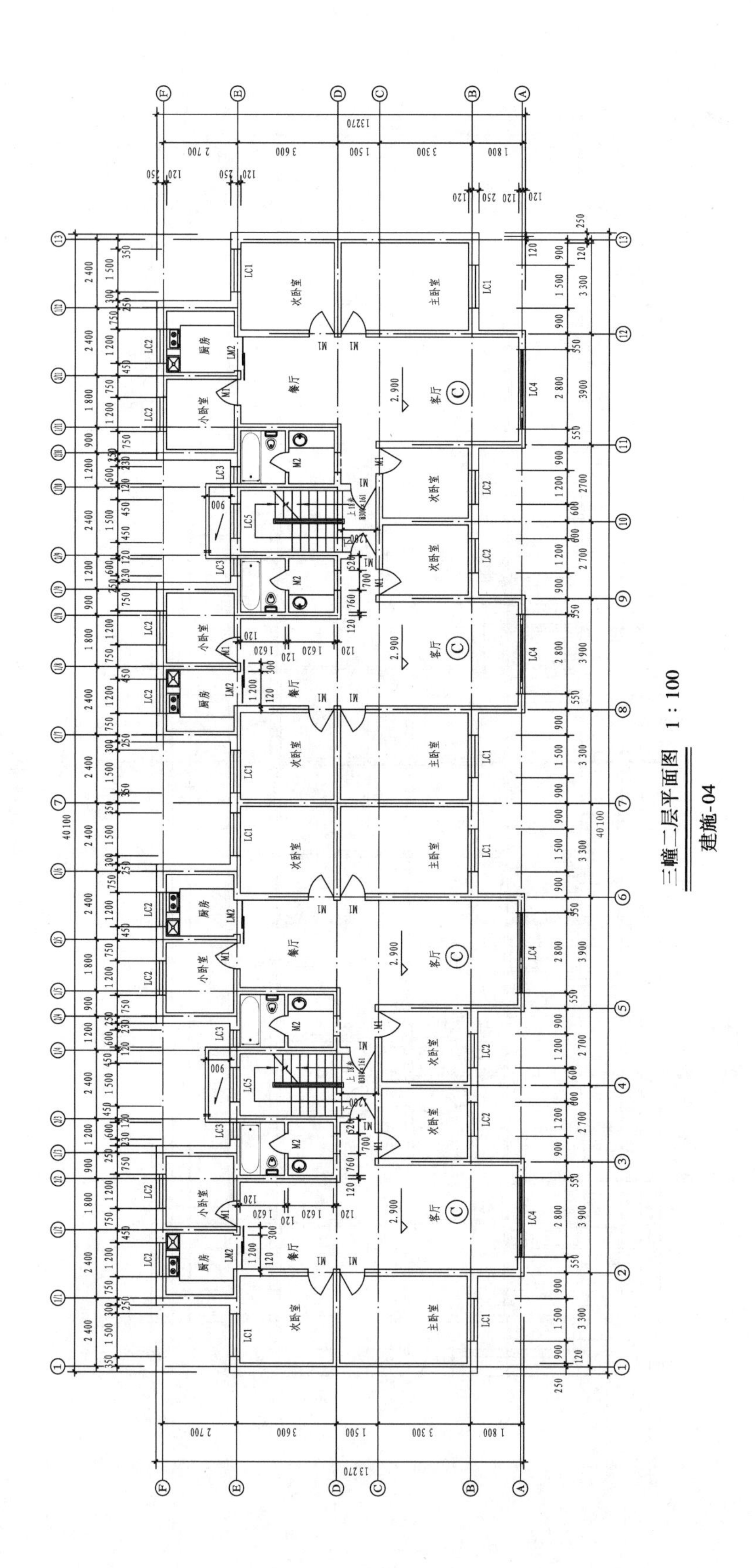
三幢二层平面图 1:100
建施-04

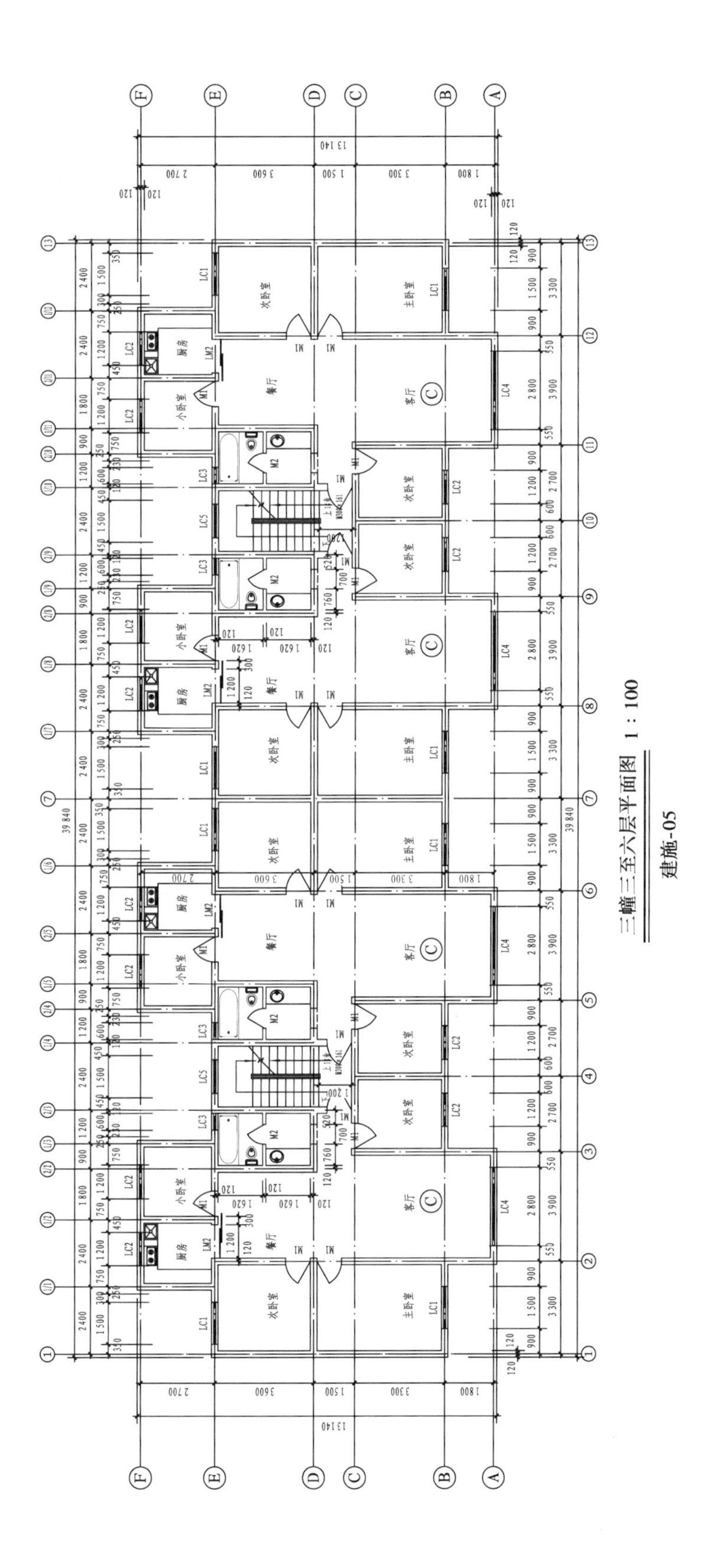

三幢三至六层平面图　1∶100

建施-05

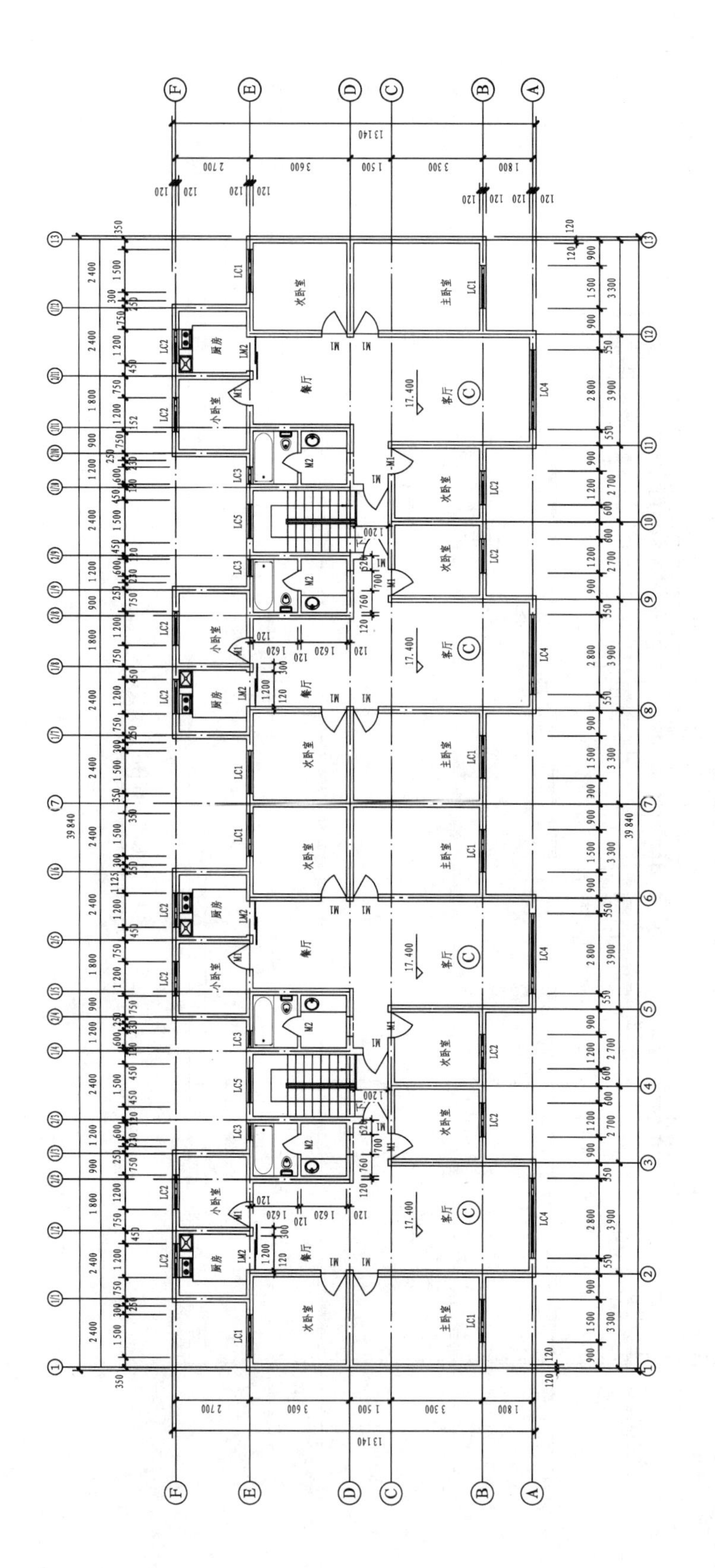
三幢七层平面图 1:100
建施-06

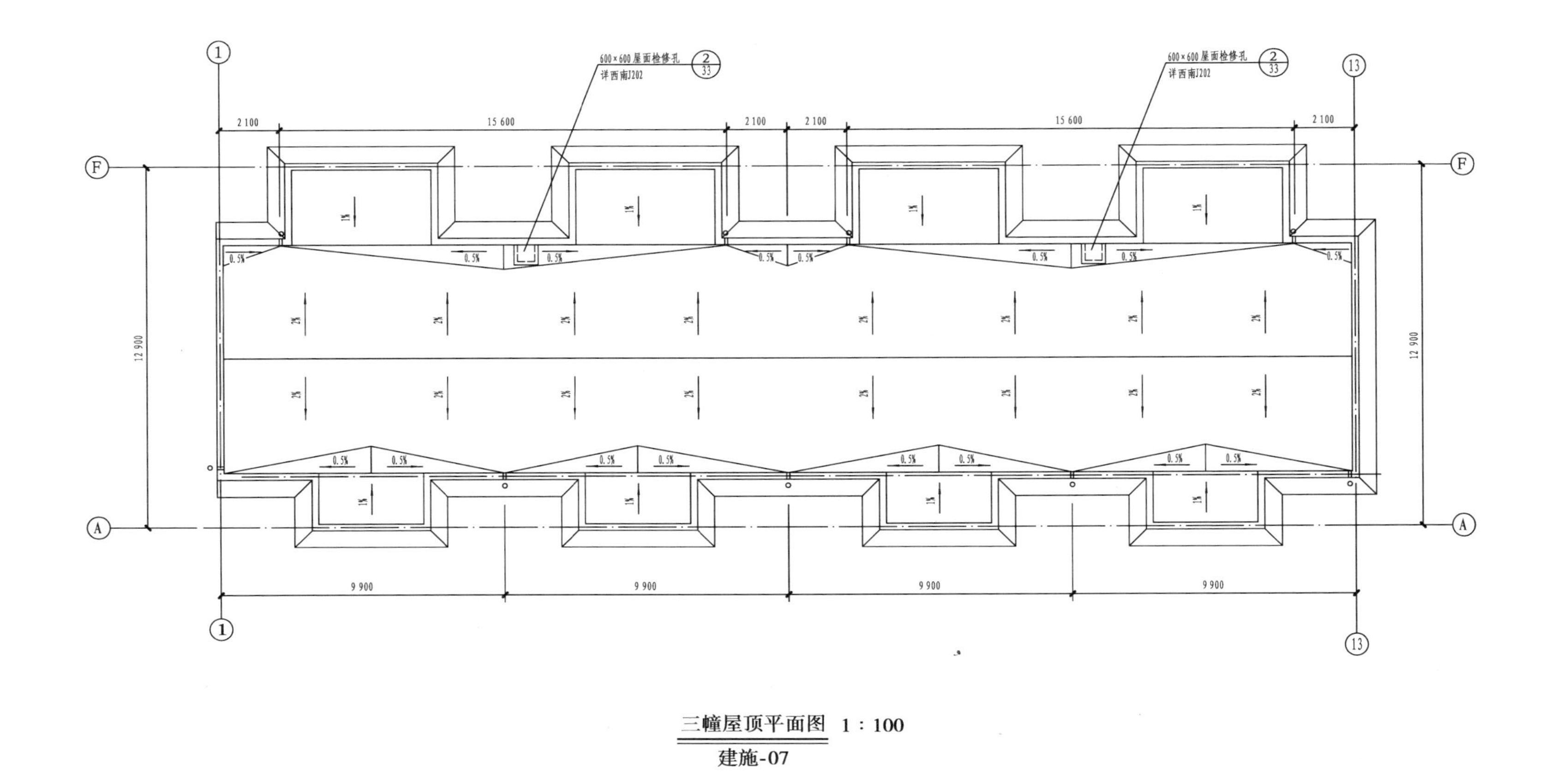

三幢屋顶平面图　1：100
建施-07

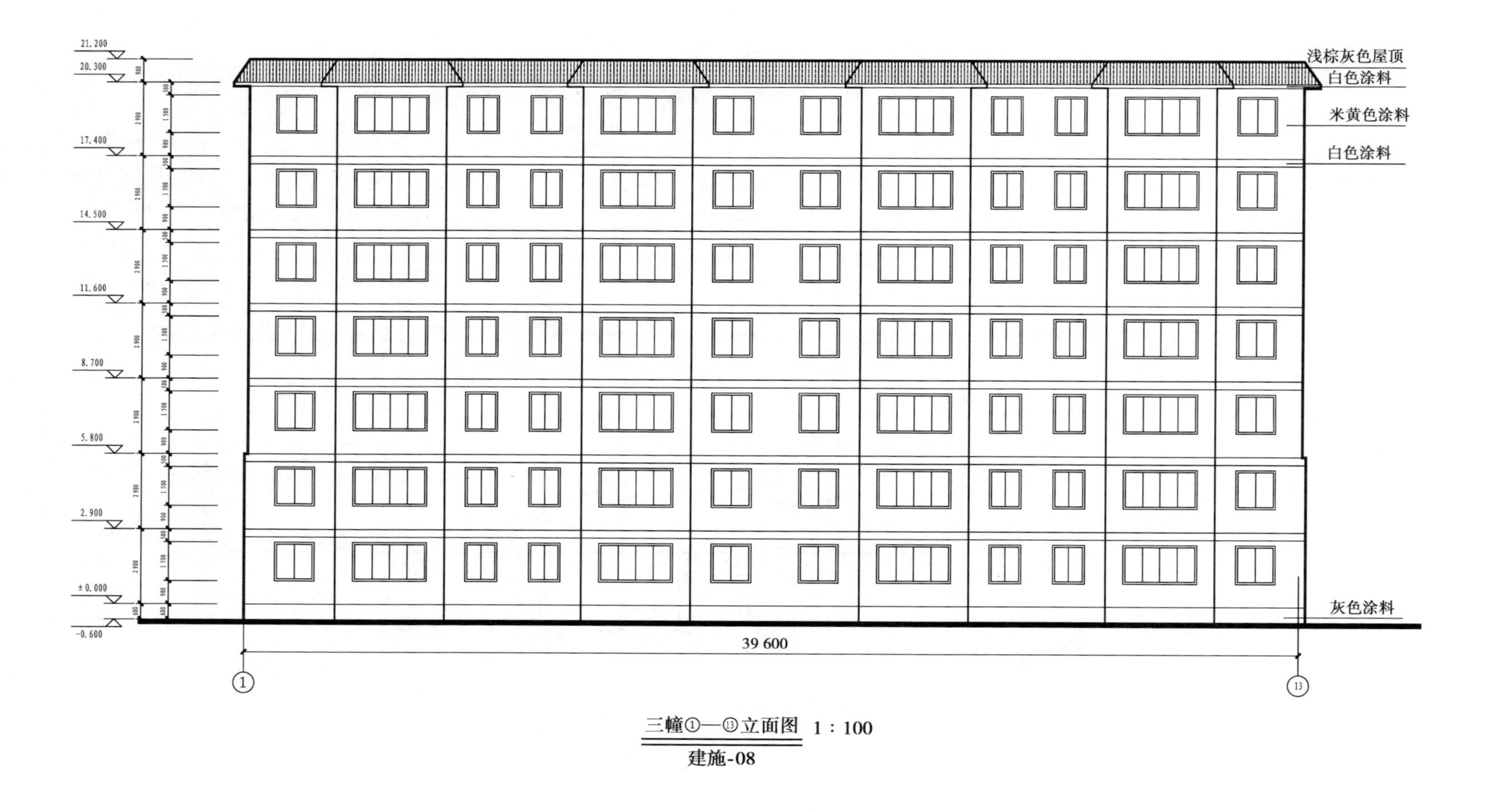

三幢①—⑬立面图 1∶100

建施-08

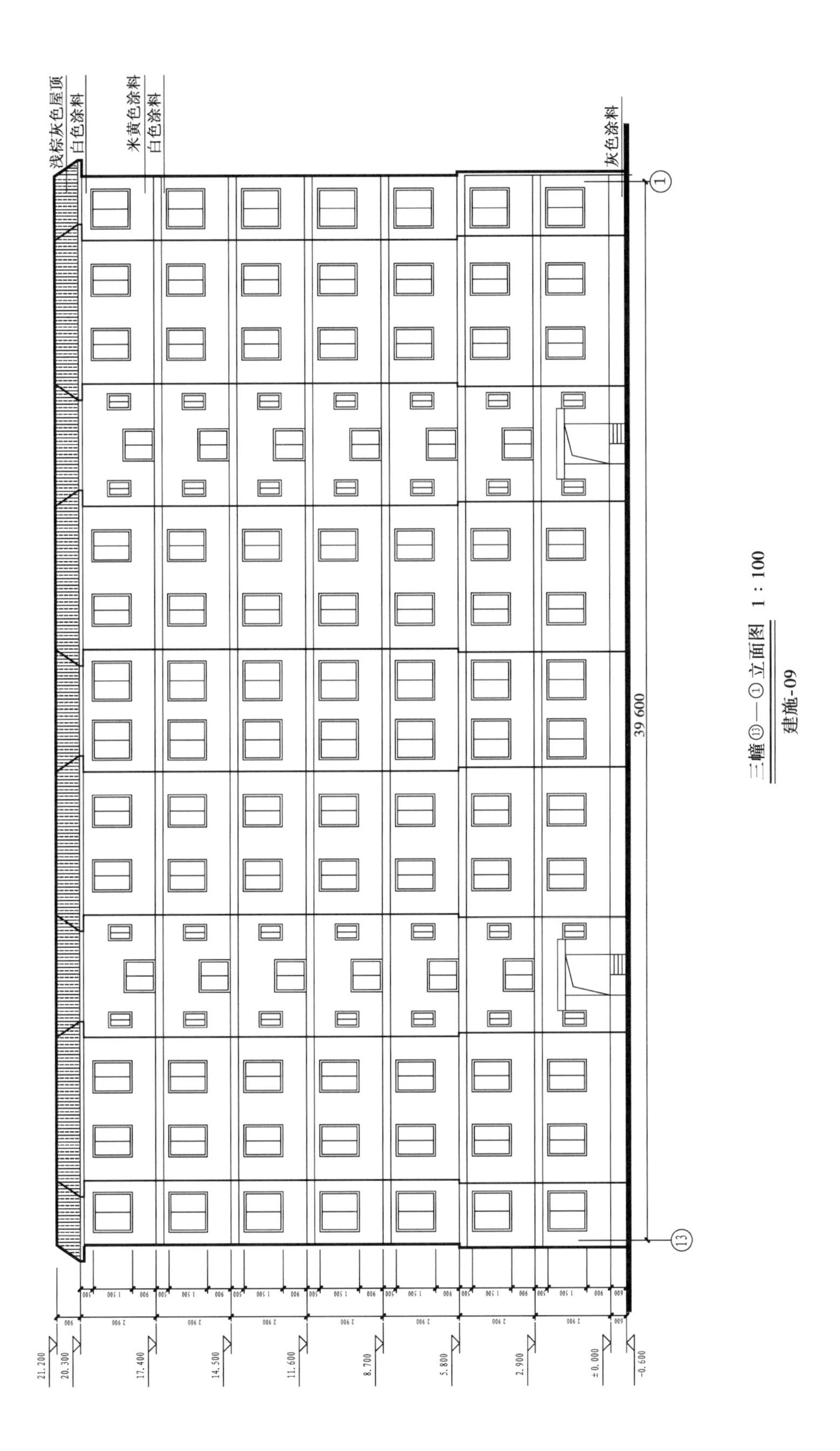
浅棕灰色屋顶
白色涂料
米黄色涂料
白色涂料
灰色涂料
39 600
21.200
20.300
17.400
14.500
11.600
8.700
5.800
2.900
±0.000
-0.600
三幢⑬—①立面图 1:100
建施-09

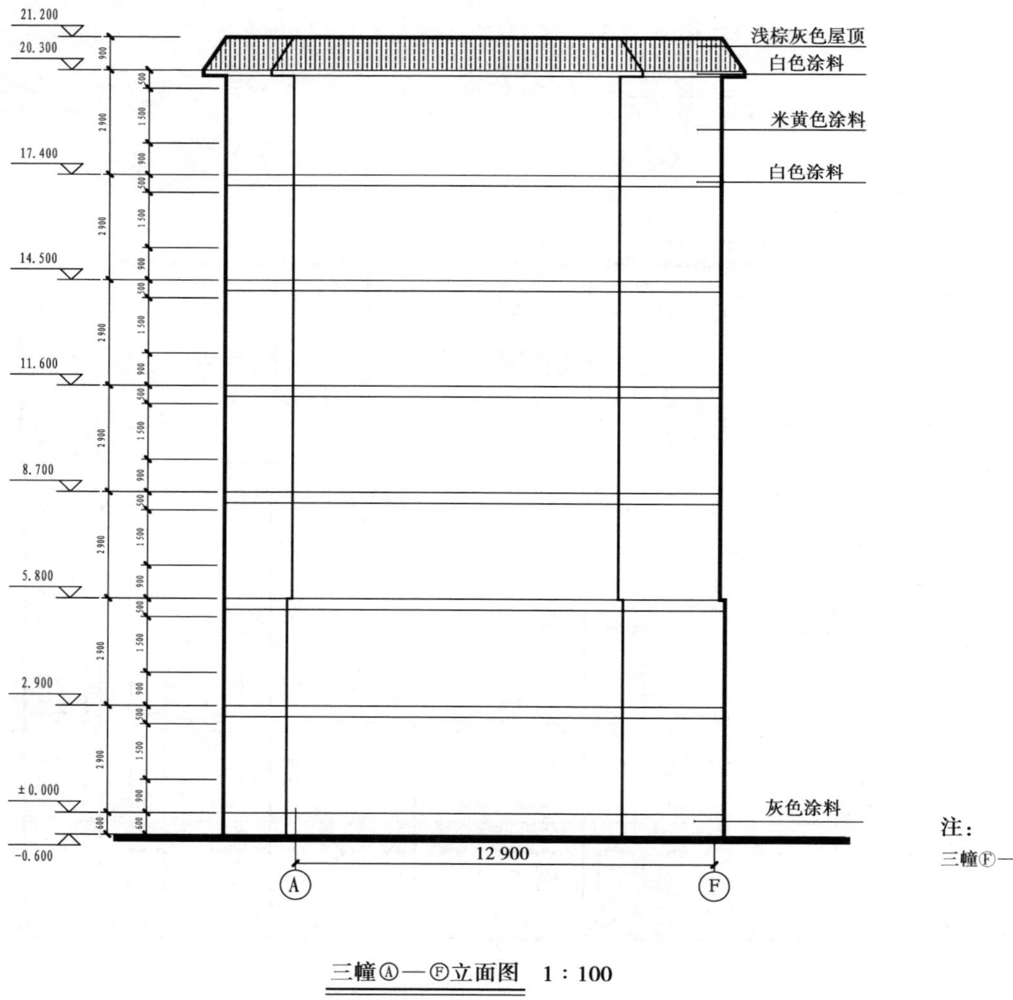

三幢Ⓐ—Ⓕ立面图　1：100

建施-10

注：

三幢Ⓕ—Ⓐ立面图做法参见三幢Ⓐ—Ⓕ立面图.

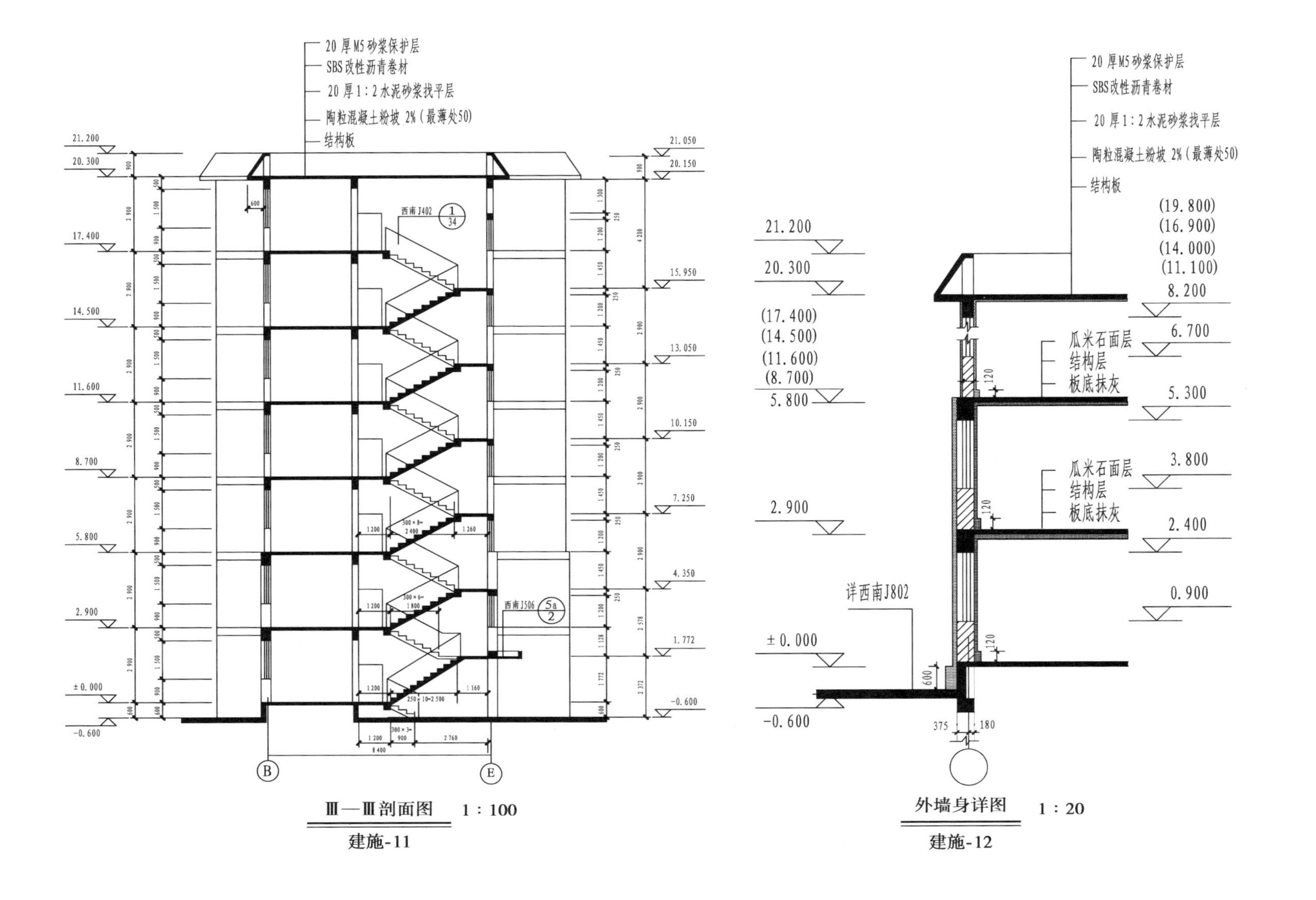

Ⅲ—Ⅲ剖面图　1：100

建施-11

外墙身详图　1：20

建施-12

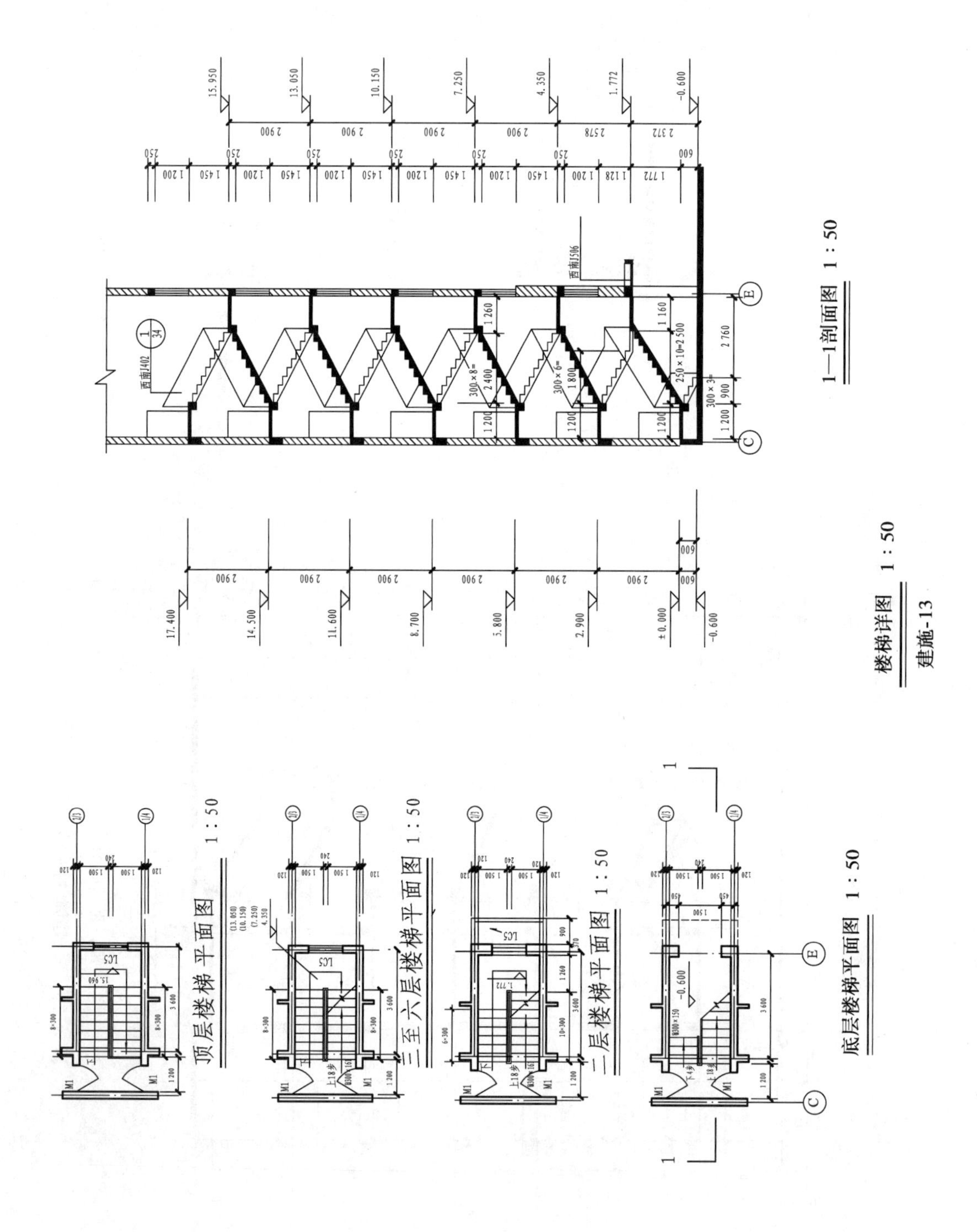
1—1剖面图 1:50
楼梯详图 1:50
建施-13
顶层楼梯平面图 1:50
三至六层楼梯平面图 1:50
二层楼梯平面图 1:50
底层楼梯平面图 1:50
15.950
13.050
10.150
7.250
4.350
1.772
-0.600
17.400
14.500
11.600
8.700
5.800
2.900
±0.000
西南J402
西南J506
LC5
M1

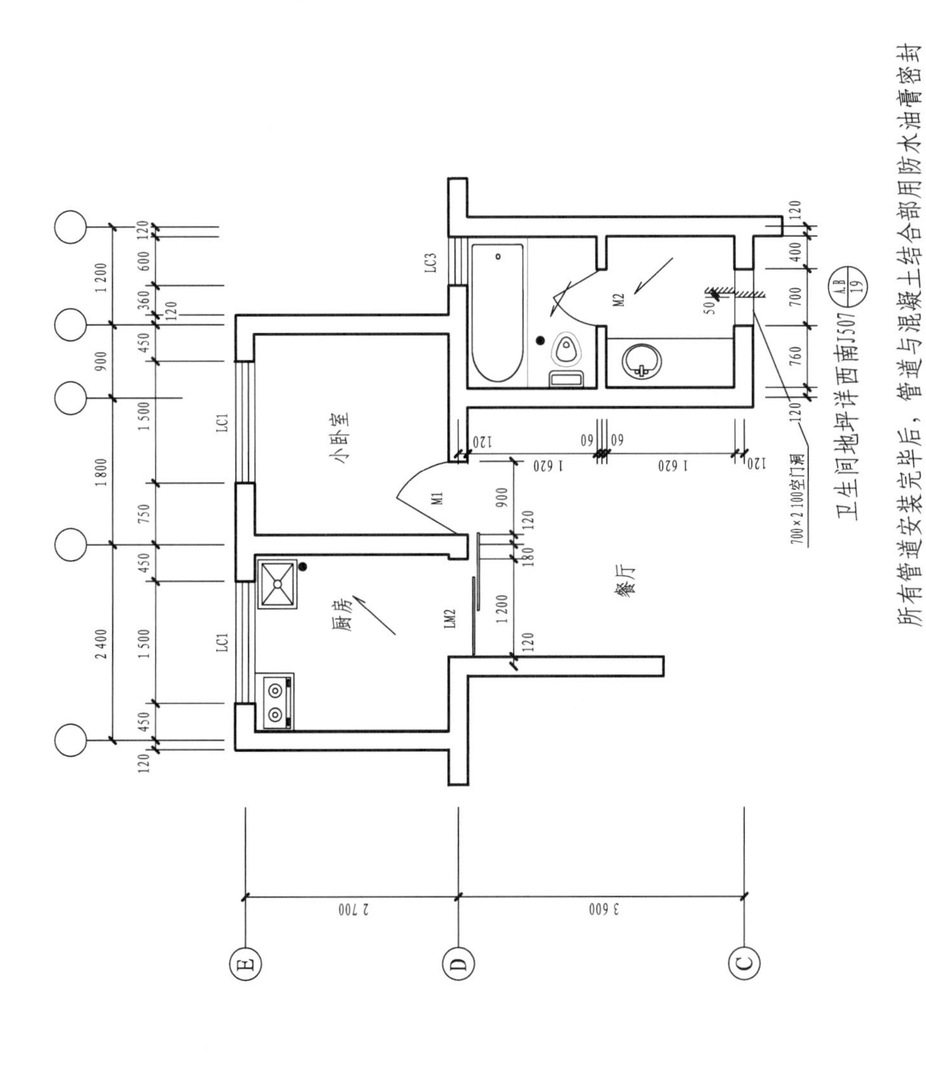

所有管道安装完毕后，管道与混凝土结合部用防水油膏密封

C型厨房卫生间平面大样图　1 : 50

建施-14

项目 5　建筑工程结构图的规定及应用

【学习目标】

①能读懂结构施工图；能运用结构施工图指导建筑结构的加固和维修。

②能根据钢筋混凝土平法图集，正确分析钢筋的布置情况；具备利用钢筋混凝土结构平法施工图指导施工、钢筋下料以及工程算量的意识。

【教学准备】

①实体模型、半成品楼、仿真软件、建筑结构图纸一套、建筑物施工钢筋布置相关视频或微课等各类线上资源或网址。

②在建筑技能训练基地或施工现场进行对照学习。

③结构制图规范或标准、开放性讨论的问题等资源。

【教法建议】

同学们线下先行观看视频或微课并进行学习，再在建筑技能训练基地或施工现场进行对照学习，课堂或线上进行讨论：①结构施工图与标准或规范的关系？②结构施工图与建筑施工图的关系？③结构施工图与钢筋、混凝土的关系？

【1+X 考点】

①识图部分。能结合建筑施工图，掌握工程概况、设计依据等；能掌握建筑结构安全等级、建筑抗震设防类别、抗震设防标准；能掌握结构类型、结构抗震等级、主要荷载取值、结构材料、结构构造等；能识读地基基础设计等级、基础类型、基础构件截面尺寸、标高；能识读配筋构造、柱（墙）纵筋在基础中锚固构造等；能识读柱（框架柱、梁上柱、剪力墙上柱）的截面尺寸、标高及配筋构造；能识读剪力墙（剪力墙身、剪力墙柱及剪力墙梁）的截面尺寸、标高、配筋构造、洞口尺寸、定位及加筋构造；能识读地下室外墙截面尺寸、标高及配筋构造等；能识读梁（楼层框架梁、屋面框架梁、非框架梁、悬挑梁）的截面尺寸、标高、配筋构造等；能识读有梁楼盖楼（屋）面板的截面尺寸、标高及配筋构造；明确悬挑板的截面尺寸、标高及配筋构造；能识读板洞口尺寸、定位及加筋构造等；能识读现浇混凝土板式楼梯的截面尺寸、定位及配筋构造；能识读现浇混凝土梁式楼梯的截面尺寸、定位及配筋构造；能识读结构节点截面尺寸、定位及配筋构造等。

②绘图部分。能根据任务要求，应用 CAD 绘图软件绘制中型建筑工程基础施工图、墙、柱、

梁、板、详图的指定内容。

知识点 25　结构施工图制图标准的基本规定

◎思政点拨◎

名称一样、线型一样，但在建施图和结施图中所代表意义及用途不一样。

师生共同思考：匹配意识。适合的就是最好的。学习方法、工作方法亦是如此。

25.1　图线

图线宽度 b 应按《建筑结构制图标准》（GB/T 50105—2010）中“图线”的规定选用。每个图样应根据复杂程度与比例大小，先选用适当的基本线宽度 b，再选用相应的线宽组。建筑结构专业制图，应选用表 5.1 中的图线。

表 5.1　线型

名　称		线　型	线　宽	一般用途
实线	粗		b	螺栓、钢筋线、结构平面图中的单线结构构件、钢木支撑及系杆线，图名下横线、剖切线
	中粗		$0.7b$	结构平面图及详图中剖到或可见的墙身轮廓线、基础轮廓线、钢、木结构轮廓线、钢筋线
实线	中		$0.5b$	结构平面图及详图中剖到或可见的墙身轮廓线、基础轮廓线、可见的钢筋混凝土轮廓线、钢筋线
	细		$0.25b$	标注引出线、标高符号线、索引符号线、尺寸线
虚线	粗		b	不可见的钢筋、螺栓线，结构平面图中不可见的单线结构构件线及钢、木支撑线
	中粗		$0.7b$	结构平面图中的不可见构件、墙身轮廓线及不可见钢、木结构构件线、不可见的钢筋线
	中		$0.5b$	结构平面图中的不可见构件、墙身轮廓线及不可见钢、木结构构件线、不可见的钢筋线
	细		$0.25b$	基础平面图中的管沟轮廓线、不可见的钢筋混凝土构件轮廓线
单点长画线	粗		b	柱间支撑、垂直支撑、设备基础轴线图中的中心线
	细		$0.25b$	定位轴线、对称线、中心线、重心线

续表

名称		线型	线宽	一般用途
双点长画线	粗	━━━━ · · ━━━━ · · ━━━━	b	预应力钢筋线
	细	———— · · ———— · · ————	$0.25b$	原有结构轮廓线
波浪线		～～～	$0.25b$	断开界线
折断线		—\/—	$0.25b$	断开界线

注：在同一张图纸中，相同比例的各样图样，应选用相同的线宽组。

25.2 比例

根据图样用途和被绘物体复杂程度，选用表 5.2 中的常用比例，特殊情况下选用可用比例。

表 5.2 比例

图名	常用比例	可用比例
结构施工图、基础平面图	1∶50，1∶100，1∶150，1∶200	1∶60
圈梁平面图、总图中管沟、地下设施等	1∶200，1∶500	1∶300
详图	1∶10，1∶20	1∶25，1∶5，1∶4

有关制图标准中的其他规定参见项目一中的相关内容。

技能点 25 结构施工图制图标准的练习及应用

◎思政点拨◎

判断题可以转换为选择题，但判断题是二选一，选择题往往是单选和多选。

师生共同思考：理性思维意识。在日常生活、学习和工作中，是判断多于选择还是选择多于判断？

25.1 知识测试

1. [判断题] 结构制图标准中的图幅规定与绘制建筑施工图中的图幅规定是一致的。（ ）

2. [判断题] 结构制图标准中的字体规定与绘制建筑施工图中的字体规定有细微差异。（ ）

3. [判断题] 结构制图标准中的尺寸标注规定与绘制建筑施工图中的尺寸标注规定是一致的。（ ）

4. [判断题] 结构制图标准中的比例选用规定与绘制建筑施工图中的比例选用规定有差异。　　（　　）

5. [判断题] 结构制图标准中的图线选用规定与绘制建筑施工图中的图线选用规定有差异。　　（　　）

25.2　技能训练

请根据结构制图标准，判定图 5.1、图 5.2 所示梁配筋图和披檐大样图在图线、字体、比例、尺寸标注等方面存在的正误。

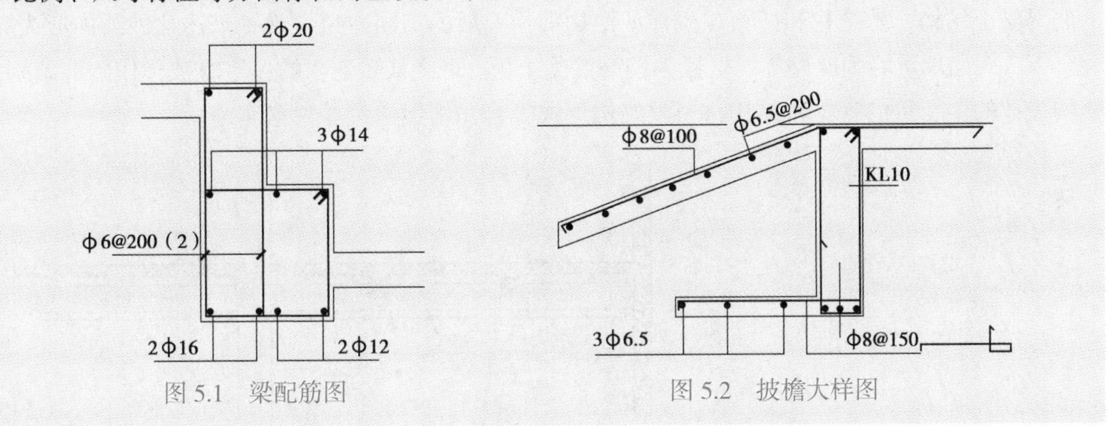

图 5.1　梁配筋图　　　　图 5.2　披檐大样图

知识点 26　结构施工图的形成、组成及内容规定

◎思政点拨◎

承重的是结构，使用的是建筑。

师生共同思考：人的骨骼是“结构”，人的血肉是“建筑”，但支撑人体的是知识和智慧。

26.1　结构施工图的作用

当我们看到一栋房屋建筑的时候，首先看到的是它的外形，继而再了解到它的立面及平面布置（布局），甚至能清楚地知道它各部分的建筑功能，这些都是建筑施工图（简称建施）应表达的内容。但是，支承该栋建筑物的地基和基础、将上部荷载传至基础的柱子和墙体、承受楼层荷载的楼板和梁等的情况如何却是结构施工图（简称结施）应回答的问题。简单地讲，建筑施工图表现的是建筑的

微课　结构施工图的作用与内容

外表，而结构施工图表现的是建筑的骨架。

因此，结构施工图是整个设计文件中一个至关重要的部分。有了结构施工图，建设施工单位就可以根据其要求将建筑物的骨架树立起来了。

图 5.3 所示为某栋建筑物的结构示意图，图 5.3 中表示了梁、板、柱及基础在房屋中的位置及相互关系。需要说明的是，同一栋建筑中采用多种基础形式的情况不多，选用何种基础形式应视具体情况而定。

建筑物中的梁、板、柱、墙及基础（包括桩基）通称为房屋的承重构件，结构施工图的作用就是要分别说明这些构件所选用的材料品种、形状尺寸大小、相互关系及施工方法要求等，以图纸（加部分文字说明）的形式表示出来。结构施工图除作为施工放线、基槽开挖、构件制作和施工安装等使用外，还是编制预算和施工组织设计的依据。

常用的结构材料主要为钢材、钢筋混凝土、木材和砖石等。常见的结构形式主要有钢结构、钢筋混凝土结构、木结构和砖石（砌体）结构等。一般的房屋建筑常常是上述几种结构形式的混合体，例如承重墙为砖砌体，楼板为钢筋混凝土板（现浇或预制）的住宅就被称作砖混结构。结构设计的主要目的就是将结构材料及结构形式等告知施工单位并付诸实施。

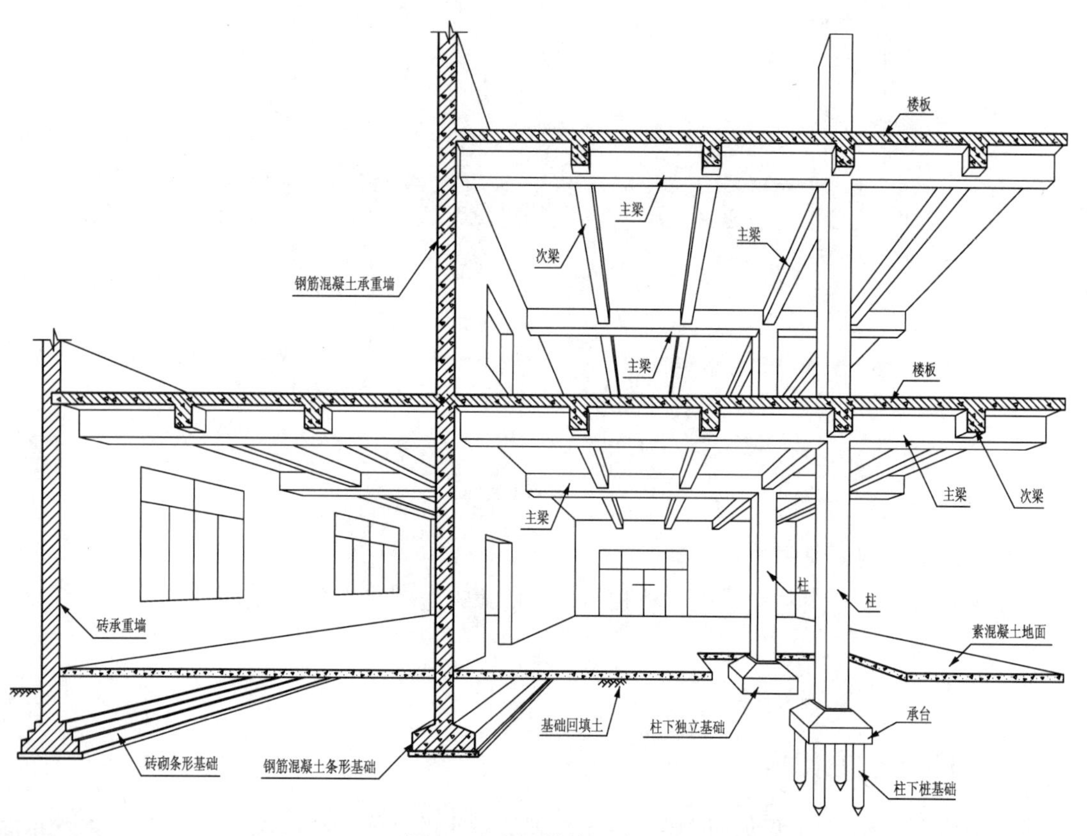

图 5.3　房屋结构示意图

建筑施工图和结构施工图虽作用不同但两者密不可分。从某种意义上讲，结构施工图是建筑施工图的继续和细化。尤其在方案或初步设计阶段，两者应相互讨论和沟通，以便为房屋选择合结构材料和结构形式。

对同一套图纸来说，结构施工图和建筑施工图反映的是同一栋建筑物。因此，当它们涉及建筑物的同一部位时应协调一致。例如，它们应具有相同的定位轴线和编号，相同的平面尺寸和墙体（构件）定位尺寸、相吻合的层高和标高等。

26.2　结构施工图的内容

绘制结构施工图的主要目的是告知施工单位如何将结构设计的意图转化为现实。因此，作为一个结构设计者或结构施工图的绘制者应从读图人或图纸使用者的角度出发考虑问题，即图纸内容应尽力保证全面性和唯一性，杜绝自相矛盾或含糊不清的表述，并且便于读图和使用。

结构施工图的内容必须符合由国家住建部颁发的《建筑工程设计文件编制深度规定》中的有关要求。结构施工图主要包括图纸目录、设计总说明和设计图纸 3 部分。

26.2.1　图纸目录

图纸目录是结构施工图文件的总纲，有了图纸目录，便可直接查找到所要求的图纸内容。通常情况下一栋建筑物的设计图纸各专业仅合编一个图纸目录，此时，结构施工图可不另编图纸目录。

26.2.2　结构设计总说明

结构设计总说明一般放在图纸目录之后和施工图纸之前。它是结构设计带有全局性的文字说明，也可附有少量的图例，以便在后附的施工图中共用。

结构设计总说明主要包括以下内容：

①建筑工程的一般性描述，主要包括建筑物名称、建设地点、建筑规模（也即建筑面积、层数、各层层高及总高）、地下室层数及基础埋深、各部分建筑功能的简单介绍、所采用的主要结构形式等。

②建筑物 ±0.000 相对标高和绝对高程的关系、首层地面的室内外高差、图纸中的标高、尺寸的单位。

③本工程结构设计的主要依据，包括所涉及的国家现行标准规范和规程名称、所依据的工程地质勘察报告、建设方所提出的符合法规与结构专业有关的书面要求、已批准的建筑方案或设备工艺条件文件等。

④地基情况描述（来源于地质勘察报告）和地基处理方法说明（该部分内容也可放在基础施工图中描述）。

⑤所用材料的类型、规格、强度等级及其他特殊要求。

⑥所采用的经过鉴定的计算机程序名称。

⑦对建筑物使用的要求，包括对使用荷载和维护、维修的要求。

⑧选用标准图集的名称。

⑨对不同的结构形式提出的特殊要求。例如对砌体结构应提出施工质量控制等级；对钢筋混凝土结构应提出钢筋保护层厚度、锚固和搭接长度；对钢结构应提出防锈要求；对木结构应提出防腐要求；对地基基础应说明设计等级；对人防结构应说明抗力等级等。此外，对位于地震区的建筑物，还应说明场地类别、地基液化等级、抗震设防类别和设防烈度、钢筋混凝土结构的抗震等级等。

26.2.3 结构设计图纸

（1）结构平面图

结构平面图与建筑平面图相对应，它是房屋结构中各种承重构件总体平面布置的图样，对于建筑平面图中所表示的与承重结构无关的内容（例如隔墙）在结构平面图中可不画出。结构平面图一般分为：

①基础平面图。当采用桩基时，还应有桩基平面布置图。

②楼层结构平面图。需要注意的是，建筑施工图和结构施工图在名称上的不同，例如建筑施工图的“一层平面图”是指一层的地面，而结构施工图的“一层平面图”往往是指一层的顶板结构。为不致混淆，结构平面图常常另注明标高位置。

③屋顶平面图。

（2）构件详图

一般情况下，结构平面图中标出了各结构构件的名称和位置，各构件的详细形状和尺寸应进一步地通过构件详图才能完全表示清楚。有时，可在结构平面图中注上剖面符号或大样符号，而另外的大比例画出剖面或大样。

构件详图主要包括梁、板、柱、墙及基础（包括桩基）等组成房屋的结构构件详图。上述各种构件之间的连接关系往往也需要通过节点详图的形式才能表达清楚。

（3）构件标准图

对于常用的结构，常编有大量的标准图集供使用，可节省大量的设计工作量。例如，符合模数的开间可采用预制空心板作楼板、标准跨度柱距的厂房可采用标准屋架和大型屋面板等。此时，只需在结构平面图中注上构件代号，而在说明中指出标准图集号即可。必要时，也可通过计算对所采用的标准图加以局部修改，以节省设计工作强度和降低工程造价。

技能点 26　结构施工图的认知练习及应用

◎思政点拨◎

钢筋的保护层保护的是什么？

师生共同思考：保护我们人体的是什么？保护我们人身安全的又是什么？

26.1　知识测试

1. 在钢筋混凝土结构中，箍筋的作用是（　　）。

A. 起架立作用　　B. 固定钢筋的位置并承受剪力

C. 主要受力钢筋　　D. 分配荷载到受力钢筋

2. 在钢筋混凝土结构中，构件的轮廓线用（　　）。

A. 粗实线绘制　　B. 中粗实线绘制　　C. 细实线绘制　　D. 加粗的粗实线绘制

3. 板的配筋平面图中，下层钢筋的弯钩应画成（　　）。

A. 向下或向左　　B. 向下或向右　　C. 向上或向右　　D. 向上或向左

4. 在钢筋混凝土结构中，钢筋的保护层是（　　）。

A. 钢筋的表面处理层　　B. 钢筋表面的防锈油漆

C. 包裹钢筋的材料　　D. 具有一定厚度的混凝土保护钢筋不被锈蚀

5.［多项选择题］结构施工图包括（　　）。

A. 结构总平面图　　B. 结构设计说明　　C. 结构平面图　　D. 构件详图

26.2　技能训练

根据图 5.4 所示的梯板配筋图，指出受力筋、架立筋、箍筋、分布筋、构造筋、贯通筋、负筋、拉结筋、腰筋等的位置和编号，尽量绘出类似③号、⑤号的钢筋放样图。

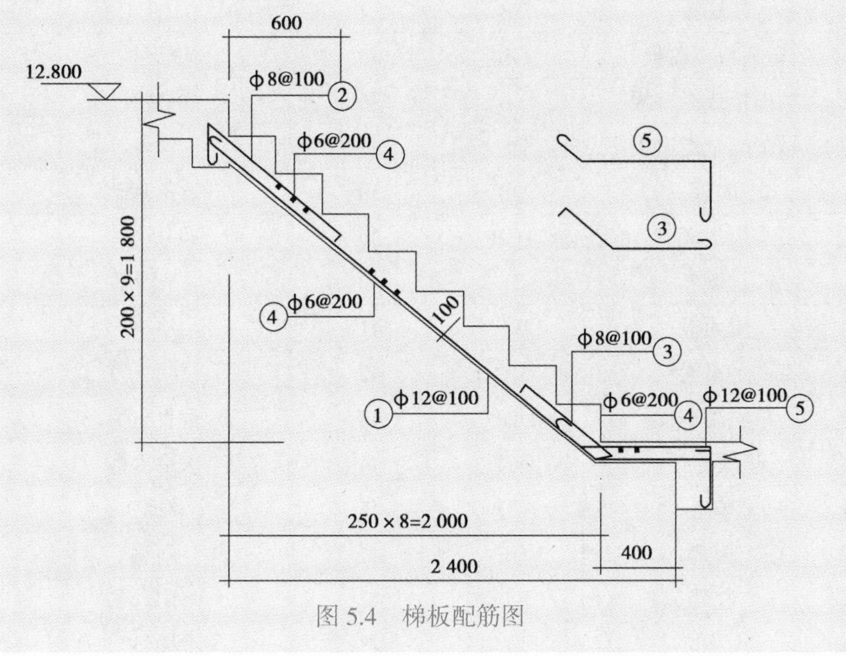

图 5.4　梯板配筋图

知识点 27　结构施工图常用符号的规定

◎思政点拨◎

构件有代号、符号，代号、符号有相关规定。

师生共同思考：规则意识，常规意识。

27.1 构件名称代号

微课 结构施工图常用符号

在结构施工图中，较少直接用汉字标注构件名称，而常采用构件代号表示构件的名称，这种代号一般采用汉语拼音。对于常用的构件，一般是以各构件名称汉语拼音的第1个字母并大写表示。在《建筑结构制图标准》（GB/T 50105—2010）附录中，列出了常用的构件代号，见表5.3。

表5.3 常用构件代号

序　号	名　称	代　号	序　号	名　称	代　号
1	板	B	28	屋架	WJ
2	屋面板	WB	29	托架	TJ
3	空心板	KB	30	天窗架	CJ
4	槽形板	CB	31	框架	KJ
5	折板	ZB	32	刚架	GJ
6	密肋板	MB	33	支架	ZJ
7	楼梯板	TB	34	柱	Z
8	盖板或沟盖板	GB	35	框架柱	KZ
9	挡雨板或檐口板	YB	36	构造柱	GZ
10	吊车安全走道板	DB	37	承台	CJ
11	墙板	QB	38	设备基础	SJ
12	天沟板	TGB	39	桩	ZH
13	梁	L	40	挡土墙	DQ
14	屋面板	WL	41	地沟	DG
15	吊车梁	DL	42	柱间支撑	ZC
16	单轨吊车梁	DDL	43	垂直支撑	CC
17	道轨连接	DGL	44	水平支撑	SC
18	车挡	CD	45	梯	T
19	圈梁	QL	46	雨篷	YP
20	过梁	GL	47	阳台	YT
21	连系梁	LL	48	梁垫	LD
22	基础梁	JL	49	预埋件	M
23	楼梯梁	TL	50	天窗端壁	TD
24	框架梁	KL	51	钢筋网	W
25	框支梁	KZL	52	钢筋骨架	G
26	屋面框架梁	WKL	53	基础	J
27	檩条	LT	54	暗柱	AZ

注：①一般结构构件，可直接采用上表中的代号，如设计中另有特殊要求，可另加代码符号，但应在图上说明。
②预应力构件可在上述代号前加“Y–”，如YKB表示预应力空心板。
③在构件代号后若另加数字可表示有区别的同类构件，如KL–1、KL–2表示框架梁1和框架梁2有不同之处。

27.2　常用材料种类及符号

结构施工图中，如涉及结构材料常以符号的形式进行表示。目前，在国家颁布的现行各种规范、规程和标准中大部分均设有“术语和符号”章节，并对这些术语和符号进行了较为详细的注解。示例如下：

①在砌体结构中，MU10 表示砖或砌块的强度等级为 10 MPa。

M5 表示砂浆的强度等级为 5 MPa。

②在钢筋混凝土结构中，C30 表示混凝土的强度等级为 30 MPa。

常用钢筋按其强度和品种分成不同的等级，并分别用不同的直径符号表示：

ф——表示Ⅰ级钢（即光圆钢筋），抗拉强度设计值为 270 N/mm^2。

Ф——表示Ⅱ级钢，抗拉强度设计值为 300 N/mm^2。（目前已取消，但早期施工图仍沿用）

Ф——表示Ⅲ级钢，抗拉强度设计值为 360 N/mm^2。

Ф——表示Ⅳ级钢，抗拉强度设计值为 435 N/mm^2。

在钢筋混凝土构件中的钢筋标注分为两种情况，即标注钢筋的直径和根数。例如：

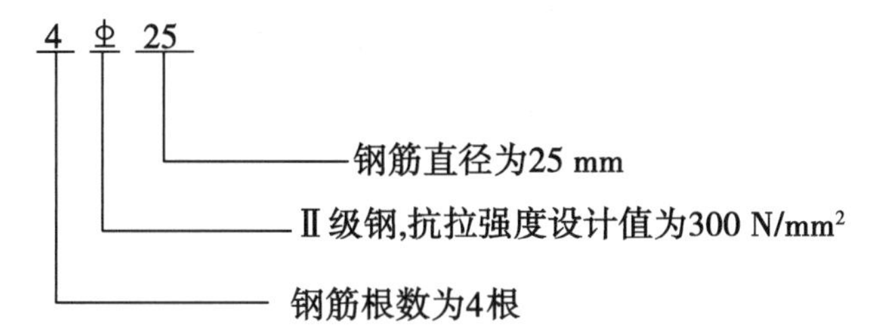

标注钢筋直径和间距，例如：

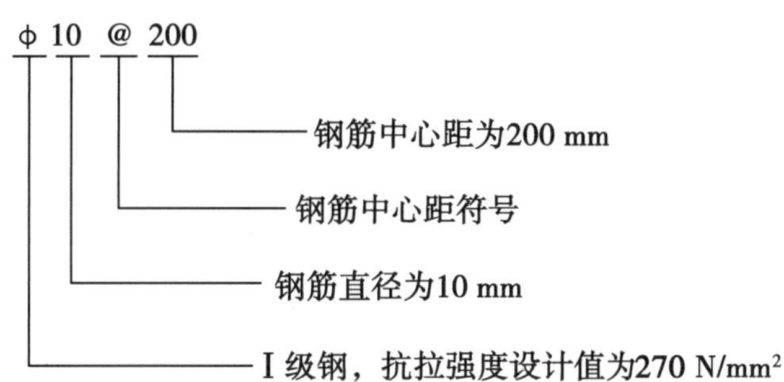

此外，还可在上述钢筋符号前加注数字代码，以区别钢筋名称，例如，⑤4 Ф 25、⑥ф 10@200，分别表示⑤号筋和⑥号筋。

③在钢结构中，HPB300——表示屈服点为 300 N/mm^2 的钢材。

HRB335——表示屈服点为 335 N/mm^2 的钢材。

E43——表示焊条型号。

4M16——表示直径为 16 mm 的螺栓共 4 个。

在结构施工图中利用常用符号可节省大量的绘图工作量，并保证图面整洁。对读图者而言，只有熟悉了这些符号，才能读懂结构施工图。需要说明的是，上述提到的符号只是很小一部分，读者只有通过阅读有关规范和书籍，才能进一步掌握结构施工图中各种符号的意义，并灵活运用。

技能点 27　结构施工图常用符号的练习及应用

◎思政点拨◎

代号、符号的使用是为了节省工作量、提高工作效率、保证图面整洁等。

师生共同思考：流程意识。生活、学习、工作中如何使用标准流程提高工作效率。

27.1　知识测试

1. 在楼层结构平面图中，楼梯板的代号为（　　）。

A. LTB　　B. KB　　C. TB　　D. XB

2. 在钢筋混凝土结构图 5.5 中，③号钢筋为（　　）。

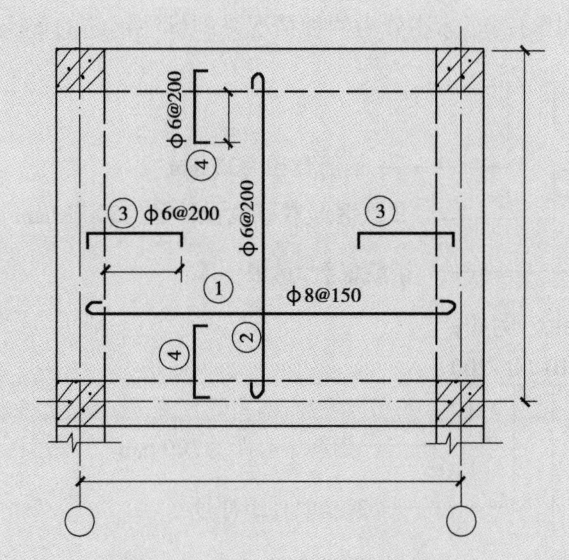

图 5.5　钢筋混凝土结构板配筋

A. 位于板的上层，6 mm 直径，间距为 200 mm

B. 位于板的下层，6 mm 直径，间距为 200 mm

C. 位于板的下层，6 mm 直径，距主筋 200 mm

D. 位于板的上层，6 mm 直径，距板边缘 200 mm

3. 在钢筋混凝土结构图 5.5 中，2 号钢筋为（　　）。

A. 受力筋　　B. 支座筋　　C. 分布筋　　D. 构造筋

4.［多项选择题］结构施工图主要包含（　　）。

A. 图纸目录　　B. 设计总说明　　C. 建筑设计图纸　　D. 结构设计图纸

E. 符号或代号统计表

5.［多项选择题］结构设计图一般分为（　　）。

A. 基础平面图　　B. 楼层结构平面图　　C. 屋顶平面图　　D. 构件详图

E. 构件标准图

27.2　技能训练

1. 8 ϕ 10@100/200 中各符号及数字代表的意义是什么？

2. 请说出图 5.6 梁大样图与图 5.7 梯板配筋图中的符号及数字所代表的意义，补全欠缺的图线和尺寸。

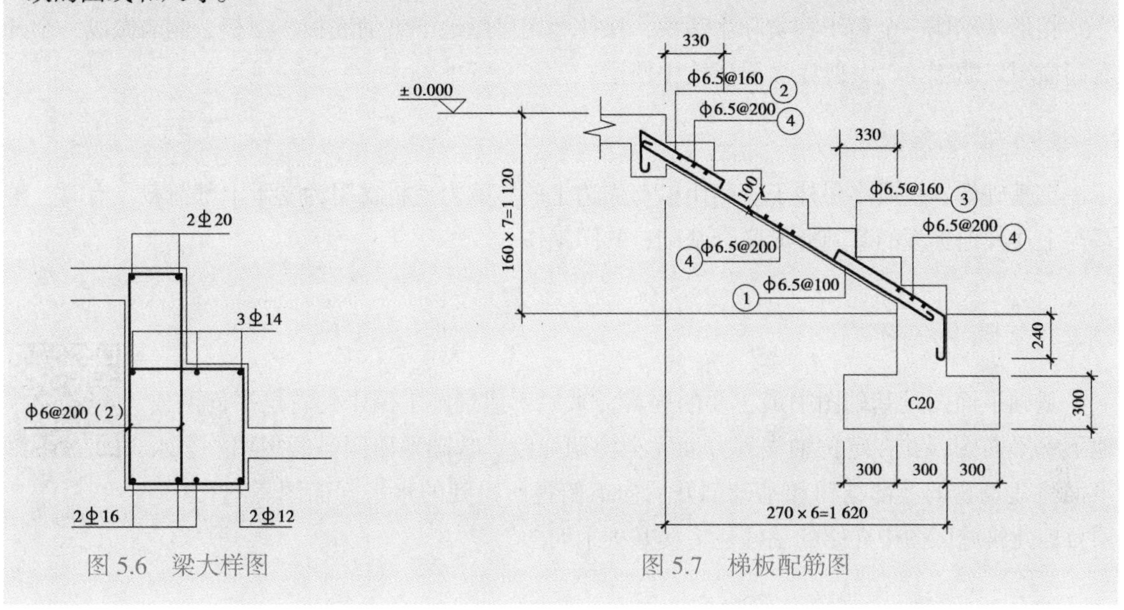

图 5.6　梁大样图　　图 5.7　梯板配筋图

知识点 28　基础图的形成、组成及内容规定

◎思政点拨◎

建筑物的稳固性及修建高度，取决于基础。

师生共同思考：要想使自己“走得稳”“走得远”，必须要打牢基础。

28.1　基础的分类

基础就是位于建筑物下部（一般埋于地面以下）支承房屋全部荷载的结构构件。常见的基础形式有：

28.1.1　条形基础

条形基础一般位于承重墙下，也有采用柱下条基的情况。条基分为单向条基（即各条基相平行）和双向条基（又称十字交叉条基）。图 5.11 可见墙下条形基础。

28.1.2　独立基础

独立基础一般位于柱子下部，其平面形状大部分为矩形，也可采用圆形等。图 5.11 中可见独立基础。

28.1.3 筏板基础

筏板基础像一个倒过来的楼盖板，又称满堂红基础。其中的板称基础板，而肋梁称基础梁。有时可不设肋梁，直接采用平板基础。

28.1.4 箱形基础

箱形基础像一个箱子。实际生活中，往往利用房屋地下室的底板、顶板、侧墙做成一个开有门窗洞口的箱子，一般在高层建筑中使用。

28.1.5 桩基础

桩基础像一根或多根柱子。利用桩与周边土的摩擦力或桩端阻力支承上部荷载。有时，桩基与上述其他类型的基础形成联合基础，共同工作。

28.2 基础平面图

微课 基础平面图

基础平面图是基础图中最主要的内容，来源于建筑施工图中的首层平面图或地下室平面图，并在定位轴线等方面完全协调一致。基础平面图是假想用一个水平面将建筑物的上部结构和基础剖开后向下俯视所得到的水平剖面图。图 5.8 是项目四建筑施工图中介绍的三幢住宅楼基础平面图。

28.2.1 基础平面图的主要内容

①图名、比例。

②定位轴线及编号，轴线间尺寸及总尺寸。

③基础构件（包括基础板、基础梁、桩基）的轮廓及与定位轴线的尺寸位置关系。

④基础构件的代号名称。

⑤基础详图在平面上的剖切位置及编号。

⑥基础与上部结构的关系。

⑦需要时可在基础平面图中画出指北针，便于施工放线及读图。

⑧基础施工说明，有时需另外说明地基处理方法。当在结构设计总说明中已表示清楚时，可不再重复。

图 5.8 所表示的是砖混结构墙下条形基础的平面。该图中基础轮廓线用细实线画出，墙体轮廓线用中粗实线画出，涂黑的是钢筋混凝土构造柱。图 5.8 中主要表示了条形基础的布置、构造柱的分布、条形基础的平面尺寸及和定位轴线的关系、墙体厚度及和定位轴线的关系、构造柱的定位和名称编号及配筋详图等。该条形基础需另外通过详图才能完全表达清楚，故图 5.8 中注明了剖切符号名称（*A*—*A*）和剖切位置。

文字说明中所标注的混凝土强度等级表明条形基础材料为钢筋混凝土。如需另外以文字表达其他内容时，也可以在该说明中补充。

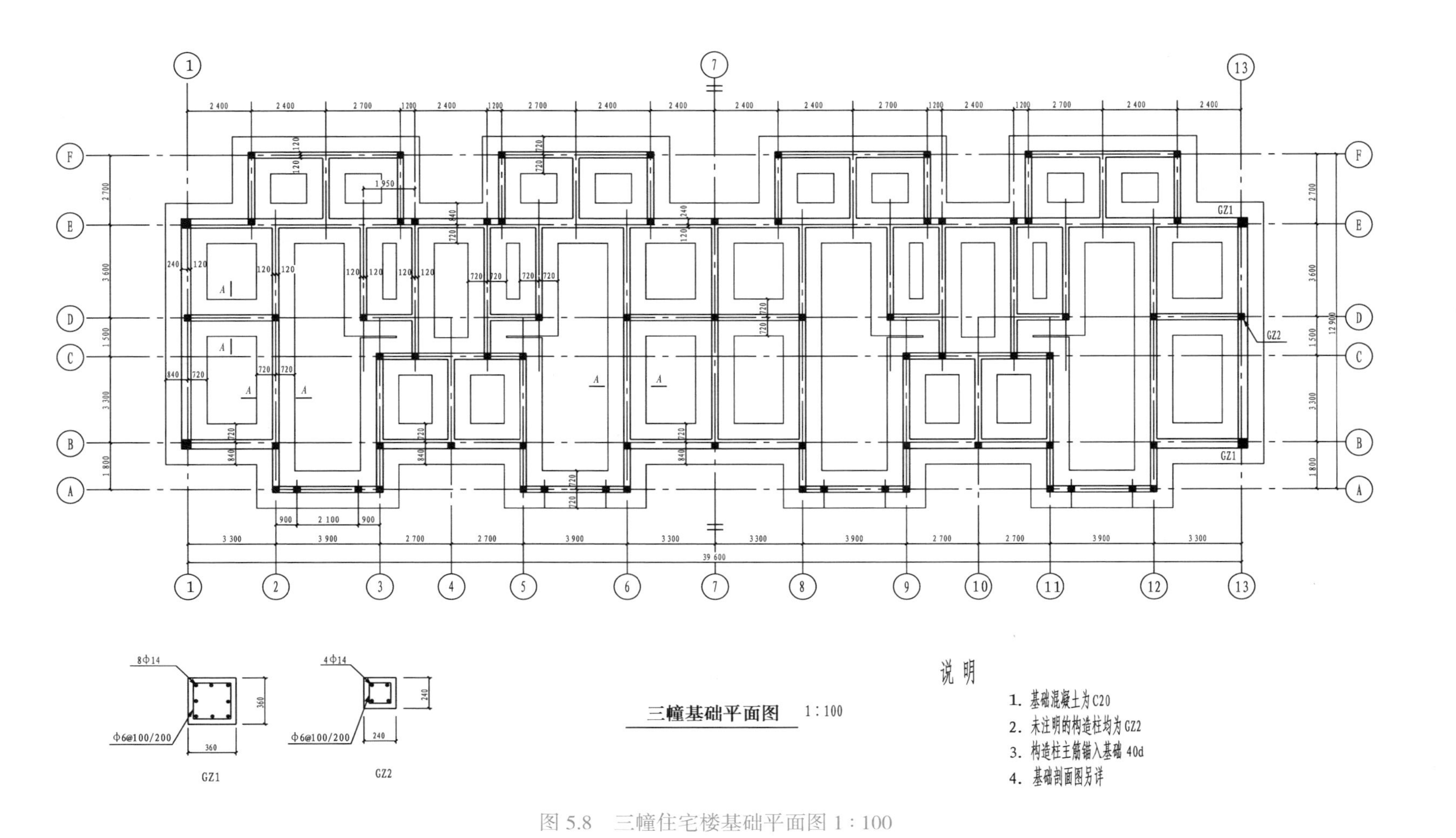

图5.8　三幢住宅楼基础平面图 1:100

28.2.2 基础平面图的绘制方法

①首先要画出与建筑平面图中定位轴线完全一致的轴线和编号。

②被剖切到的基础墙、柱轮廓线应画成粗实线，基础底面的轮廓线应画成细实线，大放脚的水平投影省略不画。

③基础平面上不可见的构件可采用虚线绘制。例如既表示基础底板又表示板下桩基布置时，桩基应采用虚线。

④基础平面图和建筑施工图采用相同的比例，一般采用 1:100 的比例绘制。

⑤在基础上的承重墙、柱子（包括构造柱）应用中粗或粗实线表示并填充或涂黑，而在承重墙上留有管洞时，可用虚线画出。

⑥基础底板的配筋应用粗实线画出。

⑦基础平面上的构件和钢筋等应用上述的构件代号和钢筋符号标出。

⑧基础平面中的构件定位尺寸必须清楚，尤其注意分尺寸必须注全。

⑨在基础平面图中，如图为平面对称时，可画出对称符号，图中内容可按对称方法简化。但为了放线需要，基础平面一般要求全部画出。

28.3 基础详图

微课 基础详图

28.3.1 基础详图的类型

基础详图来源于基础平面图，是平面图的细化和补充。基础详图主要有 3 种类型：

（1）基础剖面图

上述已在基础平面图中标出了剖面名称和位置，此处应按平面图剖面符号画出大样。在筏形基础中常以剖面的形式表示板厚、配筋、标高等。

本例所用基础为钢筋混凝土条形基础，其 *A*—*A* 剖面如图 5.9 所示。

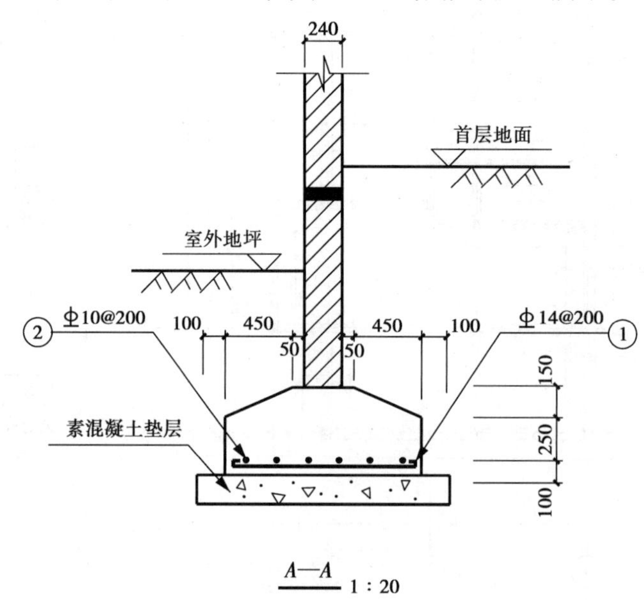

图 5.9　三幢墙下钢筋混凝土条形基础详图

基础垫层一般为 100 mm 厚素混凝土，每边扩出基础边缘 100 mm。基础垫层在基础平面图中一般不画出。另外，还有用砖块砌筑的条形基础，如图 5.10 所示。

图 5.10 为某楼墙下砌体条形基础的剖面大样。此种条基一般采用阶梯式大放脚，大放脚每一阶梯的宽高比一般为 1:1.5。这种条基一般称为刚性基础，阶梯宽高比视条基所选材料的不同有所变化。刚性条基一般要求设置基础圈梁。基础圈梁具有调整基础反力分布、增加房屋整体性、抵抗墙体开裂的作用。此外，基础圈梁一般位于室外地面以下，具有墙体防潮层的作用。

钢筋混凝土条基主要依靠基础板的抗弯来传递上部荷载，一般基础板较薄；而砌体刚性条基主要依靠材料的抗压来传递荷载，故一般较厚。

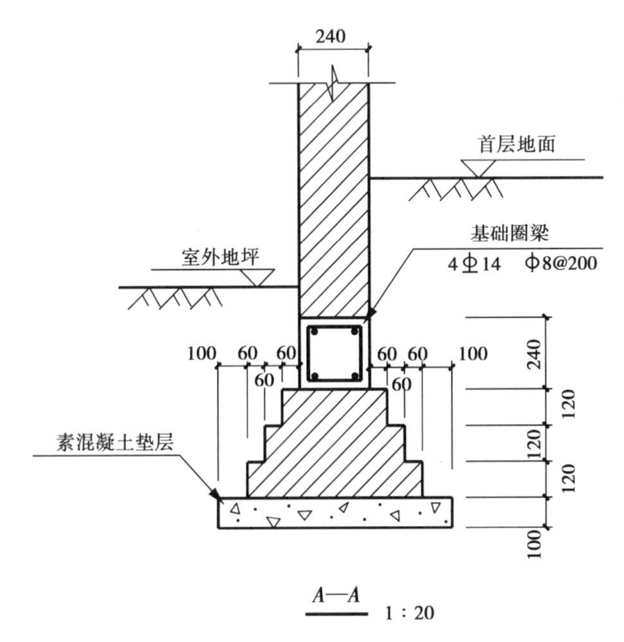

图 5.10　墙下砌体条形基础详图

（2）基础构件详图

在基础中，可能有基础板、基础梁、桩基等。这些结构构件已在基础平面图（或桩基平面布置图）中用构件代号的形式表示出来，但远未达到施工的要求，故应有另外的构件详图进行补充。

图 5.11 是某柱下钢筋混凝土独立基础的详图。有时柱下独立基础也可做成台阶式。柱下独立基础一般采用基础板下双向配筋。独立基础的高度（厚度）由冲切计算来确定，并满足柱子主筋锚固的需要。独立基础下一般做成 100 mm 厚的素混凝土垫层。

（3）基础平面图的局部放大

当基础平面图所采用的比例太小或局部较为复杂时，可采用局部比例放大的方法绘出详图，以便施工时阅读。

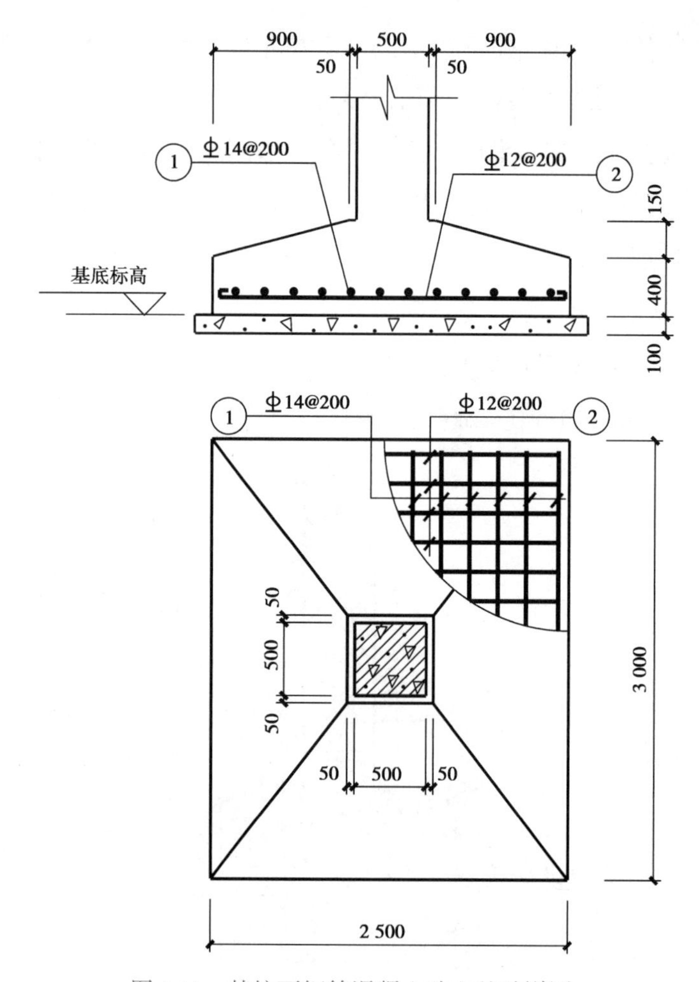

图 5.11　某柱下钢筋混凝土独立基础详图

28.3.2　基础详图内容

①图名（或详图的代号、独立基础的编号、剖切编号）、比例。

②涉及的轴线及编号（若为通用详图，圈内可不标注编号）。

③基础断面形状、尺寸、材料及配筋等。

④基础底面标高及与室内外地面的标高位置关系。

⑤防潮层或基础圈梁的位置和做法。

⑥详图施工说明。

28.3.3　基础详图的绘制方法

①轴线及编号要求同基础平面图。

②剖面轮廓线一般为中粗实线，钢筋为粗实线。对钢结构而言，因壁厚较小，可采用细实线绘制。

③在表示钢筋配置时，混凝土应按透明绘制，其余材料按图例要求进行必要的填充。

④对于剖面详图可仅画出剖到的部位。

⑤详图的比例一般为 1:10 和 1:20。

技能点 28　基础图的认知练习及应用

◎思政点拨◎

建筑平面图须与基础平面图匹配，才能满足建筑功能等要求。

师生共同思考：一致意识。我们做事情时，同样要言行一致。

28.1　知识测试

1. 基础的埋置深度是指（　　）。

A. 室外设计地坪到垫层底部的距离　　B. ± 0.000 到基础底面的距离，不含垫层

C. 室外设计地坪到垫层顶面的距离　　D. ± 0.000 到基础底面的距离，包含垫层

2. [多项选择题] 基础平面图的定位轴线可以与（　　）。

A. 首层平面图定位轴线基本一致　　B. 地下室平面图定位轴线基本一致

C. 首层平面图定位轴线完全一致　　D. 地下室平面图定位轴线完全一致

E. 二层及以上平面图定位轴线完全一致

3. [多项选择题] 基础详图通常包含有（　　）。

A. 基础剖面图　　B. 基础平面图　　C. 基础构件详图

D. 基础平面图的局部放大图　　E. 基础剖面图的局部放大图

4. [多项选择题] 常见的基础形式有（　　）。

A. 砖基础　　B. 条形基础　　C. 独立基础　　D. 柱基础

E. 筏板基础　　F. 箱形基础　　G. 桩基础

5. [多项选择题] 基础垫层可以选用（　　）。

A. 砂铺垫　　B. 砖块砌筑　　C. 钢筋混凝土浇筑　　D. 素混凝土浇筑

E. 碎石层铺垫

6. [判断题] 通常所说的刚性基础就是钢性基础。（　　）

7. [判断题] 基础平面图和建筑一层平面图的形成原理是类似的，都是俯视的水平剖面图。（　　）

8. [判断题] 大放脚的等高式和间隔式两种基础均属条形砖基础。（　　）

9. [判断题] 基础平面图属剖面图，因此对没剖到但看得见的构件线段都必须用细实线画出。（　　）

10. [判断题] 基础圈梁和基础防潮层都有防墙体潮湿的作用。（　　）

28.2 技能训练

1. 根据图 5.12 所示的桩基详图和已知条件，把正确的内容填写在横线上。

（1）素混凝土垫层的强度等级为（　　）、厚度为（　　）mm、底面尺寸为（　　）mm。

（2）柱基内配置双向钢筋的直径为（　　）mm、间距为（　　）mm。

（3）基础底面形式为（　　）、埋深为（　　）mm。

（4）柱内受力钢筋级别为（　　）、直径为（　　）mm。

（5）±0.000 以上箍筋加密的范围为（　　）mm。

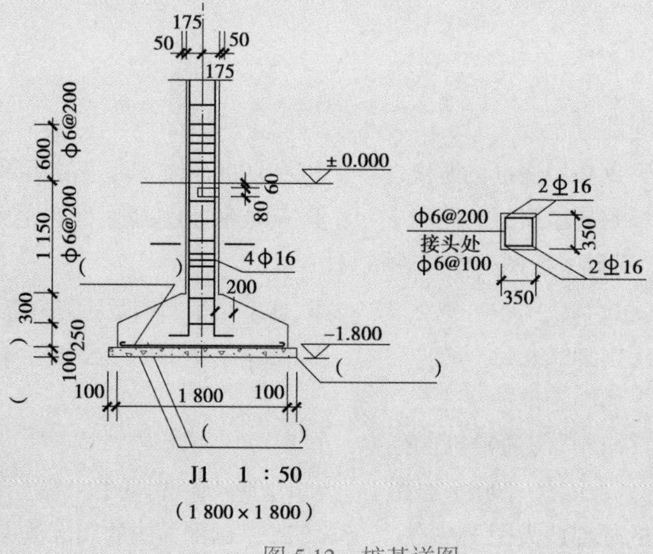

图 5.12　桩基详图

2. 阅读本书中所附的基础图。

知识点 29　结构平面图的形成、组成及内容规定

◎思政点拨◎

结构平面图中，钢筋所放位置不同，作用及名称亦不相同。但不论放在何处，钢筋都能发挥自己应有的作用。

师生共同思考：我是否也能不论置于何处，都能发挥作用呢？是金子总能发光的，关键词是金子而不是发光。

29.1 结构平面图

房屋的上部结构平面图包括楼层结构平面图和屋顶结构平面图，其中楼层结构平面图是假想沿楼板面将房屋水平剖开后所作的楼层水平投影，而屋顶结构平面图就是屋顶面的结构俯视图。

29.1.1　钢筋混凝土基本知识

在现代建筑中大量使用的混凝土主要是由水泥、砂子、石子和水按照一定的比例混合，并经过搅拌、振捣和养护而成的人造石头。因为这种材料的抗压能力较强而抗拉能力相对较弱，故人们根据构件的受力情况在其中配置一定数量的钢筋，形成一种被称为钢筋混凝土的结构构件。钢筋混凝土由于发挥了混凝土的抗压性能和钢筋的抗拉性能，被广泛地用作建筑物的梁、板、柱等结构构件。

对某些仅承受压力的构件而言，如房屋基础下的垫层或某些设备基础，可仅用混凝土制作而不配钢筋，称为素混凝土。

1）混凝土的强度等级

混凝土强度等级是根据边长为 150 mm 的立方体试块在规定的标准养护条件下养护 28 d（称作龄期），并用标准方法测得的抗压强度而确定的。例如，强度等级 C20 表示抗压强度为 20 N/ mm^2。目前混凝土规范列出的为：从 C7.5 到 C80 的 16 个等级，结构设计者可根据构件要求的不同分别采用不同的强度等级。

2）钢筋的分类及作用

（1）受力筋

受力筋是根据构件内力经结构分析计算所确定的钢筋。当其承受拉力时称为受拉筋，当其承受压力时称为受压筋。

（2）箍筋

箍筋也是受力筋的一种，主要在梁柱等细长构件中使用。它的作用是承受剪力或扭矩，并和纵向钢筋一起形成构件的骨架。

（3）架立筋

架立筋一般位于梁上（悬臂梁位于梁下）的纵向钢筋，其主要作用是和纵向受力筋及箍筋形成钢筋骨架。

（4）分布筋

分布筋是位于板内、并与受力筋垂直的钢筋，其作用是固定受力筋的位置并形成钢筋网片。

（5）其他钢筋

其他钢筋包括在钢筋混凝土构件中，根据构造要求、固定其他连接件或施工需要而设置有各种用途的钢筋，例如预埋件的锚固筋、柱的水平拉结筋、梁侧沿纵向的腰筋、吊环等。

图 5.13 和图 5.14 为钢筋混凝土简支梁和悬臂梁的受力图和配筋图。简支梁的最大弯矩位于跨中，且为下部受拉上部受压；而悬臂梁的最大弯矩位于支座处，其上部为受拉区，而下部为受压区。因混凝土材料的抗压强度较高，而抗拉强度较低，所以在构件中的受拉区域配置钢筋来抵抗拉应力。因此，简支梁的钢筋配于下部，而悬臂梁的钢筋配于上部。

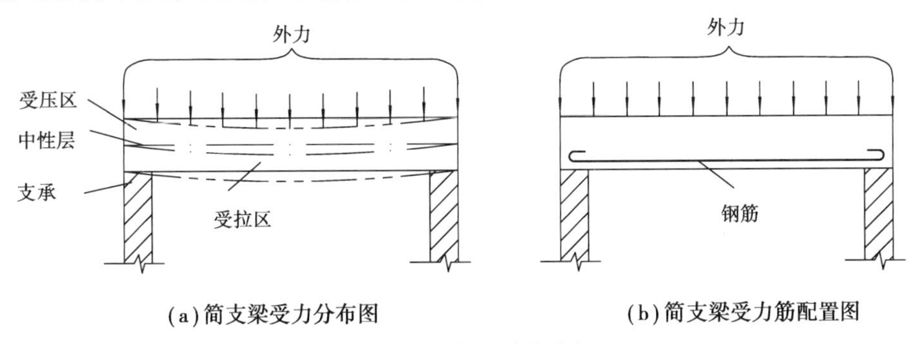

图 5.13　简支梁受力分析

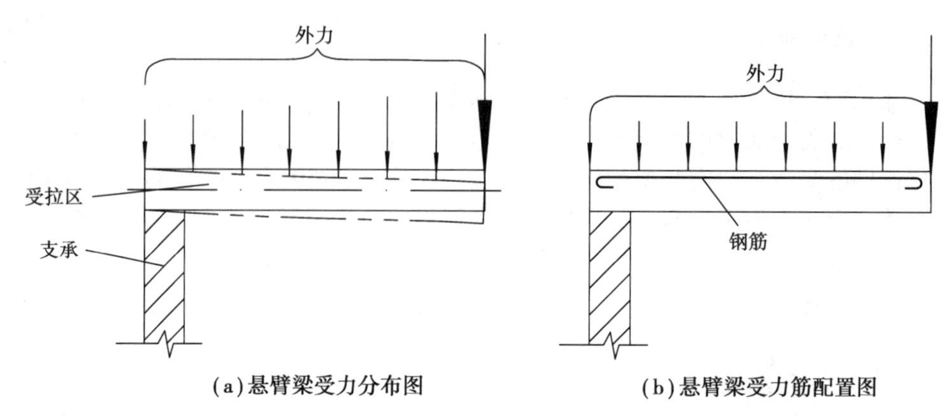

(a)悬臂梁受力分布图　　(b)悬臂梁受力筋配置图

图 5.14　悬臂梁受力分析

钢筋混凝土梁板的配筋示意图如图 5.15 所示。

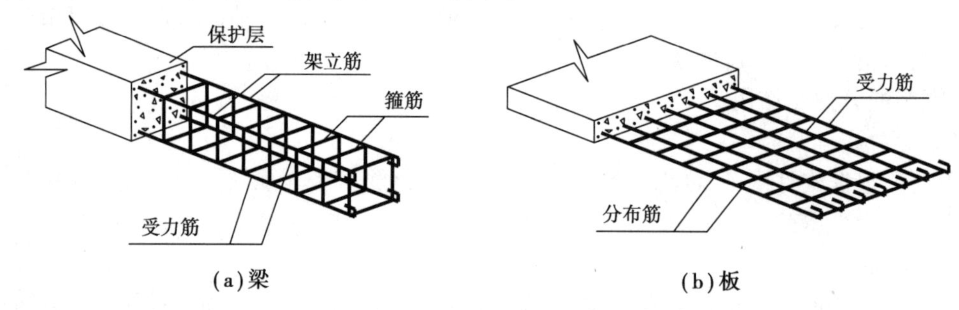

(a)梁　　(b)板

图 5.15　钢筋混凝土梁板的配筋示意图

29.1.2　钢筋的表示方法及图例

为了增加钢筋与混凝土的黏结力，一般情况下对于光面钢筋（Ⅰ级钢）均应在端部作成弯钩形状。而对于螺纹或人字纹钢筋，因黏结力较好，一般端部可不作弯钩。常见的钢筋弯钩型式及画法如图 5.16 所示。位于板下部的钢筋画法如图 5.17 所示。位于板上部的钢筋的画法如图 5.18 所示。

在绘制结构图时，钢筋一般采用粗实线表示，并用黑圈点表示它的横断面，表 5.4 是常见的钢筋表示方法。

表 5.4　常用的钢筋图例

编　号	名　称	图　例	说　明
1	钢筋横断面	•	
2	无弯钩的钢筋端部		下图表示长短筋投影重叠时，短筋端部用 45° 斜短线表示
3	带半圆形弯钩的钢筋端部		
4	带直钩的钢筋端部		
5	带丝扣的钢筋端部		
6	无弯钩的钢筋搭接		

续表

编　号	名　称	图　例	说　明
7	带半圆弯钩的钢筋搭接		
8	带直钩的钢筋搭接		
9	花篮螺丝钢筋接头		
10	接触对焊（闪光焊）的钢筋接头		
11	单面焊接的钢筋接头		
12	双面焊接的钢筋接头		

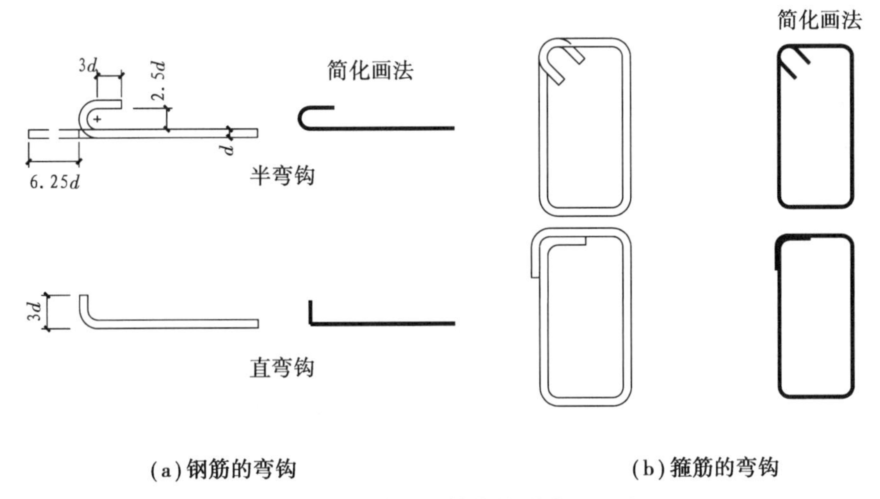

(a)钢筋的弯钩　　(b)箍筋的弯钩

图 5.16　钢筋和钢箍弯钩形式及画法

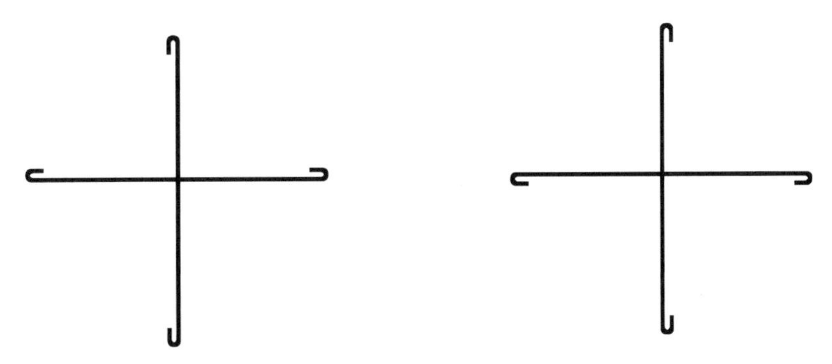

图 5.17　位于板下部的钢筋画法　　图 5.18　位于板上部的钢筋画法

29.1.3　钢筋保护层

在钢筋混凝土构件中钢筋应有一定厚度的保护层，以防止钢筋发生锈蚀，并使钢筋与混凝土进行可行黏结。钢筋保护层的厚度取决于构件种类及所处的使用环境等，现行《混凝土结构设计规范》（2015年版）（GB 50010—2010）对此有较为详细的规定。一般情况下钢筋净保护层的最小厚度为：板中15 mm，梁、柱中主筋为25 mm，且保护层厚度均不应小于受力钢筋的直径。构件保护层的厚度应在施工图说明中详细指出。

29.2 结构平面图的内容

微课 结构平面图的内容

结构平面图和基础平面图类似，结构平面图的内容主要包括：

①图名、比例。

②定位轴线及编号、轴线间尺寸及总尺寸。

③结构构件（包括板、梁、柱、承重墙等）的轮廓线及与定位轴线的尺寸位置关系。

④结构构件的名称代号，包括构造柱、圈梁、楼梯、雨篷、过梁、楼板和墙上留洞等。

⑤现浇楼板的厚度、配筋及符号标注。

⑥详图的剖切位置及编号。

⑦楼层的结构标高。

⑧文字说明。

图5.19是前述砖混结构标准层的结构平面图。该图中对称轴左侧表示了预制楼板的布置和现浇板的配筋，而右侧表示了墙体的厚度、定位及梁的配筋情况。

图5.19中梁的配筋采用了平面表示方法，各符号的意义详见有关说明。本图中板编号、板厚和配筋相同者仅画一块即可，以节省绘图工程量。因构造柱已在基础平面图中表示，故本图中不再另画。圈梁的布置及要求以剖面详图的方式绘出。

对于卫生间、厨房等板块，因其较为潮湿，又有较多管道，一般采用现浇板。预制板为防止受到承重墙的荷载，一般仅从墙边开始布置。当房间尺寸不合模数、无法布置整块预制板时可局部采用现浇板带。

此外，结构平面图后应附钢筋表，便于进行钢筋下料和编制预算。

29.3 结构平面图的绘制方法

①定位轴线应与所绘制的基础平面图及建筑平面图一致。

当房屋沿某一轴线对称时，可只画出一半，但必须说明对称关系，此时也可在对称轴左侧画楼层结构平面图而右侧画屋顶结构平面图。

②结构平面图的比例一般和建筑施工图一致，常为1:100，单元结构平面图一般采用1:50的比例画出。

当房屋为多层或高层时，往往较多的结构平面完全相同，此时可只画出一个标准层结构平面图，并注明各层的标高名称即可。一般的多层房屋常常只画首层结构平面、标准层结构平面和屋顶结构平面三个结构平面图。

③建筑物外轮廓线一般采用中粗实线画出，承重墙和梁一般采用虚线，为区别起见，可分别采用中粗虚线和细虚线，预制板一般采用细实线画出。钢筋应采用粗实线画出。

④定位轴线间尺寸及总尺寸应注于结构平面之外。

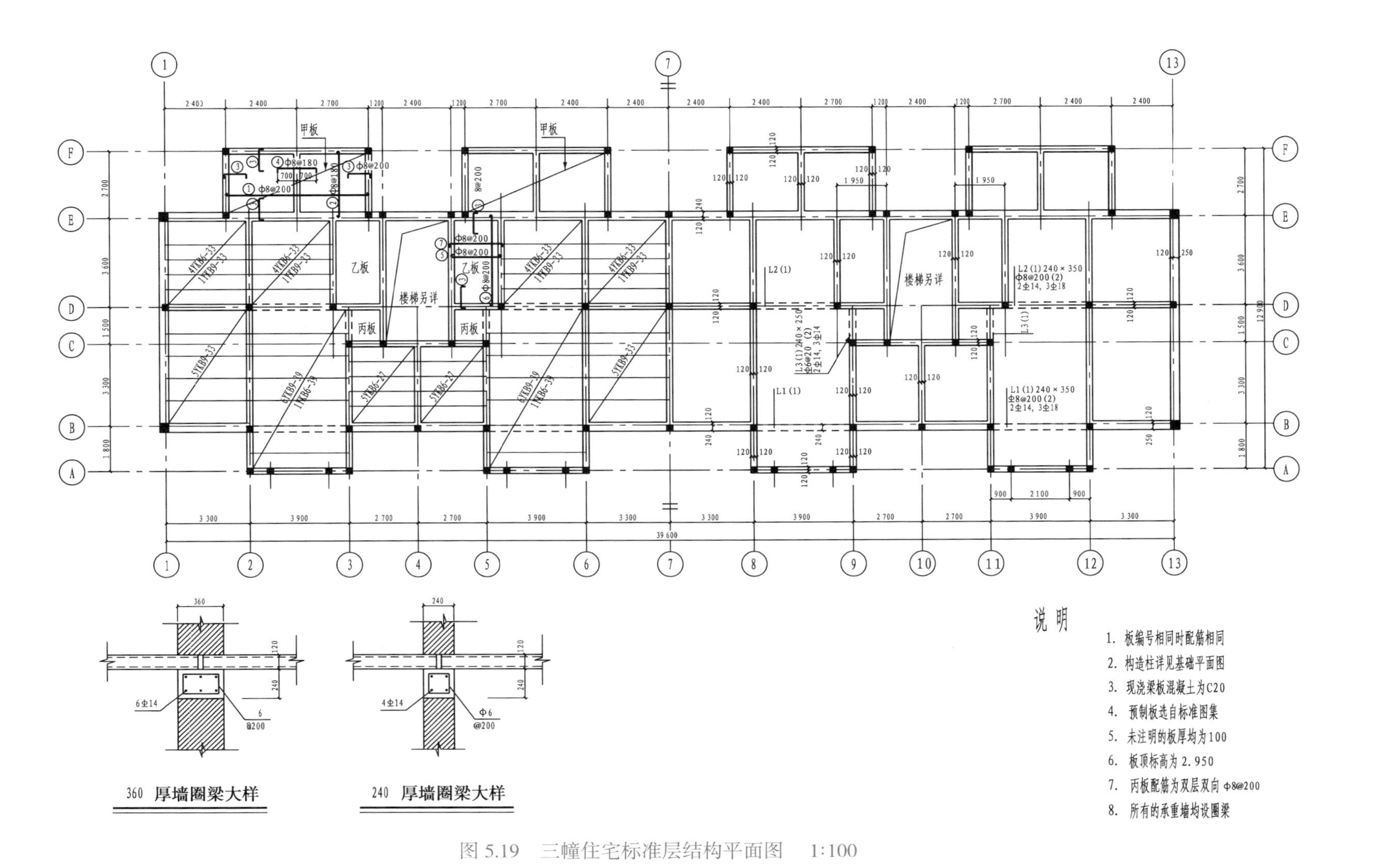

图 5.19　三幢住宅标准层结构平面图　1:100

结构构件的平面尺寸及与轴线的位置关系必须注明。当梁中心线均和轴线重合时可不必一一标出，只在文字说明内注明即可。当构件为细长且沿中心线对称时，在平面上可用粗单点长画线画出（例如工业厂房中的钢屋架、檩条、支撑等）。门窗洞口一般可不画出，必须画时可用中粗虚线画出。

⑤所有构件均应在平面上注明名称代号。尤其对于需另画详图才能表达清楚的梁、柱、剪力墙、屋架等。建筑平面上的填充墙和隔墙不必画出。

⑥当平面上楼板开间和进深相同且边界条件一致，同时板的厚度和配筋完全一致时，可只画一个房间的楼板配筋，并标出楼板代号，在其他相同的房间注上同样的楼板代号，表示配筋相同。铺设预制板的房间也可采用相同方法处理。

⑦对于楼梯间和雨篷等，因应画详图才能表达清楚，故在结构平面上可只画外轮廓线，并用细实线画出对角线，注上“LT–”另详和“YP–”另详字样。

⑧楼板配筋或楼板开洞较为复杂，且在 1:100 的原结构平面上难以表达清楚（如卫生间、厨房、电梯机房等小房间结构平面）时，可只标出楼板代号，并采用局部放大的方法另外画图表达清楚。

⑨结构平面图中可用粗短实线注明剖切位置，并注明剖切符号，然后另画详图以说明楼板与梁和竖向构件（墙、柱等）之间的关系。

⑩楼板的配筋位置应表达清楚。一般板下配筋均伸至支座中心线而不必标出，但板支座负筋必须注明和轴线的位置关系。当结构平面复杂时，可只标钢筋代号，而在钢筋表中另外注明。现浇楼板一般应画钢筋表。

⑪结构平面上所注的标高应为结构标高，即楼板上皮的标高（为建筑标高减去面层厚度，一般建筑标高为整尺寸，而结构标高为零尺寸）。标高数字以 m 为单位，且小数点后应有 3 位，精确到 mm。屋顶结构标高（板上皮标高）一般和建筑标高一致，所以顶层层高可能为零尺寸。

⑫结构平面上的文字说明一般包括楼板材料强度等级、预制楼板的标准图集代号、楼板钢筋保护层厚度等，还包括结构设计者需表达的其他问题。

技能点 29　结构平面图的认知练习及应用

◎思政点拨◎

钢筋在梁、板中虽然都是受力，但名称和作用不完全一样。

师生共同思考：我们职业不同、工作岗位和职责也不同，但为社会做贡献的初心是一样的。

29.1　知识测试

1. [多项选择题] 钢筋混凝土梁中的钢筋有（　　）。

A. 受拉筋　B. 受压筋　C. 箍筋　D. 架立筋　E. 构造筋

2. [多项选择题] 钢筋混凝土板中的钢筋有（　　）。

A. 分布筋　B. 受力筋　C. 箍筋　D. 马凳筋　E. 构造筋

3. [多项选择题] 受力钢筋的端部通常可以是（　　）。

A. 90° 弯钩　B. 无弯钩　C. 180° 弯钩　D. 45° 弯钩　E. 135° 弯钩

4. [多项选择题] 钢筋保护层的作用有（　　）。

A. 防止钢筋与混凝土中的水分发生锈蚀　B. 防止钢筋与空气中的水分发生锈蚀

C. 使钢筋与混凝土可靠黏结　D. 使钢筋与钢筋之间有一定间隔

E. 钢筋承受较大力时不致压坏中间部分的混凝土

5. [多项选择题] 结构平面图的定位轴线须与（　　）一致。

A. 基础平面图　B. 基础详图　C. 建筑平面图　D. 基础立面图

E. 建筑立面图

29.2 技能训练

1. 根据图 5.20 所示的楼层结构平面图（局部），回答以下问题。

（1）说明图中①②③④号钢筋的名称及各钢筋符号和数字所代表的意义。

（2）图中虚线代表什么？

（3）楼层的层高是多少？

（4）请自行上网查阅相关资料，试着计算①②③④号钢筋的长度和根数。

（5）请在实训基地中，用钢丝代替钢筋，弯出钢筋形状并进行绑扎。

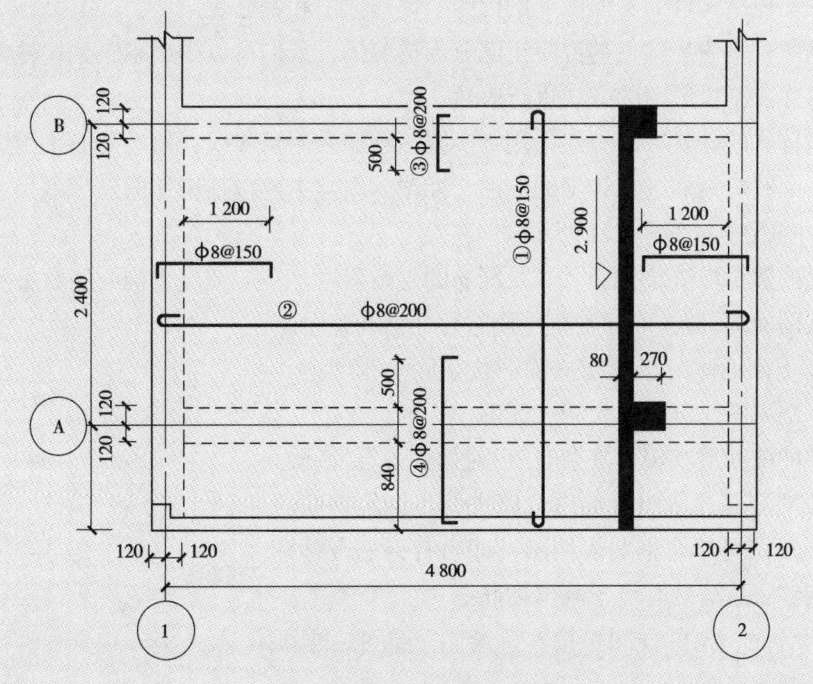

图 5.20　楼层结构平面图（局部）

2. 阅读本教材所附建筑物的结构平面图。

知识点 30 构件详图的形成、组成及内容规定

◎思政点拨◎

构件详图多种多样，根据位置不同、需要表达的目的不同，应选择不同的图样。

师生共同思考：在目标导向中，我们为达目标，应如何选择路径？

上述结构平面图表示了组成房屋的各构件及位置关系，但这些构件的详细形状尺寸、材料、连接关系及施工要求并不清楚，需要通过更详细的构件详图才能完整表达出来。无论建筑物规模多大、结构有多复杂，它都是由梁、板、柱、墙等基本结构构件组合而成的。如果熟悉了这些构件，绘制结构施工图过程中的很多问题就迎刃而解。常用的结构构件主要有钢筋混凝土构件和钢结构构件，下面主要介绍钢筋混凝土的结构构件详图。

30.1 钢筋混凝土构件详图的种类及表示方法

钢筋混凝土构件详图分模板图和配筋图两种，一般还应有钢筋表或材料表。

模板图仅在构件较为复杂时才需画出，一般情况下可不必画模板图。模板图主要用于模板的制作和安装，它主要表示构件的外形尺寸、预埋件的位置及大小、预留孔洞的尺寸及位置、构件各部位的详细尺寸及标高、构件和定位轴线的相互位置关系等。对于楼板，常画出楼板平面模板图，而对于梁柱，常画出立面模板图。

配筋图主要包括构件的立面图、剖面图、钢筋详图和钢筋表。

绘制配筋图时是假想构件的混凝土部分为透明体，人们可以“透视”到构件内部种种钢筋的形状尺寸，并以正投影图的方式进行表达。

配筋图中构件的外轮廓线一般采用细实线，钢筋采用粗实线，钢筋断面采用黑圈点，并用细引出线加小圆圈对钢筋进行详细的标注，标注的内容主要包括钢筋的顺序编号、根数、钢筋级别、直径、间距等，如图 5.21 所示。

构件剖面的数量取决于构件尺寸及配筋的复杂程度。一般情况下当配筋数量及位置有变化时均应画出其剖面图，并按顺序对剖面图进行命名和编号。

通常情况下剖面图应尽量与立面图位于同一张图上，以便于阅读。剖面图比例一般大于立面图。

当构件中的配筋形状较为复杂时，可对构件进行抽筋，即在构件下方对应部位画出抽筋图，以进一步标出钢筋的形状尺寸。抽筋图可结合钢筋表绘制，即当有钢筋表且钢筋形状尺寸能够表达清楚时可不画出抽筋图。

当构件对称时，构件详图可按对称绘制；也可一半画模板图，一半画配筋图。

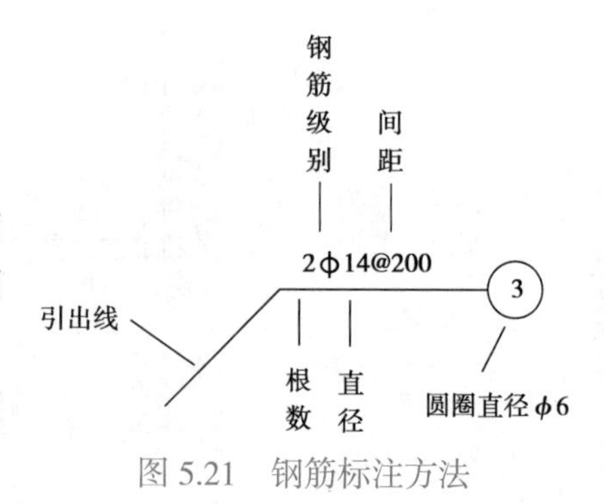

图 5.21 钢筋标注方法

30.2　钢筋混凝土构件详图内容

30.2.1　钢筋混凝土构件详图的内容

其内容一般包括：

①构件名称或代号（图名）、比例。

②构件定位轴线编号，即构件位于整体结构的位置。

③构件的形状尺寸、标高位置，预埋件及预留孔洞。

④构件立面图、配筋及编号。

⑤构件剖面图、配筋及编号。

⑥抽筋图或钢筋表。

⑦构件必要的施工说明。

30.2.2　钢筋混凝土板详图

钢筋混凝土板一般只画出平面图即可，但应说明板的厚度、板顶标高及与支座的关系。

微课 构件详图

必要时，可在平面图上局部画出剖面并涂黑。

图 5.22 和图 5.23 分别为板配筋图的平面和剖面放样。板下配筋一般伸至支座中心线（伸入支座约为 10 ~ 15d），一般可不标注定位。板上负筋应标注定位尺寸。板的构造分布筋（例如板负筋的固定构造钢筋）一般可不必画出，但应在说明中交代清楚。平面图中涂黑的阴影部分表示了板的剖面、板厚、相对标高及和支座的关系等。一般的板较少画立面剖面配筋图；只有在板较为复杂且平面图难以交代清楚时，才另画剖面配筋，例如，楼梯梯段板等。

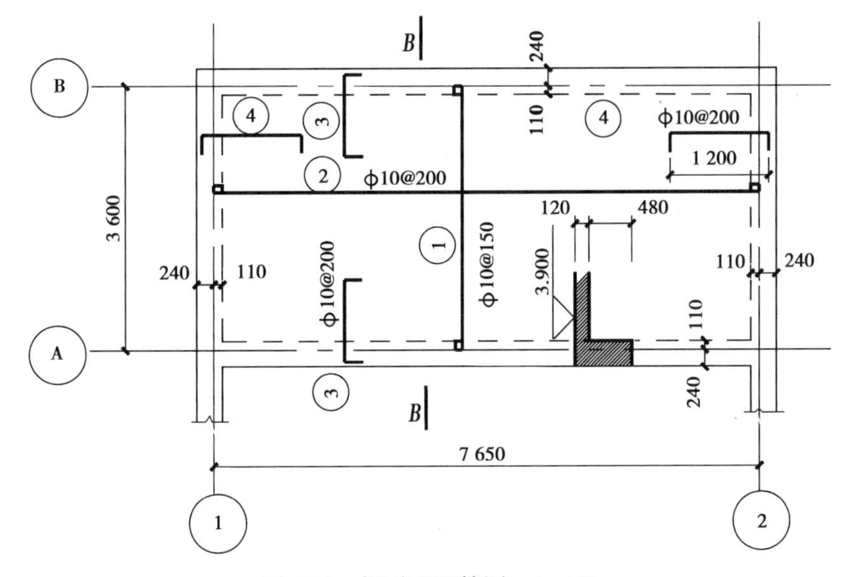

图 5.22　板平面配筋图　1 : 100

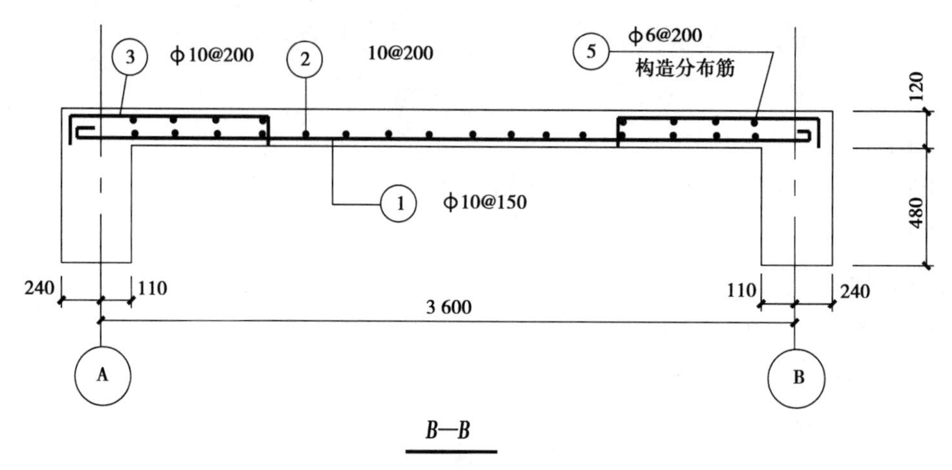

图 5.23　板剖面配筋图　1∶50

30.2.3　钢筋混凝土梁

钢筋混凝土梁一般采用立面图和剖面图表示配筋，图 5.24 为梁的配筋详图。表 5.5 为其钢筋表。

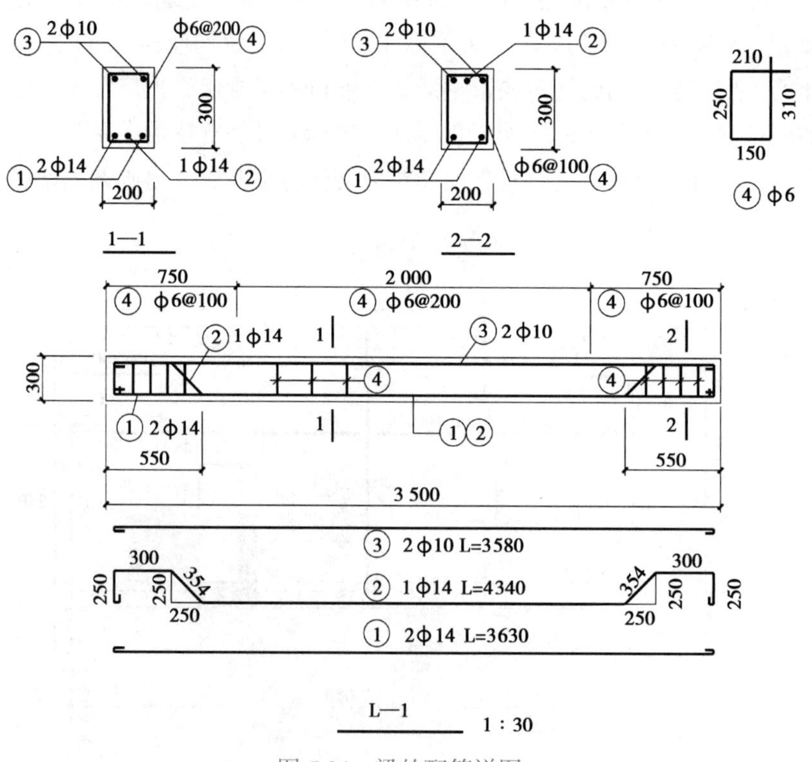

图 5.24　梁的配筋详图

表 5.5　梁的钢筋表

构件名称	构件数	钢筋编号	钢筋简图	钢筋规格	长度 /m	每件根数	总根数	质量 /kg
L—1	1	①		ϕ 14	3 630	2	2	8.78
		②		ϕ 14	4 340	1	1	5.25
		③		ϕ 10	3 580	2	2	4.42
		④		ϕ 6	920	25	25	5.11
		钢筋总重						23.6

梁的配筋详图一般分为配筋立面图、剖面图、钢筋抽筋放样图以及钢筋表等，其中立面图（一般为侧视图）为其主要内容。它主要表示了梁的轮廓尺寸，钢筋配筋情况、箍筋加密区位置及长度、弯起筋的形状尺寸等，必要时还应注明标高位置。

梁剖面图是梁立面图的补充，它表达的是梁的宽度、纵向钢筋的排列方式、箍筋的肢数和形状等。

梁抽筋图和钢筋表主要为钢筋下料服务，它表示了单根钢筋的详细形状、接头位置、根数直径等，同时也作为编制工程造价耗材的依据。一般情况下当钢筋表能交代清楚的可不画梁的抽筋图。

30.2.4　钢筋混凝土柱

钢筋混凝土柱同样采用立面图和剖面图表示配筋，同时应说明柱子钢筋与基础的关系，主筋接头方法和位置、箍筋加密区及加密间距等。图 5.25 所示为柱配筋详图。

柱子配筋详图和梁配筋图相同，柱子配筋详图主要包括立面图、剖面图、抽筋图和钢筋表。立面图是其主要内容，它反映了柱立面形状尺寸、配筋情况、箍筋加密情况、钢筋接头位置、柱子和梁及基础的位置关系等。图 5.25 中钢筋接头位置应详细标注。

柱剖面图是柱水平剖切后的俯视图，它表示了柱子的断面尺寸、钢筋位置、箍筋肢数和形状等。

柱子钢筋形状一般较为简单、较少画抽筋图。当柱子纵筋较多、接头位置需相互错开时（不能在同一断面设置多根钢筋接头），可另外画抽筋图。柱子钢筋表的内容和梁相同。

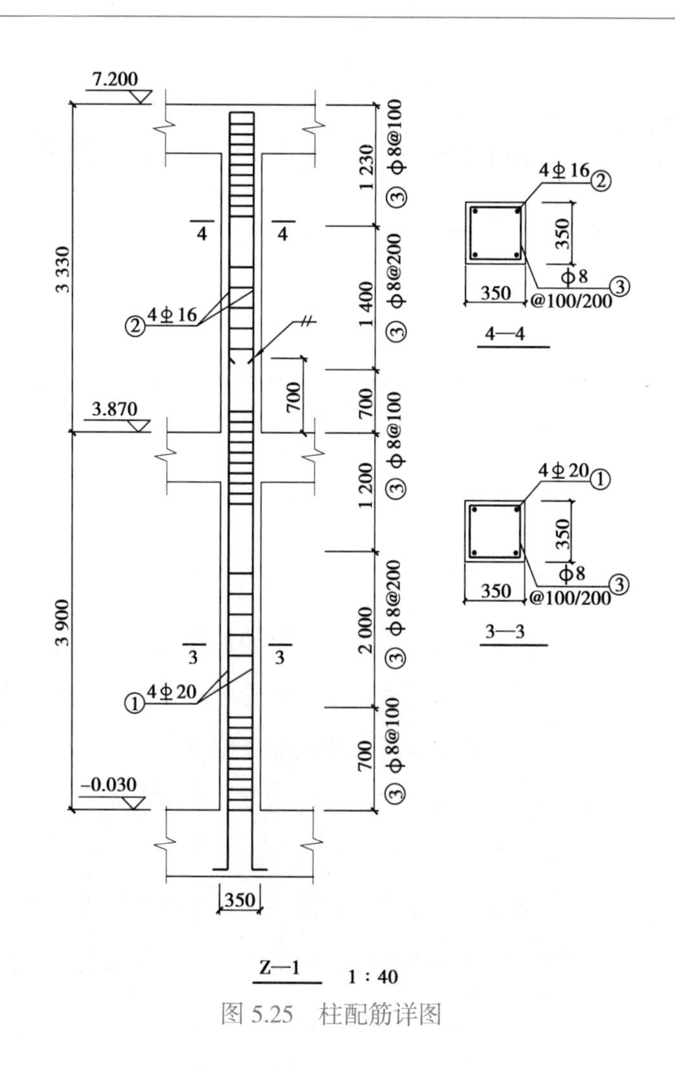

图 5.25 柱配筋详图

技能点 30 构件详图的认知练习及应用

◎思政点拨◎

分类前提条件不一样，结果就不一样。

师生共同思考：分类意识。物以类聚、人以群分。

30.1 知识测试

1.［多项选择题］构件详图可以表达各构件的（　　）。

A. 形状　B. 大小　C. 材料　D. 构造　E. 连接关系

2.［多项选择题］钢筋混凝土构件主要包括（　　）。

A. 梁　　B. 板　　C. 柱　　D. 楼梯　　E. 墙

3.［多项选择题］常用的结构构件主要有（　　）。

A. 钢筋混凝土构件　B. 混凝土构件　C. 钢结构构件　D. 砖石构件　E. 木构件

4.［多项选择题］钢筋混凝土构件详图通常包括（　　）。

A. 模板图　　B. 配筋图　　C. 钢筋表　　D. 材料表　　E. 构造表

5.［多项选择题］构件配筋图主要包括构件的（　　）。

A. 平面图　　B. 立面图　　C. 剖面图　　D. 钢筋详图　E. 钢筋表

30.2　技能训练

1. 如图 5.26 所示，请回答问题。

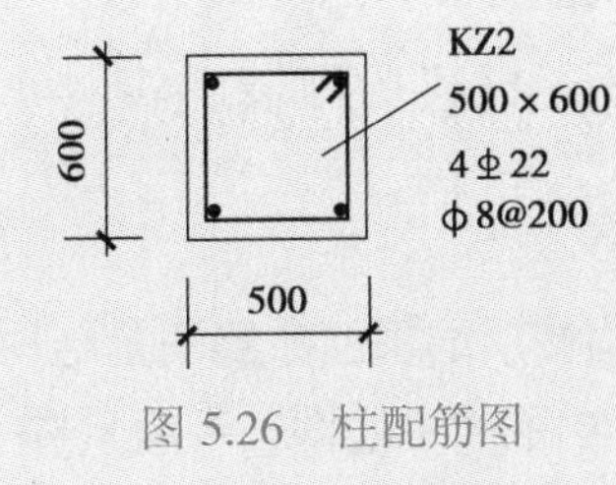

图 5.26　柱配筋图

（1）KZ2 代表：

（2）500 × 600 代表：

（3）4 Φ 22 代表：

（4）φ 8@200 代表：

2. 请根据图 5.27 所示的楼梯间顶梁配筋图，用断面法绘制出纵横轴线对应的梁截面配筋图。

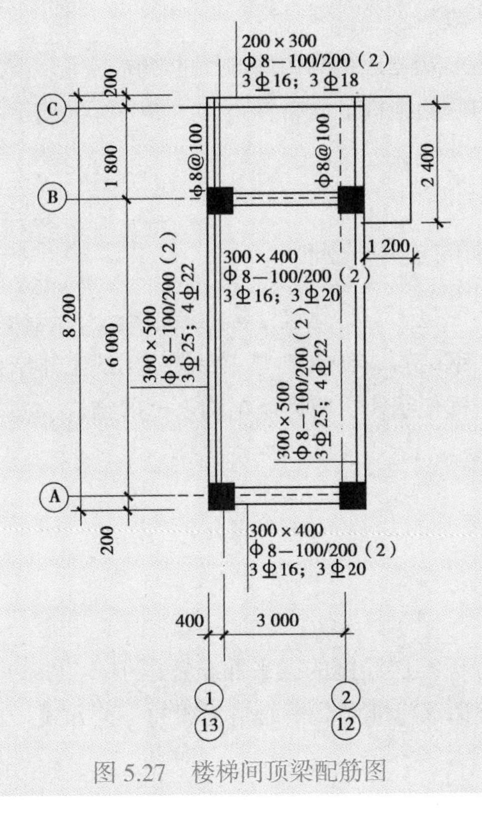

图 5.27　楼梯间顶梁配筋图

知识点 31　平法图的形成、组成及内容规定

◎思政点拨◎

结构平法图和结构断面图表达规则不同，展示的过程结果不同，但建筑的结果是一样的。

师生共同思考：同一事件的表达方式不同，其展示的过程和结果也会不同，但最后结果是否相同？

31.1　平法设计的意义

前面所讲内容主要运用了“单构件正投影表示方法”来表示结构施工图中构件的各个尺寸和钢筋的设置。但是这种用于教学的方法往往在结构施工图的实际设计工作中，同类构件的相同构造做法与异类构件中的类似构造做法，将不可避免地出现大量重复，这些重复通常为简单或低级重复，其结果造成结构施工图设计表达烦琐，图纸量巨大，设计效率低，设计成本高等现象；也给施工带来了较大的麻烦。

那么，有没有一种更为通用的方法可以解决这样的问题呢？

“万丈高楼从地起”，楼房总是一层一层地建起来的。结构楼层的平面布置图是结构设计的“中心图”，而柱、梁、板等构件详图则是“派生图”。一层中的“中心图”一般只有一张，但是其“派生图”则很多。如果我们能用一种方式把这些重复性很大的“派生图”用一种方法表示出来，那么设计和施工都会简单许多。目前，我国普遍采用的就是钢筋混凝土结构“平面整体设计方法”，简称“平法”。

概括来讲，平法的表达形式是把结构构件的尺寸和配筋等，按照平面整体表示方法制图规则，整体直接表达在各类构件的结构平面布置图上，再与标准构造详图相配合，即构成一套新型完整的结构设计。

31.2　平法设计制图规则的适用范围

平法设计制图规则的适用范围，为建筑结构的各种类型，包括各类基础结构与地下结构的平法施工图，混凝土结构、钢结构、砌体结构、混合结构的主体结构平法施工图等。具体内容涉及基础结构与地下结构、框架结构、剪力墙结构、框剪结构、框支剪力墙结构中的柱、剪力墙、梁构件、楼板与楼梯等。

31.3　梁平法施工图

31.3.1　梁平面注写方式

微课 梁平法施工图

梁平面注写方式是在分标准层绘制的梁平面布置图中，直接注写截面尺寸和配筋的具体数值，整体表达该标准层梁平面施工图的一种方式。

标准层上的所有梁应按表5.6的规定进行编号，并在同编号的梁中各选一根梁，在其上注写，其他相同编号梁只需要标注编号。具体参见附图结施 - 04（一层梁配筋图）。平面注写包括集中标注和原位标注。集中标注表达梁的通用数值，原位标注表达梁的特殊数值，如图 5.28 所示。

表 5.6　梁编号

梁类型	代号	序号	跨数及是否带有悬挑（A 表示一端有悬挑，B 表示两端有悬挑）
楼层框架梁	KL	X X	（X X）、（X X A）或（X X B）
屋面框架梁	WKL	X X	（X X）、（X X A）或（X X B）
框支架	KZL	X X	（X X）、（X X A）或（X X B）
非框架梁	L	X X	（X X）、（X X A）或（X X B）
悬挑梁	XL	X X	
井字梁	JZL	X X	（X X）、（X X A）或（X X B）

示例如下：

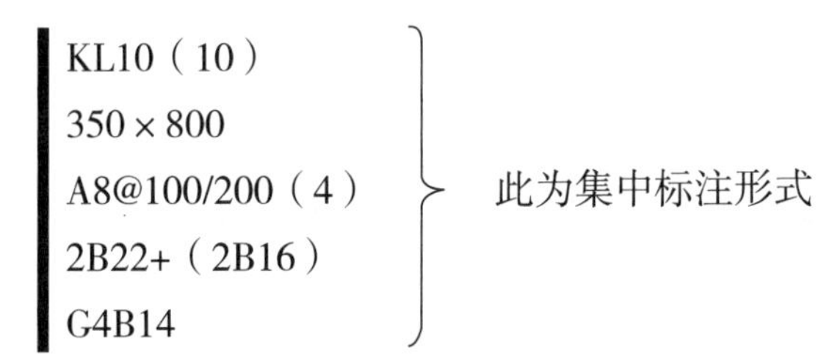

其中，KL10（10）表示框架梁 KL10，有 10 跨（即在图纸中从 2 轴线到 28 轴线间的 10 跨梁）；

350 × 800 表示该梁截面尺寸宽为 350 mm、高为 800 mm；

A8@100/200（4）表示该梁的箍筋为四肢箍，直径为 8 mm 的 Ⅰ 级（A）钢筋，间距为 200 mm，加密区间距为 100 mm。

2B22+（2B16）表示梁上部有 2 根直径 22 mm 和 2 根直径 16 mm 的Ⅱ级（B）通长钢筋，共 4 根，贯穿于整个 10 跨梁中。

G4B14 表示梁截面两侧各有两根直径 14 mm 的Ⅱ级（B）构造钢筋。

另外，在梁的两端上部和梁中部还有标注，即原位标注，表示此处另设有钢筋。

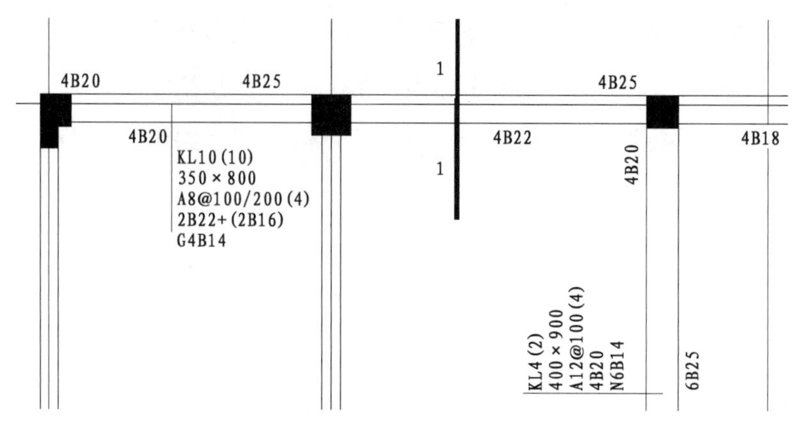

图 5.28　梁平面整体配筋图的平面注写方式

（1）梁集中标注

梁集中标注的内容有 4 项必注值和 1 项选注值，它们的标注顺序分别是：

①梁编号。梁编号为必注值，编号方法如表 5.6 所示。

②梁截面尺寸。梁截面尺寸为必注值，用 $b \times h$ 表示。当有悬挑梁，且根部和端部的高度不相同时，用 $b \times h_1/h_2$ 表示。

③箍筋梁。箍筋为必注值，包括箍筋级别、直径、加密区与非加密区间距及支数。 加密区与非加密区用“/”分隔开来。肢数用此项括号加上数值表示，比如，（4）表示四肢箍。

④梁上部贯通筋和架立筋根数。为必注值，梁上部筋和下部钢筋用分号隔开，前面表示上部钢筋，分号后表示下部钢筋，比如“2B14；2B18”。当梁中有架立钢筋时，标注时与梁上部贯通筋用“+”隔开，比如，“2B22+（2B16）”。

⑤梁侧面纵向构造钢筋或受扭钢筋。构造筋用“G”表示，受扭钢筋用“N”表示。如图 5.28 所示。

⑥梁顶面标高高差。此项为选注值，是指相对于结构层楼面标高的高差值。

（2）梁原位标注

①梁支座上部纵筋。

当上部纵筋多于一排时，用斜线“/”将各排纵筋自上而下分开。

当同排纵筋有两种直径时，用加号“+”将两种直径相连，注写时将角部纵筋写在前面。

当梁中间支座两边的上部纵筋不同时，须在支座两边分别标注。

②梁下部纵筋 。

当下部纵筋多于一排时，用斜线“/”将各排纵筋自上而下分开。

当同排纵筋有两种直径时，用加号“+”将两种直径的纵筋相连，注写时角筋写在前面。

当梁下部纵筋不全部伸入支座时，将梁支座下部纵筋减少的数量写在括号内。

当已按规定注写了梁上部和下部均为通长的纵筋值时，则不需在梁下部重复做原位标注。

③附加箍筋或吊筋。

附加箍筋和吊筋可直接画在平面图中的主梁上，用线引注总配筋值（见图 5.29）。当多数附加箍筋或吊筋相同时，可在梁平法施工图上统一注明；少数与统一注明值不同时，再原位引注。

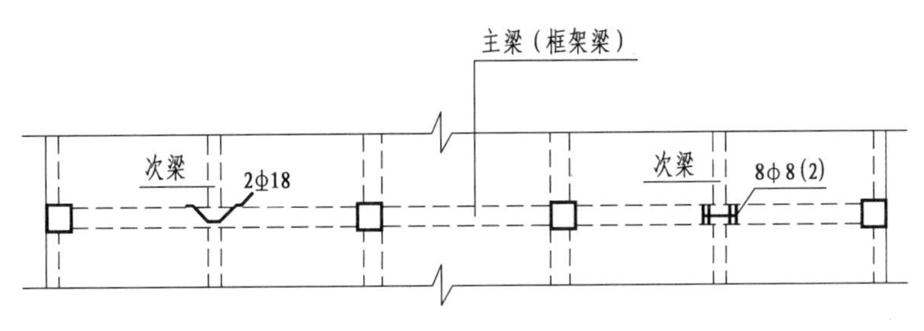

图 5.29　附加箍筋和吊筋的画法示例

④当在梁上集中标注的内容不适用于某跨或某悬挑部分时，则将其不同数值原位标注在该跨或该悬挑部位，施工时应按原位标注数值取用。

梁的原位标注和集中标注的注写位置及内容如图 5.30 所示。

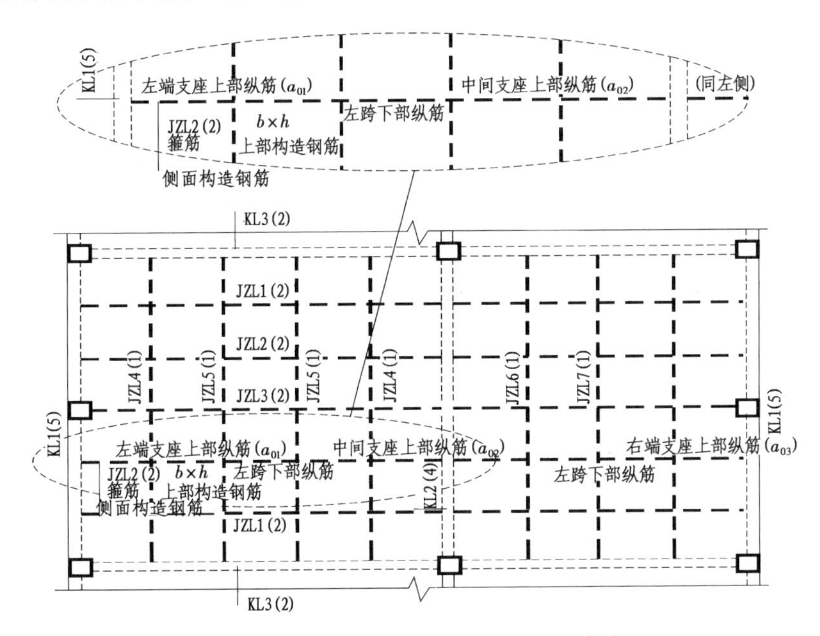

图 5.30　梁的标注注写位置及注写内容

（3）梁平法施工图平面

标注该注写方式示例如图 5.31、图 5.32 所示。

31.3.2　截面注写方式

截面注写方式是在分标准层绘制的梁平面布置图上分别在不同编号的梁中各选择一根梁用剖面号引出配筋图，并在其上注写截面尺寸和配筋具体数值的方式表达梁平法施工图。如图 5.33 所示。

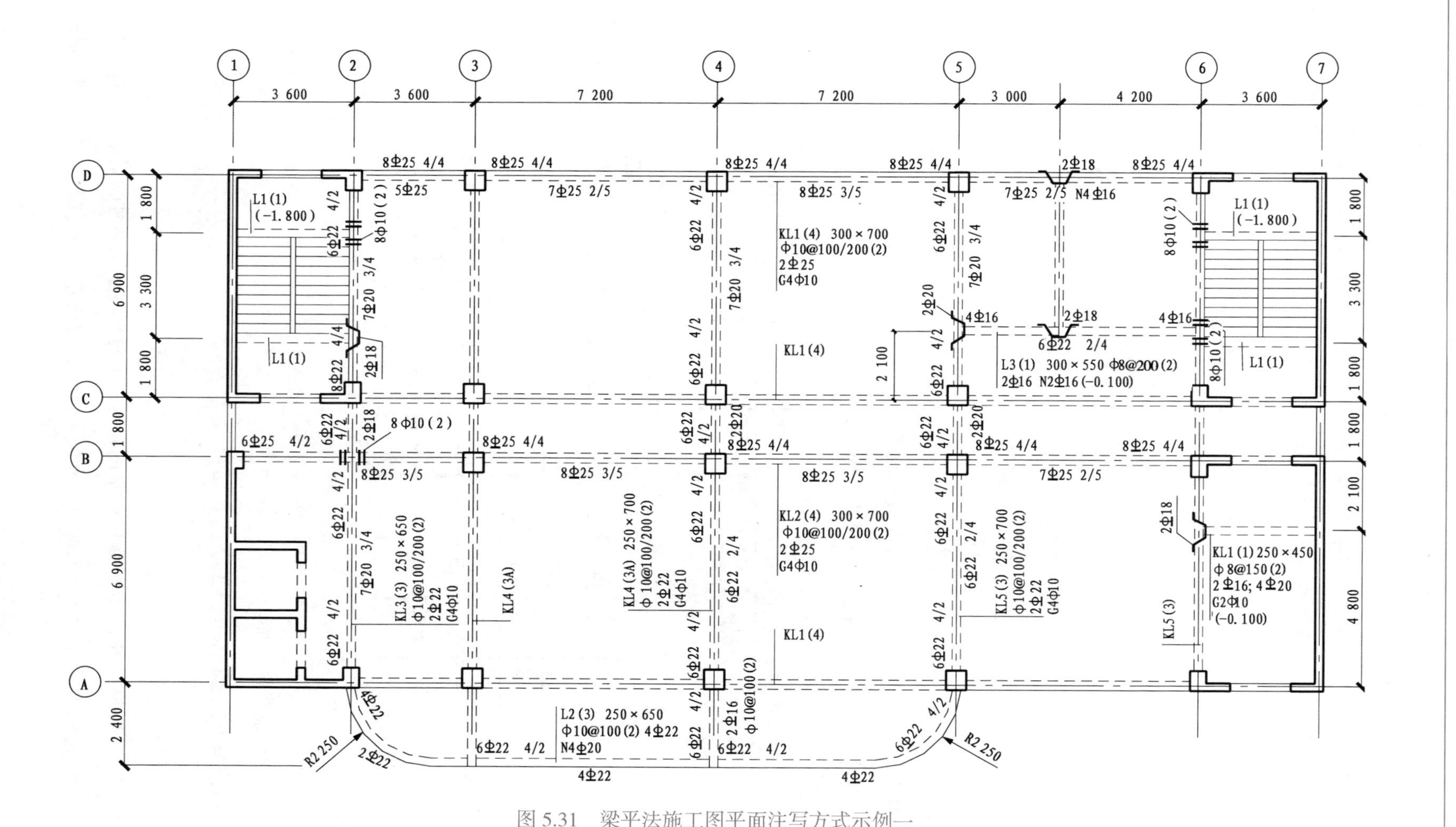

图 5.31 梁平法施工图平面注写方式示例一

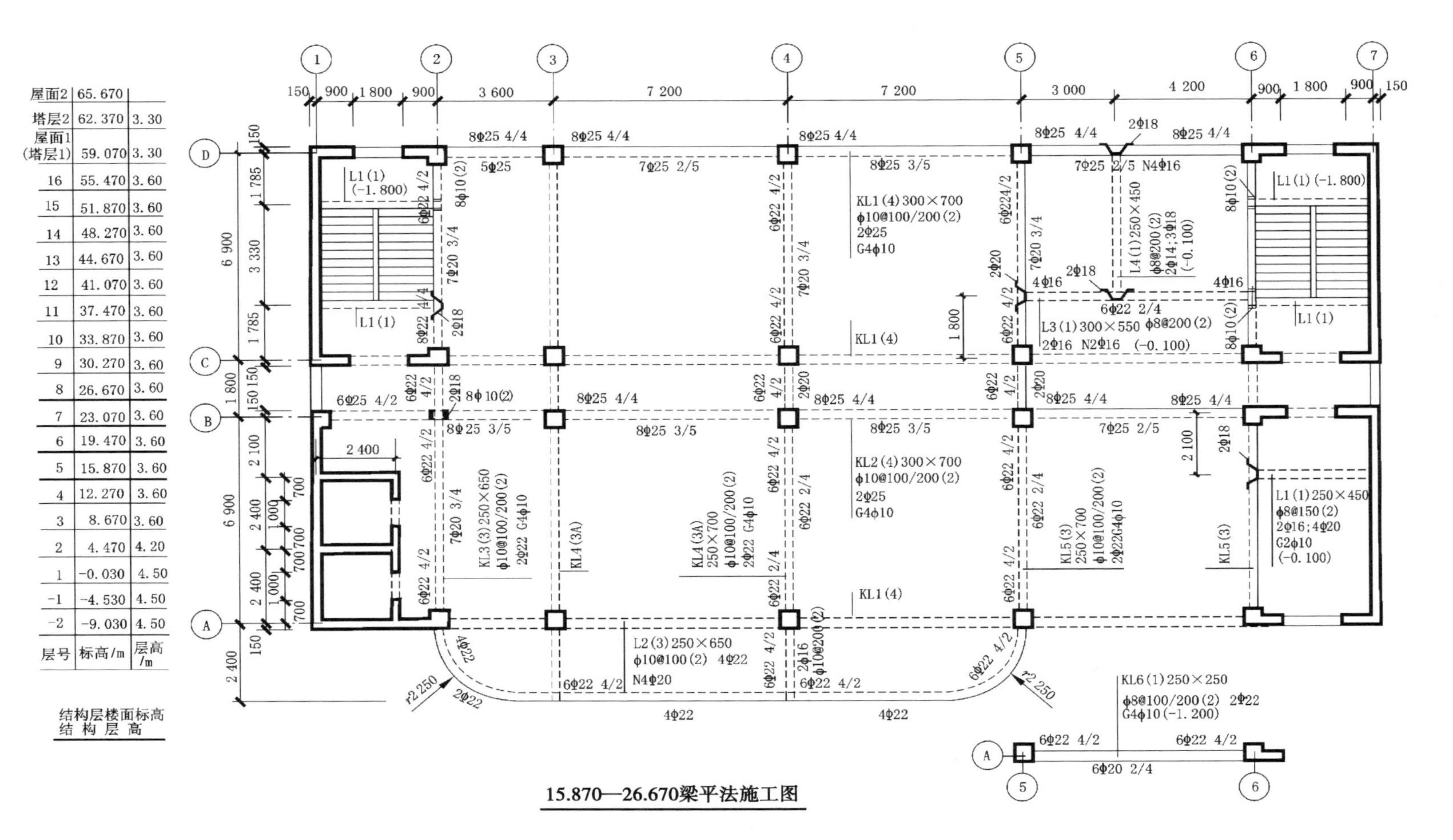

层号	标高/m	层高/m
屋面2	65.670	
塔层2	62.370	3.30
屋面1（塔层1）	59.070	3.30
16	55.470	3.60
15	51.870	3.60
14	48.270	3.60
13	44.670	3.60
12	41.070	3.60
11	37.470	3.60
10	33.870	3.60
9	30.270	3.60
8	26.670	3.60
7	23.070	3.60
6	19.470	3.60
5	15.870	3.60
4	12.270	3.60
3	8.670	3.60
2	4.470	4.20
1	−0.030	4.50
−1	−4.530	4.50
−2	−9.030	4.50

结构层楼面标高
结构层高

15.870—26.670梁平法施工图

图 5.32　梁平法施工图平面注写方式示例二

在截面配筋图上注写截面尺寸 $b \times h$、上部筋、下部筋、侧面筋和箍筋的具体数值时，其表达方式与平面注写方式相同。

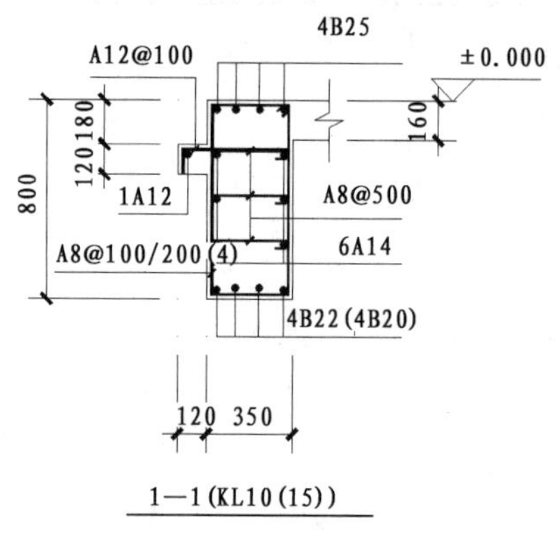

图 5.33　平法施工图截面注写方式

31.4　柱平法施工图的表示方法

微课 柱平法施工图

柱平法施工图是在柱平面布置图上采用列表方式或截面注写方式来表达。

31.4.1　柱平法施工图列表注写方式

列表注写方式是在柱平面布置图上，分别在同一编号的柱中选择一个截面标注几何参数代号；在柱表中注写柱号、柱段起止标高、几何尺寸与配筋的具体数值，并配以各种柱截面形状及其箍筋类型图的方式表达柱平法施工图。

（1）柱表注写的内容

①注写柱编号（简称“柱编号”）。柱编号由类型编号和序号组成，编号方法见表 5.7。

表 5.7　柱编号

柱类型	代　号	序　号
框架柱	KZ	××
框支柱	KZZ	××
梁上柱	LZ	××
剪力墙上柱	QZ	××

②注写各段柱的起止标高。自柱根部往上以变截面位置或截面未变但配筋改变处为界分段注写。

③注写截面尺寸 $b \times h$ 及轴线关系的几何参数代号 b_1、b_2 和 h_1、h_2 的具体数值必须对应各段柱分别注写。

④注写柱纵筋。包括钢筋级别、直径和间距，分角筋、截面 b 边中部筋和 h 边中部筋 3 项。

（2）柱平法施工图列表注写方式

相关示例如图 5.34 所示。

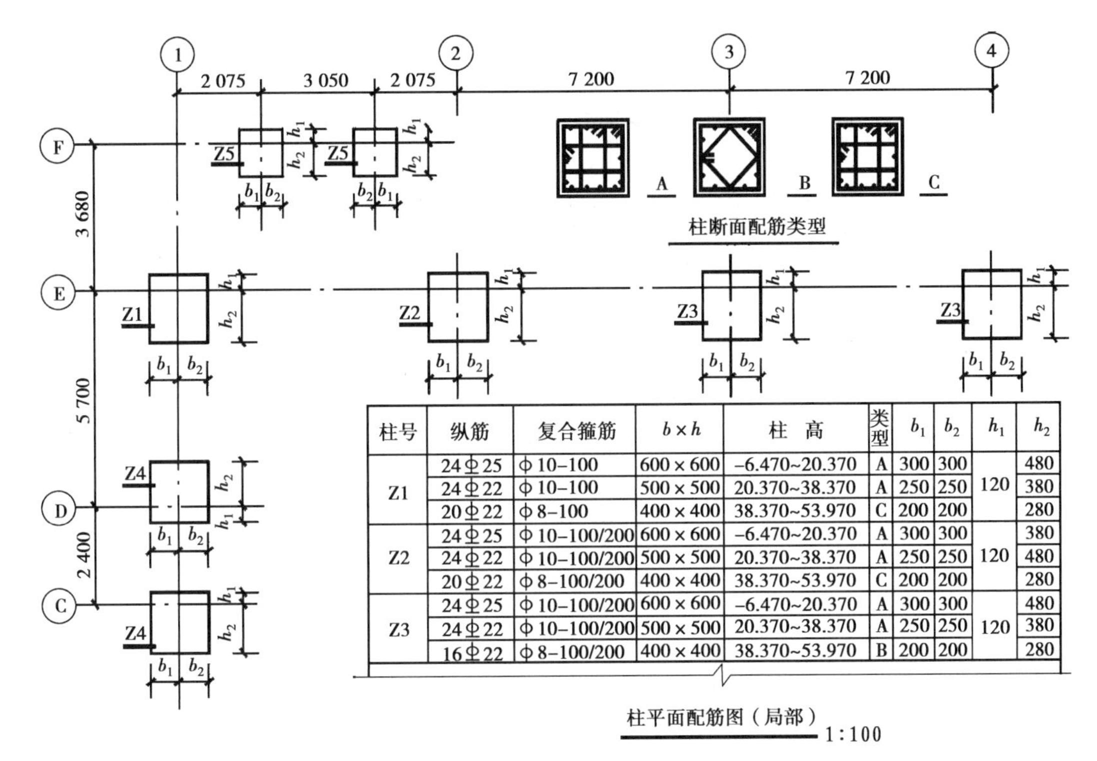

柱号	纵筋	复合箍筋	$b \times h$	柱　高	类型	b_1	b_2	h_1	h_2
Z1	24Φ25	ϕ10-100	600×600	-6.470~20.370	A	300	300	120	480
	24Φ22	ϕ10-100	500×500	20.370~38.370	A	250	250		380
	20Φ22	ϕ8-100	400×400	38.370~53.970	C	200	200		280
Z2	24Φ25	ϕ10-100/200	600×600	-6.470~20.370	A	300	300	120	380
	24Φ22	ϕ10-100/200	500×500	20.370~38.370	A	250	250		480
	20Φ22	ϕ8-100/200	400×400	38.370~53.970	C	200	200		280
Z3	24Φ25	ϕ10-100/200	600×600	-6.470~20.370	A	300	300	120	480
	24Φ22	ϕ10-100/200	500×500	20.370~38.370	A	250	250		380
	16Φ22	ϕ8-100/200	400×400	38.370~53.970	B	200	200		280

图 5.34　柱平法施工图列表注写方式示例

31.4.2　柱平法施工图截面注写方式

在分标准层绘制的柱平面布置图的柱截面上分别在同一编号的柱中选择一个截面，以直接注写截面尺寸和配筋具体数值的方式表达柱平法施工图。

柱平法施工图截面注写方式如图 5.35、图 5.36 所示。

31.5　剪力墙平法施工图

剪力墙平法施工图是在剪力墙平面布置图上采用列表注写方式或截面注写方式来表达。

31.5.1　列表注写方式

列表注写方式是分别在剪力墙柱表、剪力墙身表和剪力墙梁表中，对应剪力墙平面布置图上的编号，采用绘制截面配筋图并注写几何尺寸与配筋具体数值的方式，来表达剪力墙平法施工图。见表 5.8 和表 5.9。

表 5.8　墙柱编号

墙柱类型	代　号	序　号
约束边缘构件	YBZ	XX
构造边缘构件	GBZ	XX
非边缘暗柱	AZ	XX
扶壁柱	FBZ	XX

注：约束边缘构件包括约束边缘暗柱、约束边缘端柱、约束边缘翼墙、约束边缘转角墙 4 种。构造边缘构件包括构造边缘暗柱、构造边缘端柱、构造边缘翼墙、构造边缘转角墙 4 种。

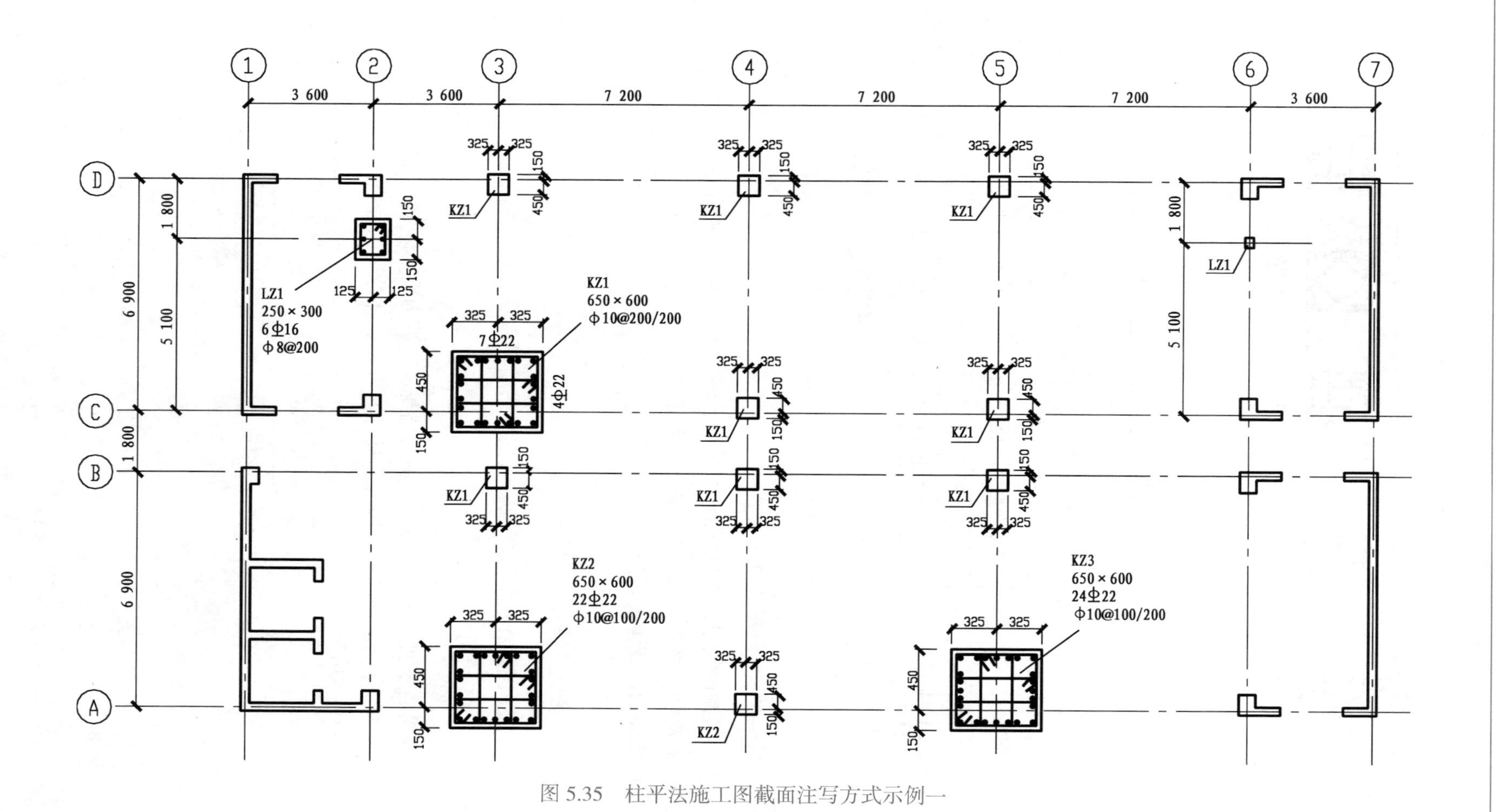

图 5.35　柱平法施工图截面注写方式示例一

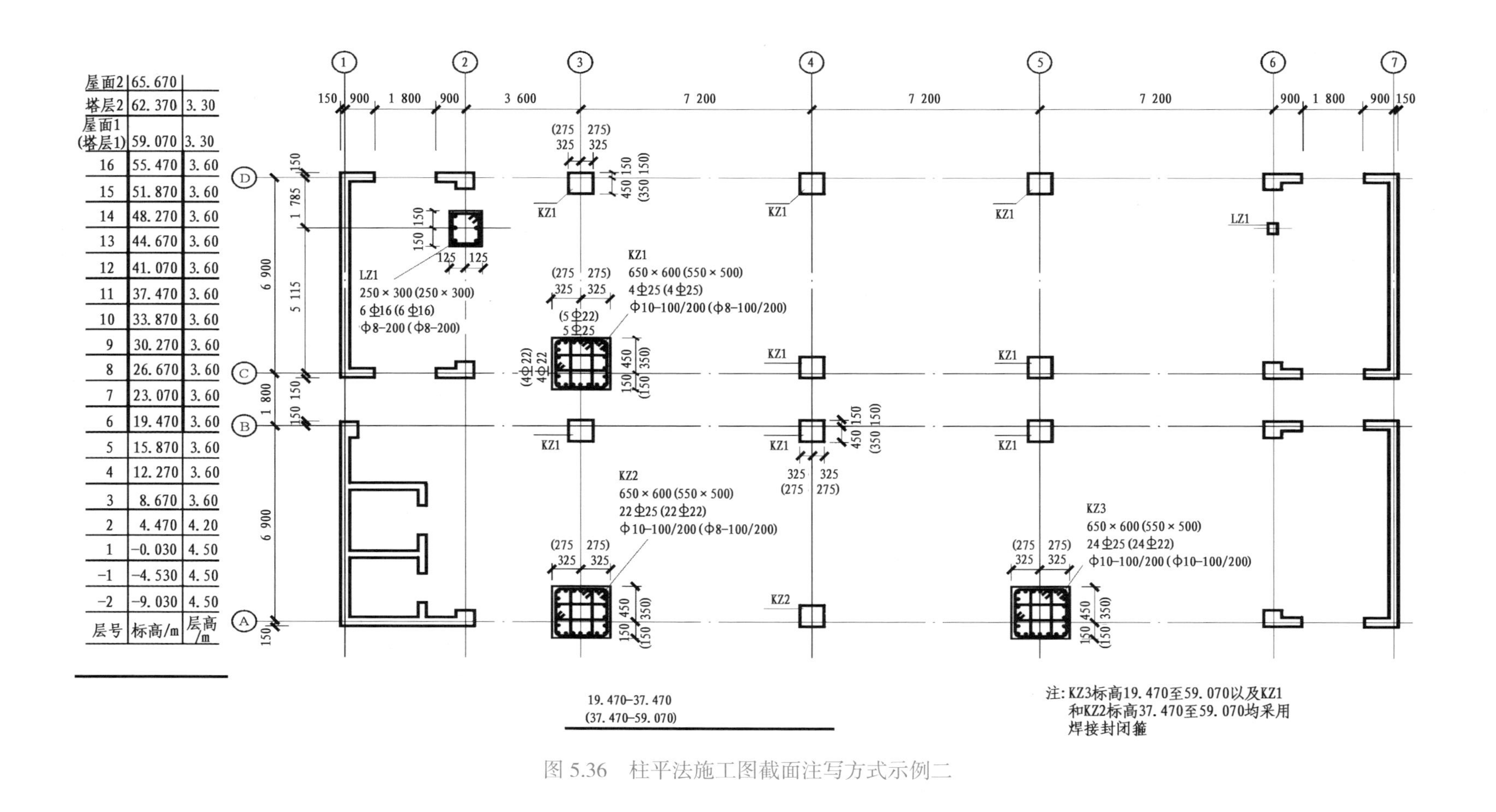

层号	标高/m	层高/m
屋面2	65.670	
塔层2	62.370	3.30
屋面1(塔层1)	59.070	3.30
16	55.470	3.60
15	51.870	3.60
14	48.270	3.60
13	44.670	3.60
12	41.070	3.60
11	37.470	3.60
10	33.870	3.60
9	30.270	3.60
8	26.670	3.60
7	23.070	3.60
6	19.470	3.60
5	15.870	3.60
4	12.270	3.60
3	8.670	3.60
2	4.470	4.20
1	-0.030	4.50
-1	-4.530	4.50
-2	-9.030	4.50

图 5.36　柱平法施工图截面注写方式示例二

表 5.9　墙梁编号

墙梁类型	代　号	序　号
连梁	LL	XX
连梁（对角暗撑配筋）	LL（JC）	XX
连梁（交叉斜筋配筋）	LL（JX）	XX
连梁（集中对角斜筋配筋）	LL（DX）	XX
暗梁	AL	XX
边框梁	BKL	XX

注：在具体工程中。当某些墙身需设置暗梁或边框梁时，宜在剪力墙平法施工图中绘制暗梁或边框梁的平面布置图并编号，以明确其具体位置。

31.5.2　截面注写方式

在绘制的剪力墙平面布置图上，以直接在墙柱、墙身、墙梁上注写截面尺寸和配筋具体数值的方式来表达剪力墙平法施工图。

实训：识读附图中用平法表示的结构平面图，熟悉平面整体表示方法的形式和含义。

技能点 31　平法图的认知练习及应用

◎思政点拨◎

平法图属于派生图，一件事、一个物、一个图、一个人都可以派生出许多内容。

师生共同思考：派生意识、属性意识。

31.1　知识测试

1. 条形基础底板一般在短向配置（　　）。

A. 分布筋　　B. 构造筋　　C. 受力主筋　　D. 架立筋

2. 条形基础底板一般在长向配置（　　）。

A. 分布筋　　B. 构造筋　　C. 受力主筋　　D. 架立筋

3. 基础主梁的箍筋是从框架柱边沿多少开始设置第一道的（　　）。

A. 100 mm　　B. 50 mm　　C. 箍筋间距 /2　　D. 5 d

4. 基础梁箍筋信息标注为：10 ϕ 12@100/10 ϕ 12@200（6）表示（　　）。

A. 直径为 12 的一级钢, 从梁端向跨内, 间距 100 设置 5 道, 其余间距为 200, 均为 6 支箍

B. 直径为 12 的一级钢, 从梁端向跨内, 间距 100 设置 10 道, 其余间距为 200, 均为 6 支箍

C. 直径为 12 的一级钢，加密区间距 100 设置 10 道，其余间距为 200，均为 6 支箍

D. 直径为 12 的一级钢，加密区间距 100 设置 5 道，其余间距为 200，均为 6 支箍

5. 下面有关基础梁、框架梁的差异分析描述正确的是（　　）。

A. 基础梁是柱的支座，柱是框架梁的支座

B. 基础梁在柱节点内箍筋照设，框架梁在柱边开始设置箍筋

C. 框架梁箍筋有加密区、非加密区，基础梁箍筋有不同剖的布筋范围

D. 基础梁端部根据有无外伸判断封边钢筋弯折长度，框架梁端部根据支座大小判断锚固值

6.［多项选择题］下列基础相关构造类型代号说法正确的是（　　）。

A. 后浇带 HJD　B. 基础联系梁 JLL　C. 基坑 JK　D. 上柱墩 SZD　E. 联系梁 LL

7.［判断题］梁的平面注写包括集中标注和原位标注，集中标注表达梁的通用数值，原位标注表达梁的特殊数值。（　　）

8.［判断题］6C25 2（−2）/4 表示上排纵筋为 2C25 且伸入支座，下排钢筋为 4C25 全部伸入支座。（　　）

9.［判断题］梁下部纵筋 2C25+3C20（−3）/5 25 表示，上排纵筋为 2C25 和 3C20 且 3C20 不伸入支座，下排纵筋为 5C25，全部伸入支座。（　　）

10.［判断题］某楼面框架梁的集中标注中有 N6B18，其中 N 表示抗扭钢筋，6B18 表示梁的两侧面沿边配置 6 根二级直径 18 的钢筋。（　　）

31.2　技能训练

根据图 5.37 所示的平法局部截图，回答以下问题。

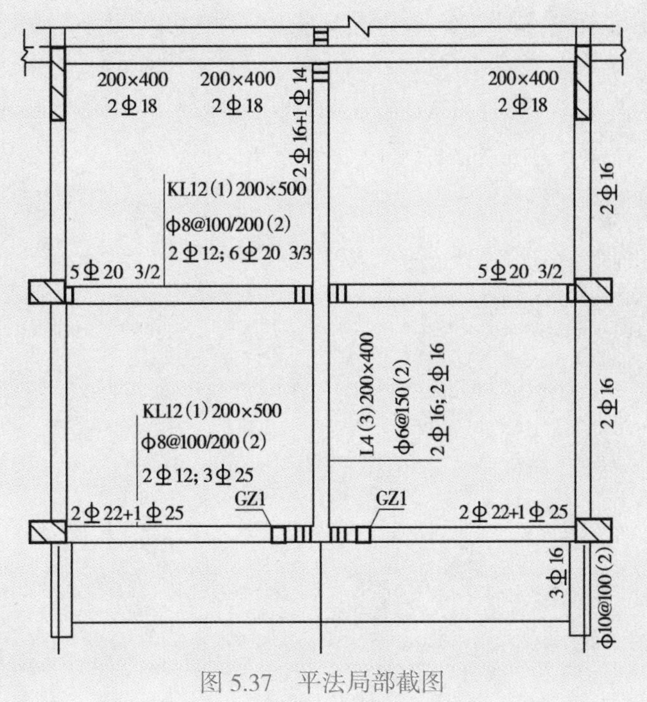

图 5.37　平法局部截图

（1）KL12（1）代表：

（2）200×500 代表：

（3）ϕ8 @ 100/200（2）代表：

（4）2 ⌽ 12；3 ⌽ 25 代表：

（5）GZ1 代表：

（6）2 ⌽ 22+1 ⌽ 25 代表：

（7）5 ⌽ 20　3/2 代表：

（8）200×400　2 ⌽ 18 代表：

项目 6　装饰装修施工图的规定及应用

【学习目标】

①能结合建筑施工图，掌握工程概况、设计依据；能掌握装饰设计内容和范围、设计参数。

②能识读装饰设计平面图、立面图、剖面图、详图等。

③根据任务要求，应用 CAD 绘图软件绘制中型建筑工程装饰设计平面图、立面图、剖面图、详图等。

【教学准备】

①各类线上资源或网址。

②建筑装饰装修制图规范或标准、建筑工程配套装饰施工图一套、开放性讨论的问题等资源。

【教法建议】

同学们线下先行观看视频或微课并进行学习，再在建筑技能训练基地或施工现场进行对照学习，课堂或线上进行讨论：

①建筑装饰施工图与标准或规范的关系？

②建筑装饰施工图与建筑施工图的关系？

③建筑装饰施工图与结构施工图的关系？

【1+X 考点】

无要求。

随着人民生活水平的提高和居住环境的改善，装饰装修工程走入寻常百姓家。小到居家装饰装修、大到公共建筑的装饰装修，都和我们的日常生活紧密相关。这些场所在装饰装修前，都要有装饰装修施工图。那么，装饰施工图是怎样形成的？有什么作用和特点？装饰施工图中常用的图例和符号及装饰施工图的分类有哪些？下面，我们就来学习有关装饰施工图的知识。

知识点 32　装饰施工图认知

◎思政点拨◎

现在的装饰不仅重外在，更重内涵。

师生共同思考：如何加强自身的内涵建设。

32.1 装饰施工图概述

进入 21 世纪以来，中国已全面步入小康社会。随着社会的进步、物质的丰富和人们生活水平的提高，人民对精神生活的要求越来越高，对居住环境的要求也越来越高。我国室内装饰业迅猛发展，无论是公共建筑还是居住建筑，室内外空间设计、建筑构配件的造型、装饰材料的种类、施工工艺及其做法灯光音响、设备布置等，日新月异，目不暇接。这些内容复杂、变化丰富的设计仍然需要用图纸来表达，从而使“装饰施工图”从建筑施工图中分离出来，成为继土建施工以后进行建筑装修的指导性文件。

装饰施工图的作图过程同样要经过方案设计阶段和施工图设计阶段。方案设计阶段是按照业主的要求，根据有关的设计原理和规范要求，应用“平面布置图”“立面布置图”“透视效果图”等形式将设计构思表达出来。装饰施工图设计阶段是将已通过的方案设计准确、详尽地表达出来（即各装修部位的结构构造，几何造型，尺寸标注，材料的名称、规格、颜色、工艺做法等）。

装饰施工图的作图方法与建筑施工图的作图方法基本相同，制图标准也按国家建筑制图标准，差别在于装饰施工图所表达的内容更为细腻、材料种类更多，因此图样比例一般都较大。

本项目主要介绍室内装饰施工图的画法，为叙述方便，将装饰施工图简称为装修图。

32.2 国家制图标准基本规定及应用

装饰装修工程制图沿用了《房屋建筑制图统一标准》（GB/T 50001—2017），以保证建筑装饰工程图和建筑工程图相统一，便于识读、审核和管理。装饰工程所涉及的范围很广，除了与建筑有关，还与家具等设施及不同材质的铝、铜、铁、钢、木等的结构处理有关，所以装饰施工图中有建筑制图、家具制图和机械制图等多种画法及符号并存的现象，形成了装饰施工图的自身特点。

装饰施工图与建筑施工图的区别在于部分图线的用途方面，具体见表 6.1。其余参照项目 1 中的相关内容。

表 6.1　装饰施工图中的线型、线宽及用途

名称		线型	线宽	一般用途
实线	特粗		1.25b	地平线 立面图及剖面图中的地平线
	粗		b	主要可见轮廓线 平面图及剖面图上被剖到部分的轮廓线、建筑物或构筑物的外轮廓线、剖面位置线、详图符号的圆圈、图纸的图框线 装饰设备中的管道表达
	中		0.5b	可见轮廓线 剖面图中未被剖到但仍能看到且需要画出的轮廓线、尺寸起止符号、剖面图及立面图上门窗等构配件的外轮廓线、家具和装饰结构的轮廓线
	细		0.25b	尺寸线、尺寸界线、引出线及材料图例线、索引符号的圆圈、标高符号线、重合断面的轮廓线、较小图样中的中心线

续表

名　称		线　型	线　宽	一般用途
实线	特细	————————	0.1b	填充线、装饰材料的分隔线，木材、皮革、石材的纹理表达
虚线	粗	— — — — — — —	b	装饰设备中的管道表达
	中	— — — — — — —	0.5b	不可见轮廓线
	细	— — — — — — —	0.25b	不可见轮廓线，图例线等
单点长画线	粗	——— · ——— · ———	b	见有关专业制图标准
	中	——— · ——— · ———	0.5b	见有关专业制图标准
	细	——— · ——— · ———	0.25b	中心线、对称线等
双点长画线	粗	——— ·· ——— ·· ———	b	见有关专业制图标准
	中	——— ·· ——— ·· ———	0.5b	见有关专业制图标准
	细	——— ·· ——— ·· ———	0.25b	假想轮廓线、成型前原始轮廓线
波浪线	细	～～～	0.25b	断开界线
折断线	细	——╲╱——╲╱——	0.25b	断开界线

32.3　地面装修图

地面装修图主要用于表达地面铺装材料的工艺要求，一般只画平面图，常用比例 1:50 ~ 1:100，如图 6.1 所示。如有台阶、造型、架空、沟坑等可增加剖面详图，表示其饰面材料及工艺做法，常用比例 1:1 ~ 1:30。被剖到的主体结构用粗实线绘制，看到的主体结构、次要结构用中粗线绘制，地面分格线用细实线绘制。

地面装修平面图所表达的内容有：

①建筑施工图中平面图的主体结构（如墙、柱、台阶、楼梯、门窗、设备等）。

②对于拼花造型的地面，应标注饰面材料的名称、规格、尺寸、位置。

③对于块状地面材料的地面，应用细实线画出块材的分格线，以表示其施工方向（即收口位置——非整砖应安排在较隐蔽的位置）。

④轴号、尺寸标注：主体结构的主要轴线、轴号、室内尺寸、拼花形状及定位尺寸等。

⑤详图索引等。

⑥文字说明，如饰面材料的铺设要求等。

地面在整个装修中占了相当大的比例。家居地面装修材料主要有瓷砖、实木木地板、复合地板及石材（大理石及花岗岩石）。地毯、地板革等近年来使用较少。

瓷砖质地坚实、耐热、耐磨、耐酸碱、不渗水、易清洗、吸水率小、色彩图案多、装饰效果好。在选择地砖时，可根据个人的爱好和居室的功能要求，根据实地布局，从地砖的规格、色调、质地等方面选择。本例中，客厅、餐厅及过道选用了 800×800 的米黄抛光地砖，为增加装饰效果在过道中加入黑色花岗岩对拼三角形进行装饰。厨房、卫生间选用 300×300 防滑地砖，阳台选用 200×200 防滑地砖。

实木地板是木材经烘干，加工后形成的地面装饰材料。它具有花纹自然，脚感舒适，使用安全的特点，实木的装饰风格返璞归真，质感自然。目前，市场上销售的主要有柚木、柞木、红榉木、花梨木、樱桃木、金象牙、枫木等。木地板是以比重来确定其硬度的。越硬当然越耐磨，一般来说颜色越深其硬度越高。木地板目前市面上的品种也很多。长度一般有 300，450，600，750，900 等规格。本例书房选用 90×600 柚木实木地板，色泽沉稳，装饰效果凝重。

复合木地板是从外国引进的品种，其主材是由工业余料和废料制成的，经济实用。它由多个不同用途的层面组成，最主要的是表面的一层：耐磨层。耐磨层约为 0.8 mm。另几层分别有减震、防潮等作用。本例卧室、衣帽间采用复合木地板。

石材：主要为天然大理石和花岗岩石。

大理石：变质或沉积的碳酸盐类岩石。质地坚实、颜色变化多端、深浅不一，有多种光泽，故形成独特的天然美。由于不耐风化，较少用于室外。其普通耐用年限为 150 年。

花岗岩：属岩浆岩。其主要成分为长石、石英、云母等。其特点为构造致密、硬度大、耐磨、耐压、耐火及耐侵蚀。花纹为均粒斑纹及发光云母微粒，其普通耐用年限为 200 年。本例为外挑窗台，选用银线米黄大理石饰面，色彩和谐、美观。

图 6.1 为某公寓楼地面装修平面图。

32.4 吊顶（天花）装修图

吊顶除了起装饰造型的作用外，还兼有照明、空调、防火、空间分隔等功能，是室内装饰处理的重要部分。吊顶装修图是楼板底装修施工的依据，通常包括吊顶平面图、节点详图、特殊装饰件详图等。

其中，平面图常用“镜像”投影法画出，比例一般为 1∶50 ~ 1∶100；节点详图一般为剖面详图，用来表示一些较为特殊、复杂的部位（如藻井、灯槽等部位），比例一般为 1∶1 ~ 1∶20。主要装饰的轮廓线用中实线，次要装饰轮廓线为细实线。各类设施、装饰件的镜像投影用图例表示。

吊顶平面图所表达的内容有：

①主体结构的墙体（门窗洞一般可不表示）、天花造型、藻井、跌级、灯具、饰物、空调风口、消防设施（如烟感器、喷淋头等）、窗饰槽、装饰线等。

②藻井、跌级、装饰线等造型的定形、定位尺寸，室内净空尺寸，天花标高。

③各种设施（空调、消防等）外露件的规格、定位尺寸。

④主体结构的主要轴线、轴号。

⑤灯饰类型、规格说明、定位尺寸。

⑥节点详图标注，如剖面符号、详图索引等。

⑦文字说明，如饰面涂料的名称、做法等。

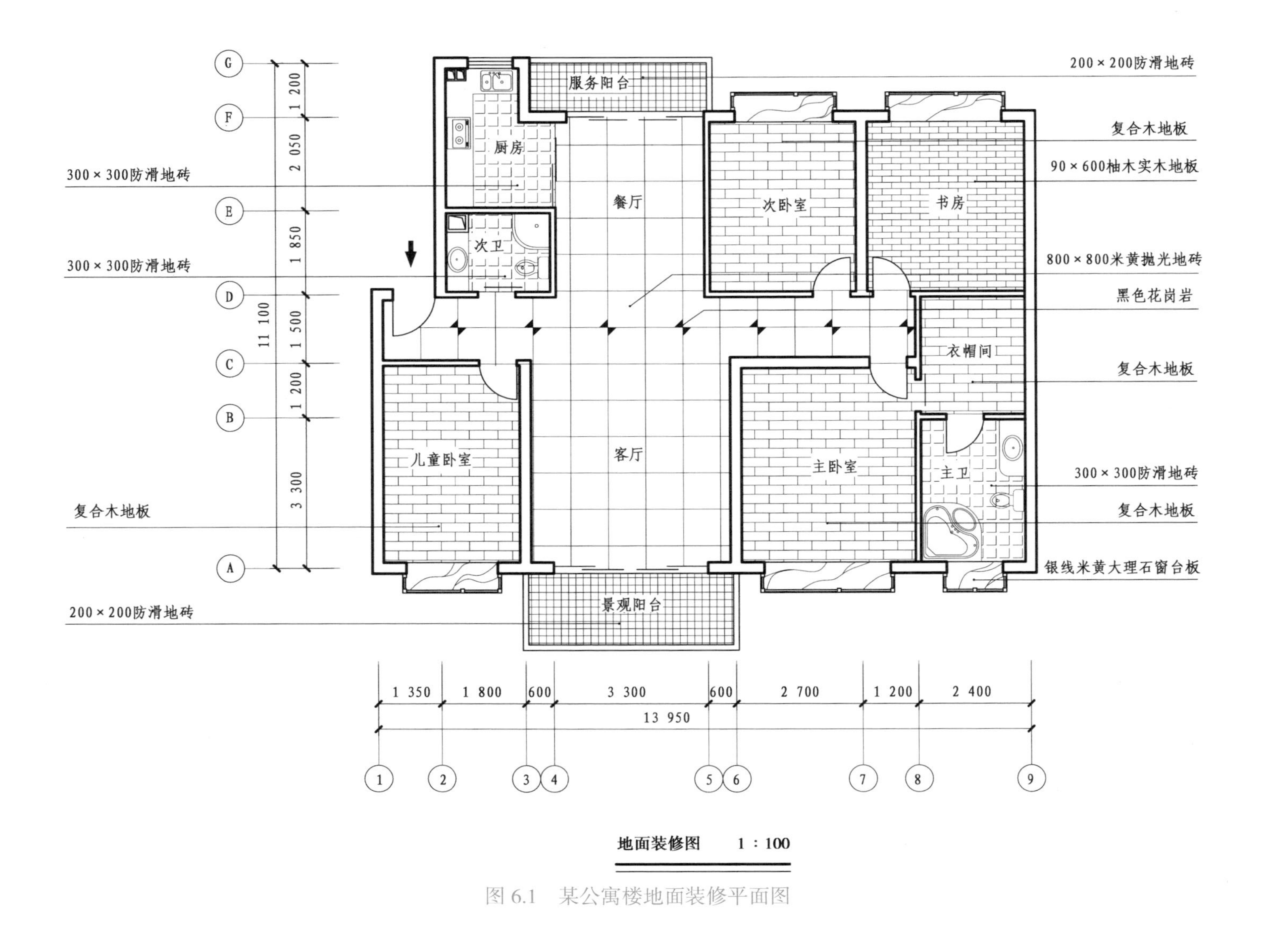

图 6.1 某公寓楼地面装修平面图

图 6.2 为某公寓的吊顶装修平面图。该吊顶的主要特点是：

为丰富空间的变化，在吊顶设计中变换不同的造型处理：客厅采用简洁的直线造型，配射灯、吊灯加以变化；餐厅使用灯槽、暗藏灯带的处理方式营造就餐氛围；书房吊顶装饰胡桃木线条强调空间的厚重感；儿童房则采用弧线造型使空间变得活跃起来。在材料选用上：考虑到方便造型以木龙骨、石膏板吊顶为主；厨房、卫生间则使用铝扣板吊顶，便于防水及清洗。

32.5　墙柱面装修详图

墙柱面装修图主要表达室内铅垂立面的造型及用料做法。通常包括墙柱面立面图、剖面图、装饰件详图等。

立面图的比例一般为 1:30 ~ 1:50，剖面图和详图为 1:1 ~ 1:30。线型粗细参照建筑立面图、剖面图画法。

墙柱面装修图所表达的内容有：

①墙柱面立面图：墙柱面的造型轮廓线、门窗、墙裙、踢脚线、窗帘盒、窗帘、壁挂饰物、壁灯等。

②吊顶天花位置，吊顶以上的主体结构（如梁、楼板）等。

③墙柱面饰面材料的名称、规格、颜色、工艺做法等。

④尺寸标注：主体结构的定位轴线、定位尺寸；立面造型、装饰件的定型、定位尺寸；各种饰物（如壁灯、壁柱等）的定位尺寸；楼地面标高、吊顶标高等。

⑤详图索引符号；文字说明等。

图 6–3 为某公寓客厅电视背景墙面装修立面图。

如今，多数的客厅除了其主要功能会客之外还兼具休闲和看电视听音乐等娱乐功能，在许多人眼里，电视如何摆放才能既观看方便又美化居室，已经变得越来越重要，具有创意和个性的背景墙设计仍可给空间带来意想不到的装饰和点缀效果。因此，人们在居室装饰中比较注重电视背景墙面的处理。本例装饰风格以简约为主。材料选用不锈钢、玻璃、石材等现代感较强的材料，强调材质的自身美感。同时，注重光影效果，运用局部照明来处理光影变幻的效果，塑造环境气氛、提供多重空间、调节情绪。

32.6　节点和装饰构件详图

由于装饰施工的工艺要求较细、较精，部分节点和装饰构件需要用局部放大图、剖面图和断面图等详图来表现。

常用的装修做法可在标准图集中套用，但由于装修的特殊性，再加上装修材料及工艺做法不断推陈出新，尤其是设计者的新构思，能套用标准图的往往不多，因此，节点详图在整套装修图中占有相当的分量。

详图的比例一般都较大，如 1:1 ~ 1:10。主体结构（钢筋混凝土梁、楼板等）轮廓用粗实线表示；主要的装修轮廓线用中粗线，次要轮廓线用细实线表示。

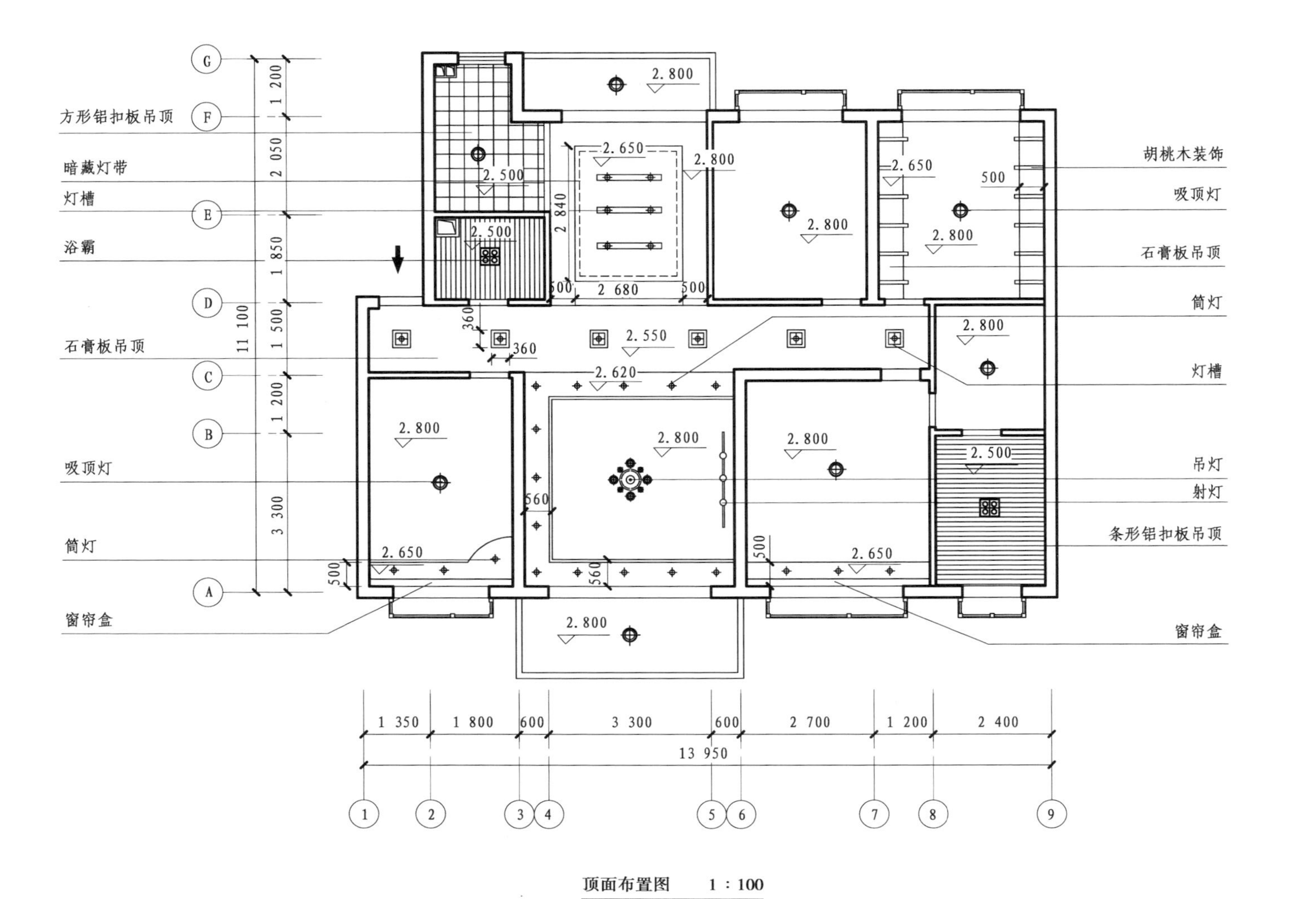

顶面布置图　1：100

图 6.2　某公寓的吊顶装修平面图

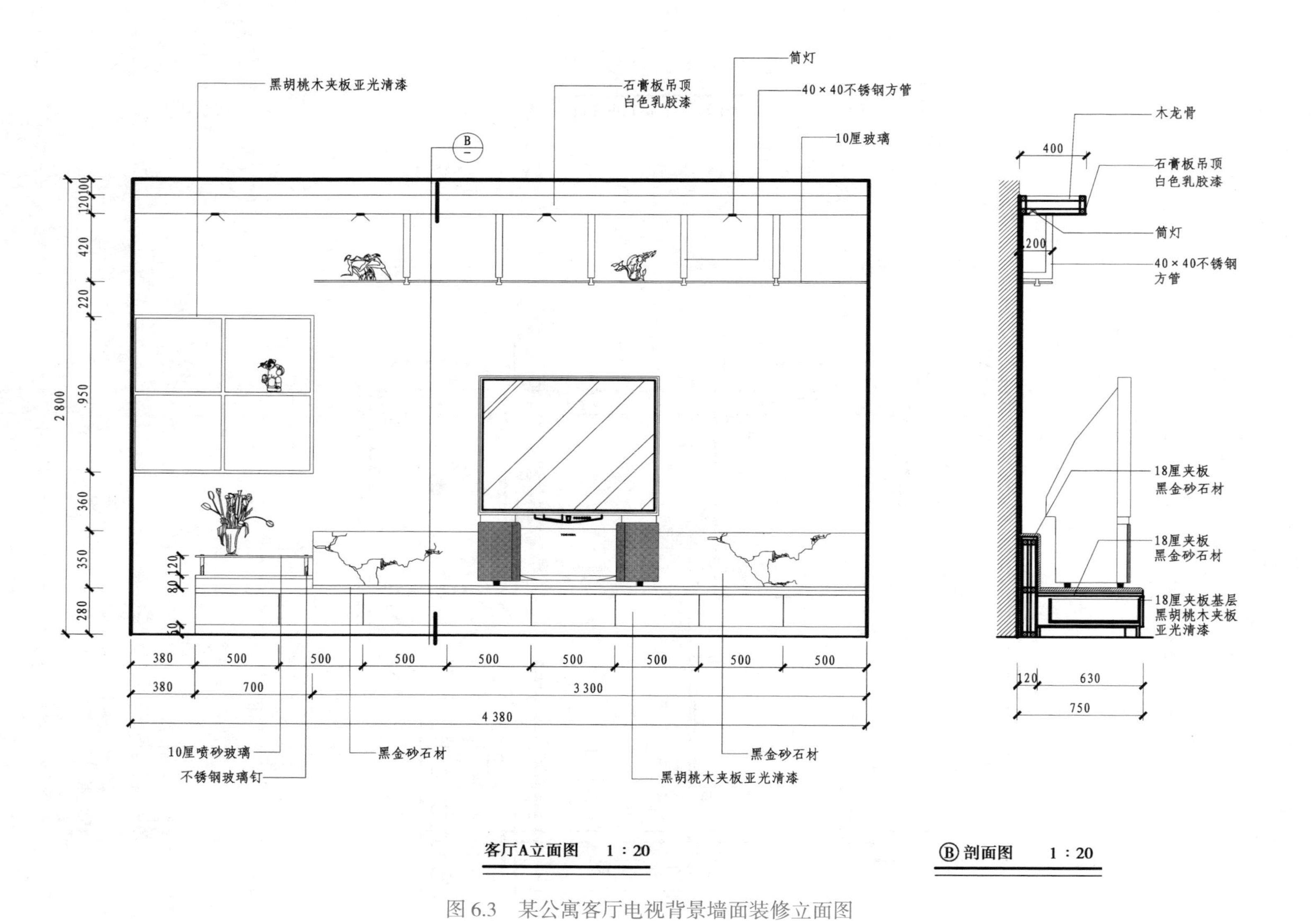

图 6.3 某公寓客厅电视背景墙面装修立面图

节点和装饰构件详图所需表达的内容有：

①吊顶、墙柱面、地面、门面、橱窗等造型较为复杂部位的形状尺寸、材料名称、材料规格、工艺做法等。

②现场制作的家具、装饰构件等。

③特殊的工艺处理方式（收口做法）。

④详细的尺寸标注。

⑤其他文字说明。

图 6.4 为装饰隔断详图。图 6.5 为平面布置图。

设计说明

本案例是某房地产公司样板房室内装饰设计。户型建筑面积 140 m^2。

样板房设计，既要符合通常家装设计的普遍规律，还要达到展示、引导的商业作用，提高消费者的购房欲望，为销售服务。

（1）明确设计定位

为明确使用功能，使设计任务不落于空泛，设计前进行合理的设计定位，初步设想——虚拟家庭设计。即把本样板房的使用者虚拟为：收入稳定、工薪阶层的三口之家。家庭特点：家庭成员活泼开朗，生活多姿多彩，重视自己对家的感受，注重生活品质且生活极具品位和内涵。生活方式有规律、有节奏，待人接物热情认真。生活态度严谨细腻中不乏情趣，知识渊博，事业成功，在乎邻里同事对自己家居的看法。

本案例进一步明确：主要针对中年夫妇的三口之家而设计。构筑一个实用之家，成为多数中年人的选择，设计中要努力营造温馨、宁静、成熟的居室环境，试图在既有建筑格局中找寻空间的潜在特质，且探索隐藏其中的内在秩序，追求一种诗性情境的表达。通过对客、餐厅墙面的简单块面切割处理及简约、现代的修饰手法赋予空间明快的效果及鲜明的文化气息，让居住者得到心灵层面的满足和视觉享受的居住美景。户主需要的是温馨、舒适的居家环境，墙面色调适当加入明快的暖色调，使主人在居家的生活中时刻体会着温暖、舒适。卧房：温雅恬适的休眠氛围，温雅质感，酝酿一股沉静的芬芳气息，使忙碌一天归家的人得以彻底轻松，享受家独有的一片安宁与馨香，创造温适的休眠氛围。客厅与餐厅之间设置装饰隔断，自然而又明晰的承接转折，使空间更具条理性，置身其中会使人更感受到空间的流动。在色调上，胡桃木饰面的深色与墙面浅色形成的色彩对比，玻璃与金属的虚实对比，这一切都使居室的形式美得到进一步的升华。设计追求大块面的几何形态和直线的形式美，力求以大胆简洁的造型反映现代人的精神追求与生活品质。各种装饰品去繁就简，营造出大方、内敛而又显豪华的大家风范。

（2）设计主题风格：简约、舒适

随着人们观念的更新，生活水平的进一步提高，奢侈、享受、豪华的家居环境将逐渐被摒弃，而对宽松、简洁、闲适的居家氛围更加向往，本案推崇“简约就是美”的设计理念。简约

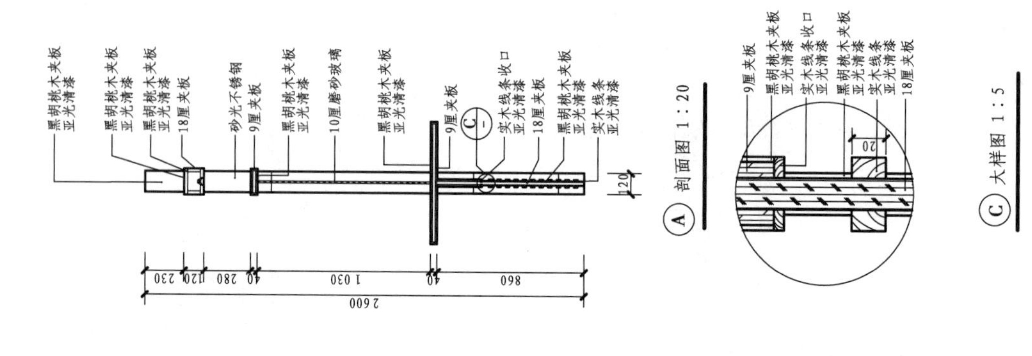
黑胡桃木夹板 亚光清漆
黑胡桃木夹板 亚光清漆
黑胡桃木夹板 亚光清漆
18厘夹板
砂光不锈钢
9厘夹板
黑胡桃木夹板 亚光清漆
10厘磨砂玻璃
黑胡桃木夹板 亚光清漆
9厘夹板
实木线条收口
实木线条 亚光清漆
18厘夹板
黑胡桃木夹板 亚光清漆
实木线条 亚光清漆
120
230 120 120 280 40 1 030 40 860
2 600
A 剖面图 1：20
9厘夹板
黑胡桃木夹板 亚光清漆
实木线条收口 亚光清漆
黑胡桃木夹板 亚光清漆
实木线条 亚光清漆
18厘夹板
20
C 大样图 1：5

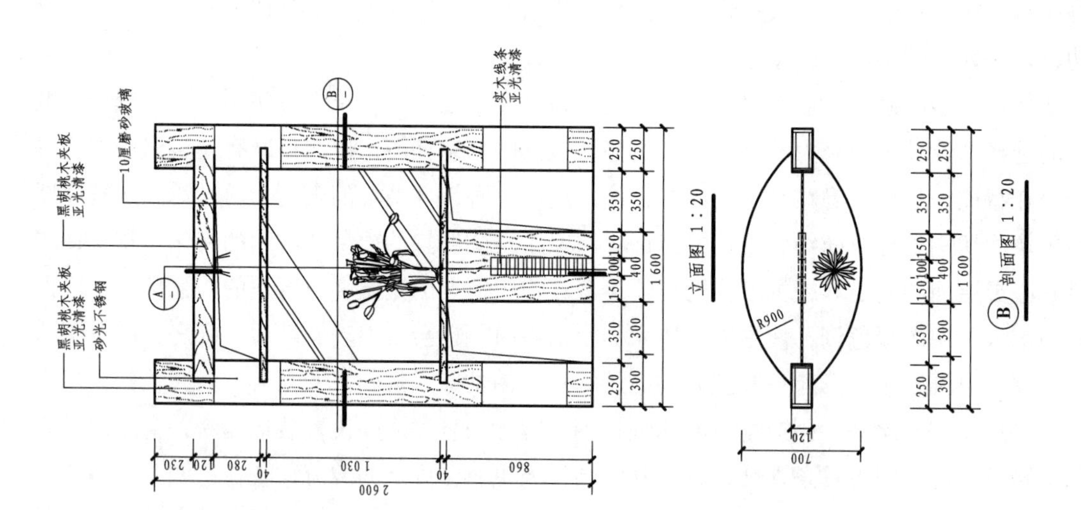
黑胡桃木夹板 亚光清漆
砂光不锈钢
黑胡桃木夹板 亚光清漆
10厘磨砂玻璃
实木线条 亚光清漆
230 120 120 280 40 1 030 40 860
2 600
250 350 150 100 150 350 250
300 300 400 350 250
1 600
立面图 1：20
R900
120
700
B 剖面图 1：20
装饰隔断详图

图 6.4　装饰隔断详图

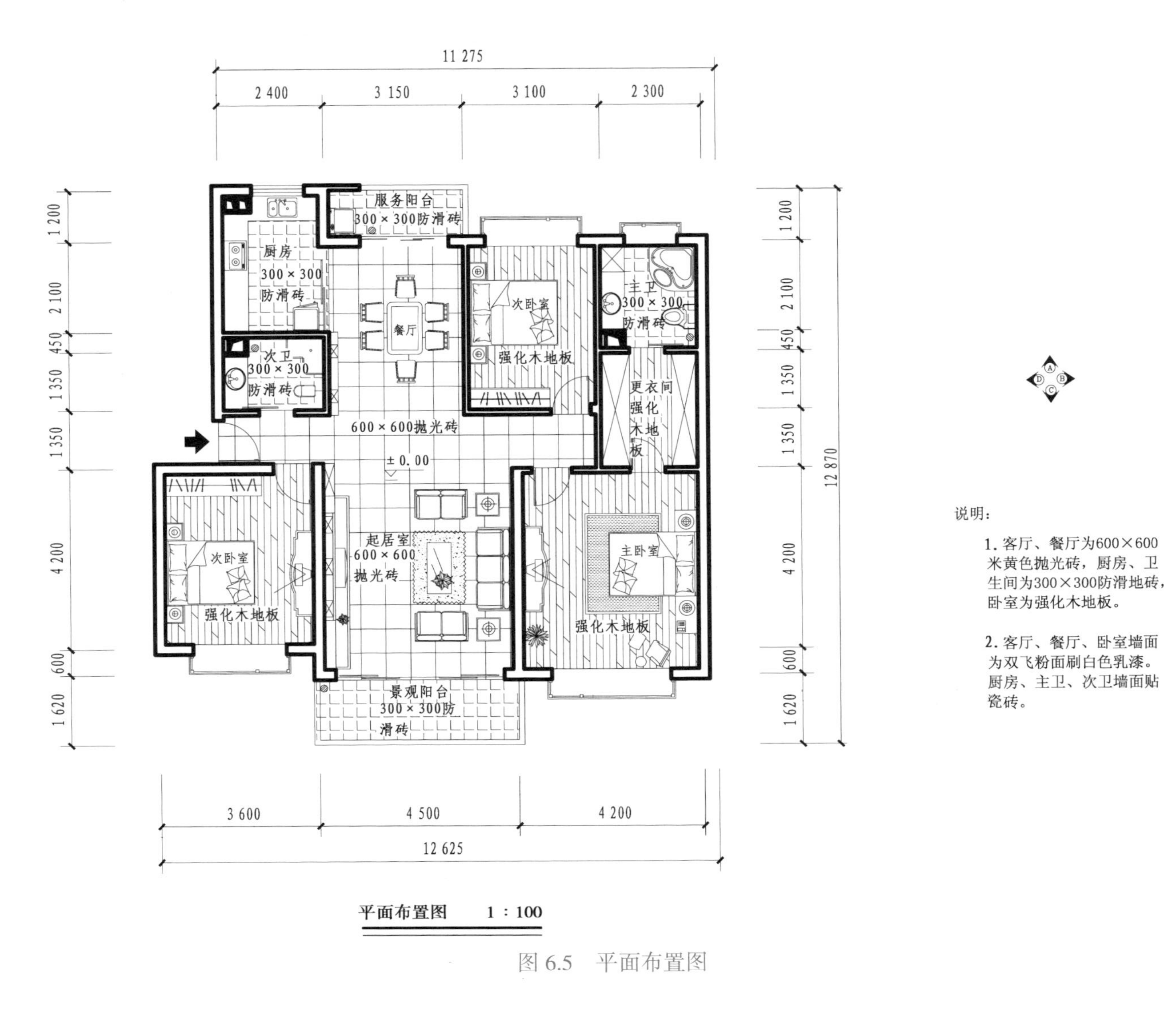

图 6.5　平面布置图

说明：

1. 客厅、餐厅为600×600米黄色抛光砖，厨房、卫生间为300×300防滑地砖，卧室为强化木地板。

2. 客厅、餐厅、卧室墙面为双飞粉面刷白色乳漆。厨房、主卫、次卫墙面贴瓷砖。

主义又称极限艺术、最小主义和极少主义，源于非写实绘画、雕塑。其理念在于：降低艺术家自身的情感表现，而朝单纯、逻辑的选择发展。简约主义外在形式表现简洁、视觉形象个性突出，利用有限的信息传达耐人寻味的意味，可以于纷乱之中保持清晰的脉络，更能在观者的记忆里提供精练的索引信号，给人留下深刻整体的印象。

主线以简约主义作为处理方法。实际上，主张简约不是主张简单化，而是包容复杂生活内容于一种更纯粹的形式之下。因此，在简约风格中强调视觉的单纯和使用的舒适感受，家的感觉异常重要，使人一走进样板房就有回家的感觉。舒适，是生活的首要目标；价值感，则是人们的心理需求。在样板房的设计中，我们将努力达到两全其美。

（3）强调展示性与煽动性

当前样板房的设计，展示性往往强于实用性。样板房的首要功能是配合销售，强调感观效果。因此，设计要有示范性、适当的超前性和时尚性，用材和工艺要新颖、先进和适度的反常规。样板房为了推动销售，可做得夸张一些，产生一定的诱导作用和煽动效应：效果上有较强的视觉冲击力，在短短的几分钟里感染参观者，打动参观者，使之留下强烈印象，并将理性的购房行为变为感性的冲动。

（4）注重文化品位，树立品牌形象

坚持“以人为本”的核心价值观，树立企业形象。样板房也应结合企业文化精心组织设计。样板房装修是文化品位的体现，它在无言中传递着企业特有的文化信息，忌讳千篇一律。整个设计运用以人为本的设计原则，舍去多余的装饰，摒弃豪华气派的堆砌，远离金雕玉琢的粉饰。住宅是人寄寓的处所，也是人精神寄托的载体，在此基础上体现较高的文化品位。具体落实于——轻装修重装饰，最大限度地发挥陈设艺术在室内设计中的地位和作用。格调高雅、造型优美，具有一定文化内涵的陈设品使人怡情悦目，这时陈设品已超越其本身的美学界限而赋予室内空间以精神价值。这就需要精心组织室内家具、灯具、织物、装饰性陈设（雕塑、装饰画、工艺品、植物等），烘托室内气氛、创造环境意境。

美国著名设计师普罗斯说：“人们总以为设计有三维：美学、技术和经济，然而更重要的是第四维：人性。”我们一直深信，只有重视文化内涵的设计作品才更能让人回味，让人感到一种深度，感觉到设计的这种人文精神。

技能点 32　装饰施工图认知的练习及应用

◎思政点拨◎

装饰重搭配，装修重点缀。两者中谁是重点？

师生共同思考：重点意识、点缀意识。我的学习或工作重点是什么？我能点缀什么？

32.1　知识测试

1.［判断题］装饰立面图的绘制目的是指导墙地面装修施工，不需要画出家具、挂画等。（　　）

2.［判断题］装饰装修设计图中，其图例符号常常设计成与实际要素相似的图形或图案。（　　）

3.［判断题］节点图应详细表现出装饰面连接处的构造，标注详细的尺寸和收口、封边的施工方法。（　　）

4.［判断题］装饰装修设计图中，较粗的线条优先被关注，粗线往往用于表达最重要的内容。（　　）

5.［判断题］每个装饰装修件都必须画一个对应的详图。（　　）

6.［判断题］绘制装饰装修图纸的步骤是先从上到下画完所有水平线条，再从左至右画完所有竖直线条。（　　）

7.［判断题］装饰装修设计图纸上线条的长度是经过比例计算后有所放缩的长度，但所标注的数据必须是实际尺寸。（　　）

8.［判断题］装饰装修施工图绘制应该参考对应的建筑平面图和结构平面图，水电布置对装修效果影响不大，不必画出。（　　）

9.［判断题］装饰装修施工图一般反映墙、地、顶棚三个界面的装饰结构、造型处理和装修做法的同时，图示家具陈设等布置，按需作图。（　　）

10.［判断题］除墙体的布局、地面的材质外，室内家具、设备、陈设、绿化的摆放位置和说明等，只要是经过设计的内容，都应该在装饰装修平面图上做出明确的体现。（　　）

32.2　技能训练

1. 根据图 6.6 所示的别墅装饰装修平面布置图，回答以下问题。

（1）对各个房间进行编号并写出合适的名称。

（2）装饰工程中各房间的装修家具有（　　　　　　　　　　　　　　　）。

（3）装饰工程中地面的高差关系有（　　）种，分别是（　　　　　　）。

（4）装饰工程中楼梯间的布置及形式是（　　　　　　　　　　　　　　）。

（5）各个房间的开间和进深分别是多少？

（6）标高符号注写有无欠规范的地方？如有，请指正。

2. 根据图 6.7 所示的装饰立面图，回答以下问题。

（1）立面图中所用材料有哪几类？分别是什么名称？各自用在何处？

（2）墙体中使用了哪些材料？

（3）抄绘本立面图。

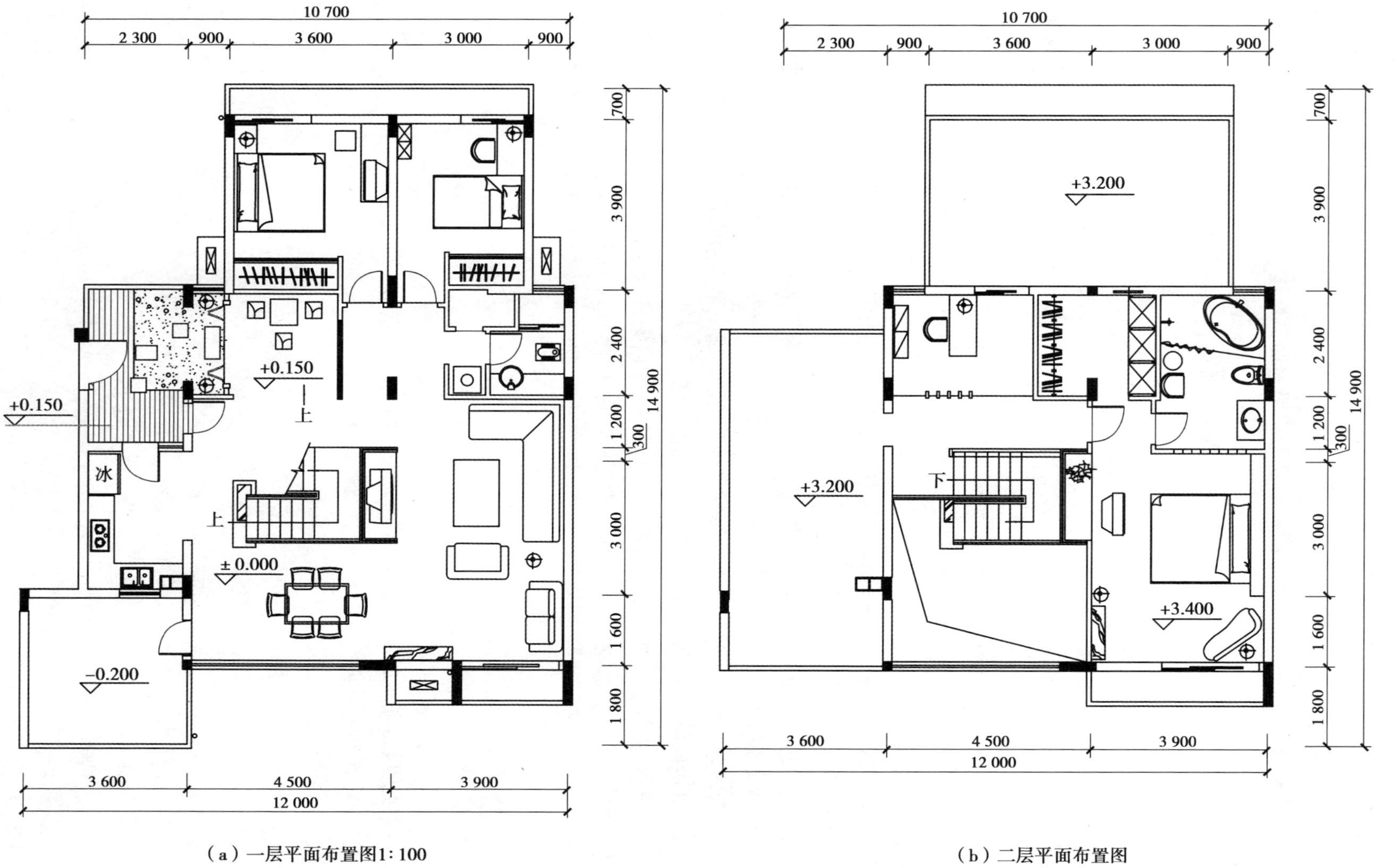

(a) 一层平面布置图1: 100

(b) 二层平面布置图

图 6.6　别墅平面图 1 : 100

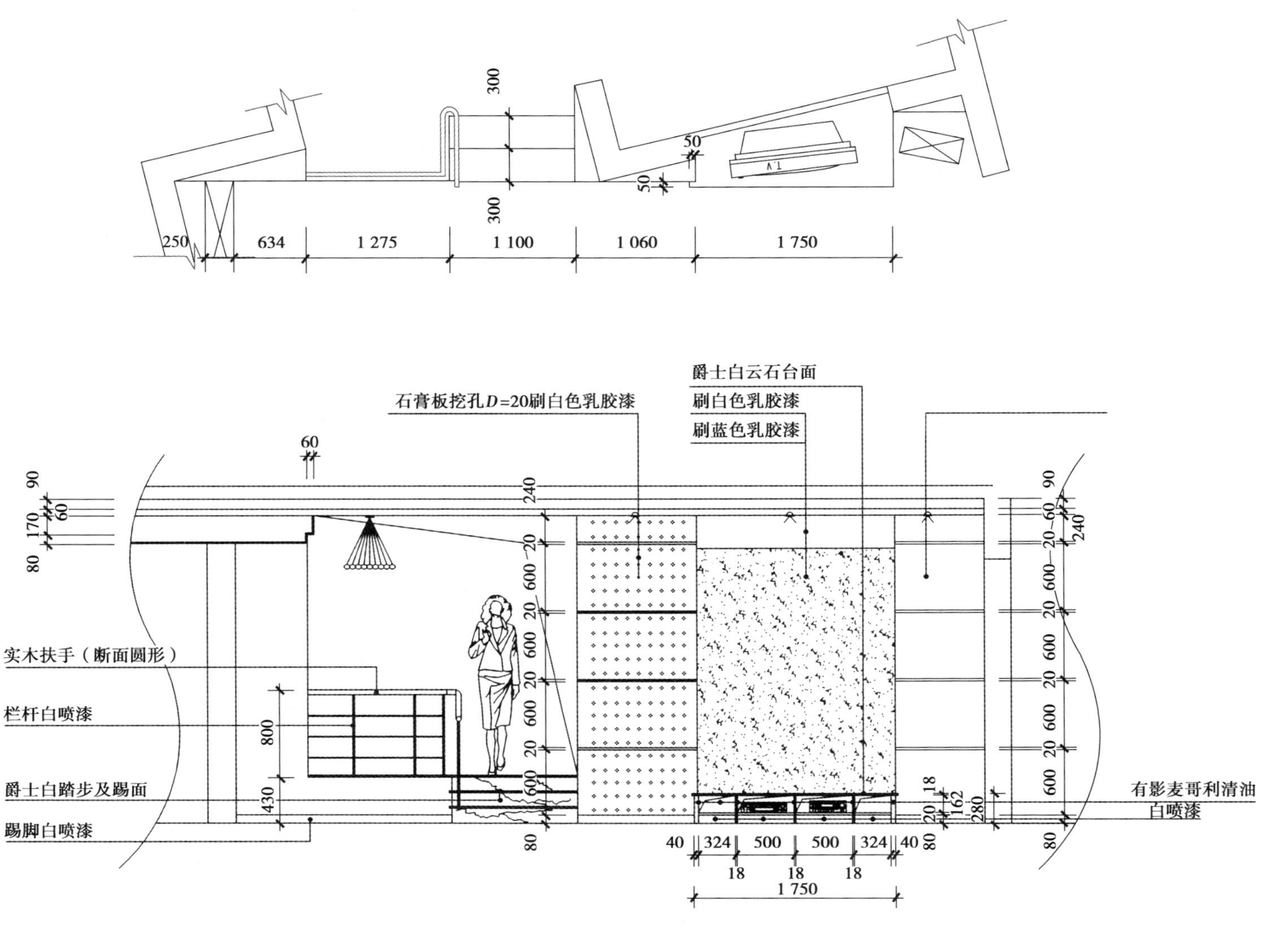

图 6.7　A 视点立面图 1∶40

参考文献

［1］中华人民共和国住房和城乡建设部．房屋建筑制图统一标准：GB/T 50001-2017［S］．北京：中国建筑工业出版社，2017.

［2］中华人民共和国住房和城乡建设部，中华人民共和国国家质量监督检验检疫总局．总图制图标准：GB/T 50103-2010［S］．北京：中国建筑工业出版社，2011.

［3］中华人民共和国住房和城乡建设部，中华人民共和国国家质量监督检验检疫总局．建筑制图标准：GB/T 50104-2010［S］．北京：中国建筑工业出版社，2011.

［4］中华人民共和国住房和城乡建设部，中华人民共和国国家质量监督检验检疫总局．建筑结构制图标准：GB/T 50105-2010［S］．北京：中国建筑工业出版社，2011.

［5］中华人民共和国住房和城乡建设部，中华人民共和国国家质量监督检验检疫总局．建筑给水排水制图标准：GB/T 50106-2010［S］．北京：中国建筑工业出版社，2011.

［6］中华人民共和国住房和城乡建设部，中华人民共和国国家质量监督检验检疫总局．暖通空调制图标准：GB/T 50114-2010［S］．北京：中国建筑工业出版社，2011.

［7］中华人民共和国住房和城乡建设部．建筑电气制图标准：GB/T 50786-2012［S］．北京：中国建筑工业出版社，2012.

［8］中华人民共和国住房和城乡建设部．民用建筑设计统一标准：GB50352-2019［S］．北京：中国建筑工业出版社，2019.

［9］中华人民共和国住房和城乡建设部．混凝土结构施工图平面整体方法制图规则和构造详图（现浇混凝土框架、剪力墙、梁、板）：16G101-1［S］．北京：中国计划出版社，2016.

［10］中华人民共和国住房和城乡建设部．混凝土结构施工图平面整体表示方法制图规则和构造详图（现浇混凝土板式楼梯）：16G101-2［S］．北京：中国计划出版社，2016.

［11］中华人民共和国住房和城乡建设部．混凝土结构施工图平面整体表示方法制图规则和构造详图（独立基础、条形基础、筏型基础及桩基承台）：16G101-3［S］．北京：中国标准出版社，2016.

［12］中华人民共和国住房和城乡建设部．建筑与市政工程施工现场专业人员职业标准：JGJ/T250-2011［S］．北京：中国建筑工业出版社，2012.

［13］危道军，胡永骁．建筑工程制图［M］．2 版．北京：高等教育出版社，2020.

［14］何斌，陈锦昌，等．建筑制图［M］．8 版．北京：高等教育出版社，2020.

［15］肖明和．建筑制图与识图［M］．北京：中国建筑工业出版社，2020.

［16］李建，王飞龙．建筑制图［M］．北京：清华大学出版社，2018.

［17］杨悦，刘韦伟．建筑制图［M］．北京：中国电力出版社，2019.